# 蔬菜病虫害绿色防控技术

## POLLUTION-FREE TECHNOLOGIES OF DISEASE AND PEST PREVENTION AND CONTROL FOR VEGETABLES

李洪奎 孙 平 赵俊靖 主编

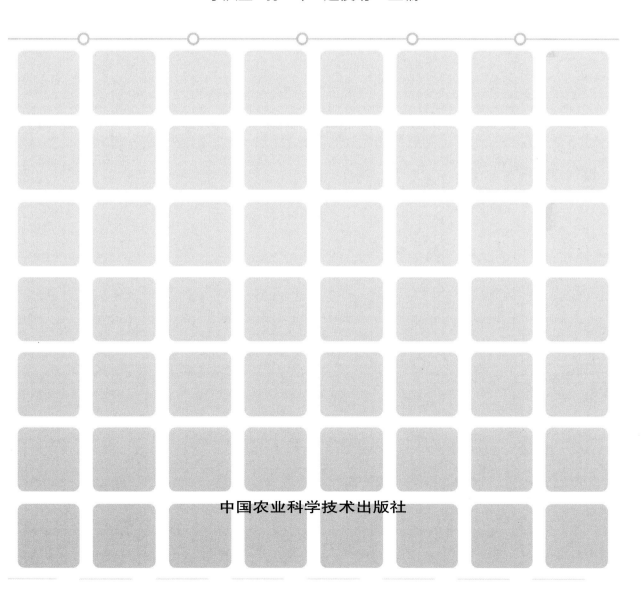

中国农业科学技术出版社

图书在版编目（CIP）数据

蔬菜病虫害绿色防控技术 / 李洪奎，孙平，赵俊靖主编 . —北京：中国农业科学技术出版社，2015.2
ISBN 978-7-5116-1993-8

Ⅰ.①蔬…　Ⅱ.①李…　②孙…　③赵…　Ⅲ.①蔬菜—病虫害防治—无污染技术　Ⅳ.① S436.3

中国版本图书馆 CIP 数据核字（2015）第 029630 号

责任编辑　张孝安
责任校对　贾晓红

出 版 者　中国农业科学技术出版社
　　　　　北京市中关村南大街 12 号　邮编：100081
电　　话　（010）82109708（编辑室）（010）82109704（发行部）
　　　　　（010）82109703（读者服务部）
传　　真　（010）82106650
网　　址　http://www.castp.cn
经 销 者　新华书店北京发行所
印 刷 者　北京科信印刷有限公司
开　　本　787 mm × 1092 mm　1 /16
印　　张　21.25　彩插　36 页
字　　数　400 千字
版　　次　2015 年 2 月第 1 版　2017 年 3 月第 2 次印刷
定　　价　100.00 元

# 蔬菜病虫害绿色防控技术

## POLLUTION-FREE TECHNOLOGIES OF DISEASE AND PEST PREVENTION AND CONTROL FOR VEGETABLES

## 编 委 会

### 主 编

李洪奎　孙　平　赵俊靖

### 副 主 编

李华春　杨进绪　辛增英　张颖鑫　张海亮

田明英　窦立志　宋中喜　孙洪全

### 编 者

（按姓氏笔划为序）

| | | | | | | |
|---|---|---|---|---|---|---|
| 于晓庆 | 王　霞 | 王术山 | 王汉良 | 王民庆 | 王同顺 | 王秀娟 |
| 曲　蕾 | 庄晓菁 | 刘兴军 | 刘金智 | 苏　敏 | 冷继贡 | 张玉国 |
| 张晓明 | 张新华 | 赵长民 | 胡海燕 | 侯淑英 | 宫瑞杰 | 袁海收 |
| 高星南 | 黄艳萍 | 曹虎春 | 褚　刚 | 燕增文 | 薛武堂 | |

# 前 言

## PREFACE

蔬菜是人们生活的必需品。随着种植业结构调整，蔬菜种植面积不断扩大，蔬菜产业的发展对农业增效、农民增收具有十分重要的意义。蔬菜病虫种类多，为害重，导致农药使用量增加的矛盾日渐突现。随着经济发展和人民生活水平的提高，蔬菜的质量安全问题，越来越引起全社会的广泛关注。结合编著者从事植保工作二十多年的实践来看，要确保蔬菜质量安全，关键是在蔬菜病虫害防治中，树立"公共植保、绿色植保、科学植保"理念，优先采用农业防治、物理防治和生态控制等环境友好型技术，科学使用农药，以减少化学农药使用量，从而降低蔬菜中的农药残留，保证食品安全，使蔬菜产业健康可持续发展。为此，我们编写了《蔬菜病虫害绿色防控技术》一书。

本书介绍了农作物病虫害绿色防控概述、蔬菜病虫害绿色防控关键技术、主要蔬菜病虫害绿色防控措施，详细列举了26种主要蔬菜255种（类）生产上重要病虫的症状特征、为害特点、形态特征、病原、发生规律和绿色防控技术，并配有原色彩图280幅，图文并茂。其中，特别是汇总了近年来的蔬菜病虫害绿色防控应用效果研究报告，附录中列出了瓜类、茄果、豆类、葱蒜、叶菜、根茎六大类蔬菜病虫害绿色防控技术规范。对各地蔬菜病虫害绿色防控具有重要的指导作用。本书适合蔬菜生产基地植保员、广大菜农和农业技术人员使用，也可供农业院校师生及科研人员参考。

本书在编写过程中，引用了一些同行专家的科研成果、科技论著和少量图片。同时，承蒙山东省植物保护总站任宝珍推广研究员给予了技术指导并审阅文稿。山东思远农业科技研究院，深圳百乐宝生物农业科技有限公司、先正达（中国）投资有限公司给予了大力支持。在此表示衷心的感谢！

由于作者水平有限，书中错误在所难免，请专家、同行及广大读者批评指正。

编著者

2015 年 1 月

图1 黄瓜猝倒病

图2 黄瓜霜霉病

图3 黄瓜疫病

图4 黄瓜炭疽病

图5 黄瓜细菌性角斑病

图6 黄瓜白粉病

图7 黄瓜枯萎病

图8 黄瓜蔓枯病

图9　黄瓜黑星病病叶

图10　黄瓜黑星病龙头症状

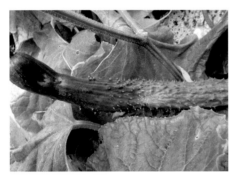

图11　黄瓜黑星病病瓜

图12　黄瓜灰霉病病瓜

图13　黄瓜病毒病病叶

图14　黄瓜病毒病病瓜

图15　黄瓜根结线虫病

图16　西葫芦花叶病

图17　西葫芦花叶病病瓜

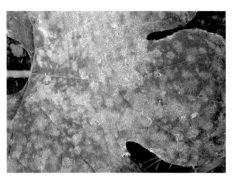

图18　西葫芦白粉病

图19　西葫芦灰霉病

图20　西葫芦菌核病

图21　西葫芦细菌性叶枯病

图22　西瓜蔓枯病

图23　西瓜炭疽病

图24　西瓜炭疽病病果

图25　西瓜疫病

图26　西瓜斑点病

图27　西瓜果斑病

图28　西瓜果斑病病苗

图29　西瓜果斑病为害子叶

图30　西瓜果斑病病果

图31　西瓜果斑病病果切面

图32　西瓜绿斑驳花叶病毒病

图33 西瓜绿斑驳花叶病毒病病果

图34 西瓜绿斑驳花叶病毒病病果切面

图35 甜瓜叶枯病前期

图36 甜瓜叶枯病后期

图37 甜瓜白粉病

图38 甜瓜炭疽病

图39 甜瓜霜霉病

图40 甜瓜霜霉病病叶背面

图41　甜瓜蔓枯病前期

图42　甜瓜蔓枯病后期

图43　甜瓜黑斑病

图44　甜瓜黑根霉软腐病

图45　甜瓜镰孢菌果腐病

图46　甜瓜细菌性叶枯病

图47　甜瓜细菌性角斑病

图48 甜瓜细菌角斑病后期叶背

图49　番茄猝倒病

图50　番茄茎基腐病（李长松提供）

图51　番茄早疫病

图52　番茄晚疫病病叶

图53　番茄晚疫病病株

图54　番茄晚疫病病果

图55　番茄灰霉病病叶

图56　番茄灰霉病病果

图57　番茄叶霉病

图58　番茄白粉病

图59　番茄黄化曲叶病毒病

图60　番茄根结线虫病

图61　番茄脐腐病

图62　辣椒绵腐病

图63　辣椒疫病病茎

图64　甜椒疫病病果

图65　甜椒褐斑病

图66　甜椒叶枯病

图67　辣椒炭疽病病叶

图68　辣椒炭疽病病果

图69　甜椒白粉病

图70　甜椒黑斑病

图71　辣椒根腐病病根

图72　甜椒疮痂病病果

图73　辣椒细菌性叶斑病

图74　甜椒软腐病

图75.辣椒病毒病

图76　茄子黄萎病

图77　茄子黄萎病维管束变色

图78　茄子枯萎病

图79　茄子褐纹病

图80　茄子褐纹病病茎

图81　茄子褐纹病病果

图82　茄子炭疽病

图83　茄子早疫病

图84　茄子绵疫病

图85　茄子灰霉病

图86　茄子白粉病

图87　茄子细菌性褐斑病

图88　茄子病毒病

图89　菜豆枯萎病

图90　菜豆灰霉病病叶

图91　菜豆灰霉病病荚

图92　菜豆根腐病

图93　菜豆菌核病

图94　菜豆锈病

图95　菜豆炭疽病病荚

图96　菜豆细菌性疫病

图97　菜豆黑斑病

图98　菜豆花叶病

图99　豇豆基腐病地上部

图100　豇豆基腐病地下部

图101　豇豆根腐病

图102　豇豆红斑病

图103　豇豆疫病

图104　豇豆斑枯病

图105　豇豆煤霉病

图106　豇豆锈病

图107　豇豆白粉病

图108　豇豆轮纹病

图109　豇豆花叶病

图110　韭菜灰霉病

图111　韭菜疫病

图112　大葱霜霉病

图113　大葱锈病

图114 大葱紫斑病

图115　大葱疫病

图116　大葱黑霉病

图117　大葱软腐病

图118　大葱黄矮病

图119　大蒜锈病

图120　大蒜叶枯病

图121　大蒜花叶病

图122　大蒜煤斑病

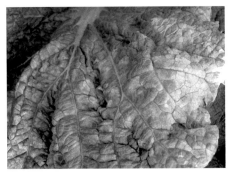

图123　大白菜霜霉病

图124　大白菜霜霉病叶片背面

图125　大白菜黑斑病

图126　大白菜软腐病

图127　大白菜黑腐病

图128　大白菜细菌性角斑病

图129 大白菜细菌性角斑病叶片背面

图130 大白菜病毒病

图131 大白菜病毒病田间为害状

图132 甘蓝黑根病

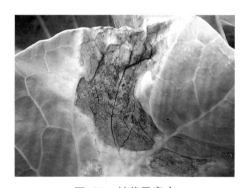

图133 甘蓝黑腐病

图134 甘蓝霜霉病

图135 甘蓝黑胫病

图136 甘蓝软腐病

图137 菠菜霜霉病病叶背面

图138 菠菜斑点病

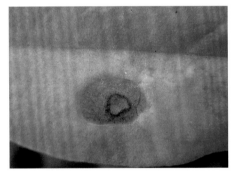

图139 菠菜炭疽病

图140 菠菜病毒病

图141 芹菜叶斑病

图142 芹菜叶斑病茎秆

图143 芹菜斑枯病

图144 芹菜软腐病

图145　芹菜细菌性叶斑病

图146　芹菜病毒病

图147　萝卜霜霉病叶片

图148　萝卜炭疽病

图149　萝卜黑斑病

图150　萝卜黑腐病

图151　萝卜黑腐病块根

图152　萝卜软腐病

图153　萝卜病毒病

图154　病毒病为害青萝卜块根

图155　胡萝卜黑斑病

图156　胡萝卜细菌性软腐病

图157　胡萝卜根结线虫病

图158　胡萝卜花叶病

图159　胡萝卜根腐病

图160　牛蒡黑斑病

图161 牛蒡细菌性叶枯病

图162 牛蒡白粉病

图163 马铃薯早疫病

图164 马铃薯晚疫病（王利民提供）

图165 马铃薯晚疫病病薯

图166 马铃薯立枯菌核黑痣病

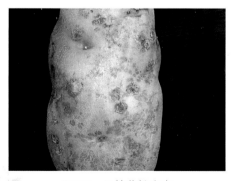

图167 马铃薯粉痂病

图168 马铃薯疮痂病

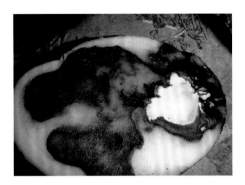

图169　马铃薯干腐病

图170　马铃薯白绢病

图171　马铃薯黑胫病

图172　马铃薯青枯病

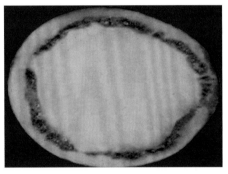

图173　马铃薯环腐病

图174　马铃薯软腐病

图175　马铃薯病毒病

图176　姜瘟病病株

图177　姜瘟病细菌溢

图178　姜根结线虫病块茎

图179　姜斑点病

图180　姜茎基腐病田间为害状

图181　姜茎基腐病茎部

图182　姜茎基腐病姜块

图183　姜腐霉根腐病

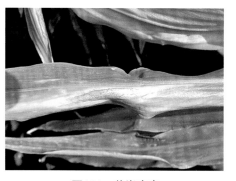

图184　姜炭疽病

图185　芋头枯萎病

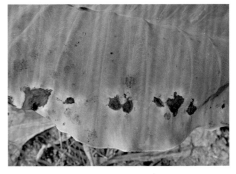

图186　芋头炭疽病病叶

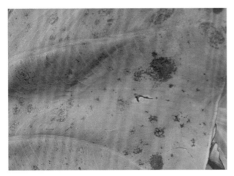

图187　芋头灰斑病

图188　芋头软腐病

图189　芋头病毒病

图190　芋头疫病

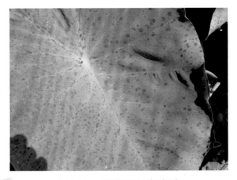

图191　芋头污斑病病叶

图192　山药炭疽病

图193　山药褐斑病

图194　山药斑枯病

图195　山药斑纹病

图196　山药枯萎病

图197　山药枯萎病田间为害状

图198　山药根腐病

图199　山药青霉软腐病

图200　芦笋茎枯病

图201　芦笋叶枯病

图202　芦笋褐斑病

图203　芦笋疫霉根腐病（李树华提供）

图204　芦笋病毒病

图205　小地老虎成虫

图206　小地老虎幼虫

图207　大地老虎成虫

图208　黄地老虎成虫

图209　黄地老虎幼虫

图210　暗黑金龟甲

图211　大黑金龟甲

图212　铜绿金龟甲

图213　蛴螬.

图214　蝼蛄

图215　叩头甲

图216　金针虫

图217　种蝇

图218　韭菜迟眼蕈蚊幼虫（韭蛆）

图219　姜蛆

图220　芦笋木蠹蛾（李树华提供）

图221　芦笋木蠹蛾幼虫和蛹（李树华提供）

图222　菜蚜

图223　瓜蚜

图224　豆蚜

图225　瓜绢螟

图226　瓜绢螟幼虫

图227　黄守瓜

图228　瓜蓟马

图229　葱蓟马

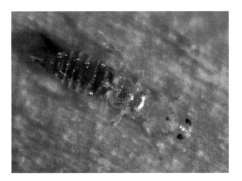

图230　葱蓟马若虫

图231　棉铃虫成虫

图232　棉铃虫幼虫

图233　烟青虫

图234　红蜘蛛

图235　马铃薯瓢虫

图236　马铃薯瓢虫幼虫

图237　菜粉蝶

图238　菜粉蝶幼虫（菜青虫）

图239　菜粉蝶蛹

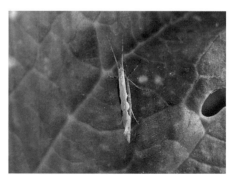

图240　菜蛾

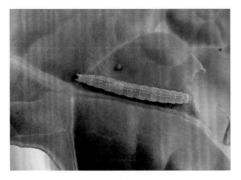

图241　菜蛾幼虫

图242　菜蛾茧和蛹

图243　甘蓝夜蛾幼虫

图244　斜纹夜蛾幼虫

图245　甜菜夜蛾

图246　甜菜夜蛾幼虫（绿色型）

图247　甜菜夜蛾幼虫（黑色型）

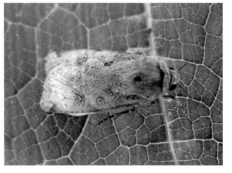

图248　菜螟

图249　菜螟幼虫

图250　豆野螟成虫

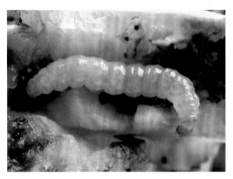
图251　豆野螟幼虫

图252　烟粉虱成虫

图253　烟粉虱若虫

图254　烟粉虱为害青萝卜症状

图255　烟粉虱为害西葫芦症状

图256　黄曲条跳甲

图257 大猿叶虫

图258 豆芫菁

图259 山药叶蜂

图260 菠菜潜叶蝇为害状

图261 豌豆潜叶蝇为害状

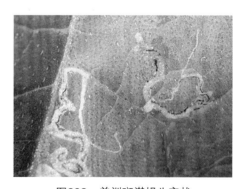

图262 美洲斑潜蝇为害状

图263 美洲斑潜蝇成虫

图264 美洲斑潜蝇幼虫

图265　美洲斑潜蝇蛹

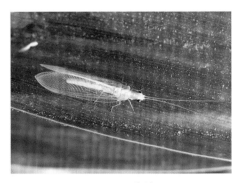

图266　草蛉

图267　瓢虫

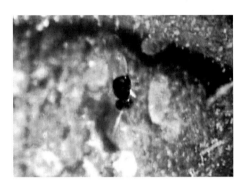

图268　寄生蜂

图268　蜘蛛

图270　白僵菌寄生

图271　菜颗·苏云菌侵染

图272　西瓜嫁接苗

图273 性诱剂

图274 食诱剂

图275 电子杀虫灯

图276 太阳能杀虫灯

图277 黄板诱杀

图278 蓝板诱虫

图279 臭氧发生器

图280 防虫网

# 目　录

CONTENTS

# 第四章　主要蔬菜害虫绿色防控技术

# 第五章　蔬菜病虫害绿色防控技术应用效果研究

# 附　录

# 第一章　农作物病虫害绿色防控概述

## 第一节　绿色防控的定义

　　农作物病虫害绿色防控，是指以确保农业生产、农产品质量和农业生态环境安全为目标，以减少化学农药使用为目的，优先采取生态控制、生物防治和物理防治等环境友好型技术措施控制农作物病虫为害的行为。

　　近年来，随着经济发展和人民生活水平的提高，人们的消费观念从吃得饱向吃得安全，吃得放心转变，农产品农药残留超标问题，越来越引起社会的广泛关注。农药不合理使用对环境的影响是全世界共同关注和需要解决的问题。过去由于过分依赖农药的使用，导致害虫抗药性上升，农业面源污染加剧，生物多样性遭到破坏。绿色植保，就是要坚持以人为本，在保障农业生产安全的同时，更加注重农产品质量安全，更加注重保护生物多样性，更加注重减少环境污染，着力促进防控措施由主要依赖单一化学农药防治向绿色防控和综合防治转变。实施绿色防控是贯彻"公共植保、绿色植保、科学植保"理念的具体行动，是确保农业增效、农作物增产、农民增收和农产品质量的有效途径，是推进现代农业科技进步和生态文明建设的重大举措，是促进人与自然和谐发展的重要手段。

## 第二节　绿色防控的策略

　　农作物病虫害的绿色防控主要是通过防治技术的选择和组装配套，从而最大限度地确保农业生产安全、农业生态环境安全和农产品质量安全。从策略上突出强调以下方面。

　　一是强调健康栽培。从土、肥、水、品种和栽培措施等方面入手，培育健康作物。培育健康的土壤生态，良好的土壤生态是农作物健康生长的基础；采用抗性或耐性品种，抵抗病虫害侵染；采用适当的肥、水以及间作、套种等科学栽培措施，创造不利于病虫害发生和发育的条件，从而抑制病虫害的发生与为害。

　　二是强调病虫害的预防。从生态学入手，改造害虫虫源地和病菌的滋生地，破坏病虫害的生态循环，减少虫源或菌源量，从而减轻病虫害的发生或流行。了解害

1

虫的生活史以及病害的循环周期，采取物理、生态或化学调控措施，破坏病虫的关键繁殖环节，从而抑制病虫害的发生。

三是强调发挥农田生态服务功能。发挥农田生态系统的服务功能核心是充分保护利用生物多样性，降低病虫害的发生程度。既要重视土壤和田间的生物多样性保护和利用，同时也要注重田边地头的生物多样性保护和利用。生物多样性的保护与利用不仅可以抑制田间病虫暴发成灾，而且可以一定程度上抵御外来病虫害的入侵。

四是强调生物防治的作用。绿色防控注重采用生物防治技术与发挥生物防治的作用。通过农田生态系统设计（生态工程）和农艺措施的调整来保护与利用自然天敌，从而将病虫害控制在经济损失允许水平以内，也可以通过人工增殖和释放天敌，使用生物制剂来防治病虫害。

五是强调农药的科学使用。绿色防控是尽量使用农业、物理及生态措施来减少化学农药的使用，但是在病虫害大发生，必须使用农药才能控制其危害时，要优先使用生物农药或高效、低毒、低残留且在蔬菜作物上获得登记的农药，根据病虫害的发生规律、为害部位，严格掌握施药时间、次数和方法，严格遵守安全间隔期，避免农药残留超标。同时，要交替轮换用药，避免长时间单一使用同一类农药而产生抗药性。

# 第三节　绿色防控的功能

病虫害防治技术的使用包含了直接成本和间接成本。直接成本主要反映在农民采用该技术的现金投入上，是农民病虫害防治决策关注的焦点。简单地说，如果病虫害防治技术的直接成本大于挽回的损失，农民将不会使用这种技术。实际上，现代病虫害防治技术的使用成本还包含了巨大的间接成本，间接成本主要是由现代病虫害防治技术使用的外部效应产生的，主要是指环境和社会成本。如化学农药的大量使用造成了使用者中毒事故、农产品中过量的农药残留、天敌种群和农田自然生态的破坏、生物多样性的降低、土壤和地下水污染等一些环境或社会问题。这些问题均是化学农药使用的环境和社会成本的集中体现。农作物病虫害绿色防控则是通过环境友好型技术措施来控制农作物病虫为害的行为，能够最大限度地降低现代病虫害防治技术的间接成本，体现在生态和社会效益的最佳。具体来说，绿色防控主要有以下 3 个方面的功能。

农作物病虫害绿色防控是避免农药残留超标，保障农产品质量安全的重要途径。通过推广农业、物理、生态和生物防治技术，特别是集成应用抗病虫良种和趋利避害栽培技术，以及物理阻断、理化诱杀等非化学防治的农作物病虫害绿色防控技术，有助于减少化学农药的使用，降低农产品农药残留超标风险，控制农业面源污染，保护农业生态环境安全。

农作物病虫害绿色防控是控制重大病虫为害，保障主要农产品供给的迫切需要。农作物病虫害绿色防控是适应农村经济发展新形势、新变化和发展现代农业的新要求而产生的。大力推进农作物病虫害绿色防控，有助于提高病虫害防控工作装备水平和科技含量，有助于进一步明确主攻对象和关键防治技术，提高防治效果，把病虫为害损失控制在较低水平。

农作物病虫害绿色防控是降低农产品生产成本，提升种植效益的迫切需要。农作物病虫害防治单纯依赖化学农药，不仅防治次数多，成本高，而且还会造成病虫害抗药性增加，进一步加大农药使用量。大规模推广农作物病虫害绿色防控技术，可显著减少化学农药用量，提高种植效益，促进农民增收。

# 第四节　绿色防控指导原则

## 一、栽培健康作物

绿色防控就是要把病虫害防控工作作为人与自然和谐系统的重要组成部分，突出其对高效、生态、安全农业的保障作用。实现绿色防控首先应遵循栽培健康作物的原则，从培育健康的农作物和良好的农作物生态环境入手，使植物生长健壮，并创造有利于天敌的生存繁衍，而不利于病虫发生的生态环境。在病虫害防控中，栽培健康的作物可以通过以下途径实现。

一是通过合理的农业措施培育健康的土壤生态环境。良好的土壤管理措施可以改良土壤的墒情，提高作物养分的供给和促进作物根系的发育，从而增强农作物抵御病虫害的能力和抑制有害生物的发生。反之，不利于农作物生长的土壤环境会降低农作物对有害生物的抵抗能力，同时，可能会使植物产生吸引有害生物为害的信号。

二是选用抗性或耐性品种。选用抗性或耐性品种是栽培健康作物的基础。通过种植抗性品种，可以减轻病虫为害，降低化学农药的使用量，同时有利于绿色防控技术的组装配套。

三是培育壮苗。包括培育健壮苗木和大田调控作物苗期生长，特别是合理地使用植物免疫诱抗剂，可以提高植株对病虫的抵抗能力，为农作物健壮生长打下良好的基础。

四是种子（苗木）处理。包括晒种、浸拌种子、种子包衣和嫁接等。

五是平衡施肥。通过测土配方施肥，培育健康的农作物，即采集土壤样品，分析化验土壤养分含量，按照农作物需要营养元素的规律，按时按量施肥，为作物健壮生长创造良好的营养条件。特别是要注意有机肥，氮、磷、钾复合肥料及微量元素肥料的平衡施用，避免偏施氮肥。

六是合理的田间管理。包括适期播种、中耕除草、合理灌溉和适当密植等。

七是生态环境调控。生态调控措施如果园种草、田埂种花、农作物立体种植和设施栽培等。

## 二、保护利用生物多样性

实施绿色防控，必须遵循充分保护和利用农田生态系统的生物多样性的原则。利用生物多样性，可调整农田生态中病虫种群结构，设置病虫害传播障碍，调整作物受光条件和田间小气候，从而减轻农作物病虫害压力和提高产量，是实现绿色防控的一个重要方向。利用生物多样性，从功能上来说，可以增加农田生态系统的稳定性，创造有利于有益生物的种群稳定和增长的环境，既可有效抑制有害生物的暴发成灾，又可抵御外来有害生物的入侵。保护利用生物多样性，可以通过以下的途径来实现。

一是提高农田生态系统的多样性。如我国一些水稻主产区实施的稻—鸭共作、稻—蟹共育等生产方式，就是利用农田生态系统多样性的例子。

二是提高作物的多样性。包括间作、套种以及立体栽培等措施。

三是提高作物品种的多样性。如在我国西南稻区推广不同遗传背景的水稻品种间作，利用病菌稳定化选择和病害生态学原理，可以有效地减轻稻瘟病的发生与流行。

## 三、保护应用有益生物

保护和应用有益生物来控制病虫害，是绿色防控必须遵循的一个重要原则。通过保护有益生物的栖息场所，为有益生物提供替代的充足食物，应用有益生物的种群数量，达到自然控制病虫为害的效果。田间常见的有益生物如捕食性、寄生性天敌和昆虫微生物，在一定的条件下均可有效地将害虫抑制在经济损失允许水平以下。保护和应用有益生物来控制病虫害可以通过以下途径来实现。

一是采用对有益生物种群影响最小的防治技术来控制病虫害。如利用性诱、食诱、色诱和光诱等选择性诱杀害虫技术；采用局部和保护性施药技术可以避免大面积地破坏有益生物的种群。

二是利用保护性耕作措施。例如，在冬闲田种植苜蓿、紫云英等覆盖作物可以为天敌昆虫提供越冬场所。

三是为有益生物建立繁衍走廊或避难所。例如，在水稻田埂上种植芝麻，可以为寄生性天敌提供补充营养的食源。

四是人工繁殖和释放天敌。如人工繁殖和释放赤眼蜂防治玉米螟，丽蚜小蜂防治温室白粉虱等。

### 四、科学使用农药

实施绿色防控，必须遵循科学使用农药原则。农药作为防控病虫害的主要手段，具有不可替代的作用。但与此同时，农药带来的负面效应也是不可忽视的，一方面是因为农药残留引起的食物中毒和使用农药管理不当造成的人畜中毒；另一方面是使用农药造成的环境污染等。科学使用农药，充分发挥其正面的、积极的作用，避免和减轻其负面效应是实现绿色防控的最终目标。可以通过以下途径来实现科学使用农药。

一是优先使用生物农药或高效、低毒、低残留农药。绿色防控强调尽量使用农业措施、物理以及生态措施来减少农药的使用，但是在大多数情况下，必须使用农药才能有效地控制病虫为害。在选择农药品种时，一定优先使用生物农药或高效、低毒、低残留农药。

二是要对症施药。农药的种类不同，防治的范围和对象也不同，因此，要做到对症用药。在决定使用一种农药时，必须了解这种农药的性能和防治对象的特点，这样才能收到预期的效果。即使同一种药剂，由于剂型与规格不同，使用方法常常不一样。

三是要有效、低量、无污染。农药的使用不是越多越好，随意增加农药的用量、使用次数，不仅增加成本而且还容易造成药害，加重污染。在高浓度、高剂量的作用下，害虫和病原菌的抗药性增强更快，给以后的防治带来潜在的危险。配药时，药剂的浓度要准确，不可随意增加浓度。还要严格掌握施药时间、次数和方法，根据病虫害发生规律，在适当时间内用药，喷药次数主要根据药剂残效期和气候条件确定。施药器械要选用高效能的药械，增加农药在靶标上的沉积，提高农药利用率，减少农药浪费和环境污染，减轻劳动强度。施药方法应根据病虫害发生规律、为害部位以及药剂使用说明来选择。废弃的农药包装必须统一集中清理，切忌乱扔于田间地头，以免造成污染。

四是交替轮换用药。要交替使用不同作用机理、不同类型的农药，避免长时间地单一使用同一类的农药而产生抗药性。

五是严格按安全间隔期用药。绿色防控的主要目标就是要避免农药残留超标，保障农产品质量安全。在农作物上使用农药一定要严格遵守农药使用安全间隔期，严禁在安全间隔期内采收蔬菜，杜绝农药残留超标现象。

# 第二章　蔬菜病虫害绿色防控关键技术

## 第一节　农业防治技术

### 一、保护地（温室）土壤消毒（除害）技术

土壤环境是栽培健康作物的先决条件。保护地设施生产，因投资大，为提高土地利用效率，多种作物栽培茬口连年不间断连作，更有同一作物多年的不间断连作，并实施高密度、高肥水栽培，还因保护地设施阻隔、影响紫外线的杀菌强度、通风降湿不畅等有利于病害的发生、病原菌的积累；冬季保温、夏季遮阳等资材的应用，又利于害虫的安全越冬、越夏，延长了害虫的发生与为害时期。特别是在设施中发生的主要病害，如灰霉病、菌核病、枯萎病、线虫病、软腐病等都具有寄主范围广、发生普遍、为害重、损失大特点；还有多种害虫的休眠虫态也在土壤中度过，侵入保护地为害的微型害虫如蚜虫、螨类、蓟马、烟粉虱、潜叶蝇等由于保护地内没有雨水冲刷的自然杀虫作用，更易早发、重发，造成严重减产，甚至造成绝收；连续的用药也因没有雨水的冲刷，更易产生抗性强的菌种和害虫种群，过度的用药使产品积累超量的农药残留，降低产品质量，危及人们的身体健康。

在保护地设施中通过土壤消毒（除害），及时清除已积累的病虫基数和盐渍化，提供符合健康栽培的土壤环境，应是设施生产中常规且最经济有效、可操作性强的重要控害技术措施之一。生产上常用的方法主要是太阳能消毒法。

【技术原理】利用太阳能和设施的密闭环境，提高设施环境温度，处理、杀灭土壤中病菌和害虫。还能加快土壤微量元素的氧化水解复原，满足作物的生长发育需求。

【适用范围】已连续栽培 2 年以上的保护地设施、密封性较好或能营造利用太阳热能升温消毒土壤的简易大中棚设施（含薄膜覆盖的露地）。

【应用技术】选在 7~8 月高温季节，最佳时间选在气温达 35℃以上盛夏时实施。当春茬作物采收后的换茬高温休闲期（如果春茬换茬时间过早，可选栽培短期叶菜调节消毒季节），及时清除残茬，多施有机肥料（最好配合施用适量切细稻草秸秆，每 667 平方米 500~1 000 千克切成 3~4 厘米长，再加入腐植酸肥）后立即深翻土壤 30 厘米，每隔 40 厘米左右做条状高垄，灌溉薄水层后密封关闭棚室（如遇

棚室的膜有破损时，最好用透明胶带或薄膜修补胶将破损处封补，防止消毒热能外泄，增加密闭性，提高升温消毒效果，露地应用该技术可覆盖薄膜），消毒15~20天，更能优化土质的改良和利用稻草秸秆发酵热能，提高升温效果，增加土表受热消毒面积，可使消毒土壤的温度升至55~70℃，杀死土壤中的各种病菌、害虫、线虫等有害生物，加快病残体的分解。

## 二、保护地温度调控技术

【技术原理】利用设施栽培便于控制调节小气候的特点，在早春至晚秋栽培季节，对处于生长期的作物，以关、开棚的简单操作管理，提高或降低温湿度的生态调节手段，对有害生物营造短期的不适宜环境，达到延迟或抑制病虫害的发生与扩展的技术。

【适用范围】在作物生长期的病虫害发生初始阶段，或在病虫发生高峰前的控害扩展阶段。高温闷棚温度的主要调节范围为15~35℃，多数病虫害适宜发生温度为20~28℃，靶标害虫主要是微型害虫，如蚜虫类、粉虱类、蓟马类、螨类和潜叶蝇类等。闷棚防治法的应用，防病与防虫的操作有共同点，也有较大的区别。适用于防病的是高温、降湿控病；而适用于防虫的是高温、高湿控虫，所以应用闷棚防治法需要较高的管理技巧，并应区分防控的主体靶标。

【应用技术】

（1）对病害的防控操作。当早春或晚秋满足夜间棚内最低温度不低于15℃（晚上低于15℃时也可关棚调节，高于15℃时晚间不关棚或不关密棚），白天关棚保温达到35℃以上时可少许开棚放风调节，以维持28℃以上时间越长越好，当棚内温度低于25~28℃时，开棚降温、降湿，回避病虫发生的适宜温区。如果晚上温度低于15℃时，可明显延迟病害的发生期、减轻病害的危害。保护地闷棚防治黄瓜霜霉病是成功的例子，选择晴天中午，密闭大棚，使温度上升到45~46℃，不能高于48℃，保持2小时，然后放风，对霜霉病有良好的防治效果。

（2）对微型害虫的防控操作。首先实施前注意天气预报，确认实施当天无雨（最好选择在作物也需要浇水时），并在实施前1天，关棚试验，探测最佳的关棚时间，最高温度可否提升至最高温限及达到最高温限的时段（能达到最高温限的时间越长，控害效果越好），早上（通常8：00以后）阳光较好（再次确认天气预报正确，阴雨天因不利于提升温度，不宜关棚，全天开棚通风换气、降湿度，否则害虫未控好反而引发病害）开始在棚内喷水，使棚内作物叶片、土表湿润为宜，关棚提温产生闷热高湿不利于微型害虫发生的环境，杀死抗逆性弱的害虫个体，有些微型害虫热晕以后，掉落在叶面的水滴内淹死或掉落在潮湿的泥土表面（不能再起飞）

被黏死（如果害虫发生严重时，还可配用杀虫烟雾剂可获得良好的控害效果）。当棚内温度下降到25℃以下时，开棚降温降湿。间隔5~7天实施1次，视害虫发生情况，连续3~5次。

# 第二节　生物防治技术

### 一、捕食螨防治蔬菜叶螨

**【技术原理】** 捕食螨防治蔬菜叶螨技术是利用捕食螨对叶螨的捕食作用，特别是对叶螨卵以及低龄螨态的捕食，而达到抑害和控害的目的，是安全持效的叶螨防控措施。

利用智利小植绥螨防治叶螨已有很长历史了。我国于1975年从国外引进，以后在蔬菜、花卉上断续有些使用。拟长毛钝绥螨是由我国蜱螨学创始人忻介六先生发现，是我国本土对叶螨有很好控制作用的钝绥螨。拟长毛钝绥螨在我国分布广，如北京市、山西省、辽宁省、天津市、河北省、吉林省、黑龙江省、上海市、江苏省、浙江省、安徽省、福建省、江西省、山东省、湖北省、广东省、广西壮族自治区、海南省、贵州省、陕西省和甘肃省均有分布。

**【适用范围】** 蔬菜上发生的主要叶螨有朱砂螨、二斑叶螨等。其天敌捕食螨的本土主要种类有拟长毛钝绥螨、长毛钝绥螨和巴氏钝绥螨等。这些种类在我国的大多数蔬菜上多有发生，可以用于防治黄瓜、茄子、辣椒等蔬菜以及花卉上叶螨，有较好的防效。引进种智利小植绥螨是叶螨属叶螨的专性捕食性天敌，对叶螨有极强的控制能力。

**【应用技术】**

（1）释放时间。作物上刚发现有叶螨时释放效果最佳。严重时2~3周后再释放1次。

（2）释放量。就智利小植绥螨而言，每平方米3~6头，在叶螨为害中心每平方米可释放20头，或按智利小植绥螨∶叶螨（包括卵）为1∶10释放。叶螨发生重时加大用量。就拟长毛钝绥螨来说，应在叶螨低密度时释放。按拟长毛钝绥螨∶叶螨以1∶3~1∶5的释放比例释放拟长毛钝绥螨。

（3）释放次数。叶螨刚发生时释放1次。发生严重时可增加释放2~3次。

（4）释放方法。瓶装的旋开瓶盖，从盖口的小孔将捕食螨连同包装基质轻轻撒放于植物叶片上。不要打开瓶盖直接把捕食螨释放到叶片上，因为数量不好控制，很可能局部释放过大的数量。不要剧烈摇动，否则会杀死捕食螨。

（5）释放环境。温室大棚。

**【注意事项】**

（1）捕食螨送达后要立即释放。对于智利小植绥螨来说，相对湿度大于60%对于其生存是必需的，特别是对于卵来说。黑暗低温（5~10℃）保存，避免强光照射。产品运达后要立即使用，产品质量会随储存时间延长而下降。若放在低温下保存，使用前置室温10~20分钟后再使用。对于拟长毛钝绥螨来说，必须保存时，需低温（5~10℃），并避免强光照射。使用前置室温10~20分钟后再使用。产品质量会随储存时间延长而下降。

（2）两者均在温暖、潮湿的环境中使用效果较好，而高温、干旱时释放效果差。如果温室或大棚太干应尽可能通过弥雾方法增加湿度。

（3）捕食螨对某些农药敏感，释放后禁用农药。

## 二、捕食螨防治蔬菜蓟马

**【技术原理】**捕食螨防治蔬菜蓟马技术是利用捕食螨对蓟马的捕食作用，特别针对蓟马不同的生活阶段，以叶片上的蓟马初孵若虫以及对落入土壤中的老熟幼虫、预蛹及蛹的捕食作用，而达到抑害和控害的目的，是安全持效的蓟马防控措施。

国外利用捕食螨防治蔬菜上的蓟马有近30年的历史。到目前为止，利用捕食螨防治蓟马仍然是发达国家生物防治中的主要内容之一。新的捕食螨被不断开发出来，发挥了重要作用。国内本土捕食螨巴氏钝绥螨、剑毛帕厉螨，国外引进的胡瓜钝绥螨是防治蓟马很好的种类。

**【适用范围】**蔬菜上发生的主要蓟马种类有烟蓟马（*Thrips tabaci*）和棕榈蓟马（*Thrips palmi*）等。西方花蓟马（*Frankliniella occidentalis*）2003年首次在中国发现以后，目前，在国内不少省份也都有发生，如云南省、山东省、浙江省和江苏省等，已成为国内多种蔬菜如辣椒、黄瓜、茄子等上严重发生的种类。这些蓟马的天敌捕食螨的本土主要种类有巴氏钝绥螨和剑毛帕厉螨等。巴氏钝绥螨在国内分布范围广，北京市、广东省、江西省、安徽省、云南省、海南省和甘肃省等地都有发生，引进种胡瓜钝绥螨对蓟马亦有很强的控制能力。它们均可用于温室大棚蔬菜上蓟马的防治。

**【应用技术】**

1. 巴氏钝绥螨

（1）适用植物。各种蔬菜、花卉、果树，蔬菜品种主要有黄瓜、辣椒、茄子和菜豆等。

（2）适合条件。15~32℃，相对湿度＞60%。

（3）防治对象。蓟马、叶螨，兼治茶黄螨、线虫等。

2. 剑毛帕厉螨

（1）适用作物。适用于所有被蕈蚊或蓟马为害的作物，包括蔬菜、花卉和食用菌等，如番茄和黄瓜等。

（2）适宜条件。20~30℃，潮湿的土壤中。

（3）防治对象。除蕈蚊幼虫、蓟马蛹外，剑毛帕厉螨还可捕食蓟马幼虫、线虫、腐食酪螨、叶螨和粉蚧等。

（4）释放时间。作物上刚发现有蓟马或作物定植后不久释放效果最佳。严重时2~3周后再释放1次。对于剑毛帕厉螨来说，应在新种植的作物定植后1~2周释放捕食螨，以2~3周后再次释放以稳定捕食螨种群数量。对已种植区或预使用的种植介质中可以随时释放捕食螨，至少每2~3周再释放1次。

（5）释放量。用于预防性释放：每平方米50~150粒；防治性释放：每平方米250~500粒。

（6）释放次数。巴氏钝绥螨可每1~2周释放1次。

（7）释放方法。巴氏钝绥螨可挂放在植株的中部或均匀撒到植物叶片上。剑毛帕厉螨释放前旋转包装容器用于混匀包装介质内的剑毛帕厉螨，然后将培养料撒于植物根部的土壤表面。

（8）释放环境。温室大棚。

【注意事项】

1. 巴氏钝绥螨

收到捕食螨后要立即释放。虽可在8~15℃条件下储存，但不应超过5天。对化学农药敏感，释放前1周内及释放后禁用化学农药。但可与植物源农药、其他天敌如小花蝽、寄生蜂、瓢虫等同时使用。

2. 剑毛帕厉螨

在收到螨后24小时内释放，避免挤压；若需短期存放，可在15~20℃、黑暗条件下储存2天。释放期保持温度15~25℃。不要将捕食螨和栽培介质混合。释放螨主要起到预防作用。尤其是幼苗期和扦插期；捕食螨暴露于过高（>35℃）或过低（<10℃）的温度下可能会被杀死；被石灰或农药（尤其是二嗪磷）处理过的土壤不要使用剑毛帕厉螨；可与其他天敌同时使用。

## 三、丽蚜小蜂防治烟粉虱

【技术原理】烟粉虱的寄生性天敌资源丰富，应用丽蚜小蜂防控烟粉虱是"以虫治虫"的实用技术。经国内外评价丽蚜小蜂对烟粉虱的控制效果，最高时寄生率可达83%左右（丽蚜小蜂成虫能将卵产在寄主体内），可成功地防治温室粉虱类害虫。

**【适用范围】**保护地栽培易发生烟粉虱为害的作物；田间管理的温度调控范围在最低温度15℃以上，最高温度35℃以下；相对湿度控制在25%以上至55%以下；光照充足的设施环境；放蜂控害期间不使用杀虫剂，并在烟粉虱初始发生期使用。

**【应用技术】**

（1）田间放蜂的应用时间。作物定植后，即对植株上烟粉虱发生动态进行监测，每株烟粉虱密度越低，防治效果越明显。当田间烟粉虱虫口密度平均每株高于4头时，最好先压低烟粉虱虫口基数后再进行放蜂。

（2）定期放（补充）蜂源的间隔期。每隔7~10天补充放蜂1次。连续放蜂次数为3~5次。

（3）调查虫情。要根据田间烟粉虱的实际发生量，确定经济、合适的放蜂量。一定要选择在烟粉虱发生基数较低时初始使用，才能有效地起到控害的作用；田间株均烟粉虱虫量不高于2头时，每667平方米设施释放丽蚜小蜂数量15 000~25 000头；田间株均烟粉虱2~4头时，每667平方米释放丽蚜小蜂25 000~35 000头。同时还需要配合温度情况加以调节，当20~28℃时，正处于烟粉虱发生的最适温区，以释放上限的蜂量或略超过上限的蜂量为宜，原则上丽蚜小蜂与烟粉虱的益害比例为（3~4）：1。

（4）放蜂位置。将蜂卡产品均匀挂放于植株上中部即可。丽蚜小蜂虫体较小，且飞行能力有限，一定要均匀挂放。

**【注意事项】**本项技术不适宜在高温、高湿的地区或高温、高湿设施内应用。技术应用以后限制条件较多，各项技术的兼容性较差。

## 四、Bt防治鳞翅目害虫

**【技术原理】**Bt又叫苏云金杆菌，是用杀虫细菌苏云金杆菌制成的生物农药制剂。用生物农药Bt防治鳞翅目害虫属生物防治，又称以菌治虫或微生物治虫。该药剂杀虫有效成分是由晶体芽孢杆菌产生的3种毒素，对害虫仅有胃毒作用。害虫食入药剂后，在中肠内，使肠道在几分钟内麻痹，停止取食，并破坏肠道内膜，进入血淋巴，使害虫饥饿和出现败血症而死亡。食叶害虫吃了带Bt乳剂的叶片后，引起瘫痪、停食，反应迟钝，腹泻，尔后腹部出现黑环，逐渐扩大到全身，中毒致死。最后变为黑色软体、腐烂、倒挂。以菌治虫具有繁殖快、用量少，对人、畜低毒，对作物无药害、无残留，无公害，可与少量化学农药混合使用有增效作用等优点。由于细菌杀虫，从害虫感染发病到死亡需要经过一定时间，故药效发挥速度较化学农药慢。

**【适用范围】**Bt农药剂型主要有可湿性粉剂、乳剂及水分散粒剂3种。主要对鳞翅目幼虫有较强的杀灭作用，具有很强的胃毒作用。可广泛用于防治蔬菜、果树、棉花、烟草等农林作物的烟青虫、斜纹夜蛾、菜青虫、棉铃虫、甜菜夜蛾、玉米螟和食心虫等180余种鳞翅目害虫，其可控有害生物分布全世界。国内生产厂家多，各地农药经销商均有销售，是目前世界上应用量最多的微生物农药。具有广泛的应用空间。各厂生产的苏云金杆菌制剂因配方、剂型及杆菌数量、效价等不同，防治效果有一定差距，具体使用时应仔细阅读使用说明书。

【应用技术】Bt是在我国应用早、使用普遍的新型生物农药，已成为我国生物防治工作中的重要药剂。由于其对农作物鳞翅目害虫既具有很好的杀伤力，又不会使其产生抗药性，已在农作物害虫防治中广泛大量使用，是我国乃至世界各国广为应用的主要生物杀虫剂。

（1）使用适期。产卵盛期至二龄幼虫期前。

（2）用法用量。每毫升（克）含2 500国际单位（IU）苏云金杆菌制剂，约含100亿活芽孢／毫升（克），每667平方米施用500~750毫升（克）。4 000国际单位（IU）苏云金杆菌，每667平方米施用250毫升（克）。8 000国际单位（IU）苏云金杆菌，每667平方米施用50~150毫升（克），或施用100~150毫升（克）。16 000国际单位（IU）苏云金杆菌，每667平方米施用25~50毫升（克）。防治棉铃虫、小菜蛾和甜菜夜蛾等害虫对水喷雾。

【注意事项】

（1）必须掌握好防治适期。错过时机，害虫耐药力增强，防效定减。一般要比化学农药的经验防治期提前2~3天。

（2）必须避开减效的光解环境。该类农药施用时应避开阳光直射时段，最好选在清晨、傍晚或阴天时施用。

（3）必须用足施用药剂量（药液量），以此来稳定该类农药的杀虫效果，避免降低防效。

（4）必须对准害虫施行均匀周到喷药。该类药多为无内吸性，喷药时要了解害虫为害栖息场所，看准靶标进行全面喷防。

（5）必须注重间隔期的连续喷药。害虫一世代发生期内要连续喷药2~3次。

（6）必须认清该类农药的杀虫作用慢，而要耐心等待治虫效果。不能套用化学农药的杀虫理念对待它，要严格按使用方法使用，最大限度地发挥好生物农药药效。

（7）本产品为胃毒剂，没有内吸杀虫作用，只能对食叶性鳞翅目害虫有较强的毒杀作用，喷雾时要均匀周到。该药剂可与杀虫剂或杀螨剂混合使用，具有增效作用，但严禁与杀菌剂混用。严禁太阳下曝晒，不怕冻，乳剂保存期为1.5年。喷药后遇小雨无妨碍，降中至大雨后应补喷。

### 五、昆虫病毒类生物杀虫剂防治主要夜蛾科害虫

【技术原理】昆虫病毒目前应用较多的主要是核型多角体病毒和颗粒体病毒等杆状病毒，主要是利用生态系统食物链中寄生与被寄生种群关系原理，通过人工释放病毒病原体，增加病毒病原体种群的数量，达到有效控制宿主的数量，减少其对农作物的为害。

【适用范围】主要用于防治鳞翅目、鞘翅目害虫为主的农林害虫。目前国内生产的昆虫病毒制剂在蔬菜上主要用于防治棉铃虫、斜纹夜蛾、甜菜夜蛾、小菜蛾和菜青虫等。

【应用技术】此类产品均在害虫产卵盛期施用，20亿PIB/毫升甘蓝夜蛾核型多角体病毒悬浮剂、50亿PIB/毫升棉铃虫核型多角体病毒悬浮剂、30亿PIB/毫升甜菜夜蛾核型多角体病毒悬浮剂、300亿PIB/毫升小菜蛾核型多角体病毒悬浮剂均以500~750倍液喷雾，水分散粒剂以5 000倍液喷雾。施药时先以少量水将所需药剂调成母液，再按相应浓度稀释，均匀喷洒。

【注意事项】

（1）在害虫产卵高峰期施药最佳。

（2）选择傍晚或阴天施药，尽量避免阳光直射。

（3）作物的新生叶片等害虫喜欢咬食的部位应重点喷洒，便于害虫大量取食病毒粒子。

（4）喷药时须二次稀释。

（5）切忌与碱性物质混用，密封储存于阴凉干燥处，保存期2年。

### 六、昆虫信息素应用技术

【技术原理】化学信息素是生物体之间起化学通信作用的化合物的统称，是昆虫交流的化学分子语言。这些信息化合物调控着生物的各种行为，如引起同种异性个体冲动及为了达到有效交配与生殖以繁衍后代的性信息素；帮助同类寻找食物、迁居异地和指引道路的标记信息素；通过同种个体共同采取防御或攻击措施的报警信息素；为了群聚生活而分泌的聚集信息素；其他像调控产卵、取食、寄生蜂寻找寄主等行为的各种化学信息素。化学信息素技术就是利用它对行为的调控作用，破坏和切断害虫正常的生活史，从而抑制害虫种群。其中，调控昆虫雌雄性吸引行为的性信息素化合物，既敏感，又专一，引诱力强，在整个化学信息素技术中占80%。

【技术应用】化学信息素可以按其起源和所调控的行为功能分类。性信息素，就是我们最早了解和使用的性诱剂，是昆虫的性成熟个体释放，引诱同种异性成虫并完成交配的一种化学信息素；聚集信息素是化学调控一些昆虫的聚集行为，常见

于鞘翅目的天牛、直翅目的蝗虫等；报警信息素是在昆虫遭遇到攻击时释放的，用以提醒同种个体的遁逃或攻击行为，常见于蜜蜂、蚜虫等；标记信息素是为同巢的其他成员指明资源的化合物，在蚂蚁、白蚁等昆虫中常见；空间分布信息素是可以激起昆虫远离食物源和产卵场所，达到个体间分散均匀的目的，这样有利于种群的生存；产卵信息素是调控昆虫产卵行为的化学信息素，如蚊虫、菜粉蝶的产卵；社会性昆虫的信息素，如蚂蚁、白蚁、蜜蜂等调控各种社会性昆虫行为的信息化合物；协同信息素，如害虫取食寄主植物所诱导的化合物对天敌的引诱作用；利他信息素是指昆虫自己释放的信息素是有利于其他个体的化学信息素，典型的例子是寄生蜂寻找寄主所利用的化学物质为寄主所释放，蚊子的吸血行为，所利用的则是人和动物呼出的二氧化碳和其他味道，也是利他信息素的一类；取食信息素则是调控昆虫取食或阻止昆虫取食行为的化学信息素，范围比较广，最常见的糖类化合物，一些调控蝇类的水果、花气味或蛋白水解气味化合物等，在低蛋白含量的寄主植物的实蝇类昆虫需要补充蛋白质，因此，利用蛋白水解物的气味寻找食物，而在高蛋白含量的寄主植物生长发育的实蝇类昆虫则对这些气味反应较差。

自从第一个信息素家蚕性信息素被发现至今，化学生态学的研究和应用已有近50年的历史，但80%以上都是性信息素的应用，并广泛应用于害虫的测报和防治中。目前，主要采用以下3种方法作为测报或防治。

（1）群集诱捕法。利用信息素大量诱杀成虫降低虫口密度，一般最理想的是诱捕雄成虫的方法。如许多鳞翅目雌蛾在性成熟后释放出一些称为性信息素的化合物，专一性吸引雄蛾与之交配，而我们则可通过人工合成化学信息素引诱雄蛾，并用物理的方法捕杀雄蛾，从而降低雌雄交配，减低后代种群数量达到防治或测报的目的。整套诱捕装置由诱芯和诱捕器组成。"广谱害虫利他素饵剂"是利他素引诱剂和取食促进剂的混合物，借助于有效的缓释载体，在田间释放害虫成虫喜好的气味，引诱其聚集到味源取食。适用作物：番茄、辣椒、甘蓝、西瓜、西葫芦、大豆、马铃薯和花卉等多种大田和经济作物。防治对象：地老虎、斜纹夜蛾、甜菜夜蛾、甘蓝夜蛾、银纹夜蛾、烟青虫、棉铃虫、黏虫、金针虫、瓜绢螟、金龟子、蝼蛄等多种鳞翅目、鞘翅目和直翅目害虫，也可压低瓜实蝇、斑潜蝇、小菜蛾、灯蛾、毒蛾、卷叶蛾、天蛾和叶甲等多种害虫种群数量。使用方法：①剂量：根据田间虫害严重程度，100毫升/700~2 000平方米。②配药方法：澳宝丽夜蛾利他素饵剂1∶1对水稀释后，加入推荐/附赠杀虫药剂，充分混合均匀即可。③诱捕箱处理：诱捕箱1~3个/667平方米均匀悬挂于田间，将配制好的药液均匀涂布到专用诱捕箱底部垫片上。④茎叶处理：选取适当容器，将配制好的药液沿作物行均匀滴洒于作物（或田埂周围植物）顶部较大叶片上，每667平方米滴洒2~3行，每行滴洒约 10 米。

（2）迷向法。通过在田间大量、持续地释放信息素化合物，在田间到处弥漫高浓度的化学信息素，迷惑了雄虫寻找雌虫，失去交配机会，从而干扰和阻碍了雌雄正常的交配行为，最终影响害虫的生殖，并抑制其种群增长。由于化学信息素用量大，一般是每 667 平方米需要几克的剂量，所以成本较高，如梨小食心虫的迷向防治，一般每 667 平方米要 150~200 元。而且，许多国家需要与化学农药一样的登记手续。迷向技术还必须在虫口密度非常低的时候使用，目前在中国应用相对较少。

（3）引诱—毒杀法。这是以引诱物引诱目标害虫，然后通过农药毒杀的方法。美国陶氏公司的 GF-120 和一些实蝇监测工具里面都加了化学农药。其不足是也会产生抗性，而且同样需要农药登记。

【应用要点】目前的化学信息素技术主要以性诱为核心。所以要特别注意该技术的一些特点。

（1）明确所需要的靶标害虫的学名。因为性诱的专一性，只诱捕单一害虫。如果靶标害虫的种类不清，就会失败。例如，棉铃虫和烟青虫、玉米螟和桃蛀螟等都是容易混淆种类。如果我们在使用时不清楚害虫的种类，我们可以借助性诱剂的专一性诱捕帮助我们鉴定当地的靶标害虫种类。

（2）选择正确的诱芯产品。鉴于害虫性诱剂的地理区系差异和性信息素化合物在自然环境下的不稳定性，不同厂家的诱芯质量差异较大。在田间有大量野生雌蛾存在的竞争，并不是多设置质量差的诱芯可以解决，诱芯引诱力越强，在野生雌蛾的竞争中取得优势，测报就越准确，防治效果也越好。因此，在大面积使用前，应该先开展小范围的试验示范，以免造成浪费和损失。

（3）选择正确的诱捕器。因为昆虫对气味化合物的飞行定向行为差异，不同昆虫的诱捕器设计有所不同。化学信息素群集诱捕技术装置由诱捕器、诱芯和接收袋组成。诱芯和诱捕器须配套使用。诱捕器可以重复使用，平时只要一段时间后更换诱芯。诱捕效果直观，防治成本低，操作简单又干净，农民非常容易接受。

（4）设置时间。性诱剂诱杀的是雄成虫。所以，诱捕器的设置要依靶标害虫的发生期而定，必须在成虫羽化之前。因此，性诱剂使用要结合测报，根据靶标生活史再规划诱捕器的设置时间。由于性信息素害虫防治的作用机制是改变害虫正常的行为，而不像传统杀虫剂直接对害虫产生毒杀效果，应该采取预防策略，需要在害虫发生早期，虫口密度比较低（如越冬代）时就开始使用比较理想，这样持续压制害虫的种群增长，长期维持在经济阈值之下。防治范围应该比较隔离、大于害虫的移动范围，以减少成熟雌虫再侵入。例如，根据比较试验，斜纹夜蛾的防治区域至少需要 3.33 公顷（50 亩）以上才能显示明显的防治效果。对于那些世代较长、单或寡食性、迁移性小、抗药性的害虫使用化学信息素比较容易得以控制。不同昆虫种类在使用季节上有所差异。

（5）诱捕器使用技术。诱捕器所放的位置、高度、气流情况会影响诱捕效果。设置高度依昆虫飞行高度而定（参见产品说明书）。诱捕器放置时，一般是外围放置密度高，内圈、尤其是中心位置可以减少诱捕器的放置数量。诱芯设置密度与靶标害虫的飞行范围有关（参见产品说明书）。

诱芯释放气味需要气流来扩散、传播，所以诱捕器应设置在比较空旷的田野，这样可以提高诱捕效率，扩大防治面积。

（6）诱芯保存方法。性信息素产品易挥发，需要存放在较低温度（-15~-5℃）冰箱中；保存处应远离高温环境，诱芯应避免曝晒。使用前才打开密封包装袋。

（7）田间诱捕器的维护。诱捕虫数超过一定量时要及时更换接收袋。每个诱捕器一枚诱芯，根据诱芯寿命及时更换诱芯。适时清理诱捕器中的死虫。收集到的死虫不要随便倒在田间。使用水盆诱捕器时，要加少许洗衣粉并及时加水，以维持一定的诱芯和水面距离。由于性信息素的高度敏感性，安装不同种害虫的诱芯，需要洗手，以免污染。一旦打开包装袋，最好尽快使用包装袋中的所有诱芯，或放回冰箱中低温保存。

【应用优势】

（1）害虫预测预报。性诱测报具有敏感性，特别是针对越冬代的预测更为明显；性诱测报的种群动态曲线峰形明显；从测报数字化的发展趋势来看，性诱测报是唯一可以快速达到测报自动化和数字化的途径。

（2）害虫防治。选择性高，每一种昆虫需要独特的多种化合物组成的优化配比和剂量，具有高度的专一性，不诱杀非靶标害虫。

由于是物理诱杀或迷向，不直接接触植物和农产品，诱芯中化合物含量低，因此，一般每一诱芯每天只有十多纳克到1~2毫克的释放量，对环境、人类、野生动物、自然天敌的损害可以基本忽略，从而不会破坏自然界的生态平衡。

因为是自然的嗅觉功能，而且是物理诱杀，本身不会诱发害虫对性信息素的抗性。

成本低，极度敏感，微量，有效期长。性诱到的成虫大都是刚羽化、性旺盛的个体。可以与其他任何防治技术相兼容。使用该技术在靶标害虫种群下降和农药使用次数减少的同时，降低农残，延缓害虫对农药抗性的产生。同时保护了自然环境中的天敌种群和有益生物，非靶标害虫则因天敌密度的提高而得到了控制，从而间接控制了次要害虫的种群。生态环境因此得以显著改进，确保了生物的多样性，达到农产品质量安全、低碳经济和生态建设要求。因此，是绿色防控和有机农产品的首选。

# 第三节 物理防治技术

## 一、灯光诱控技术

### 1. 频振式杀虫灯

【技术原理】杀虫灯是利用昆虫对不同波长、波段光的趋性进行诱杀，有效压低虫口基数，控制害虫种群数量，是重要的物理诱控技术。可以诱杀为害水稻、小麦、棉花、玉米、蔬菜、果树等作物上13目、67科的150多种害虫。利用杀虫灯诱控技术控制农业害虫，不仅杀虫谱广，诱虫量大，诱杀成虫效果显著，害虫不产生抗性，对人、畜安全，促进田间生态平衡，而且安装简单，使用方便。常用的杀虫灯因光源的不同，可分为各种类型的杀虫灯。由于光源的不同，可分为交流电供电式和太阳能供电式杀虫灯等。

【应用技术】

蔬菜田挂灯高度：交流电供电式杀虫灯接虫口距地面80~120厘米（叶菜类）或120~160厘米（棚架蔬菜）。太阳能灯接虫口距地面100~150厘米。

（1）控制面积。交流电供电式杀虫灯两灯间距120~160米，单灯控制面积1.5~2公顷。太阳能灯两灯间距150~200米，单灯控制面积2~3公顷。

（2）开灯时间。挂灯时间为4月底至10月底；诱杀鞘翅目、鳞翅目等害虫的适宜开灯时间：19~24时（东部地区），20时至次日2时（中部地区），21时至次日4时（西部地区）。

（3）杀虫灯的收灯与存放。杀虫灯如冬天不用时最好撤回以进行保养。收灯后将灯具擦干净再放入包装箱内，置阴凉干燥的仓库中。太阳能杀虫灯在收回后要对固定螺栓进行上油预防生锈，蓄电瓶要每月充两次电以保证其使用寿命。如无条件收灯，应用灯具自带的防护屏，将灯具锁好，封闭，并用防腐蚀雨篷遮盖。

【注意事项】

（1）架设电源电线要请专业电工，不能随意拉线，确保用电安全。

（2）接通电源后请勿触摸高压电网，灯下禁止堆放柴草等易燃品。

（3）使用中要使用集虫袋，袋口应光滑以防害虫逃逸。

（4）使用电压应为210~230伏，雷雨天气尽量不要开灯，以防电压过高。每天要对接虫袋和高压电网的污垢进行清理，清理前一定要切断电源，顺网进行清理。如果污垢太厚，可更换新电网或将电网拆下，清除污垢后再重新绕好，绕制时要注意两根电网不能短路。

（5）太阳能杀虫灯在安装时要将太阳板调向正南，确保太阳能电池板能正常接受光照。蓄电池要经常检查，电量不足时要及时充电，以免影响使用寿命。

（6）出现故障时，务必在切断电源后进行维修。

（7）使用频振式杀虫灯不能完全代替农药，应根据实际情况与其他防治方法相结合。

（8）在使用过程中要注意对灯下和电杆背灯面两个诱杀盲区内的害虫重点防治。

除频振式杀虫灯外的其他类型杀虫灯的使用技术，可参照实施。

2. LED 新光源杀虫灯诱杀害虫技术

【技术原理】LED（发光二极管）新光源杀虫灯是利用昆虫的趋光特性，设置昆虫敏感的特定光谱范围的诱虫光源，诱导害虫产生趋光、趋波兴奋效应而扑向光源，光源外配置高压电网杀死害虫，使害虫落入专用的接虫袋，达到杀灭害虫的目的。利用 LED 新光源杀虫灯诱杀害虫是一种物理防治害虫的技术措施，可诱杀以鳞翅目和鞘翅目害虫为主的多种类型的害虫成虫，包括棉铃虫、菜蛾、夜蛾、食心虫、地老虎、金龟子和蝼蛄等几十种。

LED 新光源杀虫灯是白天通过太阳光照射到太阳能电池板上，将光能转换成电能并储存于蓄电池内，夜晚自动控制系统根据光照亮度自动亮灯、开启高压电极网进行诱杀害虫工作。

【适用范围】果园、蔬菜田、玉米等鳞翅目和鞘翅目害虫发生量较多的作物田。

【应用技术】

（1）悬挂高度。田间安装杀虫灯时，先按照杀虫灯的安装使用说明安装好杀虫灯各部件，然后将安装好的杀虫灯固定在主体灯柱上，再用地脚螺栓固定到地基上，最后用水泥灌封后将整灯固定安装到地面。灯柱高度（杀虫灯悬挂高度）因不同作物高度而异。悬挂高度以灯的底端离地 1.2~1.5 米为宜，如果作物植株较高，挂灯一般略高于作物 20~30 厘米。

（2）田间布局。杀虫灯在田间的布局常有两种方法：一是棋盘状分布，适合于比较开阔的地方使用；二是闭环状分布，主要针对某块为害较重的区域以防止害虫外迁；或为搞试验需要特种布局。如果安灯区地形不平整，或有物体遮挡，或只针对某种害虫特有的控制范围，则可根据实际情况采用其他布局方法，如在地形较狭窄的地方，采用小之字形布局。棋盘式和闭环状分布中，各灯之间和两条相邻线路之间间隔以单灯控制面积计算，如单灯控制面积 2 公顷，灯的辐射半径为 80 米，则各灯之间和两条相邻线路之间间隔 160~200 米。

（3）开灯时间。以害虫的成虫发生高峰期，每晚 19 时至次日 3 时为宜。

**【注意事项】**

（1）太阳能杀虫灯在安装时要将太阳能板面向正南，确保太阳能电池板能正常接受光照。蓄电池要经常检查，电量不足时要及时充电，以免影响使用寿命。

（2）使用 LED 杀虫灯不能完全代替农药，应根据实际情况与其他防治方法相结合。

（3）在使用过程中要注意对灯下和背灯面两个诱杀盲区内的害虫重点防治。

（4）及时用毛刷清理高压电网上的死虫、污垢等，保持电网干净。

## 二、色板诱控技术

**【技术原理】**利用昆虫的趋色（光）性，制作各类黏板：在害虫发生前诱捕部分个体以监测虫情，在防治适期诱杀害虫。为增强对靶标害虫的诱捕力，将害虫性诱剂、植物源诱捕剂或者性信息素和植物源信息素混配的诱捕剂与色板组合；制作非黏性色板，与植物互利素或害虫利他素配成的诱集剂组合，诱集、指引天敌于高密度的害虫种群中寄生、捕食。该技术可达到控制害虫、减免虫害造成作物产量和质量的损失，以及保护生物多样性的目的。

**【适用范围】**多数昆虫具有明显的趋黄绿色习性，特殊类群的昆虫对于蓝紫色有显著趋性。一般地，一些习性相似的昆虫，对某些色彩有相似的趋性。蚜虫类、粉虱类趋向黄色、绿色；叶蝉类趋向绿色、黄色；有些寄生蝇、种蝇等偏嗜蓝色；有些蓟马类偏嗜蓝紫色，但有些种类蓟马嗜好黄色。夜蛾类、尺蠖蛾类对于色彩比较暗淡的土黄色、褐色有显著趋性。色板诱捕的多是日出性昆虫，墨绿、紫黑等色彩过于暗淡，引诱力较弱。白光由多种光混合而成，可吸引较多种类的昆虫，白板上昆虫的多样性指数最大。

色板与昆虫信息素的组合可叠加二者的诱效，在通常情况下，诱捕害虫、诱集和指引天敌的效果优于色板或者信息素单用。

**【蔬菜田应用技术】**色板可以是长方形的，常用的有 20 厘米 × 40 厘米、20 厘米 × 30 厘米、10 厘米 × 20 厘米等，也可是方形的，如 20 厘米 × 20 厘米、30 厘米 × 30 厘米等。色板上均匀涂布无色无嗅的昆虫胶，胶上覆盖防黏纸，田间使用时，揭去防黏纸。诱捕剂载有诱芯，诱芯可嵌在色板上，或者挂于色板上。

（1）诱捕蚜虫。可选用黄色黏板。秋季 9 月中下旬至 11 月中旬，将蚜虫性诱剂与黏板组合诱捕性蚜，压低越冬基数。春、夏期间，在成蚜始盛期、迁飞前后，使用色板诱捕迁飞的有翅蚜，色板上附加植物源诱捕剂更好。色板高过作物 15~20 厘米，每 667 平方米放 15~20 个。

（2）诱捕粉虱。使用黄色黏板，对于茶园、橘园、行道树、蔬菜大棚内的粉虱类可选用油菜花黄色彩。春季越冬代羽化始盛期至盛期，使用色板诱捕飞翔的粉虱成虫，或者在粉虱严重发生时，在成虫产卵前期诱捕孕卵成虫。色板上附加植物源诱捕剂效果会更好。色板高过作物15~20厘米，每667平方米放15~20个。蔬菜大棚内，20~30天更换1次色板。

（3）诱捕蓟马。使用蓝色黏板或黄色黏板。在蓟马成虫盛发期诱捕成虫。使用方法同蚜虫类。

（4）诱捕蝇类。害虫使用蓝色黏板或绿色黏板，诱捕雌、雄成虫。色板高过作物15~20厘米，每667平方米放置10~15个。

（5）诱捕尺蠖蛾类和夜蛾类。使用土黄色黏板、姜黄色黏板，诱捕产卵前期的雌尺蠖蛾或雄尺蠖蛾。使用方法同蚜虫类。

## 三、防虫网应用技术

【技术原理】防虫网是采用高分子材料—聚乙烯为主要原料，并添加防老化、抗紫外线等化学助剂，经拉丝织造成网筛状新型覆盖材料。具有拉力强度大，抗紫外线，抗热、抗风、耐水、耐腐蚀、耐老化等性能，无毒、无嗅，可反复覆盖使用4~5年，每平方米平均使用成本不足1元，最终的废弃物易处理等优良特点。在保护地设施上覆盖应用后，基本上可免除甜菜夜蛾、斜纹夜蛾、菜青虫、小菜蛾、甘蓝夜蛾、银纹夜蛾、黄曲条跳甲、猿叶虫、蚜虫、烟粉虱、棉铃虫、烟青虫、豆野螟和瓜绢螟等20多种害虫的为害，还可阻隔传毒的蚜虫、烟粉虱、蓟马、美洲斑潜蝇传播数十种病毒病，达到防虫兼控病毒病良好经济效果。社会效益方面，覆盖应用后可大幅度减少农药的施用，缓解保护地内害虫对农药的抗性，是保障生产无农药残留蔬菜的实用性强、操作简单易行、成本低的耐用资材。

【适用范围】防虫网主要用于设施蔬菜生产，通过对温室和大棚通风口、门口进行封闭覆盖，阻隔外界害虫进入棚室内为害，以减少虫害的发生。防虫网也可用于对露地蔬菜进行搭架全覆盖的网棚生产。防虫网使用中，一是要根据不同的防治对象选择适宜的防虫网目数。如20~32目可阻隔菜青虫、斜纹夜蛾等鳞翅目成虫，40~60目可阻隔烟粉虱、斑潜蝇等小型害虫。二是防虫网要在作物整个生育期全程严密覆盖，直至收获。

【技术应用】在害虫发生初始前覆盖防虫网后，再栽培蔬菜才可减少农药的使用次数和使用量。

为防止覆盖后防虫网内残存虫口发生意外为害，覆盖之前必须杀灭虫口基数，如清洁田园、清除前茬作物的残虫枝叶和杂草等的田间中间寄主，对残留在土壤中的虫、卵进行必要的药剂处理。

根据设施类型，选择操作方便、易行、省本的优化组合覆盖方法，目前常用的主要覆盖法有全网覆盖和网膜覆盖两种方式。

（1）全网覆盖法。在棚架上全棚覆盖防虫网，按棚架形式可分为大棚覆盖、中小棚覆盖、平棚覆盖。这种覆盖方式，盖网前先按常规精整田块，下足基肥，同时进行化学除草和土壤消毒，随后覆盖防虫网，四周用土压实，棚管间拉绳压网防风，实行全封闭覆盖。

（2）网膜覆盖法。防虫网和农膜结合覆盖。这种覆盖方式是棚架顶盖农膜，四周围防虫网。网膜覆盖，避免了雨水对土壤的冲刷，起到保护土壤结构，降低土壤湿度，避雨防虫的作用。在连续阴雨或暴雨天气，可降低棚内湿度，减轻软腐病的发生。在晴热天气，易引起棚内高温。

（3）双网（防虫网与遮阳网）配套作用。这种类型主要在盛夏高温、强光的条件下栽培，上面天网用遮阳网，阻挡强光降温，四周侧面用防虫网覆盖，防止害虫侵入为害，实现兼顾遮光、避雨、防虫的目的，是一项有效、省本、实用避虫治病的栽培技术，还改良了网膜结合、全网覆盖的闷热通风不良、易引发软腐病的缺陷。

【注意事项】害虫是无孔不入，只要在农事操作、采收时稍有不慎，就会给害虫创造入侵的机会，要经常检查防虫网阻隔效果，及时修补破损孔洞。发现少量虫口时可以放弃防治，但在害虫有一定的发生基数时，要及时用药控害，防止错过防治适期。防虫网使用结束，应及时收下，洗净，吹干，卷好，延长使用寿命。

## 四、无纺布应用技术

无纺布是未经纺织，只是用聚丙烯等化学纺织短纤维或者长丝进行定向或随机排列，形成纤网结构，然后采用机械、热黏等方法加固而成的新型轻质资材，并具有工艺流程短、生产速度快、产量高、成本低、用途广、原料来源多等特点。农业上用于作物保护布、育秧布、灌溉布、保温幕帘等。也用于保护地设施栽培的防病治虫，且可多次重复使用。

【技术原理】保护地栽培由于设施的日夜温差大、湿度高、易结露，造成带菌露滴落在作物上引发病害等。应用农用无纺布保温幕帘后，起到阻止滴露直接落在作物的叶茎上引发病害，并有在潮湿时吸潮、干燥时释放湿气微调棚室湿度作用，从而达到控制和减轻病害的发生与为害。在早春与晚秋，用于在作物上浮面覆盖，可起到透光、透气、降湿、保温、阻隔害虫侵害、促进增产等作用，也是保障生产无农药残留蔬菜的实用性强、操作简单易行、成本低的耐用材料。

【适用范围】预防由保护地设施露滴引起的灰霉病、菌核病和低温冻伤引起的绵疫病、疫病等病害。兼用于防虫，可起到类似防虫网的作用，还兼有良好的保温、防霜冻作用。

【技术应用】在冬季、早春与晚秋，常用在设施的天膜下，安装保温防滴幕帘。白天拉开，增加棚室的透光度，兼释放已吸收的湿气；晚上至清晨拉幕保温、防滴、吸潮，起到辅助防病的作用。

直接浮面覆盖应用在冬季、早春与晚秋保护设施或露地，可省去支架，达到保温、防霜冻、促进生长、增加产量、延后市场供应、辅助避虫等目的，与防虫网相比更具实用性，对新播种的秧苗有保墒、促进发芽、培育壮苗的作用。

## 五、银灰膜避害控害技术

【技术原理】利用蚜虫、烟粉虱对银灰膜有较强的忌避性，可在田间挂银灰塑料条或用银灰地膜覆盖蔬菜来驱避害虫，预防病毒病。

【适用范围】夏、秋季蔬菜田，设施蔬菜田等。

【应用技术】蔬菜田间铺设银灰色地膜避虫，每667平方米铺银灰色地膜5千克，或将银灰色地膜裁成宽10~15厘米的膜条悬挂于大棚内作物上部，高出植株顶部20厘米以上，膜条间距15~30厘米，纵横拉成网眼状。使害虫降落不到植株上。温室大棚的通风口也可悬挂银灰色地膜条成网状。如防治秋白菜蚜虫，可在白菜播后立即搭0.5米高的拱棚，每隔15~30厘米纵横各拉一条银灰色塑料薄膜，覆盖18天左右，当幼苗6~7片真叶时撤棚定植。

# 第三章　主要蔬菜病害绿色防控技术

## 第一节　瓜类病害

### 一、黄瓜病害

**黄瓜苗期病害**

【症状特征】

苗期病害是冬春育苗时苗床上普遍发生、为害严重的病害。可造成死苗，严重时幼苗成片死亡而连续毁种重播。黄瓜苗期病害主要有猝倒病、立枯病和沤根。

**猝倒病**　从种子发芽到幼苗出土前染病，造成烂种、烂芽。出土不久的幼苗最易发病。幼苗茎基部出现水渍状黄褐色病斑，迅速扩展后病部缢缩成线状，幼苗病势来得极快，子叶尚未凋萎之前，幼苗便倒折贴伏地面。刚刚倒折的幼苗依然绿色，故称之为猝倒病。苗床上发病最初多是零星发生，形成发病中心，迅速向四周扩展，最后引起成片倒苗。苗床湿度大时，病苗残体表面及附近土壤表面有时长出一层白色絮状霉，最后病苗多腐烂或干枯。苗床上病害扩展较快。

**立枯病**　多在出苗一段时间后发病，在幼苗茎基部产生椭圆形褐色病斑，病斑逐渐凹陷，扩展后绕茎一周造成病部收缩、干枯。病苗初是萎蔫状，随之逐渐枯死，枯死苗多立而不倒伏。故称之为立枯病。苗床湿度大时，病苗附近床面上常有稀疏的淡褐色蛛丝状霉。苗床上病害扩展较慢。

**沤根**　刚出土幼苗到长到一定程度的大苗均能发病。发生沤根时，幼苗茎叶生长受抑制，叶片逐渐发黄，不生新叶，病苗易从土中拔出，根部不发新根和不定根。根皮呈锈褐色，逐渐腐烂、干枯。严重时，幼苗萎蔫，最后枯死。

【病原】

猝倒病病原菌为 *Pythium aphanidermatum*（Eds.）Fitzp.，称瓜果腐霉，属藻物界卵菌门。菌丝体生长繁茂，呈白色棉絮状；菌丝无色，无隔膜，直径2.3~7.1 微米。菌丝与孢子囊梗区别不明显。孢子囊丝状或分枝裂瓣状，或呈不规则膨大。大小（63~725）微米 ×（4.9~14.8）微米。泡囊球形，内含 6~26 个游动孢子。藏卵器球形，直径 14.9~34.8 微米，雄器袋状至宽棍状，同丝或异丝生，多为1个，大小（5.6~15.4）微米×（7.4~10）微米。卵孢子球形，平滑，不满器，直径14.0~22.0微米。有报道引起黄瓜春季猝倒病的病原还有刺腐霉（*Pythium spinosum* Sawada），此外疫霉属（*Phytophthora* spp.）的一些种及丝核菌（*Rhizoctonia solani* Kühn），也可引起幼苗子叶出现萎蔫型猝倒病。

立枯病病原菌为立枯丝核菌 *Rhizoctonia solani* Kühn，属真菌界半知菌类。有性阶段为瓜亡革菌 *Thanatephorus cucumeris*（Frank）Donk，一般不多见。病菌形态同番茄立枯病。此外，有报道黄瓜苗期炭疽病菌侵染后也可引致苗期立枯病。

沤根是一种生理病害，由于苗床长时间低温、高湿，使幼苗根系在缺氧状态下，呼吸受阻，不能正常发育，根系吸收能力降低而且生理机能破坏造成沤根。

【发病规律】

猝倒病、立枯病病菌在土壤中越冬，在土壤中存活2~3年以上。病菌通过流水、带菌肥料、农具等传播。幼苗刚出土时，植株幼嫩，子叶中养分已用尽，真叶未长出，新根也未扎实，抗病力最弱，也是幼苗最易感染病的时期。此时遇寒流侵袭或连续低温、阴雨（雪）天气，苗床保温做得不好，猝倒病就会暴发，损失惨重。稍大些的苗子，如温度变化大，光照不足，幼苗纤细瘦弱抗病力下降，立枯病也易发生。另外，土壤黏重、播种过密、间苗不及时、浇水过多、通风不良，用未经消毒的床土育苗，往往加重苗病的发生和蔓延。

【绿色防控技术】

（1）加强苗床管理。选用无菌新土作床土，最好换大田土。苗床要平整，土要细松。肥料要充分腐熟，并撒施均匀。种子要精选，催芽不宜过长，播种不要过密。保持较高的温度，严格控制湿度，适当浇足底水，出苗后尽量不要浇水，必须浇水时，一定选择晴天喷洒，切忌大水漫灌。应加强通风换气，促进幼苗健壮生长。

（2）苗床药剂消毒。对旧床土进行药剂处理：①福尔马林处理。一般在播种前2~3周，将床土耙松，每平方米用40%福尔马林30~50毫升，加水1~3千克，浇湿床土，然后用麻袋或薄膜覆盖4~5天，再除去覆盖物，约经2周，待药物充分挥发后播种。②多菌灵处理。每平方米用50%多菌灵可湿性粉剂8~10克，拌细土1千克，撒施播种畦内，然后划锄，再行播种。

（3）幼苗期药剂防治。发现少量病苗时，应拔除病株，然后喷药防治。药剂选用种类依病害种类而定。防治猝倒病，每667平方米用72.2%霜霉威水剂100毫升，或25%嘧菌酯悬浮剂34克对水喷雾。视病情防治2~3次，用药间隔7天。出现立枯病，用50%霜脲·锰锌可湿性粉剂600倍液，或77%氢氧化铜可湿性粉剂500倍液防治。以上药剂5~7天1次，连续喷2~3次。

### 黄瓜霜霉病

**【症状特征】**

黄瓜霜霉病俗称黑毛、火龙、跑马干等，各地普遍发生，是黄瓜上最常见的一种病害。发病的主要部位是叶片，茎、卷须、花梗也可受害。幼苗出土后，子叶就受侵染发病。开始子叶出现不均匀的退绿、黄化，形成不规则的枯黄斑，甚至子叶枯死。真叶发病先从下部叶片发病，沿叶片边缘出现许多水渍状小斑点，淡绿色，并很快发展成黄绿色至黄色的大斑，因受叶脉限制，病斑呈多角形。早晨或叶面结水膜时，病斑外缘组织呈暗绿色水渍状。在潮湿条件下，病部背面出现灰黑色霉层。严重时病斑互相融合，叶片变成深褐色，边缘向上卷起，瓜秧自下而上干枯、死亡，有时仅留下绿色的顶梢。

**【病原】**

*Pseudoperonospora cubensis*（Berk. et Curt.）Rostov.，称古巴假霜霉菌，属藻物界卵菌门。孢子梗自气孔伸出，单生或 2~4 根束生，无色，主干 144.2~545.9 微米，基部稍膨大，上部呈 3~5 次锐角分枝，分枝末端着生一个孢子囊，孢子囊卵形或柠檬形，顶端具乳状突起，淡褐色，单胞，大小（18.1~41.6）微米 ×（14.5~27.2）微米。孢子囊可直接萌发，长出芽管，低温时，孢子囊释放出游动孢子 1~8 个，在水中游动片刻后形成休止孢子，再产生芽管，从寄主气孔或细胞间隙侵入，在细胞间蔓延，靠吸器伸入细胞内吸取营养。产生孢子囊适温 15~20℃，萌发适温 15~22℃。

**【发病规律】**

病菌以孢子囊和菌丝在病叶上越冬或越夏，通过气流和雨水传播。孢子囊在温度 15~20℃，空气相对湿度高于 83% 才大量产生，且湿度越高产孢越多，叶面有水滴或水膜，持续 3 小时以上孢子囊萌发和侵入。试验表明：夜间由 20℃ 逐渐降到 12℃，叶面有水 6 小时，或夜温由 20℃ 逐渐降到 10℃，叶面有水 12 小时，此菌才能完成发芽和侵入。日均温 15~16℃，潜育期 5 天；17~18℃，4 天；20~25℃，3 天。田间始发期均温 15~16℃，流行气温 20~24℃，低于 15℃ 或高于 30℃ 发病受抑制。该病主要侵害功能叶片，幼嫩叶片和老叶受害少。对于一株黄瓜，该病侵入是逐渐向上扩展的。

**【绿色防控技术】**

（1）选用抗病品种。如津杂 1 号、津杂 2 号、津杂 3 号、津杂 4 号，津研 4 号、津杂 6 号、津杂 7 号，夏丰 1 号、早丰 1 号、中农 5 号和碧春等。

（2）加强栽培管理。培育无病壮苗，结合定植剔除病、弱苗。增施腐熟农家肥和磷钾肥，并采取叶面施肥，前期追施固体二氧化碳肥，定期喷施 0.1% 尿素加 0.3% 磷酸二氢钾，增强植株抗病性。生育前期少浇水，浇水在晴天上午进行，避免雨天灌水，灌水后适时浅中耕，有利于提高地温。

（3）生态防治。保护地栽培，上午温度保持 25~30℃，最好不超过 33℃，相对湿度降至 75%；下午温度维持 20~25℃，相对湿度保持 70% 左右。入夜后湿度逐渐增大，子夜前相对湿度小于 80%，温度控制在 15~20℃，子夜以后相对湿度超过 90%，将温度降至 10~13℃。自然温度夜间升至 10℃，傍晚可放风 1~2 小时，自然温度夜间达到 12℃时，可整夜放风。

（4）高温闷棚。利用黄瓜和病原菌对高温的忍耐性不同来抑制病菌发育或杀死病菌。选择晴天中午将大棚关闭，使棚内植株上部温度达到 44~46℃，维持 2 小时，然后逐步放风降低温度。处理时要求土壤含水量高，棚内湿度高，避免灼伤黄瓜生长点，因此，在闷棚前要浇一次透水。

（5）药剂防治。①每 667 平方米用 25% 嘧菌酯悬浮剂 34 克、80% 代森锰锌可湿性粉剂 100 克交替对水喷雾。间隔 6~7 天，视病情防治 2~3 次。②每 667 平方米用 64% 噁霜·锰锌可湿性粉剂 100 克、50% 烯酰吗啉可湿性粉剂 60 克交替对水喷雾。间隔 6~7 天，视病情防治 2~3 次。③每 667 方米用 52.5% 霜脲氰·噁唑菌酮可湿性粉剂 60 克、50% 霜脲·锰锌可湿性粉剂 50 克交替对水喷雾。间隔 6~7 天，视病情防治 2~3 次。

## 黄瓜疫病

**【症状特征】**

黄瓜疫病是一种发展迅速，流行性强，毁灭性的病害，故称为"疫病"。苗期、成株期均可发病。苗期发病多是子叶，根茎处暗绿色水浸状，很快腐烂而死。成株期发病，茎部多在茎基部或节部、分枝处发病。先出现褐色或暗绿色水渍状斑点，迅速扩展成大型褐色、紫褐色病斑，表面长有稀疏白色霉层。病部缢缩，皮层软化腐烂，病部以上茎叶萎蔫，枯死。叶片发病产生不规则状、大小不一的病斑，似开水烫状，暗绿色，扩展迅速可使整个叶片腐烂，湿度大或阴雨时病部表面生有轻微的霉。瓜条发病先形成水渍状暗绿色病斑，略凹陷，湿度大时瓜条很快软腐，病部长出较浅的一层白色霉状物。

**【病原】**

*Phytophthora melonis* Kalsura，称瓜疫霉，属藻物界卵菌门。菌丝丝状，无色，宽 3.5~7.1 微米，多分枝。幼菌丝无隔，老熟菌丝长出瘤状结节或不规则球状体，内部充满原生质。在瓜条上菌丝球状体大部分成串，常在发病初期孢子囊未出

现前产生，从此长出孢子囊梗或菌丝。孢子囊梗直接从菌丝或球状体上长出，平滑，宽 1.5~3.0 微米，长达 100 微米，中间偶现单轴分枝，个别形成隔膜。孢子囊顶生，卵球形或长椭圆形，大小（36.4~71.0）微米 ×（23.1~46.1）微米，平均 54.3 微米 ×35.8 微米。囊顶增厚部分一般不明显，孢子囊孔口宽达 8.8~17.6 微米。游动孢子近球形，大小 7.3~17.7 微米。藏卵器淡黄色，球形，外壁 1.5~4 微米。雄器无色，球形或扁球形。卵孢子淡黄或黄褐色，大小 15.7~32.0 微米。厚垣孢子少见。病菌生长发育适温 28~32℃，最高 37℃，最低 9℃。

【发病规律】

该病为土传病害，以菌丝体、卵孢子及厚垣孢子随病残体在土壤或粪肥中越冬，成为翌年的初侵染源。条件适宜时长出孢子囊，借风、雨、灌溉水传播蔓延。孢子囊成熟后在有水条件下，释放大量游动孢子，游动孢子再产生芽管，侵入寄主。在 25~30℃条件下，潜育期 24 小时。病斑上新产生的孢子囊及其萌发后形成的游动孢子，借气流传播，进行再侵染。发病适温为 28~30℃，土壤水分是影响此病流行程度的重要因素。雨季早、降雨次较多、雨量大，发病早而重。田间发病高峰往往紧接雨量高峰之后 2~3 天。一般重茬地发病早，病情重，蔓延快。

【绿色防控技术】

（1）搞好种子消毒，培育无病壮苗。播种前种子用 55℃温水浸种 15 分钟，或用 40% 福尔马林 150 倍液浸种 30 分钟，洗净后晾干播种。

（2）加强栽培管理。选择排水良好的地块，采用深沟高垄种植，雨后及时排水。

（3）药剂防治。同黄瓜霜霉病。

## 黄瓜炭疽病

【症状特征】

炭疽病在黄瓜各生育期都可发生，以生长中、后期发病较重，可危害叶片、茎和果实。幼苗多发生于子叶边缘，病斑呈半圆形或圆形，水渍状，渐由淡黄色变成灰色至深褐色，稍凹陷，潮湿时长出粉红色黏状物，茎基部则出现变色、缢缩、倒伏。在成株叶片上初为水渍状小斑点，后变褐色近圆形病斑，有同心轮纹和小黑点，干燥时病斑易穿孔，外围有时有黄色晕圈。潮湿时可产生粉红色黏状物，严重时病斑连片叶片干枯。茎和叶柄病斑长圆形或椭圆形，黄褐色，稍凹陷，严重时病斑连接，包围主茎，致植株部分或全部枯死。瓜条染病，病斑近圆形，初期为淡绿色水浸状小病斑，扩大后呈褐色凹陷，中央深褐色并长出小黑点，高湿时病斑上长有粉红色黏状物。

【病原】

*Colletotrichum orbiculare*（Berk. et Mont.）Arx，称瓜类炭疽菌，属真菌界半知菌类，炭疽菌属。分生孢子盘聚生，初为埋生，红褐色，后突破表皮呈黑褐色，刚毛散生于分生孢子盘中，暗褐色，顶端色淡、略尖，基部膨大，长90~120微米，具2~3个横隔。分生孢子梗无色，圆筒状，单胞，大小（20~25）微米×（2.5~3.0）微米，分生孢子长圆形，单胞，无色，大小（14~20）微米×（5.0~6.0）微米。分生孢子萌发产生1~2根芽管，顶端生附着胞，附着胞暗色，近圆形、椭圆形至不整齐形，壁厚，大小（5.5~8）微米×（5~5.5）微米。

【发病规律】

病菌主要以菌丝体或拟菌核随病残体在土壤中越冬，也可以菌丝体潜伏在种子内或分生孢子黏附在种子表面越冬。10~30℃均可发病，适温为24℃；湿度大是诱发本病的重要条件，相对湿度90%~95%适其发病。气温高于28℃，湿度低于54%，发病轻或不发病。地势低洼，排水不良，或氮肥过多，通风不良，重茬地发病重。

【绿色防控技术】

（1）种子消毒。播种前种子用55℃温水浸种15分钟，或用40%福尔马林150倍液浸种30分钟，洗净后晾干播种。

（2）采用高畦栽培。选择排水良好的地块，采用深沟高垄种植，雨后及时排水。

（3）药剂防治。每667平方米用10%苯醚甲环唑水分散粒剂30克、25%咪鲜胺乳油50毫升、25%吡唑醚菌酯乳油30~40毫升交替对水喷雾。间隔6~7天，视病情防治2~3次。

## 黄瓜细菌性角斑病

【症状特征】

幼苗多在子叶上出现水渍状圆病斑，稍凹陷，变褐枯死。成株叶片发病，最初产生水渍状小斑点，病斑扩大因受叶脉限制，形成多角形黄色病斑，潮湿时病斑外围具有明显水渍状圈，并产生白色菌脓，干燥时病斑干裂、穿孔。瓜条和茎蔓病斑初期也是水渍状，后出现溃疡或裂口，并有菌脓溢出，病部干枯后呈乳白色并有裂纹。瓜条病斑向深部腐烂。

【病原】

*Pseudomonas syringae* pv.*lachrymans*（Smith et Bryan）Young et al.，称丁香假单胞杆菌黄瓜角斑病致病变种，属细菌界薄壁菌门，假单胞菌属。菌体短杆状相

互呈链状连接，具端生鞭毛 1~5 根，大小（0.7~0.9）微米 ×（1.4~2）微米，有荚膜，无芽孢，革兰氏染色阴性，在金氏 B 平板培养基上，菌落白色，近圆或略呈不规则形，扁平，中央凸起，污白色，不透明，具同心环纹，边缘一圈薄而透明，菌落直径 5~7 毫米，外缘有放射状细毛状物，具黄色荧光。生长适温 24~28℃，最高 39℃，最低 4℃。48~50℃经 10 分钟致死。除侵染黄瓜外，还侵染葫芦、丝瓜、甜瓜和西瓜等。

【发病规律】

病原菌在种子内、外或随病株残体在土壤中越冬，成为翌年初侵染源。病原菌存活期 1~2 年。借助雨水、灌溉水或农事操作传播，通过气孔或水孔侵入植株。用带菌种子播种后，种子萌发时即侵染子叶，病菌从伤口侵入的潜育期较从气孔侵入的潜入期短，一般 2~5 天。发病后通过风雨、昆虫和人为接触传播，进行多次重复侵染。棚室栽培时，空气湿度大，黄瓜叶面常结露，病部菌脓可随叶缘吐水及棚顶落下的水珠飞溅传播蔓延，反复侵染。露地栽培时，随雨季到来及田间浇水，病情扩展。北方露地黄瓜 7 月中下旬为发病高峰期。此病发病适温 24~28℃，最高 39℃，最低 4℃。在 49~50℃的环境中，10 分钟即会死亡。相对湿度在 85% 以上，叶面有水膜时极易发病。因此，此病属低温高湿病害。

【绿色防控技术】

（1）选用抗病品种。津春 1 号、中农 13 号和龙杂黄 5 号等。

（2）种子消毒。选无病瓜留种，并进行种子消毒。可用 55℃温水浸种 15 分钟，或用 40% 福尔马林 150 倍液浸种 1.5 小时，或 72% 农用硫酸链霉素可溶粉剂 500 倍液浸种 2 小时，清水洗净后晾干播种。

（3）加强栽培管理。无病土育苗，移栽时施足底肥，增施磷钾肥，深翻土地，避雨栽培，清洁田园，保护地放风降湿等，均有控制发病的作用。

（4）药剂防治。①每 667 平方米用 3% 中生霉素可湿性粉剂 65 克、77% 氢氧化铜可湿性粉剂 200 克交替对水喷雾。间隔 6~7 天，视病情防治 2~3 次。②每 667 平方米用 20% 噻菌铜悬浮剂 100 克、72% 农用硫酸链霉素可溶粉剂 30 克交替对水喷雾。间隔 6~7 天，视病情防治 2~3 次。


## 黄瓜白粉病

【症状特征】

苗期至收获期均可染病，叶片发病重，叶柄、茎次之，果实受害少。发病初期叶面或叶背及茎上产生白色近圆形星状小粉斑，以叶面居多，后向四周扩展成边缘不明显的连片白粉，严重时整叶布满白粉，即病原菌无性阶段。发病后期，白色粉斑因菌丝老熟变为灰色，病叶黄枯。有时病斑上长出成堆的黄褐色小粒点，后变黑，即病原菌的闭囊壳。

【病原】

*Sphaerotheca cucurbitae*（Jacz.）Z.Y.Zhao，称瓜类单囊壳，属真菌界子囊菌门，单囊壳属的真菌。该菌系专性寄生菌，只在活体寄主上存活。分生孢子梗无色、圆柱形，不分枝，其上着生分生孢子。分生孢子椭圆形至长圆形，略呈腰鼓状，孢内线粒体明显，无色单胞，大小（30.2~39.5）微米 ×（7.38~22.12）微米，串生。闭囊壳球形，褐色，无孔口，直径 67.5~122.4 微米，表面有菌丝状的附属丝。附属丝无色至淡褐色，6~26 根，宽 4.5~7.5 微米。壳内有一个子囊，无色，倒梨形，大小（66~118.5）微米 ×（50~74.26）微米，内含 8 个子囊孢子。子囊孢子椭圆形，单胞，平滑，无色或淡黄色，大小（21.7~29.7）微米 ×（12.4~19.8）微米。本菌除侵染黄瓜外，还侵染豆类和其他花卉。在黄瓜上有时二孢白粉菌（*Erysiphe cichoracearum* DC.=*E. cucurbitacearum* Zheng et Chen）也可引起白粉病，其无性孢子串生，短圆柱形，看不到线粒体。

【发病规律】

病菌以菌丝体或分生孢子在寄主上越冬或越夏，或以闭囊壳随病残体留在地上越冬，成为初侵染源。条件适宜时，闭囊壳释放子囊孢子，菌丝体产生分生孢子，借气流传播到寄主叶片上进行侵染。分生孢子的寿命短，在 26℃条件下只能存活 9 小时，30℃以上或 -1℃以下很快失去活力。分生孢子先端萌发产生芽管，从叶片表皮侵入，菌丝体附生在叶表面，从萌发到侵入需 24 小时，每天可长出 3~5 根菌丝。5~7 天后可在侵染点周围形成菌落并产生分生孢子，借气流传播造成再侵染。白粉病在条件合适时可进行多次再侵染。分生孢子萌发和侵入的适宜相对湿度为 90%~95%，无水或低湿度下也能萌发侵入，因此，干旱条件下白粉病仍可严重发生。此外，白粉病发生的温度范围较广，只要有病原菌存在，一般条件下白粉病均可发生。

【绿色防控技术】

（1）选用抗病品种。津杂 1 号、津杂 2 号、津杂 3 号、津杂 4 号，津研 2 号、津研 4 号、津研 6 号、津研 7 号、津早 3 号、中农 1101 和京旭 2 号等。

（2）加强栽培管理。注意通风透光，合理用水，降低空气湿度；施足底肥，增施磷钾肥，培育壮苗，增强植株抗病能力。

（3）药剂防治。每 667 平方米用 25% 嘧菌酯悬浮剂 34 克、50% 醚菌酯干悬浮剂 17 克、10% 苯醚甲环唑可湿性粉剂 67~85 克交替对水喷雾。间隔 7~10 天，视病情防治 2~3 次。

### 黄瓜枯萎病

**【症状特征】**

幼苗发病，子叶萎蔫，胚茎基部呈褐色水渍状软腐，潮湿时长出白色菌丝，猝倒枯死。成株开花结瓜后陆续发病，开始中午植株常出现萎蔫，早晚恢复正常，发展下去不能恢复，最后枯死。病株茎基部呈水渍状缢缩，主蔓呈水渍状纵裂，维管束变成褐色，湿度大时病部常长有粉红色和白色霉状物，植株自下而上变黄枯死。

**【病原】**

*Fusarium oxysporum*（Schl.）f. sp. *cucumerium* Owen.，称尖镰孢菌黄瓜专化型，属真菌界半知菌类。瓜蔓上大型分生孢子梭形或镰刀形，无色透明，两端渐尖，顶端细胞圆锥形，有时微呈钩状，基部倒圆锥截形或有足细胞，具横隔 0~3 个或 1~3 个。大小，1 个隔膜的（12.5~32.5）微米 ×（3.75~6.25）微米，2 个隔膜的（21.25~32.5）微米 ×（5.0~7.5）微米，3 个隔膜的（27.5~45.0）微米 ×（5.5~10.0）微米。小型分生孢子多生于气生菌丝中，椭圆形至近梭形或卵形，无色透明，大小（7.5~20.0）微米 ×（2.5~5.0）微米。在 PDA 培养基上气生菌丝呈绒毛状，淡青莲色；基物表面深牵牛紫色，培养基不变色。在米饭培养基上菌丝绒毛状，银白色。绿豆培养基上菌丝稀疏，银白至淡茧黄色。据报道，此菌有生理分化，但国内各地多为同一菌系。

**【发病规律】**

病菌主要以菌丝体、厚垣孢子及菌核在土壤和未腐熟的带菌有机肥中越冬，成为翌年初侵染源。病菌从根部伤口或根毛顶端细胞间侵入，后进入维管束内发育堵塞导管，引起寄主中毒，使瓜叶迅速萎蔫。地上部的重复侵染主要通过整枝或绑蔓引起的伤口侵入。该病发生程度取决于当年的侵染量。空气相对湿度 90% 以上易感病。病菌发育和侵染适宜温度 24~25℃，最高 34℃，最低 4℃。土温 15℃潜育期 15 天；20℃，9~10 天；25~30℃，4~6 天。适宜 pH 值 4.5~6。秧苗老化、连作、有机肥不腐熟、土壤过分干旱或质地黏重的酸性土壤是引起该病发生的主要条件。

**【绿色防控技术】**

（1）选用抗病品种。长春密刺，新泰密刺，津杂 2 号、津杂 3 号、津杂 4 号，津研 2 号、津研 4 号、津研 6 号、津研 7 号，津早 3 号，中农 1101 和中农 5 号等。

（2）实行轮作。选择 5 年以上未种过瓜类蔬菜的地块，与其他作物轮作。

（3）种子消毒。选无病瓜留种，并进行种子消毒。可用 55℃温水浸种 15 分钟，或 50% 多菌灵可湿性粉剂 500 倍液浸种 1 小时，或用 40% 福尔马林 150 倍液浸种 1.5 小时。

（4）嫁接防病。选择云南黑籽南瓜或南砧1号作砧木，取计划选用的黄瓜品种作接穗，常用的嫁接方法有靠接法和插接法两种。嫁接后置于小拱棚中保温、保湿，控制白天温度28℃，夜间15℃，相对湿度90%左右，精心管理10~15天，成活后同常规管理。

（5）药剂防治。定植时每667平方米用50%多菌灵可湿性粉剂4千克拌细土撒入定植穴内。发病初期药液灌根，可选用50%多菌灵可湿性粉剂500倍液、70%甲基硫菌灵可湿性粉剂400倍液，或60%琥·乙膦铝可湿性粉剂350倍液，每株0.25千克，5~7天1次，连灌2~3次。

## 黄瓜蔓枯病

### 【症状特征】

棚室栽培的冬茬或冬春茬黄瓜最易发病。在成株期发病，主要危害茎和叶片。茎发病时，发病部位多在节处，出现菱形或椭圆形病斑，上有油浸状小斑点，逐渐扩展，有时可达几厘米长，病部变白，有时溢出琥珀色或透明的胶质物，发病后期病部变为黄褐色，并逐渐干缩，其上散生小黑点，最后病部纵裂呈乱麻状，引起蔓枯。叶部发病，病斑初期呈半圆形或自叶片边缘向内产生"V"字形病斑，黄白色，病斑逐渐扩大，直径可达20~30毫米，偶有达到半个叶片。后期病斑淡褐色或黄褐色，可见不明显轮纹，其上散生小黑点，易破碎。

### 【病原】

*Mycosphaerella melonis*（Poss.）Chiu et Walker，称甜瓜球腔菌，属子囊菌门真菌。无性世代为 *Ascochyta citrullina* Smith 称黄瓜壳二孢，属半知菌类真菌。分生孢子器叶面生，多为聚生，初埋生后突破表皮外露，球形至扁球形，直径68.25~156微米，器壁淡褐色，顶部呈乳状突起，器孔口明显，直径19.5~31.25微米；器孢子短圆形或圆柱形，无色透明，两端较圆，正直，初为单胞，后生一隔膜，大小（6.13~71.15）微米×（2.94~4.9）微米。其有性世代一般生在蔓上，形成子囊壳，子囊壳细颈瓶状或球形，单生在叶正面，突出表皮，黑褐色，大小（4.5~10.7）微米×（30~107.5）微米；子囊多棍棒形，无色透明，正直或稍弯，大小（30~42.5）微米×8.75~12.5微米；子囊孢子无色透明，短棒状或梭形，一个分隔，上面的孢子较宽，顶端较钝，下面的孢子较窄，顶端稍尖，隔膜处缢缩明显，大小（10~20）微米×（3.25~7.5）微米。发育适温20~24℃，能侵染多种葫芦科植物。

### 【发病规律】

主要以分生孢子器或子囊壳随病残体在土中，或附在种子、架杆、温室、大棚架上越冬。翌年通过风雨及灌溉水传播，从气孔、水孔或伤口侵入。种子带菌引致子叶染病。平均气温 18~25℃，相对湿度高于 85%，土壤水分大易发病，连作地、平畦栽培，或排水不良、密度过大、肥料不足、寄主生长衰弱发病重。

**【绿色防控技术】**

（1）种子消毒。从无病留种田或无病株采种，并进行种子消毒。可用 55℃ 温水浸种 15 分钟，或用 40% 福尔马林 100 倍液浸种 30 分钟。浸种后用清水冲洗干净，尔后催芽、播种。

（2）加强栽培管理。清除病残体，重病田实行 2~3 年轮作。施足腐熟基肥，按比例增施磷钾肥。

（3）药剂防治。每 667 平方米用 10% 苯醚甲环唑水分散粒剂 30 克，或 72.2% 霜霉威水剂 100 毫升对水喷雾。间隔 6~7 天，视病情防治 2~3 次。

## 黄瓜黑星病

**【症状特征】**

黄瓜黑星病是全国检疫性有害生物。病叶开始产生退绿斑点，近圆形，逐渐扩大并很快干枯，形成圆形或近圆形黄白色病斑，病斑穿孔后留下星纹状的边缘。茎蔓病部先呈水渍状退绿，后变污绿或暗褐色，病斑长条状凹陷，表面龟裂，湿度大时病斑上长出灰黑色霉层，最后腐烂，引起植株萎蔫。瓜条病斑呈暗绿色凹陷，疮痂状，后期龟裂或腐烂，病部产生白色半透明胶状物，老化变琥珀色粒状，干后脱落。生长点周围对病菌敏感，染病后遇潮湿条件，2~3 天即可腐烂成秃桩。

**【病原】**

*Cladosporium cucumerinum* Ell.et Arthur，称瓜枝孢或瓜芽枝霉，属真菌界半知菌类，枝孢属。菌丝白色至灰色，具分隔。分生孢子梗细长，丛生，褐色或淡褐色，形成合轴分枝，大小（160~520）微米 ×（4~5.5）微米。分生孢子近梭形或长梭形，串生，有 0~2 个隔膜，淡褐色。单胞，分生孢子大小（11.5~17.8）微米 ×（4~5）微米；双胞，（19.5~24.5）微米 ×（4.5~5.5）微米。病菌生长发育温限 2~35℃，适温 20~22℃，除为害黄瓜外，还侵染西葫芦、南瓜、甜瓜和冬瓜等。

**【发病规律】**

病菌以菌丝体在病株残体内于田间或土壤中越冬，或以菌丝体在种子内及分生孢子附着于种皮越冬。种子带菌是病害远距离传播的重要方式。初侵染源以分生孢子萌发芽管经气孔、伤口或表皮直接侵入寄主。寄主病部产生的孢子借水和气流传播进行再侵染。发病最适温度 20~22℃、相对湿度 90% 以上，因此，连阴天、光照不足、植株郁蔽、湿度过大、长期重茬和播种带病种子是引起发病的重要条件。

**【绿色防控技术】**

（1）加强植物检疫。未发病地区应严禁从疫区调入带菌种子。制种单位应从无病种株上采种，防止病害传播蔓延。

（2）选用抗病品种。津春1号，津杂1号、津杂2号，白头霜和吉杂2号等。

（3）种子消毒。可用55℃温水浸种15分钟；或用50%多菌灵可湿性粉剂500倍液浸种20分钟，催芽和播种；或用40%福尔马林150倍液浸种1.5小时，冲洗干净后催芽和播种；或用种子重量0.3%的50%多菌灵可湿性粉剂拌种。均可取得良好的杀菌效果。

（4）熏蒸棚室消毒。大棚、温室定植前10天，每100立方米空间用硫磺0.25千克、锯末0.5千克混合后分几堆点燃熏蒸一夜。

（5）控制浇水。大棚和温室定植后到结瓜期，严格控制灌水，以便提高地温和降低湿度。

（6）药剂防治。初见发病时每667平方米用45%百菌清烟剂250克烟熏或10%多·百粉尘剂1千克喷粉。喷雾防治：①每667平方米用50%腐霉利可湿性粉剂50克、25%嘧菌酯悬浮剂34克交替对水喷雾。间隔6~7天，视病情防治2~3次。②每667平方米用2%武夷菌素水剂150毫升、50%异菌脲可湿性粉剂50克交替对水喷雾。间隔6~7天，视病情防治2~3次。

## 黄瓜灰霉病

**【症状特征】**

主要为害幼瓜、叶、茎。病菌多由开败的花侵入，引起花腐烂，长出灰褐色霉层。病害向幼嫩瓜条扩展，小瓜条变软，腐烂和萎缩，病部长有灰褐色霉层。大瓜条病部先发黄，后长出的霉渐变成淡灰色，最后腐烂脱落。叶片多产生大型枯斑，边缘明显，生有少量灰霉。幼苗和茎发病引起死苗和烂秧，并长有灰霉。

**【病原】**

*Botrytis cinerea* Pers.，称灰葡萄孢菌，属真菌界半知菌类。病菌的孢子梗数根丛生，褐色，顶端具1~2次分枝，分枝顶端密生小柄，其上生有大量分生孢子。分生孢子圆形或椭圆形，单胞，近无色，大小（5.5~16）微米 ×（5.0~9.25）微米，孢子梗（811.8~1772.1）微米 ×（11.8~19.8）微米。除为害黄瓜外，还侵染茄子、菜豆、莴笋和辣椒等多种蔬菜。

**【发病规律】**

病菌以菌丝体、分生孢子和菌核在土中和病株残体上越冬，成为翌年初侵染源。病菌靠风雨、气流及农事操作传播，黄瓜结瓜后期是病菌侵染和发病的高峰。

病部产生的分生孢子及被害组织落到茎、叶、瓜等处，可引起再侵染。该病菌侵染能力较弱，故多由伤口、薄壁组织，尤其易从败花、老叶先端坏死处侵入。高湿（相对湿度94%以上）、较低温度（18~23℃）、光照不足、植株长势弱时容易发病。气温超过30℃或低于4℃，相对湿度不足90%时，停止蔓延。春季连续阴雨，气温低、湿度大、结露，叶片吐水时间长，通风不及时等情况下发病重。

**【绿色防控技术】**

（1）清除病原。摘除幼瓜顶部的残余花瓣。发现病花、病瓜、病叶时立即摘除并深埋。收获后彻底清除病残组织，带出棚、室外深埋或烧掉。

（2）加强栽培管理。避免阴雨天灌水，防止大水漫灌，最好晴天上午小水勤浇，及时放风，控制湿度。棚内夜间温度要保持在14℃以上，以防较长时间放风而发生冻害。

（3）药剂防治。①每667平方米用50%腐霉利可湿性粉剂50克、25%嘧菌酯悬浮剂34克交替对水喷雾。间隔6~7天，视病情防治2~3次。②每667平方米用50%啶酰菌胺水分散粒剂24克、50%异菌脲可湿性粉剂50克交替对水喷雾。间隔6~7天，视病情防治2~3次。③每667平方米用40%嘧霉胺可湿性粉剂57克、40%乙烯菌核利可湿性粉剂100克交替对水喷雾。间隔6~7天，视病情防治2~3次。

## 黄瓜菌核病

**【症状特征】**

主要为害果实及茎叶，植株发病多在茎基部，出现水渍状病斑，渐渐扩大使病茎变淡褐色软腐，产生白色棉絮状菌丝和黑色菌核，表皮纵裂，植株干枯。果实多由顶端残花处发生，呈水渍状扩展，病健部界限不明显，最后整个瓜条湿腐或腐烂，上面长有白色菌丝和黑色鼠粪状菌核。叶片和叶柄发病呈水渍状腐烂，长出菌丝和菌核。

**【病原】**

*Sclerotinia sclerotiorum*（Lib.）de Bary，称核盘菌，属真菌界子囊菌门。菌核初白色，后表面变黑色鼠粪状，大小不等，（1.1~6.5）微米 × （1.1~3.5）毫米，由菌丝体扭集在一起形成。干燥条件下，存活4~11年，水田经1个月腐烂。5~20℃，菌核吸水萌发，产出1~30个浅褐色盘状或扁平状子囊盘，系有性繁殖器官。子囊盘柄的长度与菌核的入土深度相适应，一般3~15毫米，有的可达6~7厘米，子囊盘柄伸出土面为乳白色或肤色小芽，逐渐展开呈杯状或盘状，成熟或衰老的子囊盘变成暗红色或淡红褐色。子囊盘中产生很多子囊和侧丝，子囊盘成熟后子

囊孢子呈烟雾状弹射，高达 90 厘米。子囊无色，棍棒状，内生 8 个无色的子囊孢子。子囊孢子椭圆形，单胞，大小（10~15）微米 ×（5~10）微米。一般不产生分生孢子。除侵染葫芦科外，还侵染茄科、十字花科和豆科等多种蔬菜。0~35℃菌丝能生长，菌丝生长及菌核形成最适温度 20℃，最高 35℃，50℃经 5 分钟致死。

**【发病规律】**

病菌主要以菌核在土壤中越冬，或混杂在种子中越冬或越夏。条件适宜时，菌核萌发出子囊孢子盘和子囊孢子，借风雨传播，先在衰老叶片和开过的花上发病，并由菌丝接触进行再侵染，使病害扩大蔓延。影响发病的主要因素是温湿度。菌核萌发适温 15℃左右，孢子萌发适温 5~10℃，菌丝生长最适温度 20℃左右。相对湿度 85% 以上有利于孢子的萌发和菌丝生长。因此，低温高湿是此病发生和危害的重要条件。

**【绿色防控技术】**

（1）使用无病种苗。严格控制病菌传入。

（2）种子处理。用 10% 盐水漂浮菌核并予汰除。种子用 55℃温水处理 15 分钟，清水冷却后催芽播种。

（3）加强栽培管理。土壤深翻 15 厘米以上，阻止孢子囊盘出土，避免大水漫灌，控制温湿度。及时放风排湿，降低空气湿度，早春棚室平均温度控制在 29~31℃，相对湿度不超过 65%。

（4）药剂防治。每 667 平方米用 40% 嘧霉胺可湿性粉剂 57 克，或 40% 乙烯菌核利可湿性粉剂 100 克对水喷雾。间隔 6~7 天，视病情防治 2~3 次。

## 黄瓜病毒病

**【症状特征】**

黄瓜病毒病主要有黄瓜花叶病毒病（CMV）和黄瓜绿斑驳花叶病毒病（CGMMV）两种。

黄瓜花叶病毒病系统感染，病毒可以到达除生长点以外的任何部位。苗期染病子叶变黄枯萎，幼叶呈浓绿与淡绿相间的花叶状。同时发病叶片出现不同程度的皱缩、畸形。成株染病新叶呈黄绿相嵌状花叶，病叶小且皱缩，叶片变厚，严重时叶片反卷，病株下部叶片逐渐黄枯。瓜条染病，表现深绿及浅绿相间疣状斑块，果面凹凸不平或畸形，发病重的节间缩短，簇生小叶，不结瓜，最后萎缩枯死。

黄瓜绿斑驳花叶病毒病分为绿斑花叶和黄斑花叶两种类型。绿斑花叶型苗期染病幼苗顶尖部的 2~3 片叶子呈亮绿或暗绿色斑驳，叶片较平，产生暗绿色斑驳的病部隆起，新叶浓绿，后期叶脉透明，叶片变小，引起植株矮化，叶片斑驳扭曲，呈系统性侵染症状。瓜条染病，在瓜表面出现浓绿色花斑，有的产生瘤状物，致果实畸形，影响商品价值，严重的减产25%左右。黄斑花叶病型症状与绿斑花叶型相近，但叶片上产生淡黄色星状疱斑，老叶近白色。

【病原】

黄瓜花叶病毒主要是黄瓜花叶病毒（CMV）和西瓜花叶病毒（WMV），还有烟草花叶病毒（TMV）。黄瓜花叶病毒属雀麦花叶病毒科黄瓜花叶病毒属，寄主范围39科117种植物，病毒粒体呈球形，直径28~30纳米。病毒汁液稀释限点1 000~10 000倍，钝化温度60~70℃，10分钟，体外存活期3~4天，不耐干燥，在指示植物普通烟、心叶烟及曼陀罗上呈系统花叶，在黄瓜上也现系统花叶。西瓜花叶病毒（WMV），病毒汁液稀释限点2 500~3 000倍，钝化温度60~62℃，体外存活期3~11天，该病毒寄主范围较窄，只侵染葫芦科植物，不侵染烟草或曼陀罗。烟草花叶病毒（TMV），病毒粒体杆状，约280纳米×15纳米，失毒温度90~93℃，10分钟，稀释限点1 000 000倍，体外保毒期72~96小时，在无菌条件下致病力达数年，在干燥病组织内存活30年以上；该病毒在田间存有不同株系，因其致病力的差异及与其他病毒的混合侵染，形成症状的多样性。

黄瓜绿斑驳花叶病毒属烟草花叶病毒属，病毒粒体杆形，粒子大小300纳米×18纳米，超薄切片观察，细胞中病毒粒子排列成结形内含体，钝化温度80~90℃，10分钟，稀释限点1 000 000倍，体外保毒期1年以上。可经汁液摩擦、土壤传播，体外存活期数月至1年，除侵染黄瓜外，还可侵染西瓜、瓠瓜及甜瓜。

【发病规律】

黄瓜花叶病毒种子不带毒，主要在多年生宿根植物上越冬，由于鸭跖草、反枝苋、刺儿菜、酸浆等都是桃蚜、棉蚜等传毒蚜虫的越冬寄主，每当春季发芽时，蚜虫开始活动或迁飞，成为传播黄瓜花叶病毒病的主要媒介。发病适温20℃，气温高于25℃多表现隐症。黄瓜花叶病毒通过蚜虫传播，也可通过汁液摩擦接触传播。烟草花叶病毒极易通过接触传染，蚜虫不传毒。

黄瓜绿斑驳花叶病毒种子和土壤传毒，遇有适宜的条件即可进行初侵染，种皮上的病毒可传到子叶上，21天后致幼嫩叶片显症。此外，该病毒很容易通过手、刀子、衣物及病株污染的地块及病毒汁液借风雨或农事操作传毒，进行多次再侵染。田间遇有暴风雨，造成植株互相碰撞、枝叶摩擦或锄地时造成的伤根都是侵染的重要途径。田间或棚室高温发病重。

【绿色防控技术】

（1）选用抗病品种。中农7号、中农8号和津春4号等品种抗病性较强。

（2）种子处理。播种前进行种子消毒，将种子用10%磷酸三钠溶液浸种20

分钟，然后用清水冲洗后再播种。或将干燥的种子置于70℃恒温箱内干热处理72小时。

（3）农业措施。培育壮苗，及时追肥、浇水，防止植株早衰。在整枝、绑蔓、摘瓜时要先"健"后"病"，分批作业。接触过病株的手和工具，要用肥皂水洗净。清除田间杂草，消灭毒源，切断传播途径。

（4）防治蚜虫。从苗期开始喷药治蚜，可喷20%甲氰菊酯乳油3 000倍液，或2.5%高效氟氯氰菊酯乳油3 000倍液，或40%氰戊菊酯乳油6 000倍液，或25%噻虫嗪水分散粒剂8 000倍液，重点喷展开的大叶片的背面和嫩叶等蚜虫隐蔽处。亦可采用物理防蚜，如覆盖银灰色避蚜纱网或挂银灰色尼龙膜条避蚜，或进行黄板诱蚜，在棚室内悬挂黄色木板或纸板，其上涂抹机油，吸引蚜虫并将其粘住。露地栽培时，6月底至7月初进入雨季后，蚜虫即不能再造成严重危害。

（5）药剂防治。目前尚无防治病毒病的理想药剂，可试用以下3类阻止剂。

一是病毒钝化物质，如豆浆、牛奶等高蛋白物质，清水稀释100~200倍液喷于黄瓜植株上，可减弱病毒的侵染能力，钝化病毒。

二是保护物质，如褐藻酸钠（又名海藻胶）、高脂膜（又名棕榈醇、月桂醇）等喷于植株上形成一层保护膜，防止和减弱病毒的侵入，但不会影响蔬菜的生长，也不会产生抗药性。每667平方米可用27%高脂膜乳剂500克加水75~100升，混匀喷雾，每7天1次，共喷2~3次。

三是增抗物质，被植株吸收后能阻抗病毒在植株体内的运转和增殖。可喷施NS-83增抗剂（又名混合脂肪酸）100倍液，共喷3次，定植前15天1次，定植前2天1次，定植后再喷1次，可钝化TMV病毒。也可用20%吗啉胍·乙铜可湿性粉剂500倍液，或1.5%三十烷醇·十二烷基硫酸钠·硫酸铜水剂1 000倍液。每隔5~7天喷1次，连喷2~3次。

## 黄瓜根结线虫病

### 【症状特征】

发病轻微时，植株仅有些叶片发黄，中午或天热时叶片显现萎蔫。发病较重时，植株矮化、瘦弱、长势差、叶片萎蔫、植株提早枯死。症状表现最明显的是植株的根部，在侧根和须根上形成许多根结，俗称"瘤子"。初为白色，后变淡灰褐色，表面有时龟裂。剖视较大根结，可见在病部组织里埋生许多鸭梨形的极小乳白色虫体。

### 【病原】

*Meloidogyne incognita* Chitwood，称南方根结线虫，属动物界，线虫门。病

原线虫雌雄异形，幼虫呈细长蠕虫状。雄成虫线状，尾端稍圆，无色透明，大小（1.0~1.5）毫米 ×（0.03~0.04）毫米。雌虫梨形，每头雌线虫可产卵300~800粒，雌虫多埋藏于寄主组织内，大小（0.44~1.59）毫米 ×（0.26~0.81）毫米。

**【发病规律】**

病原线虫常以卵和2龄幼虫随病残体在土壤中越冬，翌春环境条件适宜时，越冬卵孵化出幼虫或越冬幼虫继续发育。传播途径主要是病土和浇灌水，病苗和人、畜、农具等也可携带线虫。2龄幼虫为侵染幼虫，接触寄主根部后由根尖部侵入，在病组织内取食，生长发育，并能分泌出吲哚乙酸等生长素刺激植物细胞，使之形成巨形细胞，致使根系病部产生根结。根结线虫1年发生3~5代。

**【绿色防控技术】**

（1）嫁接防病。用野生刺瓜与黄瓜嫁接，对南方根结线虫抗性强，增产幅度大。

（2）合理轮作，选用无病土育苗。与水稻或水生蔬菜轮作，可减轻危害。

（3）深翻土壤。病地深翻30~40厘米，把线虫集中的表土层翻入深层，可压低线虫数量，减轻危害。

（4）氰氨化钙土壤消毒。氰氨化钙遇水后分解产生的单氰氨和双氰氨，对线虫有良好杀伤作用，同时兼治其他土传病害、地下害虫及杂草等。使用方法：通常先将有机秸秆或稻草每667平方米 600~800 千克均匀施入土壤，再将50%氰氨化钙颗粒剂全面均匀撒施在其表面，使用量每667平方米 80~120 千克。旋耕10~20厘米并混合均匀，作栽培床，浇水保持土壤湿润使颗粒分解，覆膜、扣棚闷15~20天，揭膜放风后即可种植。

（5）药剂防治。用1.8%阿维菌素乳油1 500倍液在定植期和生长期灌根，每株250毫升药液；移栽时每667平方米用10%噻唑磷颗粒剂2千克沟施，对根结线虫有良好的防治效果。

# 二、西葫芦病害

## 西葫芦花叶病

**【症状特征】**

呈系统花叶或系统斑驳。叶上有深绿色疱斑，重病株上部叶片畸形呈鸡爪状，植株矮化，叶片变小，致后期叶片黄枯或死亡。病株结瓜少或不结瓜，瓜面具瘤状突起或畸形。

【病原】

有多种：黄瓜花叶病毒（CMV）、南瓜花叶病毒（SqMV）、西瓜花叶病毒（WMV）和小西葫芦花叶病毒（ZYMV）等多种病毒单独或复合侵染所引起。CMV性状见黄瓜病毒病。WMV钝化温度60~62℃，稀释限点2 500~3 000倍，体外存活期3~10天，由棉蚜、桃蚜或汁液摩擦接触传染。南瓜花叶病毒（SqMV）、西瓜花叶病毒（WMV），病毒粒体线状，长约750纳米，病毒汁液稀释限点2 500倍，钝化温度60~65℃，体外存活期74~250小时。此外，烟草环斑病毒（*Tobacco ring spot virus* 简称 TRSV）及 TMV、TuMV、PVY 等也可侵染西葫芦，TRSV粒体球形，直径28~29纳米，病毒汁液稀释限点10 000倍，钝化温度55~65℃，体外存活期3周。

【发病规律】

黄瓜花叶病毒和甜瓜花叶病毒均可在宿根性杂草、菠菜、芹菜等寄主上越冬，通过汁液摩擦和蚜虫传毒侵染。此外，甜瓜花叶病毒还可通过带毒的种子传播。一般高温干旱、日照强或缺肥、缺水、管理粗放的田块发病重。

【绿色防控技术】

（1）选用抗病品种。天津25号、邯郸西葫芦和潍早1号等均抗病。

（2）种子消毒。播种前用10%磷酸三钠溶液浸种20分钟。水洗后催芽、播种。

（3）加强栽培管理。施足底肥，及时浇水，促进根系发育，适时早定植。

（4）及时防治蚜虫。蚜虫迁飞期苗床应喷药，做到带药定植。田间连续灭蚜。此外，及时清洁田园、铲除杂草，可减轻发病。

（5）药剂防治。发病初期喷20%苦参碱·硫磺·氧化钙水剂400倍液，或1.5%三十烷醇·十二烷基硫酸钠·硫酸铜水剂1 000倍液，或20%吗啉胍·乙铜可湿性粉剂500倍液。每7~10天喷1次，连喷3~4次。

## 西葫芦白粉病

【症状特征】

苗期至收获期均可染病，叶片发病重，叶柄、茎次之，果实受害少。发病初期叶面或叶背及茎上产生白色近圆形星状小粉斑，叶面多，其后向四周扩展成边缘不明显的连片白粉，严重的整叶布满白粉，即病原菌的无性子实体——分生孢子。发病后期，白色的霉斑因菌丝老熟变为灰色，病叶黄枯。有时病斑上生出成堆的黄褐色小粒点，后小粒点变黑，即病原菌的有性子实体——闭囊壳。

【病原】

*Sphaerotheca cucurbitae*（Jacz.）Z.Y.Zhao，称瓜类单囊壳，属真菌界子囊菌

门。形态特征见黄瓜白粉病。

**【发病规律】**

病菌以闭囊壳随病残体留在地上越冬，或在保护地瓜类蔬菜上周而复始地传播侵染。通过叶片表皮侵入植株，借助气流或灌溉水传播。在高温干旱或高温高湿条件下都易发病。植株长势弱、密度大时发病严重。

**【绿色防控技术】**

（1）选用抗病品种。天津 25 号、邯郸西葫芦和潍早 1 号等均抗病。

（2）加强栽培管理。注意通风透光，合理用水，降低空气湿度；施足底肥，增施磷钾肥，培育壮苗，增强植株抗病能力。

（3）药剂防治。每 667 平方米用 75% 百菌清可湿性粉剂 100 克、50% 醚菌酯干悬浮剂 17 克、50% 烯酰吗啉可湿性粉剂 60 克交替对水喷雾。间隔 7~10 天，视病情防治 2~3 次。


## 西葫芦灰霉病

**【症状特征】**

为害西葫芦的花、幼果、叶、茎或较大的果实。花和幼果的蒂部初为水浸状，逐渐软化，表面密生灰褐色霉层，致果实萎缩、腐烂，有时长出黑色菌核。

**【病原】**

*Botrytis cinerea* Pers.，称灰葡萄孢，属真菌界半知菌类。形态特征见黄瓜灰霉病。

**【发病规律】**

病菌以菌丝体、分生孢子和菌核在土中和病株残体上越冬，分生孢子在病残体上可存活 4~5 个月。越冬的菌丝体、分生孢子和菌核成为翌年初侵病源。病菌靠风雨、气流及农事操作传播，病部产生的分生孢子及被害组织落到茎、叶、瓜等处，可引起再感染。该病菌侵染能力较弱，故多由伤口、薄壁组织，尤其易从败花、老叶先端坏死处侵入。高湿（相对湿度 94% 以上）、较低温度（18~23℃）、光照不足、植株长势弱时容易发病。气温超过 30℃或低于 4℃，相对湿度不足 90% 时，停止蔓延。春季连续阴雨，气温低、湿度大、结露，叶片吐水时间长，通风不及时等情况下发病重。

**【绿色防控技术】**

（1）清除病源。摘除幼瓜顶部的残余花瓣。发现病花、病瓜、病叶时立即摘除并深埋。收获后彻底清除病残组织，带出棚、室外深埋或烧掉。

（2）加强栽培管理。避免阴雨天灌水，防止大水漫灌，最好晴天上午小水勤浇。及时放风，控制湿度。棚内夜间温度要保持在14℃以上，以防夜间较长时间放风而发生冻害。

（3）药剂防治。①每667平方米用50%腐霉利可湿性粉剂50克、25%嘧菌酯悬浮剂34克交替对水喷雾。间隔6~7天，视病情防治2~3次。②每667平方米用2%武夷菌素水剂150毫升、50%异菌脲可湿性粉剂50克交替对水喷雾。间隔6~7天，视病情防治2~3次。

## 西葫芦菌核病

### 【症状特征】

保护地、露地栽培的西葫芦，从苗期到成株期均可发病，主要为害茎蔓和果实。茎蔓染病多发生在近地面的茎部或侧枝分杈处，病部先呈水渍状腐烂，随之长出白色棉絮状菌丝。果实染病，多在残花处出现上述症状，后菌丝纠结成先白色、后变成黑色的鼠粪状菌核。发生时期冬春茬为3月中旬至5月上旬，秋冬茬发生在11月至12月。

### 【病原】

*Sclerotinia sclerotiorum*（Lib.）de Bary，称核盘菌，属真菌界子囊菌门。菌核初白色，后表面变黑色鼠粪状，大小不等为（1.1~6.5）毫米×（1.1~3.5）毫米，由菌丝体扭集在一起形成。干燥条件下，存活4~11年，水田经1个月腐烂。5~20℃，菌核吸水萌发，产出1~30个浅褐色盘状或扁平状子囊盘，系有性繁殖器官。子囊盘柄的长度与菌核的入土深度相适应，一般3~15毫米，有的可达6~7厘米，子囊盘柄伸出土面为乳白色或肤色小芽，逐渐展开呈杯状或盘状，成熟或衰老的子囊盘变成暗红色或淡红褐色。子囊盘中产生很多子囊和侧丝，子囊盘成熟后子囊孢子呈烟雾状弹射，高达90厘米。子囊无色，棍棒状，内生8个无色的子囊孢子。子囊孢子椭圆形，单胞，大小（10~15）微米×（5~10）微米，一般不产生分生孢子。除侵染葫芦科外，还侵染茄科、十字花科、豆科等多种蔬菜。0~35℃菌丝能生长，菌丝生长及菌核形成最适温度20℃，最高35℃，50℃经5分钟致死。

### 【发病规律】

病菌主要以菌核在土壤中越冬，或混杂在种子中越冬或越夏。条件适宜时，菌核萌发出子囊孢子盘和子囊孢子，借风雨传播，先在衰老叶片和开过的花上发病，并由菌丝接触进行再侵染，使病害扩大蔓延。影响发病的主要因素是温湿度。菌核萌发适温15℃左右，孢子萌发适温5~10℃，菌丝生长最适温度20℃左右。相对湿度85%以上有利于孢子的萌发和菌丝生长。因此，低温高湿是此病发生和危害的重要条件。

**【绿色防控技术】**

（1）选地。在茬口安排上避开上年种过瓜类、茄果类及油菜的田块，减少菌源。

（2）加强栽培管理。在种植前结合施肥深翻土壤，使落入土表的菌核深埋在地下防止其萌发。大棚通风时在下风揭膜开窗，可避免或减少空气中随风飘移的病菌落入大棚中。

（3）药剂防治。发病初期每667平方米大棚用15%腐霉利烟剂300克于傍晚闭棚后进行烟熏，翌日上午通风换气。在天气晴好情况下，也可选用50%腐霉利可湿性粉剂1 000倍液，或50%异菌脲可湿性粉剂1 000倍液，或50%乙烯菌核利可湿性粉剂800倍液喷雾防治。隔5~7天1次，连防2~3次。

## 西葫芦细菌性叶枯病

**【症状特征】**

主要为害叶片，有时也为害叶柄和幼茎。幼叶染病，病斑出现在叶面现黄化区，但不很明显，叶片背面出现水渍状小点，后病斑变为黄色至黄褐色圆形或近圆形，大小1~2毫米，病斑中间半透明，斑四周具黄色晕圈，菌脓不明显或很少，有时侵染叶缘，引起坏死。苗期生长点染病，可造成幼苗死亡，扩展速度快。幼茎染病，茎基部有的裂开，棚室经常可见但为害不重。

**【病原】**

*Xanthomonas campestris* pv. *cucurbitae*（Bryan ）Dye，称油菜黄单胞菌黄瓜叶斑病致病变种，属细菌界薄壁菌门。菌体两端钝圆杆状，大小0.5微米 × 1.5微米，极生一根鞭毛，革兰氏染色阴性。发育适温25~28℃，36℃能生长，40℃以上不能生长，耐盐临界浓度3%~4%。对葡萄糖、甘露糖、半乳糖、阿拉伯糖、海藻糖、纤维二糖氧化产酸。不能还原硝酸盐，接触酶和卵磷脂酶阳性，氧化酶和脲酶阴性，水解淀粉和七叶灵，能液化明胶。石蕊牛奶呈碱性。

**【发病规律】**

主要通过种子带菌传播蔓延。该菌在土壤中存活非常有限。棚室保护地常较露地发病重。

**【绿色防控技术】**

（1）种子消毒。选无病瓜留种，并进行种子消毒。可用55℃温水浸种15分钟，或用40%福尔马林150倍液浸种1.5小时，或72%农用硫酸链霉素可溶粉剂500倍液浸种2小时，清水洗净后晾干播种。

（2）加强栽培管理。无病土育苗，移栽时施足底肥，增施磷钾肥，深翻土地，避雨栽培，清洁田园，保护地通风降湿等，均有控制发病的作用。

（3）药剂防治。①每667平方米用3%中生霉素可湿性粉剂65克、77%氢氧化铜可湿性粉剂200克交替对水喷雾。间隔6~7天，视病情防治2~3次。②每667平方米用20%噻菌铜悬浮剂100毫升、72%农用硫酸链霉素可溶粉剂30克交替对水喷雾。间隔6~7天，视病情防治2~3次。

# 三、西瓜病害

## 西瓜蔓枯病

### 【症状特征】

西瓜整个生育期均可发病，引起叶片、蔓枯死和果实腐烂。子叶受害，病斑初呈现水渍状小点，渐扩大为黄褐色或青灰色圆形或不规则形斑，不久扩展至整个子叶，引起子叶枯死。茎部受害，初现水渍状小斑，后迅速向上、下扩展，并可环绕幼茎，引起幼苗枯萎死亡。成株期发病，多见于茎蔓部分枝处，病斑初为水渍状，表皮淡黄色，后变灰色至深灰色，其上密生小黑粒点，随病势发展病部渐溢出琥珀色胶状物，干后为赤褐色小硬块，表皮纵裂脱落，潮湿时表皮腐烂，露出维管束，呈麻丝状。茎节部也易受害，产生黄白色病斑，潮湿时软化、变黑，后密生小黑粒点，流出胶状物质。叶部发病，多从叶缘开始，产生"V"字形或半圆形黄褐色到深褐色大病斑，多具或明或暗或隐的轮纹，后期产生小黑粒点，病斑易干枯破碎。西瓜果实上发病，初呈油渍状小斑点，后变暗褐色圆形大凹陷斑，表面干裂，内部木栓化，常呈星裂状，后期病斑上密生小黑粒点。叶柄发病，产生褐色不规则病斑，表面粗糙，有小黑粒点，下雨后病部腐烂，易折断。

### 【病原】

*Mycosphaerella melonis*（Pass）Chiu et Walker 称瓜类球腔菌，属真菌界子囊菌门。无性世代 *Ascochyta citrullina* Smith 称西瓜壳二孢，属真菌界半知菌类。分生孢子器球形至扁球形，黑褐色，顶部呈乳状突起，孔口明显。分生孢子短圆形至圆柱形，无色透明，两端较圆，初为单胞，后产生1~2个隔膜，分隔处略缢缩。子囊壳细颈瓶状或球形，黑褐色。子囊孢子短粗形或梭形，无色透明，1个分隔。

### 【发病规律】

西瓜蔓枯病病原以分生孢子器及子囊壳在病残体或土壤中越冬。翌年南方1~2月，北方晚些，条件适宜时产生分生孢子，通过气流或灌溉水传播，经伤口侵入引起发病。病菌发育适温20~30℃，相对湿度高于85%利其发病。棚室栽培较露地发病重，关键原因就是棚室内湿度大利于该病发生。西瓜生长期雨日多，施肥跟不上，光照不足，植株生长势差易诱发该病发生。生产上多雨的年份易流行成灾，严重的发病后 10 天左右毁园，造成惨重损失。

**【绿色防控技术】**

（1）选用抗病品种。可选用抗病 948、西农 8 号、京欣和新农保等抗蔓枯病的品种。

（2）药剂拌种。种子用 2.5% 咯菌腈悬浮剂 8 毫升，对水 100 毫升，与 1 千克种子充分拌匀，晾干后播种。也可用种子重量 0.4% 的 50% 异菌脲可湿性粉剂拌种。

（3）实行轮作。与非瓜类作物进行 2 年以上轮作，前茬收获后及时清除病残体。

（4）采用测土配方施肥技术，增施磷钾肥提高抗病力。

（5）药剂防治。发病前或发病初期喷洒 25% 嘧菌酯悬浮剂 1 500 倍液，或 2.5% 咯菌腈悬浮剂 1 000 倍液、25% 咪鲜胺乳油 1 000 倍液、10% 苯醚甲环唑水分散粒剂 2 000 倍液。每 7~10 天喷 1 次，连续防治 2~3 次。发病后也可用上述杀菌剂中任一种对少量水拌成糊状涂抹在病部，防效 90% 以上。

## 西瓜枯萎病

**【症状特征】**

西瓜整个生育期均可遭受枯萎病为害，苗期较轻，开花结果期严重起来，田间常见症状有 3 种类型。①猝倒型：发生在苗期，受害瓜苗子叶失水，萎蔫下垂，茎基部缢缩变褐，最后猝倒枯死。②侏儒型：发生在团棵伸蔓期，病株生长缓慢，蔓细、节间短、瘦小，叶片变黄，边缘向上卷曲，呈畸形小老苗；有的病株直立状，根稀少发黄，维管束变褐，最后枯死。③萎蔫型：多发生在结瓜期，是西瓜枯萎病的典型症状，按其表现形式分全株枯萎；或同一株上，有的蔓枯萎、有的蔓正常；或同一条蔓上，有的端部枯死，另一部分却正常。上述 3 种类型，发病初期叶片卷曲，后下垂，根茎表皮粗糙，维管束变褐，有时从病部溢出深褐色胶质物，最后摊作一堆枯萎而死。

**【病原】**

*Fusarium oxysporum* Schl. f. sp. *niveum*（E.F.Smith）Snyder et Hansen，称尖孢镰刀菌西瓜专化型，属真菌界半知菌类。在 PDA、PSA、OA 3 种培养基上培养 4 天菌落直径 4.2~5.42 厘米，气生菌丝短绒状，菌落白色或淡紫色。菌丝体无色，有隔膜，能产生分生孢子梗或厚垣孢子。分生孢子梗丛生在分生孢子座上。分生孢子有大型、小型两种。大型分生孢子无色，纺锤形，其隔膜 1~5 个，多为 3 个隔膜，大小（14.68~44.25）微米 ×（2.8~5.22）微米；小型孢子单胞无色，偶生

1个隔膜，长椭圆形，（5.5~11.82）微米 ×（2.81~4.2）微米。产孢细胞瓶梗状，（12.24~23.38）微米 ×（3.56~4.10）微米。厚垣孢子单生或成链状，淡黄色至褐色，球形，直径6.2~12.85微米。该菌萌发适温24~32℃，28℃为最适温度。菌丝发育温限4~38℃，28℃最适。病菌侵染温限为4~34℃，以24~27℃较适宜。此菌抗高温，经1年培养的病菌于50℃的湿热条件下经20分钟尚能存活。该菌对低温适应性也较强，–10℃经10天尚未死亡。病菌还耐水淹，耐pH值为2.3~9，最适pH值4.5~5.8。

**【发病规律】**

病菌主要以菌丝、厚垣孢子或小菌核在土壤、病残体及未经腐熟的带菌肥料中越冬。成为翌年枯萎病的主要初侵染源。土壤中病菌在离开寄主情况下仍可存活5~6年。厚垣孢子和菌核通过牲畜的消化道后仍能存活，因此厩肥也可带菌。西瓜病蔓100%带菌。病菌通过导管从病茎传到果梗后进入果实，随后病果实腐烂，再扩展到种子上，造成西瓜种子带菌。生产上播种带菌的种子，出苗后即染病。

西瓜枯萎病菌主要从西瓜须根侵入，逐渐向主根、下胚轴、子叶节和茎部扩展。病部表皮和维管束先变黄褐、深褐色，最后腐烂，病菌向上扩展，形成系统性连续发病现象。该病为土传病害，发病程度取决于土壤中可侵染菌量。一般连茬种植，地下害虫多，管理粗放，或土壤黏重、潮湿等病害发生严重。

**【绿色防控技术】**

（1）选择抗病品种。种植抗病西瓜品种是首选措施，如选用齐欣1号、京欣1号、京欣5号和京欣6号等品种。

（2）种子消毒。播种前100千克种子用2.5%咯菌腈悬浮种衣剂400~600毫升，做种子包衣处理后播种，也可用50%多菌灵可湿性粉剂1 000倍液浸种30~40分钟。

（3）农业防治。由于西瓜枯萎病病菌难以侵染葫芦、南瓜等，以这些作物作砧木进行嫁接换根，这种方法是解决西瓜枯萎病的最有效途径。避免重茬。如土壤呈现酸性，每667平方米施100千克石灰改土。控制浇水，禁止大水漫灌，增施磷、钾肥。

（4）药剂防治。定植后3~4片真叶期或初花期病菌侵入瓜根前，浇灌或喷淋50%多菌灵可湿性粉剂500倍液，或2.5%咯菌腈悬浮剂1 000倍液、54.5%噁霉·福可湿性粉剂700倍液、3%噁霉·甲霜水剂600倍液、2%嘧啶核苷类抗菌素水剂150~200倍液。发病初期继续使用上述杀菌剂灌根，每穴灌对好的药液250毫升，使根围土壤形成无菌保护层，能有效控制该病。

### 西瓜炭疽病

**【症状特征】**

苗期和成株期均可发病，叶片和瓜蔓受害重。苗期子叶边缘现圆形至半圆形褐色或黑褐色病斑，外围常出现黄褐色晕圈，其上长有黑色小粒点或淡红色黏状物。近地表的茎基部变成黑褐色，且收缩变细致幼苗猝倒。真叶染病，初为圆形至纺锤形或不规则水浸状斑点，有时出现轮纹，干燥时病斑易破碎穿孔，潮湿时叶面生出粉红色黏稠物。叶柄或瓜蔓染病，初为水浸状淡黄色长圆形斑点，稍凹陷，后变黑色，病斑环绕茎蔓后全株枯死。成熟果实染病，病斑多发生在暗绿色条纹上，在其条纹果实的淡色部位不发生或轻微发生。初呈水浸状凹陷形褐斑，凹陷处常龟裂，湿度大时病斑中部产生粉红色黏状物，严重的病斑连片导致瓜腐烂。未成熟西瓜染病，呈现水浸状淡绿色圆形病斑，幼瓜畸形或脱落。该病有明显的潜伏侵染现象，有时买来的西瓜未见发病，但贮存数日后，瓜上产生很多炭疽斑。

**【病原】**

*Colletotrichum orbiculare*（Berk. et Mont.）Arx，称瓜类炭疽菌，异名 *C. lagenarium*（Pass.）Ell. et Halst，属真菌界半知菌类。形态特征同黄瓜炭疽病。有性态为 *Glomerella lagenarium*（Pass.）Stev.，称瓜类小丛壳，属真菌界子囊菌门。

**【发病规律】**

西瓜炭疽病菌以菌丝体或拟菌核在土壤中的病残体上越冬。翌年，遇适宜条件产生分生孢子梗和分生孢子，落到植株或西瓜上发病。种子带菌可存活 2 年。播种带菌种子，出苗后子叶受侵。西瓜染病后，病部又产出大量分生孢子，借风雨及灌溉水传播，进行重复侵染。10~30℃均可发病，气温 20~24℃，相对湿度 90%~95% 适其发病。气温高于 28℃，湿度低于 54%，发病轻或不发病。地势低洼、排水不良，或施氮肥过多、通风不良、重茬地发病重，重病田或雨后收获的西瓜在贮运过程中也发病。

**【绿色防控技术】**

（1）选用抗病品种。选用京欣 1 号、京欣 5 号、京欣 6 号、齐红、齐露、天宝 1 号、开杂 2 号、开杂 5 号和兴蜜等。

（2）选用无病种子或进行种子消毒，培育无病壮苗。用 55℃温水浸种 15 分钟冷却，或用 60% 多菌灵盐酸盐可溶粉剂 800 倍液浸种 1 小时，捞出后冲洗干净催芽，可防治苗期炭疽病。

（3）与非瓜类作物实行 3 年以上轮作。

（4）加强田间管理。采用配方施肥，施用酵素菌沤制的堆肥。选择沙质土、注意平整土地，防止积水，雨后及时排水，合理密植，及时清除田间杂草。

（5）药剂防治。保护地和露地在发病初期喷洒 50% 醚菌酯干悬浮剂 3 000 倍液，或 25% 溴菌腈可湿性粉剂 500 倍液，或 50% 咪鲜胺锰盐可湿性粉剂 1 500 倍液，或 10% 苯醚甲环唑水分散粒剂 1 000 倍液。每隔 7 天喷药 1 次，连喷 3~4 次，轮换交替用药，防治效果较好。保护地栽培的，也可每 667 平方米用 45% 百菌清烟剂 250 克熏治，隔 9~11 天熏 1 次或每 667 平方米喷撒 5% 百菌清粉尘剂 1 千克。

## 西瓜疫病

### 【症状特征】

疫病一般侵害瓜根颈部，还可侵害叶、蔓和果实。为害幼苗，造成幼苗猝倒死亡。为害幼株时，茎基变色，叶凋萎，全株初青枯，后枯死。靠叶柄的茎节常水浸状软化，严重时根断续褐腐。成株期染病，叶面初生暗绿色水渍状圆形至不则形病斑，湿度大时或雨后似开水烫状，干燥时易破碎。茎基部染病，初现暗绿色纺锤形水渍状斑，后腐烂，病部以上枯死。果实染病，果面上现暗绿色不规则形、大小不一水渍状凹陷斑，湿度大时迅速扩展到大半个果实，表面产生稀疏白霉。

### 【病原】

*Phytophthora drechsleri* Tucker，称掘氏疫霉，异名 *P. melonis* Katsura，称甜瓜疫霉，均属藻物界卵菌门。在 PDA 培养基上菌丝丛灰白色，稀疏；菌丝无隔，直径 4~7 微米，后期常形成不规则形的肿胀和结节状突起，通常不产生孢子囊。在 V8 汁培养基上菌丝丛近白色，稀疏，产生孢子囊；孢子囊下部圆形，乳突不明显，大小（40~56）微米 ×（17~33）微米，新孢子囊从前一个孢子囊中层出。藏卵器近球形，直径 18~30 微米，无色，雄器围生，卵孢子球形，淡黄色，壁光滑，直径 16~28 微米。

### 【发病规律】

病菌主要以菌丝体或卵孢子随病残体在土壤中或未腐熟的肥料中越冬，翌年产生孢子囊借气流、雨水及灌溉水传播。种子虽可带菌，但带菌率不高。湿度大时，病斑上产生孢子囊及游动孢子进行再侵染。发病温限 5~37℃，最适 20~30℃。雨季及高温高湿发病迅速，排水不良、栽植过密、茎叶茂密或通风不良发病重。

在发病温度范围内雨日的长短、降水量的多少，是西瓜疫病发病和流行程度的决定因素。雨季来得早，雨日持续时间长，降水量大，则发病早受害重。生产上发病高峰多出现在雨量高峰过后，雨后积水的田块，疫病常严重发生。连年种植瓜类作物的田块，或西瓜地施用了未经充分腐熟的垃圾肥作基肥，常引起疫病的发生和流行。品种间或同一品种不同生育期感病性存在差异。无籽西瓜比常规西瓜抗病性强，苗期、伸蔓期较果实膨大期抗病。

【绿色防控技术】

（1）选用抗病品种。

（2）种子消毒。播种前种子用55℃温水浸种15分钟，或用75%百菌清可湿性粉剂500倍液浸种6小时，带药催芽或直播。也可用2.5%咯菌腈悬浮剂加53%精甲霜·锰锌水分散粒剂配好的400倍液于播种前喷洒苗床表面，然后把种子播种在带药的阳畦土壤中，防止瓜苗带菌。

（3）农业防治。与非瓜类作物实行3年以上轮作。增施有机肥料。夏季进行高温闷棚。用管道浇水或膜下暗灌，及时放风排湿，避免灌溉水漫灌。搭架栽培，结瓜后把瓜吊起来或垫高。收获后及时清除田间杂草、病残体。

（4）药剂防治。由于疫病潜育期短，蔓延迅速，所以，在发病前要喷药保护，特别是每次大雨后应喷洒1次，以后每5~7天1次。药剂可选用72%霜脲·锰锌可湿性粉剂700倍液或52.5%霜脲氰·噁唑菌酮水分散粒剂1 500倍液、70%锰锌·乙铝可湿性粉剂500倍液、53%精甲霜·锰锌水分散粒剂500倍液。

发病后马上喷洒10%氰霜唑悬浮剂2 000倍液，或25%烯肟菌酯乳油900倍液、25%嘧菌酯悬浮剂1 000倍液、2.5%咯菌腈悬浮剂1 000倍液。隔7~10天1次，连续防治2~3次。必要时还可用上述杀菌剂灌根，每株灌对好的药液0.4~0.5升，如能喷洒与灌根同时进行，防效明显提高。

## 西瓜白粉病

【症状特征】

主要为害叶片、叶柄和茎蔓，发病初期叶片正面出现退绿变黄圆斑点，不久叶面或叶背产生近圆形小粉斑，后扩展成直径1~2厘米圆形白粉斑。感病品种白粉斑能迅速扩大，多个病斑融合成一片，严重的全叶布满白色粉状物，即该菌的气生菌丝体和分生孢子。发病重的叶片慢慢变黄枯萎，一般不脱落。进入生长后期，白粉状物变成灰色或灰褐色，且粉斑上现先为黄色，后变为黑色的小斑点，即病原菌的有性态——闭囊壳。保护地栽培的小西瓜发病尤为严重。

【病原】

*Sphaerotheca cucurbitae*（Jacz.）Z.Y.Zhao，称瓜类单囊壳和*Erysiphe cucurbitacearum* Zheng et Chen，称葫芦科白粉菌，均属真菌界子囊菌门。瓜类单囊壳菌引起的白粉病，菌丝体生在西瓜叶片两面和叶柄上，开始时为白色小霉斑，后扩展至全叶。葫芦科白粉菌菌丝体生在西瓜叶的两面，以正面居多，产生不规则形的污白色粉斑，相互融合，可布满全叶。闭囊壳以叶背面为多。两种白粉菌都是

专性寄生菌，只能在活体寄主体内吸取营养，病菌的菌丝体不侵入西瓜等寄主组织的细胞内，只在寄主组织表面生长繁殖，产生吸器直接刺入西瓜表皮细胞内吸取营养，严重时造成组织的细胞死亡，致病叶呈枯黄状干枯，一般不产生坏死斑。瓜类单囊壳是优势种，在春西瓜上不产生闭囊壳，反季节栽培的秋西瓜，进入生长后期常在老叶上见到小黑点，即病原菌的有性态——闭囊壳。此外，在秋南瓜上也可产生闭囊壳。两菌除为害西瓜外，还侵染甜瓜、黄瓜、南瓜和冬瓜等葫芦科蔬菜。

**【发病规律】**

在我国南方，周年可种植瓜类作物，白粉病菌不存在越冬问题，病菌以菌丝体或分生孢子在西瓜或其他瓜类作物上繁殖，并借助气流、雨水等传播，形成扩大侵染。在这些地区，白粉病菌较少产生闭囊壳。在北方，保护地栽培西瓜的地区，也可以菌丝体和分生孢子在病株上越冬，并不断进行再侵染。翌年春季病菌侵染露地春西瓜，后侵染到秋西瓜上，最后还回到棚室内越冬。在没有保护地的地区，白粉病菌常于秋末在衰老的病叶上产生闭囊壳和子囊及子囊孢子，随病残体越冬，翌年春天气温升高，温湿度条件适宜时，释放出子囊孢子，从西瓜等寄主表皮直接侵入，完成初侵染。发病后病部又产生大量分生孢子，借气流或雨水溅射传播，进行多次再侵染，使白粉病迅速扩展蔓延。西瓜白粉病病菌分生孢子萌发温限为 10~30℃，以 20~25℃ 为最适，低于 10℃ 或高于 30℃ 不能萌发；分生孢子萌发和侵入，适宜相对湿度 90%~95%，在棚室或田间该病是否流行，常决定于棚内湿度和寄主的长势。虽然相对湿度 25% 也能萌发，但高湿萌发率高。生产上高温干燥与高温高湿交替出现，又有大量菌源时很易流行成灾，现已成为西瓜等瓜类生产上的严重病害。

**【绿色防控技术】**

（1）选用抗病品种。

（2）加强田间管理。①采用测土配方施肥技术。西瓜生育期短，基肥和追肥均以速效肥为主。追肥在定瓜后进行，幼果长到鸡蛋大小时，疏瓜定瓜，追施膨瓜肥，每 667 平方米施复合肥 30 千克，增强抗病力。②加强结瓜期田间管理。合理整枝，适时摘除病叶和部分老叶，以利通风透光，降低田间湿度可预防白粉病，减少病菌的重复侵染。

（3）药剂防治。在西瓜叶面初现零星小黄点或白色小粉斑时即应防治。药剂可选用 25% 戊唑醇水乳剂 3 000 倍液，或 50% 醚菌酯水分散粒剂 3 000 倍液，或 12.5% 烯唑醇可湿性粉剂 1 500 倍液、25% 丙环唑乳油 3 000 倍液、12.5% 腈菌唑乳油 1 500 倍液。隔 7~10 天 1 次，连续防治 2~3 次。

### 西瓜斑点病

【症状特征】

西瓜斑点病多在西瓜生长中后期发生，主要为害叶片。初在叶片上出现暗绿色近圆形病斑，略呈水渍状，以后发展成黄褐至灰白色不定形坏死斑，边缘颜色较深，大小差异较大，空气潮湿时病斑上产生灰褐色霉状物。严重时叶片上病斑密布，短时期内致使叶片坏死干枯。

【病原】

*Cercospora citrullina* Cooke，称瓜类尾孢，属真菌界半知菌类。菌丛生于叶两面，叶正面多，子座无或小；分生孢子梗 10 根以下簇生，淡褐色至浅榄色，直或略屈曲，具隔 0~3 个，顶端渐细，孢痕明显，无分枝，大小（7.5~72.5）微米 ×（4.5~7.75）微米；分生孢子无色或淡色，倒棍棒形或针形至弯针形，具隔 0~16 个，端钝圆尖或亚尖，基部平截，大小（15~112.5）微米 ×（2~4）微米。

【发病规律】

病菌以菌丝块或分生孢子在病残体及种子上越冬，翌年产生分生孢子借气流及雨水传播，从气孔侵入，经 7~10 天发病后产生新的分生孢子进行再侵染。多雨季节此病易发生和流行。

【绿色防控技术】

（1）种子消毒。播种前用 50% 多菌灵可湿性粉剂 500 倍液浸种 30 分钟。

（2）农业防治。实行与非瓜类蔬菜 2 年以上轮作。

（3）药剂防治。发病初期及时喷洒 50% 混杀硫悬浮剂 500~600 倍液，或 50% 多·硫悬浮剂 600~700 倍液，隔 10 天左右 1 次，连续防治 2~3 次。保护地可用 45% 百菌清烟剂熏烟，用量每 667 平方米 200~250 克，或喷撒 5% 百菌清粉尘剂，每 667 平方米 1 千克，隔 7~9 天 1 次，视病情防治 1~2 次。

### 西瓜果斑病

【症状特征】

西瓜果斑病是近年由国外传入的毁灭性病害。苗期和成株期均可发病。瓜苗染病，沿中脉出现不规则褐色病变，有的扩展到叶缘，从叶背面看呈水渍状，种子带菌的瓜苗在发病后 1~3 周即死亡。西瓜果实染病，初在果实上部表面现数个几毫米大小灰绿色至暗绿色水渍状斑点，后迅速扩展成大型不规则的水浸状斑，变褐或龟裂，致果实腐烂，分泌出一种黏质琥珀色物质，进一步发展，细菌透过瓜皮进入果内。该病多始于成瓜向阳面，与地面接触处未见发病，瓜蔓不萎蔫，病瓜周围病叶上现褐色小斑，病斑通常在叶脉边缘，有时被一个黄色组织带包围。病斑周围呈水渍状是该病别于其他细菌病害的重要特征。

**【病原】**

*Acidovorax avenae* subsp.*citrulli*（Schaad）Willems et al. 称燕麦嗜酸菌西瓜亚种。异名 *Pseudomonas pseudoalcaligenes* subsp. *citrulli* Schaad et al. 属细菌界薄壁菌门。格兰氏染色阴性，属 rRNA 组 I。不产生色素及荧光，菌体杆状，极生单根鞭毛。好气性。不产生硝酸还原酶和精氨酸双水解酶，无烟叶过敏反应。可在 4~41℃ 范围内生长，明胶液化力弱，氧化酶和 2- 酮葡萄糖酸试验阳性。除为害西瓜外，还可为害黄瓜和西葫芦。该菌生长适温 28℃，人工接种 2~3 天即可显症。

**【发病规律】**

病菌附着在种子或病残体上越冬，种子带菌是翌年主要初侵染源。该菌在埋入土中西瓜皮上可存活 8 个月，在病残体上存活 2 年。在田间借风、雨及灌溉水传播，从伤口或气孔侵入，果实发病后在病部大量繁殖，通过雨水或灌溉水向四周扩展进行多次重复侵染。多雨、高湿、大水漫灌易发病，气温 24~28℃ 经 1 小时，病菌就能侵入潮湿的叶片，潜育期 3~7 天。细菌经瓜皮进入果肉后致种子带菌，侵染种皮外部位，也可通过气孔进入种皮内。

**【绿色防控技术】**

（1）加强检疫。不用病区的种子，发现病种应在当地销毁，严禁外销。

（2）选用优良的早熟品种。怀疑种子有带菌可能的，用 50℃ 温水浸种 20 分钟，再催芽播种。

（3）与非葫芦科作物进行 3 年以上轮作，施用酵素菌沤制的堆肥或充分腐熟有机肥，采用塑料膜双层覆盖等栽培措施。

（4）加强田间管理。采用温室或火炕无病土育苗。幼果期适当多浇水，果实进入膨大期及成瓜后宜少浇或不浇，争取在高温雨季到来前采收完毕，避过发病期。

（5）药剂防治。发病重的田块或地区，在进入雨季时，掌握在发病前开始喷洒 30% 碱式硫酸铜悬浮剂 400~500 倍液，或 47% 春雷·王铜可湿性粉剂 800 倍液、56% 氧化亚铜水分散微粒剂 600~800 倍液、30% 琥胶肥酸铜可湿性粉剂 500 倍液、77% 氢氧化铜可湿性粉剂 500 倍液、30% 氧氯化铜悬浮剂 800 倍液。每 667 平方米喷对好的药液 60 升，隔 10 天左右 1 次，防治 2~3 次。

### 西瓜病毒病

**【症状特征】**

西瓜病毒病主要表现有花叶型和蕨叶型两种类型。花叶型：在叶片上首先出现明显的退绿斑点，后变为皱缩畸形，逐渐蔓延为系统性斑驳花叶，斑驳深浅不一，黄绿相嵌，叶面凹凸不平，叶片变小、畸形，植株顶端节间缩短，生长点上翘，植株矮化，结果小而少，果面上有油浸状退绿斑驳，果面凹凸不平。蕨叶型：新叶狭长，皱缩扭曲。果实发病时，形成深绿色和浅绿色相间的斑驳，呈不规则突起。不论是那种类型，幼苗期至坐果前发生病毒病，新叶抽生缓慢或不能抽生，植株生长受阻。坐果期发病，花器发育不良，花瓣变短，呈浅黄绿色，不能正常开放或花器不育，开放后雄花无花粉或散粉推迟，造成坐果困难。幼果期感病，幼果膨大受阻，并呈现斑驳或突起，出现畸形瓜，致使产量大幅下降，外观和品质变劣，失去商品价值。

**【病原】**

病原为西瓜花叶病毒 *Watermelon mosaic virus*（WMV）、黄瓜花叶病毒 *Cucumber green mosaic virus*（CMV）及烟草花叶病毒 *Tobacco mosaic virus*（TMV）。病毒通过蚜虫传播，也可通过汁液摩擦传播。

**【发病规律】**

病毒主要通过种子带菌和蚜虫汁液接触传毒。农事操作，如整枝、压蔓、授粉等都可引起接触传毒，也是田间传播、流行的主要途径。高温、干旱、光照充足季节，蚜虫繁殖快，数量多，成群聚集在西瓜蔓叶上，吸取汁液传毒，并引起植株营养不良；肥水不足、管理粗放、植株生长势衰弱或邻近瓜类菜地，也易感病；蚜虫发生数量大的年份发病重。

**【绿色防控技术】**

（1）选用抗病品种。

（2）实行与非瓜类作物轮作。

（3）种子消毒。播前用55~60℃温水浸种20分钟，然后放入冷水冷却，捞出晾干备用。

（4）农业防治。苗床应选在背风向阳、地势高燥的地方。床土应是3年未种过瓜类蔬菜的新土，肥料应充分腐熟。冬前深耕土壤30厘米，冻土晒垡。平衡施肥，增施磷、钾肥。播种后盖地膜，及时间苗、定苗，中耕锄草3~4次，铲除田间杂草，消灭蚜虫等害虫。及时浇水施肥。西瓜、甜瓜不宜混种，以免相互传毒。此外，还要及时防治蚜虫。

（5）药剂防治。发病初期用 20% 吗啉胍·乙铜可湿性粉剂 500 倍液，或 0.5% 菇类蛋白多糖水剂 300 倍液，交替用药，每 7~10 天防治 1 次，连续防治 2~3 次。

## 西瓜绿斑驳花叶病毒病

### 【症状特征】

西瓜绿斑驳花叶病毒病主要为害叶、果梗及果实。苗期染病，新叶上出现不规则形褐色和绿色斑驳，症状较明显。成株期染病，症状不明显。果梗、果实染病，初生褐色斑，剖开病果产生赤褐色油浸状病变，病部腐败发臭，无法食用。

### 【病原】

*Cucumber green mottle mosaic virus*（CGMMV），称黄瓜绿斑驳花叶病毒，属烟草花叶病毒属病毒，*Tobamovirus* 群。病毒粒体杆状，粒子大小 300 纳米 × 18 纳米，超薄切片观察，细胞中病毒粒子排列成结晶形内含体，钝化温度 80~90℃，10 分钟，稀释限点 1 000 000 倍，体外保毒期 1 年以上。可经汁液摩擦、土壤传播，体外存活期数月至 1 年。除侵染黄瓜外，还可侵染西瓜、甜瓜等。该病毒在黄瓜上有两个变种，即绿斑花叶病和黄斑花叶病。

### 【发病规律】

该病毒可通过种子和土壤传毒，遇有适宜的条件即可进行初侵染。种皮上的病毒可传到子叶上，21 天后致幼嫩叶片显症。嫁接砧木带毒可引起接穗发病。此外，该病毒很容易通过手、刀子、衣物及病株污染的地块及病毒汁液借风雨或农事操作传毒，进行多次再侵染。田间遇有暴风雨，造成植株互相碰撞、枝叶摩擦或锄地时造成的伤根都是传染的重要途径。田间或棚室高温发病重。

### 【绿色防控技术】

（1）加强植物检疫，防止西瓜绿斑驳花叶病毒病传播蔓延。

（2）选用抗病品种。建立无病留种田，施用无病毒的有机肥，培育壮苗；农事操作要小心从事，及时拔除病株，采种要注意清洁，防止种子带毒。嫁接选用抗病的南瓜种质作砧木。

（3）种子消毒。在常发病地区或田块，对市售的商品种子要进行消毒。种子经 70℃处理 72 小时可杀死毒源，也可用 10% 磷酸三钠浸种 20 分钟，清水冲洗 2~3 次后晾干备用或催芽播种。

（4）加强田间管理。打杈、绑蔓、授粉、采收等农事操作注意减少植株碰撞，中耕时减少伤根，浇水要适时适量，防止土壤过干。

（5）药剂防治。发病初期喷洒 5% 菌毒清可湿性粉剂 300 倍液或 7.5% 菌毒·吗啉胍水剂 700~800 倍液、25% 盐酸吗啉胍·锌可溶粉剂 500 倍液。此外，喷洒硫酸锌 1 500 倍液也有一定效果。

# 四、甜瓜病害

## 甜瓜叶枯病

### 【症状特征】

该病主要为害甜瓜的叶片、果实、茎蔓，但以叶片受害最重。发病初期，叶片上现水渍状的褐色小点，逐渐扩大成圆形至不规则形褐色至黑褐色斑，直径 2~5 毫米，稍凹陷，深褐色至紫褐色，边缘隆起，病健分界分明，病斑多时融合为大斑，叶片就像被开水浇过一样，不久即焦枯。茎蔓染病，产生梭形或椭圆形稍凹陷的病斑。果实受害，果面上出现圆形褐色的凹陷斑，常有裂纹，病菌可逐渐侵入果肉，造成果实腐烂。随病害扩展多个病斑相互融合成大坏死斑，终致叶片干枯而死，后期湿度大时病斑正背两面常产生黑色霉状物，即病原菌的分生孢子梗和分生孢子。天气闷热干燥持续时间长见不到黑色霉。

### 【病原】

*Alternaria cucumerina*（Ell. et Ev.）Elliott，称瓜链格孢，属真菌界半知菌类。病菌分生孢子梗单生或 3~5 根束生，正直或弯曲，褐色或顶端色浅，基部细胞稍大，具隔膜 1~7 个，大小（23.5~70）微米 ×（3.5~6.5）微米；分生孢子多单生，有时 2~3 个链生，常分枝，分生孢子倒棒状或卵形至椭圆形，褐色，孢身具横隔膜 8~9 个，纵隔膜 0~3 个，隔膜处缢缩，大小（16.5~68）微米 ×（7.5~16.5）微米，喙长 10~63 微米，宽 2~5 微米，最宽处 9~18 微米，色浅，呈短圆锥状或圆筒形，平滑或具多个疣，0~3 个隔膜。在 PDA 培养基上菌落初白色，后变灰绿色，背面初黄褐色，后为墨绿色，气温 25℃，经 4~5 天能形成分生孢子。该菌生长温限 3~45℃，25~35℃较适，28~32℃最适。在 pH 值 3.5~12 均可生长，pH 值 6 最适。孢子萌发温限 4~38℃，28℃最适；相对湿度高于 73% 均可萌发，相对湿度 85% 时，萌发率高达 94%。

### 【发病规律】

病菌以菌丝体和分生孢子在病残体上或以分生孢子在病组织上越冬，也可以分生孢子附在种子上越冬。病菌的分生孢子借风雨或灌溉水传播，分生孢子落到甜瓜植株上以后，只要条件适宜，分生孢子可直接侵入叶片，发病后病部又极迅速产生大量分生孢子进行多次再侵染。坐瓜后遇 25℃高温及高湿环境易造成病害流行，特别是浇水后或风雨过后，病害会迅速蔓延。

**【绿色防控技术】**

（1）选用抗病品种，合理轮作倒茬，深翻改土；采用无土育苗或无菌土育苗方式，培育壮苗，增强植株自身抗病能力。选用无病、包衣的种子，如未包衣则种子须用拌种剂或浸种剂灭菌。

（2）加强栽培管理。①采取高垄宽畦栽培，合理密植，科学整枝，以利通风透光。②加强温湿度调控，既要注意保温防寒，又要注意通风降湿，以减轻病害发生。③加强肥水管理。合理施用腐熟的粪肥，增施磷、钾肥及微肥；并适时浇水，一般在晴天的上午浇水，天气炎热时早晚浇，控制好浇水量，防止大水漫灌，促使植株健壮生长，提高抗病能力。

（3）清洁田园。生长期或收获后应及时清洁田园，病残体不能堆放在棚边，要集中深埋或焚烧，以减少病菌侵染来源。

（4）药剂防治。发病初期及早喷洒50%异菌脲可湿性粉剂1 000倍液，或50%腐霉利可湿性粉剂1 200倍液、50%福·异菌可湿性粉剂800倍液、40%百菌清悬浮剂600倍液、68%精甲霜灵·锰锌水分散粒剂600倍液。隔7~10天1次，连续防治3~4次。

## 甜瓜白粉病

**【症状特征】**

甜瓜白粉病俗称白毛，是甜瓜生产上最常见、最重要的气传病害。从苗期到成株期均可发病，但以进入中后期最为严重。该病主要为害叶片，严重时也为害叶柄和茎蔓。叶片发病，初在叶面生出黄色退绿斑，后正背两面生出白色小粉点，叶片正面退绿具不规则黄斑，小白粉点逐渐扩展成较大的白色粉斑，后多个病斑相互融合成片，致叶面布满白粉。病斑由白色变成灰白色，病重叶片变黄卷曲或提早干枯。后期在白粉层中可见到小黑色，即病菌有性态——闭囊壳。

**【病原】**

*Sphaerotheca cucurbitae*（Jacz.）Z.Y.Zhao，称瓜类单囊壳，属真菌界子囊菌门。闭囊壳散生，球形，褐色至暗褐色，直径72~99微米，附属丝4~8根，丝状，膝状弯曲，子囊1个，广椭圆形、近球状，无柄或具短柄，大小（60~84）微米×（42~63）微米；子囊孢子4~8个，椭圆形，大小（19.5~28.5）微米×（15~19.5）微米。

**【发病规律】**

在寒冷地区，以菌丝体或闭囊壳在寄主上或在病残体上越冬，翌年以子囊孢子进行初侵染，后病部产生分生孢子进行再侵染，致病害蔓延扩展。在温暖地区，病菌不产生闭囊壳，以分生孢子进行初侵染和再侵染，完成其周年循环，无明显越冬期。通常温暖湿闷的天气、施用氮肥过多或肥料不足、植株生长过旺或不良发病重。病菌产生分生孢子适温15~30℃，相对湿度80%以上，分生孢子发芽和侵入适宜相对湿度90%~95%，无水或低湿虽可发芽侵入，但发芽率明显降低。白粉病在10~25℃均可发生，能否流行，取决于湿度和寄主的长势。

**【绿色防控技术】**

（1）选用抗病品种。

（2）培育无病壮苗，提高植株抗病能力。

（3）浸种消毒。用55℃温水浸种15分钟，可杀灭种子上的白粉菌。

（4）清洁田园。日光温室前茬收获后应及时清理，甜瓜生长期及时除草，发现病叶及时摘除，带到田外烧毁。

（5）科学管理，增强甜瓜对白粉病抗性。

（6）药剂防治。防治关键是在出现雨雾之后马上喷药。可选用25%嘧菌酯悬浮剂1 500倍液，或10%苯醚甲环唑微乳剂2 000倍液，或50%硫磺悬浮剂300~400倍液进行预防，隔7天1次。当棚内出现中心病株时，马上喷洒25%戊唑醇水乳剂3 000倍液，或50%醚菌酯水分散粒剂3 000倍液，或12.5%烯唑醇可湿性粉剂1 500倍液、25%丙环唑乳油3 000倍液、33.5%喹啉铜悬浮剂800倍液、12.5%腈菌唑乳油1 500倍液。把白粉病控制在点片发生阶段。

## 甜瓜炭疽病

**【症状特征】**

苗期、成株期均可发生，叶片、茎蔓、叶柄和果实均受侵染。幼苗染病，子叶或真叶上产生近圆形或半圆形黄褐至红褐色病斑，边缘有时具晕圈。成株期叶片染病，叶上病斑因品种不同，产生近圆形至不规则形、灰褐色、边缘水渍状病斑，有的也有晕圈，后期病斑易破裂穿孔。茎和叶柄染病，初生水渍状坏死斑或产生椭圆形至长圆形凹陷斑，浅黄褐色。果实染病，产生退色凹陷斑，圆形或近圆形，后期病部溢出粉红色黏质物即炭疽病分生孢子团。

**【病原】**

*Colletotrichum orbiculare*（Berk. et Mont.）Arx，称瓜类刺盘孢，属真菌界半知菌类。病菌分生孢子盘聚生，初埋生后突破表皮，初红褐色，后变黑褐色，顶端不规则开裂。刚毛散生，暗褐色，顶端色淡，较尖，基部膨大，正直或略弯，1~4个隔膜，大小（42~102）微米×（4~6）微米。分生孢子梗倒钻形，无色，无隔膜，大小为（12~24）微米×（3~5）微米。分生孢子圆柱形，长卵形，两端钝圆，单胞无色，大小为（12~21）微米×（4~6）微米，内含颗粒状物。附着胞长棒形，

稍不规则形，褐色，大小（9~10）微米 ×（5~6）微米。

【发病规律】

病菌以菌丝体或拟菌核在土壤中病残体上或附着在种皮上越冬，种子带菌能直接侵入子叶，产生病斑。病斑上的分生孢子通过风、雨或昆虫传播，可直接侵入表皮细胞而发病，形成初侵染。发病后病部产生分生孢子进行重复侵染。发病适温22~27℃，适宜相对湿度85%~95%。

【绿色防控技术】

（1）选用伊丽沙白、状元、蜜世界和黄皮京欣1号等抗病品种。

（2）苗床土壤消毒和种子消毒。每立方米苗床培养土施入50%多菌灵可湿性粉剂25~30克，耙匀。种子可用50%多菌灵可湿性粉剂500倍液浸种15分钟灭菌，也可用30%苯噻硫氰乳油1 000倍液，浸种6小时，带药催芽播种或直播。

（3）药剂防治：发病初期喷洒50%醚菌酯干悬浮剂3 000倍液，或25%溴菌腈可湿性粉剂500倍液、50%咪鲜胺锰盐可湿性粉剂1 500倍液。隔10天1次，连喷2~3次。

## 甜瓜霜霉病

【症状特征】

在甜瓜生育中后期果实膨大时开始发病，进入成熟期最易感染霜霉病，自然条件下结果之前很少发病。主要为害叶片。病斑初期呈水浸状，后产生多角形黄色至黄褐色大斑，病斑扩展受叶脉限制，与细菌性角斑病十分相似，但在早晨或阴雨天气湿度大时，可见到叶背面生出稀疏的褐色至灰褐色霉层，即霜霉菌的孢子梗和孢子囊。发病重的叶片焦枯卷曲。

【病原】

*Pseudoperonospora cubensis*（Berk. et Curt.）Rostovtsev，称古巴假霜霉菌，属藻物界卵菌门。孢囊梗1~2枝或3~4枝从气孔伸出，长165~420微米，多为240~340微米，主轴长105~290微米，粗5~6.5微米，个别3.3微米，基部稍膨大，上部呈双叉状分枝3~6次；末枝稍弯曲或直，长1.7~15微米，多为5~11.5微米；孢子囊淡褐色，椭圆形至卵圆形，具乳突，大小（15~31.5）微米 ×（11.5~14.5）微米，长宽比为1：（1.2~1.7）；以游动孢子萌发；卵孢子生在叶片的组织中，球形，淡黄色，壁膜平滑，直径28~43微米。

【发病规律】

甜瓜霜霉病是典型的气传流行性病害，发生和流行与降雨及棚内湿度关系十分密切。田间空气相对湿度达80%以上时，有利于发病，并产生大量病菌孢子，病菌孢子借气流、水流、田间操作继续传播。如果甜瓜生长后期连续降雨 4 天或多日连阴，就可造成甜瓜霜霉病大流行。叶片感病后 2~3 天出现病斑；短时间内，约 7 天左右，就可造成大面积叶片焦枯，造成较大损失；7~15 天可造成全田叶片枯死，瓜农俗称"跑马干"。

**【绿色防控技术】**

（1）选用抗病品种。可选用黄河蜜瓜、海蜜 2 号、白美人、泽甜 1 号和雪娃等抗病品种。

（2）避免与瓜类作物连作，雨后及时排水，采用测土配方施肥技术，增施有机肥，氮磷钾配合施用，合理密植，及时整枝打杈，防止瓜株生长过旺，改善田间通风条件。

（3）利用生态调控防治霜霉病。甜瓜开花后，每 667 平方米用尿素 0.2 千克、白糖（或红糖）0.5 千克，对水 40~50 千克，叶面喷施，每 5~6 天 1 次，连喷 4~5 次；或用 3 千克生石灰对水 50 千克，浸泡 24~48 小时，滤出清液喷施，既能杀菌，又能促进根系吸收养分和养分在植株体内的运转、利用，增强抗病能力。

（4）药剂防治。发病初期喷洒 25% 嘧菌酯悬浮剂 1500 倍液，或 18% 甲霜·锰锌可湿性粉剂 600 倍液、64% 噁霜·锰锌可湿性粉剂 400~500 倍液、72.2% 霜霉威水剂 600 倍液。每 667 平方米喷对好的药液 70 升，7~10 天 1 次，连续防治 3~4 次，喷后 4 小时遇雨须补喷。

## 甜瓜蔓枯病

**【症状特征】**

主要为害根茎基部、主蔓、侧蔓、主侧蔓分枝处及叶柄，也可为害叶片和果实。在茎蔓上病斑初为油浸状，灰绿色，稍凹陷，椭圆形、梭形或条斑形蔓延，在患病部位会分泌出黄褐色、橘红色或黑红色胶状物，后期病部干枯龟裂，呈灰白色，表面散生黑色小点，即分生孢子器及子囊壳。病斑绕蔓扩展 1 周后患病部位逐渐缢缩凹陷，导致患病部位上部叶片萎蔫，最后全株枯死。叶片染病，在叶缘形成"V"字形褐色病斑，外缘淡黄色，具不明显同心轮纹。果实受害，初期呈水浸状病斑，中央褐色，干枯后呈星状破裂，引起甜瓜腐烂。

**【病原】**

*Ascochyta citrullina* Smith，称西瓜壳二孢，属真菌界半知菌类。异名：*A.melonis* Potebnia，称香瓜壳二孢。分生孢子器叶面散生或聚生，初埋生，后突破表皮外露；器球形至扁球形，直径 80~136 微米，高 70~110 微米，有孔口；器壁膜质，浅褐色，由数层细胞组成，壁厚 10~12 微米，内壁无色，长出产孢细胞，上生分生孢子，产孢细胞瓶形，单胞无色，大小（5~7.5）微米 ×（4~5）微米；分

生孢子长圆柱形，两端钝圆，无色，中央生1个隔膜，分隔处多缢缩，偶见有2个隔膜，多向1侧弯曲，大小（11.5~16）微米 ×（3.5~5）微米。

【发病规律】

病菌以分生孢子器和子囊座在病残体和土壤中越冬，种子也可带菌，条件适宜时，病菌产生分生孢子借雨水和气流传播，或由种子带菌引起发病形成中心病株。生长适温20~24℃，病菌由茎蔓节间、叶、叶缘的水孔和伤口侵入。保护地栽培中高温高湿、通风不良、密度过大时发病严重。

【绿色防控技术】

（1）选用抗病品种。如伊丽莎白、中甜1号、雪丽王等，耐病品种有海蜜2号等。

（2）注意轮作换茬。实行与非瓜类作物2~3年以上轮作，瓜类作物采收后，要及时清除病枝落叶，集中烧毁或进行高温沤肥。

（3）选用无病种子或进行药剂拌种。甜瓜种子用52~55℃温水浸种25分钟后催芽播种，也可25%咪鲜胺乳油1 000倍液浸种30分钟，或用种子重量0.3%的50%异菌脲可湿性粉剂或75%百菌清可湿性粉剂拌种。

（4）药剂防治。瓜苗定植后，用25%咪鲜胺乳油1 000倍液，或70%甲基硫菌灵可湿性粉剂800倍液灌根，每株灌对好的药液250毫升，隔15天1次。发病初期，全株喷洒70%百菌清可湿性粉剂600倍液，或80%代森锰锌可湿性粉剂500倍液、25%嘧菌酯悬浮剂900倍液、2.5%咯菌腈悬浮剂1 000倍液。对茎蔓染病，于发病初期用25%咪鲜胺乳油1 000倍液，或50%多菌灵悬浮剂100倍液加70%代森锰锌可湿性粉剂100倍液，再加少量面粉拌成稀糊状用毛笔或小刷子涂在病部。也可用70%甲基硫菌灵可湿性粉剂、80%代森锰锌可湿性粉剂和水按1∶1∶1的比例调成稀糊状，直接涂抹病部，隔2~3天涂1次，连续2~3次可抑制该病扩展。

## 甜瓜黑斑病

【症状特征】

甜瓜黑斑病主要发生在甜瓜生长中后期，为害叶片、茎蔓或成熟果实，以叶片受害为主，植株染病常从中下部老叶开始，产生圆形坏死病斑，灰褐色至紫褐色，具不明显轮纹。果实染病，多发生在日灼或其他病斑上，布满一层黑色霉状物，形成果腐。被害瓜果形成褐色、稍凹陷的圆斑，直径2~16毫米，外有淡褐色晕环，有时内具轮纹，逐渐扩大变黑，甚至变成不规则形。病斑上生黑褐色至黑色的霉状物，为病原菌的子实体。病斑下果肉坏死，呈黑色，海绵状，与健肉易分离。

【病原】

*Alternaria alternate*（Fr.： Fr.）Keissler，称链格孢菌，属真菌界半知菌类。在自然条件下，分生孢子梗单生或簇生，直立或弯曲，褐色，具隔膜，罕见分枝，大小（33~75）微米 ×（4~5.5）微米，分生孢子链生或单生，倒棒状、卵形、倒梨形或近椭圆形，褐色，表面光滑或具细疣，隔膜3~8个，纵斜隔膜1~4个，分隔处缢缩，孢身（22.5~40）微米 ×（8~13.5）微米，喙短柱状或锥状，浅褐色，（8~25）微米 ×（2.5~4.5）微米。大部分可转化为产孢细胞，其上产生次生孢子。

【发病规律】

链格孢菌腐生性较强，寄主范围广，可在多种作物上存活，只要条件适宜，就会产生大量分生孢子，借气流、雨水、灌溉水传播，侵染生长衰弱或有伤口或局部坏死或过度成熟的甜瓜果实。气温23~27℃，相对湿度高于90%即可发病，采收期雨日多或棚内湿度高发病重。

【绿色防控技术】

（1）加强管理。推迟瓜田浇第一水时间，即在坐瓜后待长至核桃大小时浇第一水；清除病残组织，减少初侵染来源。

（2）用无病种子，必要时种子可用40%拌种双可湿性粉剂200倍液浸种24小时，冲洗干净后催芽播种，也可用55℃温水浸种15分钟。

（3）采用配方施肥技术。施用酵素菌沤制的堆肥或充分腐熟的有机肥，注意增施磷、钾肥，以增强寄主抗病力。

（4）棚室甜瓜应抓好生态防治。由于早春定植昼夜温差大，白天20~25℃，夜间12~15℃，相对湿度高达80%以上，易结露，利于此病的发生和蔓延。应重点调整好棚内温湿度，尤其是定植初期，闷棚时间不宜过长，防止棚内湿度过大、温度过高，做到水、火、风有机配合，减缓该病发生蔓延。

（5）药剂防治。发病初期采用粉尘法或烟雾法。①粉尘法。于傍晚喷撒5%百菌清粉尘剂，每667平方米1千克。②烟雾法。于傍晚点燃45%百菌清烟剂，每667平方米200~250克，隔7~9天1次，视病情连续或交替轮换使用。露地栽培，发病初期喷洒75%百菌清可湿性粉剂600倍液或50%腐霉利可湿性粉剂1 500倍液、50%异菌脲可湿性粉剂1 500~2 000倍液、70%代森锰锌可湿性粉剂500倍液、64%噁霜·锰锌可湿性粉剂500倍液。隔7~10天1次，连续防治2~3次。

## 甜瓜黑根霉软腐病

【症状特征】

主要为害果实。甜瓜染病后，患病组织呈水渍状软化，病部变褐色，长出灰白色毛状物，上有黑色小粒。即病原菌的菌丝和孢囊梗。

**【病原】**

*Rhizopus stolonifer*（Ehrenb. et Fr.）Vuill.，称匍枝根霉（黑根霉），异名：*R.nigricans* Ehrenb.，属真菌界接合菌门。孢子囊球形至椭圆形，褐色至黑色，直径 65~350 微米，囊轴球形至椭圆形，膜薄平滑，直径 70 微米，高 90 微米，具中轴基，直径 25~214 微米；孢子形状不对称，近球形至多角形，表面具线纹，似蜜枣状，大小（5.5~13.5）微米 ×（7.5~8）微米，褐色至蓝灰色；接合孢子球形或卵形，直径 160~220 微米，黑色，具瘤状突起，配囊柄膨大，两个柄大小不一，拟接合孢子，无厚垣孢子。病菌寄生性不强。

**【发病规律】**

病菌为弱寄生菌，分布较普遍。由伤口或从生活力衰弱部位侵入，分泌大量果胶酶，破坏力大，能引起多种多汁蔬菜、瓜果及薯类腐烂。病菌在腐烂部产生孢子囊，散放出孢囊孢子，借气流传播蔓延。在田间气温 22~28℃，相对湿度高于 80% 适于发病，生产上降雨多或大水漫灌、湿度大易发病。

**【绿色防控技术】**

（1）加强肥水管理。严防大水漫灌，雨后及时排水，保护地要注意放风降湿。

（2）药剂防治。发病后及时喷洒 36% 甲基硫菌灵悬浮剂 500 倍液、50% 多菌灵可湿性粉剂 600 倍液、50% 苯菌灵可湿性粉剂 1 500 倍液、64% 噁霜·锰锌可湿性粉剂 500 倍液。

## 甜瓜镰孢果腐病

**【症状特征】**

甜瓜镰刀菌果腐病主要为害成熟果实。初生褐色至深褐色水浸状斑，大小 1.5~3 厘米，深约 1.5 厘米，病情扩展后内部开始腐烂，病组织白色或玫瑰色，湿度大或贮运中，病部长出白色至粉红色霉，即病原菌分生孢子梗和分生孢子。

**【病原】**

*Fusarium roseum* Link，称粉红镰孢，属真菌界半知菌类。分生孢子梗单生或集成分生孢子座；大型分生孢子两边弯曲度不同，中部近圆筒形，伸长成线形或镰刀状，两端渐细，分生孢子多为橙红色。菌丝及子座具多种颜色，苍白色或玫瑰色至紫色。

**【发病规律】**

病菌在土壤中越冬，翌年果实与土壤接触，遇有适宜发病条件即可引起发病，一般高温多雨季节或湿度大、光照不足、雨后积水、伤口多发病重。

**【绿色防控技术】**

（1）施用酵素菌沤制的堆肥或充分腐熟的有机肥，采用地膜覆盖和高畦栽培。

（2）多雨季节要注意雨后及时排水，适当控制浇水，地表湿度大要把果实垫起，避免与土壤直接接触。

（3）加强田间管理，防止果实产生人为或机械伤口，发现病果及时采摘深埋。

（4）药剂防治。发病后喷洒50%苯菌灵可湿性粉剂1 500倍液，或50%甲基硫菌灵悬浮剂500~600倍液、40%多·硫悬浮剂500倍液、75%百菌清可湿性粉剂600倍液、47%春雷·王铜可湿性粉剂700~800倍液。每667平方米喷对好的药液50升，隔10天左右1次，连续防治2~3次。

## 甜瓜细菌性叶枯病

**【症状特征】**

该病全生育期均有发生，叶片、叶柄、茎部均可受侵染，尤以叶片受害重。发病初期幼叶叶面出现退绿浅黄绿斑纹，轻者不太明显。叶背现水浸状小黄点，后迅速扩成近圆形褐色斑，以后坏死，病斑大小差异很大，中央黄白色至半透明，四周具黄绿色晕圈，无菌脓溢出。叶柄、幼茎染病易开裂。

**【病原】**

*Xanthomonas campestms* pv. *cucurbitae*（Bryan）Dye，称油菜黄单胞菌黄瓜叶斑病致病变种，属细菌界薄壁菌门。菌体两端钝圆杆状，大小0.5微米×1.5微米，极生1根鞭毛，革兰氏染色阴性。发育适温25~28℃，36℃能生长，40℃以上不能生长，耐盐临界浓度3%~4%，对葡萄糖、甘露糖、半乳糖、阿拉伯糖、海藻糖、纤维二糖氧化产酸。不能还原硝酸盐，接触酶和卵磷脂酶阳性，氧化酶和脲酶阴性，水解淀粉和七叶灵，能液化明胶。石蕊牛奶呈碱性、清化。

**【发病规律】**

主要通过种子带菌传播蔓延。该菌在土壤中存活非常有限。病菌生长最适温度25~30℃，36℃能生长，高于40℃不能生长，致死温度49℃。日光温室内适合其发生、流行，品种间抗病性差异明显。

**【绿色防控技术】**

（1）与非葫芦科作物实行2年以上的轮作。

（2）选无病瓜留种，并于播种前进行种子消毒。消毒方法是用55℃的温水浸种20分钟，捞出催芽播种。

（3）加强田间管理。及时清除病叶、病蔓深埋；及时追肥、合理浇水，对温棚瓜要加强通风降湿管理。

（4）药剂防治。发病初期喷施或浇灌 33.5% 喹啉铜可湿性粉剂 600 倍液，或 20% 吗啉胍·乙铜可湿性粉剂 600 倍液、20% 噻菌铜悬浮剂 500 倍液、2% 春雷霉素水剂 500 倍液、50% 氯溴异氰尿酸可溶粉剂 1 000 倍液、20% 叶枯唑可湿性粉剂 800 倍液、77% 硫酸铜钙可湿性粉剂 600 倍液。隔 7 天 1 次，防治 3~4 次。

## 甜瓜细菌性角斑病

### 【症状特征】

该病主要为害叶片、茎蔓及果实，尤以叶片受害重。子叶染病，现水浸状近圆形凹陷斑，后扩展成黄褐色病斑。真叶染病，初在叶面现水浸状不规则黄点，随后扩展成多角形或近圆形黄色病斑，后病斑上黄色减少退色增加，病斑边缘常现一锈黄色油浸状环，后呈半透明状，干燥时破裂。叶背面常因甜瓜品种不同、棚内温湿度、通风量大小不同表现出多种多样的黄绿色、黄白色、红褐色角斑或近圆形斑点，经保湿后可见乳白色菌脓，是该病的重要特征。茎蔓染病，出现深绿色油浸状溃疡或龟裂，湿度大时可见菌脓。果实染病，初现水浸状，绿黄色或绿褐色不规则斑点，后呈凹陷褐斑，并向瓜内扩展。

### 【病原】

*Pseudomonas syringae* pv. *lachrymans*（Smith et Bryan）Young et al.，称丁香假单胞杆菌流泪致病变种，属细菌界薄壁菌门。菌体短杆状相互呈链状连接，具端生鞭毛 1~5 根，大小（0.7~0.9）微米 ×（1.4~2）微米，有荚膜，无芽孢，革兰氏染色阴性。在金氏 B 平板培养基上，菌落白色，近圆或略呈不规则形，扁平，中央凸起，污白色，不透明，具同心环纹，边缘一圈薄而透明，菌落直径 5~7 毫米，外缘有放射状细毛状物，具黄色荧光。生长适温 24~28℃，最高 39℃，最低 4℃，48~50℃经 10 分钟致死。

### 【发病规律】

病菌可在寄主的种皮内、种皮上或混杂在种子中间越冬或越夏，也可随苗床带菌传播。苗床带菌是瓜秧发病的主要传播途径，造成种苗发病。分苗或定植时，未严格挑选、淘汰病苗，未集中进行喷药、浸根等防治，定植后未及时检查，未及时拔除病株，都会造成病苗在田间生长，形成发病中心。甜瓜收获后，未及时拔除销毁瓜秧及残留的根、落叶、落果，致大量病原细菌遗留在田间，一旦条件适宜，病原细菌就会进行多次再侵染。甜瓜细菌性角斑病主要借风雨、水流、灌溉水及农事操作传播。由寄主的伤口和自然孔口侵入。甜瓜 6~10 月生长期间遇有适宜的温湿度是发病主要条件，尤其是湿度，只要相对湿度达到 70% 以上，且持续时间长，角斑病就会流行。

**【绿色防控技术】**

（1）与非葫芦科作物实行 2 年以上的轮作。

（2）选无病瓜留种，并于播种前进行种子消毒，消毒方法是用 55℃的温水浸种 20 分钟，捞出催芽播种。

（3）及时清除病叶、病蔓深埋；及时追肥、合理浇水，对温棚瓜要加强通风降湿管理。

（4）药剂防治。发病初期喷施或浇灌 33.5% 喹啉铜悬浮剂 600 倍液或 20% 喹菌铜可湿性粉剂 1 500 倍液、20% 噻菌铜悬浮剂 300 倍液、2% 春雷霉素水剂 500 倍液、20% 叶枯唑可湿性粉剂 800 倍液、50% 氯溴异氰尿酸可溶粉剂 1 000 倍液、77% 硫酸铜钙可湿性粉剂 600 倍液。隔 7 天 1 次，防治 3~4 次。

# 第二节　茄果类病害

## 一、番茄病害

### 番茄苗期病害

**【症状特征】**

番茄苗期病害主要有猝倒病、立枯病、沤根。

**猝倒病**　连续阴天降雨最易导致病害发生。此病对番茄苗为害严重，一般在幼苗出土后，遭受病菌侵染，致幼苗茎基部发生水渍状病斑，继而绕茎扩展，逐渐缢缩呈细线状，幼苗由于失去支撑而倒伏于地面。苗床湿度过大时，在病苗或其附近床面上会产生白色棉絮状菌丝。

**立枯病**　在播种过密或间苗不及时，温度过高都会引发此病，具体症状也是在茎基部发病，颜色变褐，后病部收缩细缢，茎叶萎蔫。最明显的症状是幼苗白天萎蔫，夜间恢复。当病斑绕茎一周时，幼苗逐渐枯死，不倒伏。

**沤根**　在育苗阶段也会发生，在定植后幼苗不长新根，幼根表面开始锈褐色，后逐渐腐烂，叶片变黄，严重的萎蔫枯死，幼苗可以轻易地被拔起。

**【病原】**

猝倒病 *Pythium aphanidermatum*（Eds.）Fitzp.，称瓜果腐霉，属藻物界卵菌门。菌丝多分枝，发达，直径 2.8~9.8 微米。孢子囊菌丝状或裂瓣状，顶生或间生，大小（63~725）微米 ×（4.9~22.6）微米。萌发后形成球形泡囊。藏卵器球形，壁光滑，大多顶生，偶有间生，直径 7~26 微米，雄器同丝生或异丝生，间生或顶生，形状多样，（11.6~16.9）微米 ×（10~12.3）微米。卵孢子球形，不满器，直径 14.0~22.0 微米。瓜果腐霉菌丝生长最低温度 12℃，最适为 32~36℃，最高 40℃。

立枯病 Rhizoctonia solani Kühn，称立枯丝核菌，属真菌界半知菌类。该菌不产生孢子，主要以菌丝体传播和繁殖。初生菌丝无色，后为黄褐色，具隔，粗 8~12 微米，分枝基部缢缩，老菌丝常呈一连串桶形细胞。菌核近球形或无定形。0.1~0.5 毫米，无色或浅褐至黑褐色。担孢子近圆形，大小 6~9 微米 × 5~7 微米。有性阶段，Pellicularia filamentosa（Pat.）Rogers，称丝核薄膜革菌，不多见。

沤根是一种生理病害。

【发病规律】

猝倒病、立枯病病菌在土壤中越冬，在土壤中存活 2~3 年以上。病菌通过流水、带菌肥料、农具等传播。幼苗刚出土时，植株幼嫩，子叶中养分已用尽，真叶未长出，新根也未扎实，抗病力最弱，也是幼苗最易感染病的时期，此时遇寒流侵袭或连续低温、阴雨（雪）天气，苗床保温不好，猝倒病发生严重。稍大些的苗子，如温度变化大，光照不足幼苗纤细瘦弱抗病力下降，立枯病也易发生。另外，土壤黏重、播种过密、间苗不及时、浇水过多、通风不良、用未经消毒的床土育苗，往往加重苗病的发生和蔓延。沤根是一种生理病害，由于苗床长时间低温、高湿，使幼苗根系缺氧状态下，呼吸受阻，不能正常发育，根系吸收能力降低而且生理机能破坏造成沤根。

【绿色防控技术】

（1）加强苗床管理。选用无菌新土作床土，最好换大田土。苗床要平整，土要细松。肥料要充分腐熟，并撒施均匀。种子要精选，催芽不宜过长，播种不要过密。严格控制湿度，适当浇足底水，出苗后尽量不要浇水，必须浇水时一定选择晴天喷洒，切忌大水漫灌。应加强通风换气，促进幼苗健壮生长。

（2）苗床药剂消毒。对旧床土进行药剂处理。将床土耙松，用 50% 消菌灵（氯溴异氰尿酸）可溶粉剂 1 000 倍液，喷湿床土，然后用麻袋或薄膜覆盖 4~5 天，再除去覆盖物，经 2 周左右，待药液充分挥发后播种。也可用 50% 多菌灵可湿性粉剂，每平方米用药量 8~10 克，拌细土 1 千克，撒施播种畦内，然后划锄，再行播种。

（3）幼苗期药剂防治。发现少量病苗时，应拔除病株，然后喷药防治。药剂选用种类依病害种类而定。防治猝倒病用 25% 甲霜灵可湿性粉剂 800 倍液或 64% 噁霜·锰锌可湿性粉剂 500 倍液、50% 甲霜灵·锰锌可湿性粉剂 500 倍液或 72.2% 霜霉威水剂 800 倍液。出现立枯病，可用 50% 多菌灵可湿性粉剂 500 倍液或 50% 甲基硫菌灵可湿性粉剂 500 倍液、20% 甲基立枯磷乳油 1 000 倍液防治。发生沤根后，要及时松土，增加土层的通透性，也可以喷施植物生长调节剂丰收一号，增强植物抗病性。

## 番茄茎基腐病

**【症状特征】**

发病部位为番茄茎基部接近地面处，刚开始出现褐色水渍状病斑，以后病斑逐渐扩大，绕茎一圈，导致番茄整株死亡。湿度大时可见病斑上有白色霉层。

**【病原】**

*Rhizoctonia solani* Kühn，称立枯丝核菌，属真菌界半知菌类。形态特征同番茄立枯病。

**【发病规律】**

病菌主要以菌丝体或菌核在土中或病残体中越冬。病菌在土壤中腐生性较强，可存活 2~3 年。条件适宜时，菌核萌发，产生菌丝侵染幼苗。病菌在田间由雨水、灌溉水、带菌农具、堆肥传播，形成反复侵染。病苗适宜生长温度为 24℃，在低于 12℃或高于 30℃时，生长受到抑制。春秋育苗期苗床或定植后棚室环境与病害关系密切，苗床或棚室温度高，土壤水分多，施用未腐熟肥料，以及通风不良、光线不足，此病最易发生，并造成流行。在山东寿光，番茄立枯病发病较早，番茄茎基腐病发病稍迟。两病在秋棚内 10 月上旬开始发病，10 月中下旬至 11 月上旬是发病高峰。11 月中下旬，主要以茎基腐病为主，病害发展缓慢。

**【绿色防控技术】**

（1）培育无病壮苗。选棚外大田土壤配制育苗营养土，结合定植时间，适期育苗，并加强苗床管理。床温应控制在 30℃以内，及时通风降湿，注意幼苗防病和炼苗，避免弱苗、病苗或苗龄过长。

（2）大棚土壤消毒。整地前，清除棚内病残体及杂草。深翻土壤（尤其连作重茬地），搞好土壤消毒。每 667 平方米用 50% 多菌灵可湿性粉剂与 50% 福美双可湿性粉剂按 1∶1 混合，按每平方米用药 10 克与 15~20 千克细土混合。播种时 1/3 铺在床面，其余 2/3 盖在种子上。

（3）棚室高温处理。定植前 15~20 天，扣好棚膜，关闭风口，密闭大棚 15~20 天，进行棚室消毒，使棚内气温达到 60℃以上，持续 5~7 天，使棚内形成长时间的高温环境，杀死残存的病原菌，减轻病害发生。

（4）加强栽培管理。番茄生长需要肥沃、疏松的土壤。因此，应施用腐熟的农家肥作底肥，增施磷、钾肥，改善土壤结构，增加营养。种植不可过密，无限生长型的品种每 667 平方米栽 4 000 株左右。番茄开花前，棚室内均匀撒一层草木灰，以降低湿度，提高地温，补充钾肥，增强植株抗病力。科学浇水，一次浇水不宜过多，保持土壤湿度适宜。提倡小水勤浇，避免大水漫灌，可采用滴灌或地膜覆盖浇暗水技术，降低棚内湿度。勤中耕，以提高土壤的透气性。既要注意保温防寒，又要注意通风降湿，以减轻病害的发生。

（5）生态防治。加强通风管理。棚温白天保持在 20~25℃，晚上闭棚后温度降到 15~17℃，阴天在保证温度的情况下也要通风排湿。

（6）药剂防治。用 52.5% 霜脲氰·噁唑菌酮可湿性粉剂 800 倍液、50% 烯酰吗啉可湿性粉剂 800 倍液交替喷雾 2~3 次，或用 77% 氢氧化铜可湿性粉剂 200 倍液每株 150~200 毫升，灌根 1~2 次，间隔 5~7 天。

## 番茄早疫病

### 【症状特征】

番茄早疫病或称轮纹斑病，主要为害叶片，也可为害茎部和果实。叶斑多呈近圆形至椭圆形，灰褐色，斑面具深褐色同心轮纹，斑外围具有黄色晕圈，有时多个病斑连合成大型不规则病斑。潮湿时斑面长出黑色霉状物，此即为本病病征（病菌分生孢子梗及分生孢子）。茎部病斑多见于茎部分枝处，初呈暗褐色菱形或椭圆形病斑，扩大后稍凹陷亦具有同心轮纹和黑霉。果实受害多从果蒂附近开始，出现椭圆形黑色稍凹陷病斑，斑面长出黑霉，病部变硬，果实易开裂，提早变红。

### 【病原】

*Alternaria solani*（Ellis et Martins）Jones et Grout ＝ *A. solani* Sorauer，称茄链格孢菌，属真菌界半知菌类。菌丝丝状，有隔膜。分生孢子梗从气孔伸出，束生，每束 1~5 根，梗圆筒形或短杆状，暗褐色，具隔膜 1~4 个，大小（30.6~104）微米 ×（4.3~9.19）微米，直或较直，梗顶端着生分生孢子。分生孢子长卵形或倒棒形，淡黄色，孢子大小（85.6~146.5）微米 ×（11.7~22）微米，纵隔 1~9 个，横隔 7~13 个，顶端长有较长的喙，无色，多数具 1~3 个横隔，大小（6.3~74）微米 ×（3~7.4）微米。病菌发育温限 1~45℃，26~28℃ 最适。分生孢子在 6~24℃ 水中经 1~2 小时即萌发，在 28~30℃ 水中萌发时间只需 35~45 分钟。每个孢子可产生芽管 5~10 根。该菌潜育期短，侵染速度快，除为害番茄外，还可侵染辣椒、马铃薯等。

### 【发病规律】

病菌主要以菌丝或分生孢子随病残体遗落在土壤中存活越冬，也可以分生孢子黏附在种子表面越冬。病菌存活力较强。菌丝体在干燥病叶中可存活 18 个月，分生孢子在常温下能存活 17 个月。病菌对温湿的适应力也很强，在温度为 1~45℃，相对湿度为 30%~100% 均可生存，而以 26~28℃ 最为适宜。病菌以分生孢子作为初侵染与再侵染源，依靠气流传播，从伤口、孔口或表皮贯穿侵入致病。高温多雨特别是高湿是诱发本病的重要因素，一年中雨季出现的迟早、雨日的多少、雨量的大小和分布，皆影响本病的发生、流行。当植株进入生长旺盛、果实迅速膨大期和基部叶片开始衰老时病害开始发生。如连续 5 天平均温度达 21℃、降雨达 2.2~46 毫米、相对湿度大于 70% 的时数达 50 小时以上，病害会迅速流行。

**【绿色防控技术】**

（1）实行轮作、深翻改土。结合深翻，土壤喷施"免深耕"调理剂，增施有机肥料、磷钾肥和微肥，适量施用氮肥，改善土壤结构，提高保肥保水性能，促进根系发达，植株健壮。

（2）选用抗病品种。毛粉 802、L402、佳粉 15 等。

（3）严格种子消毒，培育无菌壮苗。用种子重量 0.2% 的 50% 异菌脲可湿性粉剂或 75% 百菌清可湿性粉剂拌种。定植前 7 天和当天，均匀喷洒杀菌保护剂，做到净苗定植，减少病害发生。

（4）加强栽培管理。增施二氧化碳肥料，适当减少灌水，调控好植株营养生长与生殖生长的关系，促进植株健壮，增强抗病能力。

（5）生态防治。全面覆盖地膜，降低棚内湿度。加强通风，调节好温室的温度与湿度，使温度白天维持在 25~30℃，夜晚维持在 14~18℃，空气相对湿度控制在 70% 以下，以利于番茄正常的生长发育，不利于病害的侵染发展，达到防止病害发生的目的。

（6）药剂防治。定植前土壤消毒，结合翻耕，每 667 平方米撒施 70% 甲霜灵·锰锌可湿性粉剂 2.5 千克，杀灭土壤中残留病菌。定植后，每 10~15 天喷洒 1 次 1∶1∶200 倍等量式波尔多液，进行保护，防止发病。发病初期每 667 平方米可选用 25% 嘧菌酯悬浮剂 40 克、52.5% 霜脲氰·噁唑菌酮可湿性粉剂 40 克交替对水喷雾，连喷 3~4 次，间隔 7~10 天。

## 番茄晚疫病

**【症状特征】**

番茄晚疫病在番茄的整个生育期均可发生，幼苗、茎、叶和果实均可受害，以叶和青果受害为重。幼苗染病，病斑由叶面向叶脉和茎蔓延，使茎变细并呈黑褐色，植株萎蔫或倒伏，高湿条件下病部产生白色霉层（病菌的孢囊梗和孢子囊）；叶片受害多从叶尖、叶缘开始发病，初为暗绿色水浸状不规则病斑，扩大后转为褐色。高湿时，叶背病健部交界处长出白霉，整叶腐烂，可蔓延到叶柄和主茎。茎秆染病产生暗褐色凹陷条斑，导致植株萎蔫。果实染病主要发生在青果上，病斑初呈油浸状暗绿色，后变成暗褐色至棕褐色，稍凹陷，边缘明显，云纹不规则，果实一般不变软，湿度大时其上长少量白霉，迅速腐烂。

【病原】

*Phytophthora infestans*（Mont.）de Bary，称致病疫霉菌，属藻物界卵菌门。菌丝分枝，无色无隔，较细，多核。孢囊梗无色，单生或多根成束，由气孔伸出；孢囊梗较菌丝稍细，分枝上有结节状膨大处，大小（624~1136）微米×（6.27~7.46）微米。孢子囊顶生或侧生，卵形或近圆形，无色，顶端有乳突，基部具短柄，孢子囊中游动孢子少于12个，孢子囊大小（22.5~40）微米×（17.5~22.5）微米。卵孢子不多见。菌丝发育适温24℃，最高30℃，最低10~13℃。孢子囊形成温限3~36℃，相对湿度高于91%；18~22℃，相对湿度100%最适。孢子囊萌发，10℃条件下需3小时，15℃ 2小时，20~25℃ 1.5小时芽管才能侵入。此菌只为害番茄和马铃薯，且对番茄的致病力强。虽然马铃薯晚疫病菌对番茄致病力弱，但经过多次侵染番茄后，致病力可以提高。

【发病规律】

番茄晚疫病菌以菌丝体潜伏在马铃薯的薯块上越冬，首先侵染马铃薯。在秋季，病菌由秋播染病的马铃薯上，借气流传到番茄大棚中，为害棚中的番茄。在露地番茄上，最初的病菌来源有两个，一个是大棚中染病的番茄，另一个是春播的马铃薯。番茄与这些初侵染源靠得越近，发病越早。晚疫病是靠孢子囊通过气流和雨水进行传播，当落到植株上后，在水中萌发，产生游动孢子，游动孢子再萌发，侵入到植物组织中去。晚疫病的发生，一般先在田间出现中心病株，然后由中心病株向四周扩散蔓延。在中心病株上，首先是下部叶片先发病，逐渐向上发展。温度在18~22℃时病菌可大量产生孢子，在20~23℃时，菌丝在寄主组织中生长得最快。然而，决定晚疫病能否发生的关键因子是湿度，无论是病菌的孢子囊还是游动孢子，它们的萌发都需要在水滴中进行。温度在24℃以下，空气湿度大，露水重，雨日多，在大棚中，如遇阴雨天，无法通风，植株结露时间长，都会导致晚疫病的大发生。反之，气温高，天气干旱，病害不发生或发生轻。

【绿色防控技术】

（1）选用抗病品种。如中蔬4号、5号、中杂4号、圆红、渝红2号、强丰、佳粉10号和佳粉17号等。

（2）实行轮作。与非茄科作物实行3年以上轮作。

（3）加强栽培管理。结合深翻，土壤喷施"免深耕"调理剂，增施有机肥料、磷钾肥和微肥，适量施用氮肥，改善土壤结构，提高保肥保水性能，促进根系发达，植株健壮。合理密植，及时打杈。

（4）药剂防治。当田间发生中心病株后，应及时摘除下部病叶，并立即喷药封锁包围。可以使用 64% 噁霜·锰锌可湿性粉剂 800 倍液、25% 嘧菌酯悬浮剂 1 000~1 500 倍液、58% 甲霜灵·锰锌可湿性粉剂 600 倍液、72% 霜脲·锰锌可湿性粉剂 800 倍液、70% 乙膦铝·锰锌可湿性粉剂 500 倍液、75% 百菌清可湿性粉剂 600 倍液、77% 氢氧化铜可湿性粉剂 500 倍液、40% 甲霜铜可湿性粉剂 600 倍液，也可使用 1∶1∶200 倍的波尔多液。间隔 7~10 天喷施 1 次，连喷 3~4 次。对温室大棚中的番茄，可施用 45% 百菌清烟剂或 5% 粉尘剂防治，每 667 平方米用烟剂 200~250 克或粉尘剂 1 千克。

### 番茄灰霉病

【症状特征】

该病为害花、果实、叶片及茎。果实染病青果受害重，残留的柱头或花瓣多先被侵染，后向果面或果柄发展，致果皮呈灰白色、软腐，病部长出大量灰绿色霉层，即病原菌的子实体，果实失水后僵化；叶片染病始自叶尖，病斑呈 "V" 字形向内扩展，初水浸状、浅褐色、边缘不规则、具深浅相间的轮纹，后干枯、表面生有灰霉致叶片枯死；茎染病，开始亦呈水浸状小点，后扩展为长椭圆形或长条形斑，湿度大时病斑上长出灰褐色霉层，严重时引起病部以上枯死。

【病原】

*Botrytis cinerea* Pers.，称灰葡萄孢，属真菌界半知菌类。孢子梗数根丛生，具隔，褐色，顶端呈 1~2 分枝，梗顶稍膨大，呈棒头状，其上密生小柄并着生大量分生孢子，孢梗长短与着生部位有关，大小（1 429.3~3 207.8）微米 ×（12.4~20.8）微米。分生孢子圆形至水滴形，单胞，近无色，大小（6.25~13.75）微米 ×（6.25~10.0）微米，在寄主上通常少见菌核，但当田间条件恶化后，则可产生黑色片状菌核。从番茄果实及叶上分离的灰霉菌，在普通培养基上生长 1 周后，开始产生菌核，两周后菌核大小为（3.0~4.5）毫米 ×（1.8~3.0）毫米，最小 1 毫米 ×1 毫米。培养基上菌丝透明无色，具隔。

【发病规律】

病菌主要以菌核在土壤中或以菌丝体、分生孢子在病残体上越冬或越夏。翌春条件适宜，菌核萌发，产生菌丝体和分生孢子梗及分生孢子。分生孢子侵染引起田间最初发病，发病后，病部产生大量分生孢子，借气流、雨水、露珠传播，农事操作也能传播，蘸花是番茄灰霉病重要的人为传播途径。番茄花期是病害侵染高峰期，尤其在果实膨大期浇水后，病果剧增。果实发病后往往产生大量分生孢子，致使病害在田间扩展蔓延十分迅速。病害在田间再侵染十分频繁。灰霉病较喜低温、高湿、弱光条件，发育适温 20~23℃，最高 31℃，最低 2℃。对湿度要求很高，一般 12 月至翌年 5 月，气温 20℃左右，相对温度持续 90% 以上的多湿状态易发病。此外，密度过大，管理不当，都会加快此病的扩展。

**【绿色防控技术】**

（1）清除病残体。收获后彻底清除病残体，土壤深翻，减少初侵染源，生长期及时摘除病花、病叶、病果，带出田间深埋或烧掉。

（2）加强栽培管理。及时清洁棚面，增加光照，升温放风，降低湿度；要适当减少灌水，防止大水漫灌，采用滴灌和暗灌等灌溉技术，切忌阴天浇水。

（3）药剂防治。防治灰霉病用药适期非常关键，应抓住以下 3 个关键时期：第一次，用药在定植前用 50% 腐霉利可湿性粉剂 1 500 倍液，或 50% 多菌灵可湿性粉剂 500 倍液喷淋番茄苗。第二次，用药在蘸花时带药，做法是：第一穗果开花时，在配好的 2，4- 滴或防落素（对氯苯氧乙酸）稀释液中加入 0.1% 的 50% 腐霉利可湿性粉剂，或 50% 异菌脲可湿性粉剂、50% 多菌灵可湿性粉剂进行蘸花或涂抹，使花器着药。第三次，掌握在浇催果水前 1 天用药，也就是在果实膨大期，每 667 平方米用 10% 腐霉利烟剂或 45% 百菌清烟剂 250 克，熏一夜，隔 7~8 天再熏 1 次。发病初期每 667 平方米用 50% 乙烯菌核利可湿性粉剂 100 克，或 25% 嘧菌酯悬浮剂 34 克对水喷雾，二者交替使用，连喷 2~3 次，施药间隔 10~15 天。

## 番茄叶霉病

**【症状特征】**

主要为害叶片，严重时也为害茎、果、花。叶片被害时叶背面出现不规则或椭圆形淡黄或淡绿色的退绿斑，初生白色霉层，后变成灰褐色或黑褐色绒状霉层。叶片正面淡黄色，边缘不明显，严重时病叶干枯卷曲而死亡。病株下部叶片先发病，逐渐向上部叶片蔓延。严重时可引起全株叶片卷曲。果实染病，从蒂部向四周扩展，果面形成黑色或不规则形斑块，硬化凹陷，不能食用。嫩茎或果柄染病，症状与叶片类似。

**【病原】**

*Fulvia fulva*（Cooke）Cif.，称褐孢霉，异名：*Cladosporium fulvum* Cooke，称黄枝孢菌，均属真菌界半知菌类。分生孢子梗成束地由寄主气孔伸出，多隔，暗橄榄色，两端淡色，稍具分枝，有 1~10 个隔膜，许多细胞上端向一侧膨大，其上产生分生孢子。产孢细胞单芽生或多芽生，合轴式延伸，大小（127.5~212.9）微米 ×（3.0~5.0）微米。分生孢子串生，孢子链通常分枝，孢子圆柱形或椭圆形，淡褐色或橄褐色，光滑，具 0~3 个隔膜，隔膜处有时稍缢缩，大小（10~45.0）微米 ×

（5.0~8.8）微米。

**【发病规律】**

病菌以菌丝体、分生孢子等随病残体在土壤中或地表越冬，种子中也可携带病菌。保护地反季节番茄生产，为病菌的越冬提供了良好的环境条件。病菌多在夜间高湿下形成分生孢子，白天借气流传播。病菌在16~34℃条件下均可发展，而以20~25℃最易发生。湿度是病害流行的最重要因素，叶表有露水可促进病害发展，空气相对湿度在90%以上时最适宜病菌繁殖与病害流行，空气相对湿度低于80%，不利于病菌侵染和扩散。保护地内低洼排水不良的部位，连阴雨天气空气相对湿度大，种植密度过大及植株生长过旺引起光照不足，连作等均有利于病害发生和加重为害。

**【绿色防控技术】**

（1）合理轮作。与瓜类或其他蔬菜进行3年以上轮作，以降低土壤中菌源基数。

（2）温室消毒。栽苗前按每100立方米用硫磺粉0.25千克的剂量和0.50千克的锯末混合，点燃熏闷一夜进行杀菌处理，过1天以后再进行栽苗，或用45%百菌清烟剂按每667平方米用200~300克的剂量熏闷一昼夜的办法进行室内和表土消毒。

（3）加强栽培管理。加强棚内温湿度管理，适时通风，适当控制浇水，浇水后及时通风降湿，连阴雨天和发病后控制灌水。合理密植，及时整枝打杈，以利通风透光。实施配方施肥，避免氮肥过多，适当增加磷、钾肥。

（4）药剂防治。发病初期可选10%苯醚甲环唑可湿性粉剂1 500~2 000倍液、25%嘧菌酯悬浮剂1 000~1 500倍液2%武夷菌素水剂500倍液，或每667平方米用43%戊唑醇悬浮剂13克交替使用，连喷3~4次，间隔7~10天。如遇阴雨雪天气，每667平方米可用45%百菌清烟剂1千克烟熏，或5%百菌清粉尘剂、6.5%乙霉威粉尘剂1千克喷粉。每7~10天烟熏或喷粉1次，可与喷雾剂交替使用，连续防治3次以上。

## 番茄白粉病

**【症状特征】**

主要为害番茄叶片、叶柄、茎及果实。初在叶面出现退绿色小点，扩大后呈不规则粉斑，上生白色絮状物，即菌丝和分生孢子梗及分生孢子。初霉层较稀疏，渐稠密后呈毡状，病斑扩大连片或覆盖整个叶面。有的病斑发生于叶背，则病斑正面现黄绿色边缘不明显斑块，后整叶变褐枯死。其他部位染病，病部表面也产生白粉状霉斑。

【病原】

*Leveillula taurica*（Lev.）Arn.，称鞑靼内丝白粉菌，属子囊菌门真菌。菌丝内生，无性阶段为 *Oidiopsis taurica*（称辣椒拟粉孢），分生孢子棍棒状或烛焰状，单个顶生于由气孔伸出的孢子梗顶端，无色，大小（40~80）微米×（12~21）微米。闭囊壳埋生于菌丝中，近球形，直径140~250微米，附属丝丝状与菌丝交织，不规则分枝，内含子囊10~40个，子囊近卵形，大小（80~100）微米×（35~40）微米，其中，多含子囊孢子2个，有时可见 *Oidium lycopersici* Cooke et Mass.（称番茄粉孢）为害茎叶。

【发病规律】

在我国北方地区，病菌主要在冬作番茄上越冬，此外也可以闭囊壳随病残体于地面上越冬。翌春条件适宜时，闭囊壳内散出的子囊孢子，随气流传播蔓延，以后又在病部产出分生孢子，成熟的分生孢子脱落后通过气流进行再侵染。番茄粉孢分生孢子萌发适宜温度20~25℃；鞑靼内丝白粉菌为15~30℃。近年此病有蔓延趋势，尤以温室、大棚发生较多。露地多发生于6~7月或9~10月，温室或塑料大棚多见于3~6月或10~11月。

【绿色防控技术】

（1）选用抗病品种，加强棚室温湿度管理。

（2）清洁田园。采收后及时清除病残体，减少越冬菌源。

（3）药剂防治。发病初期，棚室可选用粉尘法或烟熏法，于傍晚喷洒10%多·百粉尘剂，每667平方米1千克或施用45%百菌清烟剂，每667平方米250克，用暗火点燃熏一夜。喷雾防治：可选用30%氟硅唑可湿性粉剂1 500~2 000倍液，或50%硫磺悬浮剂200~300倍液、2%武夷菌素水剂500倍液、2%嘧啶核苷类抗菌素水剂150倍液、15%三唑酮可湿性粉剂1 500倍液、25%丙环唑乳油3 000倍液、15%三唑酮可湿性粉剂2 000倍液加25%丙环唑乳油4 000倍液。隔7~15天1次，连续防治2~3次。

## 番茄煤霉病

【症状特征】

番茄煤霉病主要为害叶片，也能为害茎和叶柄，是番茄常见病害之一，有时与叶霉病同时混发，也易与叶霉病混淆。染病叶片，在叶正面出现淡黄色、边缘界限不清的近圆形或不规则形病斑，大小为0.5~2.0厘米，最后发展成黄褐色枯斑。病斑的叶背面为淡黄绿色，上面长出一层紫灰色的霉状物，即病原菌的分生孢子梗和分生孢子。病情发展快时，全株上下叶片可迅速萎蔫枯死，而植株尚保持绿色，远看常被误认为是青枯病。叶柄和嫩茎染病也出现黄绿色、边缘界限不清的不定形病斑，病斑后被一层厚密的褐色霉层覆盖，病斑常绕茎和柄一周，并长出紫灰色霉状物。

【病原】

*Cercospora fuligenea* Roldan，称煤污尾孢，属真菌界半知菌类。子实层生于叶背呈铺展状，褐色多角形。子座不发达。分生孢子梗2~7根成束，疏散或密生，粗短，稍弯曲，末端钝圆渐收缩呈一尖突，褐色，具两个隔膜，大小（25~27）微米 ×（3.5~5）微米。分生孢子棒状至鼠尾状，几乎无色，3~5个隔膜或更多，但顶部钝圆而不尖削，基部稍膨大而末端渐尖细，脐痕明显，大小（15~120）微米 ×（3.5~5）微米。

【发病规律】

病菌以菌丝体及分生孢子随病残体在地面上越冬。翌年遇适宜的温湿度条件菌丝体产出分生孢子，借气流或雨水传播，形成初侵染源，后又在病部产出分生孢子，成熟后脱落，借风雨传播，进行再侵染。该病菌要求高温高湿。25℃以上的平均温度，较多的降雨和潮湿的天气，最适于此病的发生和流行。地势低洼，土质黏重、缺肥和管理粗放的菜田发病亦较重。

【绿色防控技术】

（1）加强栽培管理。翻晒土壤，高畦深沟栽培，以利雨季排水；施腐熟农家肥作底肥，增施磷钾肥，增强植株抗性；及时整枝绑架以利通风透光降湿；因地制宜选种抗病品种。

（2）清洁田园。发病时及时清除病叶、病株，并带出田外烧毁。

（3）及时防治粉虱、蚜虫等害虫。减少害虫分泌的蜜露，减轻病害发生。

（4）药剂防治。发病初期可选喷下列药剂：65%甲霉灵可湿性粉剂500倍液、40%百菌清悬浮剂600~700倍液、77%氢氧化铜可湿性粉剂1 000倍液、50%腐霉利可湿性粉剂1 000倍液、50%多菌灵可湿性粉剂500倍液、70%甲基硫菌灵可湿性粉剂1 000倍液、70%代森锰锌可湿性粉剂1 000倍液、50%异菌脲可湿性粉剂1 000~1 500倍液、72.2%霜霉威水剂600~1 000倍液。隔7~10天喷1次，连续喷3~4次。如遇阴雨雪天气，可用45%百菌清烟剂、5%百菌清粉尘剂或6.5%乙霉威粉尘剂，每667平方米1千克，每7~10天烟熏或喷粉1次。可与喷雾剂交替使用，连续防治3次以上。


## 番茄青枯病

【症状特征】

苗期一般不发病，定植后植株长至30厘米高时开始发病。发病初期，顶部嫩梢及叶片白天萎蔫下垂，傍晚以后恢复正常，如此反复，几天后，全株叶片也缺水萎蔫下垂，7天左右植株枯死。田间湿度大时，致死时间长些，若遇上土壤干燥，气温增高，病株萎蔫致死时间更短。死时植株仍然保持绿色，仅叶片色泽变淡，枝叶下垂。发病株下部茎表皮变得粗糙，有时会长出不定根。用小刀横切茎部，可见维管束变成褐色，用手挤压切口处，可见到溢出污浊的白色菌液。发病中心株在田间呈不均匀多点分布，还会扩大侵染范围，感染相邻健康株。

【病原】

*Pseudomonas solanacearum*（Smith）Smith，称青枯假单胞菌，属细菌界薄壁菌门。菌体短杆状单细胞，两端圆，单生或双生，（0.9~2.0）微米 ×（0.5~0.8）微米，极生鞭毛1~3根，在琼脂培养基上菌落圆形或不规则形，稍隆起，污白色或暗色至黑褐色，平滑具亮光。革兰氏染色阴性，病菌能利用多种糖产生酸，不能液化明胶，能使硝酸盐还原。

【发病规律】

病原主要随病残体留在田间或在马铃薯块上越冬，无寄主时，病菌可在土中营腐生生活长达14个月，甚至6年之久，成为该病主要初侵染源。该菌主要通过雨水或灌溉水传播，病薯块及带菌肥料也可带菌，病菌从根部或茎基部伤口侵入，在植株体内的维管束组织中扩展，造成导管堵塞及细胞中毒致叶片萎蔫，病菌也可透过导管进入邻近的薄壁细胞内，使茎出现不规则斑。病菌在10~40℃下均可发育，发病的适宜温度为20~30℃。地势低洼积水、排水不良、干湿不均、土壤潮湿、含水量大易发病；高温、高湿、多雨，特别是连阴雨过后猛然骤晴发病重。种子带菌、肥料未充分腐熟、有机肥带菌或肥料中混有本科作物病残体的易发病。种植密度大，株、行间郁蔽，通风透光不好，发病重；氮肥施用太多，生长过嫩，抗性降低易发病。

【绿色防控技术】

（1）清除病残体。移栽前或收获后，清除田间及四周杂草，集中烧毁或沤肥；深翻地灭茬、晒土，促使病残体分解，减少病原和虫源。发病时及时清除病叶、病株，并带出田外烧毁，病穴施药或生石灰消毒。

（2）选用抗病品种。选用抗青枯病的品种，如新世纪908、毛粉802和西粉3号等品种。要对种子进行包衣，如未包衣则须用拌种剂或浸种剂灭菌。

（3）采用测土配方施肥技术。适当增施磷钾肥，施用酵素菌沤制的堆肥或腐熟农家肥，不用带菌肥料，施用的有机肥不得含有本科作物病残体。加强田间管理，培育壮苗，增强植株抗病力，有利于减轻病害。

（4）及时防治害虫，减少植株伤口，减少病菌传播途径。

（5）轮作嫁接。番茄与非茄科作物葱、蒜、瓜类、十字花科蔬菜等实行轮作，或采用嫁接技术控制。嫁接可用野生番茄 CH-2-26、野生水茄、毒茄或红茄作砧木，栽培番茄作接穗，采用劈接法嫁接。

（6）药剂防治。用 77% 氢氧化铜可湿性粉剂 800 倍液，或 14% 络氨铜水剂 300 倍液、60% 琥·乙膦铝可湿性粉剂 500 倍液、1% 中生菌素水剂 600 倍液、72% 农用硫酸链霉素可溶粉剂 4 000 倍液或 90% 新植霉素可湿性粉剂 4 000 倍液、47% 春雷·王铜可湿性粉剂 600 倍液、10 亿 cfu/g 多黏类芽孢杆菌可湿性粉剂 500 倍液灌根，每株 500~1 000 毫升，隔 7 天灌根 1 次，连续灌 2~3 次。

## 番茄溃疡病

### 【症状特征】

番茄溃疡病为全国检疫性有害生物。危害大，茎叶果均可受害。幼苗发病初期叶缘由下部逐渐向上萎蔫，胚轴或叶柄处产生凹陷溃疡状条斑，植株矮小或枯死。成株染病初期下部叶片凋萎，茎内部变褐色，逐渐产生空腔，下陷或开裂，茎略变粗，并有不定根产生。茎部受害，病菌沿着维管束传播，致使一侧或部分小叶凋萎。花及果柄染病也形成溃疡斑，果实上病斑圆形，外圈白色，中心褐色，粗糙，似鸟眼状，称鸟眼斑，是此病特有的症状，是识别本病的依据。溃疡病在田间易与晚疫病、病毒病相混淆，应注意从茎杆、叶片、果实上的症状予以区别。

### 【病原】

*Clavibacter michiganensis* subsp. *michiganense*（Smith）Davis et al.，称密执安棒杆菌番茄溃疡病致病型，属细菌界薄壁菌门。菌体短杆状或棍棒形，无鞭毛，大小（0.7~1.2）微米 ×（0.4~0.7）微米。在 523 琼脂培养基上培养 96 小时后，长出均匀直径 1 毫米小菌落，1 周后菌落圆形，略突起，全缘不透明，黏稠状。革兰氏染色阳性；天气好能氧化碳水化合物，但不能脂解，水解明胶缓慢；尿酶阴性，七叶灵阳性；适宜 pH 值为 7；发育温限 1~33℃，适温 25~27℃，53℃ 10 分钟致死。寄主范围限于茄科中的一些属或种，如番茄属、辣椒属、烟草属等 47 种。

### 【发病规律】

病菌可在种子内、外及病残体上越冬，并可随病残体在土壤中存活 2~3 年。病菌由伤口侵入寄主，也可以从植株茎部或花柄处侵入。病菌侵入寄主后，经维管束进入果实的胚，侵染种子脐部或种皮，使种子带病。带病种子、种苗以及病果是病害远距离传播的主要途径。田间主要靠雨水、灌溉水、整枝打杈，特别是带雨水作业传播。温暖潮湿的气候和结露时间长，有利于病害发生。气温超过 25℃，降雨尤其是暴雨多适于病害流行，喷灌的地块病重。土温 28℃ 发病重，16℃ 发病明显推迟。偏碱性的土壤利于病害发生。

【绿色防控技术】

（1）加强检疫。防止带病的种子、种苗或病果传入无病区。

（2）轮作。与非茄科作物轮作 3 年以上。

（3）种子消毒。种子用 55℃ 热水浸种 25 分钟，或鲜种子用 0.8%、干种子用 0.6% 醋酸浸种 24 小时，处理时温度保持 21℃ 左右，或用 5% 盐酸浸种 5~10 小时，浸种后清水冲洗，立即使种子干燥，避免产生药害，或干种子用 70℃ 恒温箱处理 72 小时。

（4）苗床选择与处理。选用新苗床育苗，如用旧苗床，每平方米苗床用 40% 福尔马林 30 毫升喷洒，盖膜 4~5 天后揭膜，晾 15 天后播种。

（5）加强田间管理。避免露水未干时整枝打杈，雨后及时排水，及时清除病株并烧毁。

（6）药剂防治。发病初期选用 77% 氢氧化铜可湿性粉剂 500 倍液，或 47% 春雷·王铜可湿性粉剂 600~800 倍液、20% 噻菌铜悬浮剂 600 倍液、50% 琥胶肥酸铜可湿性粉剂 500 倍液、1:1:200 波尔多液、60% 琥·乙膦铝可湿性粉剂 500 倍液、72% 农用硫酸链霉素可溶粉剂 4 000 倍液、90% 新植霉素可溶粉剂 4 000 倍液喷雾防治。5~7 天 1 次，连喷 3 次。

## 番茄病毒病

【症状特征】

番茄病毒病有多种不同的症状表现，最常见的有以下 3 种。

（1）花叶型。多发生在顶部，老叶症状较轻。叶片呈现浓淡不均、黄绿相间的病斑，叶片凹凸不平，严重时叶面卷曲皱缩，或落花落果，果实小，品质差。

（2）蕨叶型。顶部幼叶细长，不易展开，严重时螺旋状下卷。新生叶狭小，厚而硬，有的形同黄瓜卷须，复叶节间缩短，丛枝状。花冠加长成巨型花。植株矮化，病果畸形，果心呈褐色。

（3）条斑型。叶片上病斑呈深褐色斑点或云纹状斑块，叶片卷曲，叶背面叶脉枯褐色，病斑向叶柄基部扩展，在茎蔓上呈枯褐色斑块，病斑坏死，表面稍凹陷。青果受害，表面产生不规则油渍状褐色斑块，病果表面凹凸不平，变硬而畸形。

【病原】

番茄病毒病由多种病毒侵染所致，主要有烟草花叶病毒（TMV）和黄瓜花叶病毒（CMV）、烟草黄化曲叶病毒（TYLCV）、苜蓿花叶病毒（AMV）等。烟草花叶病毒主要引起番茄花叶症状，在高温强光照射下，或马铃薯 X 病毒混合侵染时，产生条斑症状。病毒粒体杆状，约 280 纳米 × 15 纳米，失毒温度 90~93℃，10 分钟，稀释限点 1 000 000 倍，体外保毒期 72~96 小时，在无菌条件下致病力达数年，在干燥病组织内存活 30 年以上。该病毒在田间存有不同株系，因其致病力的差异及与其他病毒的混合侵染，形成症状的多样性。黄瓜花叶病毒主要引起番茄蕨叶症状；病毒粒体球状，直径约 35 纳米；失毒温度 60~70℃，10 分钟，稀释限点 1 000~10 000 倍，体外保毒期 3~4 天，不耐干燥；与其他病毒混合侵染也会出现条斑或花叶的症状，表现出多种症状。引起巨芽的病原是一种植原体，存活于番茄的韧皮部、筛管及伴胞内，近圆形或椭圆形、哑铃形或不规则形，（147~195）纳米 ×（240~390）纳米，单位膜厚度约 11 纳米。卷叶型病株，则由烟草黄化曲叶病毒（TYLCV）侵染引起，其寄主范围较窄，主要侵染茄科、菊科；病毒粒体双球形，大小（25~30）纳米 ×（15~29）纳米；靠粉虱传毒，汁液接触不传毒，主要发生在气温高的南方或北方的高温季节。苜蓿花叶病毒粒体杆菌状，直径 18 纳米，长 58.3 纳米；该病毒寄主范围广，除侵染豆科外，还侵染茄科、葫芦科、藜科等 47 科植物；病汁液稀释限点 1 000~100 000 倍，钝化温度 55~60℃，体外保毒期 3~4 天。上述毒源各地及不同的季节、不同的年份有变异。

**【发病规律】**

病毒病的发生和气候条件密切，高温干旱天气易于发生和流行。春早熟和秋延后栽培的番茄病毒病的发生特点不同，一般春早熟番茄前期病毒病较轻，主要是由病残体和种子内携带的烟草花叶病毒引起，经移植定植等农事操作传播。保护地气温达 20℃时，蕨叶和花叶病开始加重，这与黄瓜花叶病毒增加有关。保护地四周多年生杂草是黄瓜花叶病毒的越冬宿主，蚜虫是携带黄瓜花叶病毒的主要媒体。保护地内蚜虫和白粉虱重，病毒病也随之可加重。当气温持续高于 25℃时，症状逐渐减轻。秋延后番茄病毒病比春早熟严重，主要症状为蕨叶和条斑病。由于此时天气高温干旱，日照强烈，秋番茄在育苗期间，经常由于土壤温度过高而造成幼苗根系伤害，根、幼茎、叶片等也易被伤害，将有利于存活于土壤病残体中的烟草花叶病毒的侵染，种子上的烟草花叶病毒侵染率也高于春早熟。定植后，8、9 月天气适合蚜虫、白粉虱发育，露地作物病毒较多。保护地昼夜温差小，地势低洼，排水通风不良，施用未腐熟的农家肥均可加重病毒病。过量的氮肥，使植株组织生长柔嫩，容易损伤而导致病毒侵染。土壤贫瘠、板结、黏重等，影响植株吸收水分及无机盐，从而妨碍光合作用及呼吸作用，糖与蛋白质等合成受阻，植株抗逆性减弱，容易引发病毒病，且病后表现出受害严重。

**【绿色防控技术】**

（1）选用抗病品种。冬春茬可选用佳粉 1 号、苏抗 5 号、8 号、9 号、西粉 3

号和早丰等。秋延后栽培可选用强丰、中蔬 4 号、毛粉 802 和佳粉 15 等。

（2）种子消毒。先将种子放入清水中浸泡 3~4 小时，再放入 10% 磷酸三钠溶液中浸种 30~40 分钟，然后用清水冲洗干净，再催芽，播种。

（3）加强栽培管理。一是适期播种，培育壮苗，苗龄适当，定植时要求带花蕾，但又不老化；二是适时早定植，促进壮苗早发，利用塑料棚栽培，避开田间发病期；三是早中耕锄草，及时培土，促进发根，晚打杈，早采收，定植缓苗期喷洒万分之一增产灵，可提高对花叶病毒的抵抗力。第一穗坐果期应及时浇水，坐果后浇水要注意有机肥和化肥混用，促果壮秧，尤其高温干旱季节要勤浇水，注意改善田间小气候。

（4）清洁田园。前茬作物收获后，及时清洁田园，距播种期间隔半月以上，使病残体全部腐烂。这时可用 50% 氯溴异氰尿酸钠可湿性粉剂 1 000 倍液，加治蚜药剂，全棚喷洒，杀死棚内残存的病菌和蚜虫。

（5）药剂防治。目前防治病毒病尚无特效药物，应预防为主，综合防治，根据现有的药物配合施用，尽量抑制病毒病发生。防治花叶病毒病，可用 5% 菌毒清水剂 300 倍液，1.5% 三十烷醇·十二烷基硫酸钠·硫酸铜水剂 500 倍液，83-1 增抗剂 200 倍液，硫酸锌 1 000 倍液；防治蕨叶和条斑病毒病，可用 5% 菌毒清水剂 300 倍液，20% 吗啉胍·乙铜可湿性粉剂 500 倍液，0.5% 菇类蛋白多糖水剂 400 倍液。

## 番茄黄化曲叶病毒病

**【症状特征】**

番茄黄化曲叶病毒病是一种毁灭性病害。发生初期主要表现为上部叶片黄化（叶脉间叶肉发黄），叶片边缘上卷，叶片变小，叶尖向上或向下扭曲，植株生长变缓或停滞，节间缩短，明显矮化；后期有些叶片变形焦枯，心叶出现黄绿不均斑块，且有凹凸不平的皱缩或变形，严重时叶片变小，果实变小。

**【病原】**

*Tomato yellow leaf curl virus*（TYLCV），该病毒属于双生病毒科（Geminiviridae）菜豆金色花叶病毒属（*Begomovirus*）病毒。该病毒可以侵染茄科、豆科等多种植物。

**【发病规律】**

该病毒在自然条件下只能由烟粉虱（*Bemisia tabaci*）以持久性方式传播，烟粉虱是该病的主要传毒介体，但不经卵传播。带毒的烟粉虱叮咬健康的番茄植株后把病毒传至植株，番茄植株在感染后 14~21 天表现出发病症状。烟粉虱在大棚中可周年发生，繁殖快，数量上升明显，病毒株呈明显的传染性病毒分布。低密度的烟粉虱就能导致病毒的扩散与流行。种苗调运也传毒，部分幼苗在苗棚内已经染上该病毒，在购入苗子的同时也把病毒传入进来。种子、土壤不带毒，另外，田间农事操作也不传毒。

冬季大棚番茄2月份发现部分植株生长点变黄，7天左右叶片开始卷曲，3月份病株率明显上升，3月下旬到4月上旬，发病达高峰，发病重的大棚被迫拔园。越夏番茄开始种植以后，7月中旬番茄黄化曲叶病毒病发生越来越严重，发生区域扩大，病田率增加。番茄黄化曲叶病毒病全年均可发病，气温低时，发病机率较小，传播蔓延较慢；气温高时，发病几率高，并且传播蔓延较快。通过调查发现高温季节，番茄黄化曲叶病毒病发病时间一般在播种以后40~45天。现在番茄工厂化育苗需要的时间一般在28天左右，定植以后10~15天开始发病，一旦发病，病害难以得到有效地控制。

**【绿色防控技术】**

（1）选用抗病品种。种植抗（耐）病品种，是防止黄化曲叶病毒危害的有效方法。品种之间番茄黄化曲叶病毒病发生危害差异明显。大果型品种如飞天、奇大利、迪力奥以及红宝，串收番茄74-112，抗病性明显。

（2）防止种苗传毒。在购苗时，要注意购买健康植株，防止苗子传毒。

（3）物理防治。采用60~80目防虫网覆盖栽培，防止烟粉虱进入温室内，可以有效减少番茄TYLCV的发生。同时采用黄板诱杀技术诱杀成虫。

（4）药剂防治。①防治烟粉虱，预防病毒病的发生。用10%吡虫啉可湿性粉剂1 000倍液或3%啶虫脒乳油2 000倍液加20%噻嗪酮可湿性粉剂1 500倍液喷雾防治烟粉虱，配合利用10%异丙威烟剂每667平方米500克熏棚，可杀死不同世代的烟粉虱，有效地控制病毒病的发生。②喷药防治病毒病。在治虫防病的同时，喷施防病毒药剂，增加抗性。叶面喷施氮苷吗啉胍（盐酸吗啉胍30%、三氮唑核苷1%），兼施螯合态微量元素肥料以增强番茄的抗病性，减轻病害发生。

## 番茄根结线虫病

**【症状特征】**

根结线虫危害的植株，由于在根内其分泌物刺激根部皮层膨大，形成明显的根瘤或根结。由于根部受害，水分和养分输送受阻，造成植株矮化、黄化、枯死。

**【病原】**

*Meloidogyne incognita* Chitwood，称南方根结线虫，属动物界线虫门。病原线虫雌雄异形，幼虫呈细长蠕虫状。雄成虫线状，尾端钝圆，无色透明，大小（1.0~1.5）毫米×（0.03~0.04）毫米。雌虫梨形，每头雌线虫可产卵300~800

粒，雌虫多藏于寄主组织内，大小（0.44~1.59）毫米 ×（0.26~0.81）毫米，乳白色。排泄孔近于吻针基部球处，有卵巢 2 个，盘卷于虫体内，肛门和阴门位于虫体外端，会阴花纹背弓稍高，顶或圆或平，侧区花纹由波浪形到锯齿形，侧区不清楚，侧线上的纹常分叉。根结线虫寄主范围广，除大蒜、大葱、韭菜不为害外，其他瓜类、茄果类、豆类、叶菜类等蔬菜均有为害。

【发病规律】

线虫以卵和 2 龄幼虫随病残体在土壤中越冬，可存活 2~3 年。越冬后的 2 龄幼虫从根尖侵入根内，在根内定居生长。成虫（4 龄）分成雌、雄成虫，雄虫离开根在土中活动，雌虫留在根内，可交配（有性）或不交配（孤雌）产卵生殖。完成上述生活周期需 1 个月左右，全年可完成 5~10 代。根结线虫是好气性的，喜欢干燥、疏松、沙质壤土，潮湿、黏土地、板结土壤、盐碱地发病轻。线虫生活最适宜土壤温度为 25~30℃，高于 40℃、低于 5℃很少活动，土温 55℃经 10 分钟致死。1 年中线虫有 2 次发生高峰，一是 4~5 月，二是 9~10 月，夏季高温和冬季低温发生较轻。线虫分布在表土以下 20 厘米处，其中，以 5~10 厘米内最多，因表土 1~5 厘米过于干燥，深 20 厘米以上透气性差，均不适宜生活。本身活动范围很小，主要是靠病土、病苗、流水、耕种、运输等人为传播。再加之日光温室为线虫生长繁殖创造了有利条件，连年重茬、单一种植，对线虫病残体处理不彻底，残体线虫的数量急剧增多，造成了线虫病的日趋严重。

【绿色防控技术】

（1）彻底清除病残体、集中处理。作物收获后，将病根全部清除，集中深埋或烧毁，不用病残体病土沤肥，不用病土育苗，严防人为传播。

（2）培育无病壮苗。注意选用抗病品种，采用抗性砧木嫁接。如用托鲁巴姆等抗性砧木嫁接番茄防治根结线虫。育苗时应选用无病床土，然后再用药剂处理床土，再播种育苗。

（3）氰氨化钙高温消毒。选择夏季高温、棚室休闲期进行。每 667 平方米用麦草或稻草 1 000~2 000 千克，撒于地面；再在麦草上撒施氰氨化钙 70~80 千克；深翻地 20~30 厘米，尽量将麦草翻压地下；做畦，畦高 30 厘米，宽 60~70 厘米；地面用薄膜密封，四周盖严；畦间灌水，浇足浇透；棚室用新棚膜安全密封。在夏日高温强光下闷棚 20~30 天。闷棚后将棚膜、地膜撤掉，晾晒，耕翻即可种植。氰氨化钙在土壤中分解产生单氰胺和双氰胺，这两种物质对线虫和土传病害有很强的杀灭作用，同时氰氨化钙中的氧化钙遇水放热，促使麦草腐烂，有很好的肥效。夏季高温，棚膜保温，地热升温，白天地表温度可高达 65~70℃，10 厘米地温高达 50℃以上，这样可以杀死大部分线虫。

（4）药剂防治。每667平方米用10%噻唑磷颗粒剂1.5~2千克，与适量细土或细沙混匀后穴施、撒施、沟施均可。能有效阻止线虫侵入植物体内并杀死侵入植物体内的线虫，同时对地上部的蚜虫、飞虱等多种害虫具有防除效果。或每667平方米用35%威百亩水剂5千克，对水300~500千克，于播前半个月开沟将药灌入，后盖膜熏闷，连续闷杀15天，放气2天。能有效杀灭线虫且对土传病害引起的作物死棵现象有较好的预防效果。或用2%阿维菌素乳油2 000倍液喷洒地面，再深翻地，整平播种。定植后若有线虫，可用2%阿维菌素乳油2 000倍液灌根，每株灌药液0.25~0.5千克。

## 番茄空洞果

**【症状特征】**

番茄的果实在果壁与果肉胶状物之间有不同程度的空洞，果皮凹陷，果实从果顶至脐部易形成突起，果肉膨大不均匀。常见的3种类型：果皮生长发育快，胎座发育跟不上，而出现空腔果实；胎座发育受外部环境的影响，果内心室隔壁很薄，不见种子，果实形成空腔；果内心室数目少，果皮、心室隔壁生长过快的空洞果实。

**【发病原因】**

（1）栽培时间。番茄空洞果的发生受栽培季节的影响较大，相同品种在日光温室越冬茬及早春茬栽培时番茄空洞果率明显升高，反之，秋冬茬及晚春茬栽培时空洞果发生率低。

（2）激素影响。日光温室番茄在寒冬和早春季节，为防止低温落花落果出现，提高番茄的坐果率，开花期通常用植物生长激素2,4-滴或番茄灵（对氯苯氧乙酸）蘸花处理。在激素的刺激下，子房膨大，果实发育速度加快，成熟期提前。如果蘸花处理时激素浓度过高或重复蘸花，容易形成空洞果。

（3）不良天气。番茄在开花坐果后，如果遇上持续阴雨雪天气，光照不足，光合产物减少，果实内部养分供应不足，造成果皮生长与果肉生长不协调，容易形成空洞果。越冬茬番茄的育苗期和第一、第二花序的开花期，天气不断变化，光照时间长短不一，若遇长时间连阴，光照强度弱，温室内部的光温条件差，容易形成空洞果。这时同一果穗中迟开花的果实，其空洞果的发生率也较高。

（4）管理不当。管理措施不当是诱发番茄空洞果发生的重要因素。在温度超过35℃且持续时间较长时，授粉受精不良，果实发育中果肉组织的细胞分裂和种子成熟加快，与果实生长速度不协调，会形成空洞果。坐果后浇水量及追肥量不匀，尤其是生长后期及结果盛期氮肥偏高，钾肥偏低，导致养分失衡，形成空洞果。

**【绿色防控技术】**

（1）选择适宜品种。根据日光温室的不同茬口及上市时间，一般选择中晚熟的大果型品种，大果型品种心室数目多，果内隔壁也较多，如毛粉802、佳粉15号、17号、中杂9号等。

（2）熊蜂授粉。

（3）正确使用植物激素。使用植物激素处理番茄时，一定要按技术说明使用，不要盲目扩大使用倍数。如使用2,4-滴，使用浓度15~20毫克/升，防落素（对氯苯氧乙酸）浓度25~50毫克/升，气温低时，浓度宜大些，气温高时，浓度宜低。在同一花序中，从第一朵花到第五、第六朵花的开花时间，如果不集中，就会引起果实间对同化养分的争夺，迟开的花就会形成空洞果，因此，在同一花序上，要把同时开放的3~4花一起用生长激素处理。

（4）加强肥水管理。要达到番茄植株养分供应平衡，减少空洞果的发生，应增施有机肥，每667平方米施5 000~10 000千克的腐熟农家肥作底肥，合理搭配氮、磷、钾肥，力求结果期植株根、冠比协调，避免枝叶生长过于繁茂，使植株的营养生长与生殖生长平衡；在水分供应上，要根据不同的生长时期及土壤墒情确定浇水量与间隔的天数，采取暗沟灌溉的办法，并在每穗果膨大盛期，随水追肥。植株若有早衰现象时，要用0.3%的磷酸二氢钾在第二穗果膨大时进行叶面喷施，每隔6~7天喷施1次，连喷2~3次。

（5）加强番茄根系的管理和保护。如果番茄的根发育不好，造成伤害，就不能很好地吸收水分和养分。加强番茄的肥料管理，特别是要加强番茄中后期的肥料管理，以防中后期产生脱肥现象。应在结果初期开始每隔5~7天，每667平方米追施磷酸二铵10~15千克、硫酸钾5~10千克，多元微肥1~2千克，连施4~5次。如果土壤中氮肥多，水分多，夜间温度高，开花日期容易不齐，在这种情况下，适当摘心。

（6）改善光照与温度条件。温度是确保果实良好发育的重要条件，在管理措施上要根据天气变化及时揭盖草帘，晴天日出后，只要揭帘室温不下降，就及时揭去草帘，增加光照时间，连阴雪天气，要及时清除棚面的积雪，争取散射光照，傍晚日落时早盖帘，增温保温。一般要求温室内气温维持在昼温20~27℃，夜温8~14℃，避免8℃以下的持续低温。遇连阴雨雪天气要保证室温在白天不低于18℃，凌晨最低气温8℃的时间不超过2小时，白天接受光照和散射光照的时间不短于6小时。进入2月中旬以后，随着天气逐渐转暖，温室内最高气温可达35℃以上，这时要注意适当放风降温，中午前后延长放风时间和合理加大通风量，避免35℃以上的高温。

### 番茄脐腐病

【症状特征】

发病部位在果实脐部，幼果较易受害。最初表现为脐部出现水浸状病斑，后逐渐扩大，致使果实顶部凹陷、变褐。病斑通常直径 1~2 厘米，严重时扩展到小半个果实。在干燥时病部为革质，遇到潮湿条件，表面生出各种霉层，常为白色、粉红色及黑色。这些霉层均为腐生真菌，而不是该病的病原。发病的果实多发生在第一、第二穗果实上，这些果实往往长不大，发硬，提早变红。

【发病原因】

该病属于一种生理病害。一般认为是由于缺钙引起，即植株不能从土壤中吸收足够的钙素，加之其移动性较差，果实不能及时得到钙的补充。当果实含钙量低于0.2% 时，致使脐部细胞生理紊乱，失去控制水分能力而发生坏死，并形成脐腐。在多数的情况下土壤中不缺乏钙元素，主要是土壤中氮肥等化学肥料使用过多，使土壤溶液过浓，钙素吸收受到影响。也有人认为此病是因生长期间水分供应不足或不稳定引起的。即在花期至坐果期遇到干旱，番茄叶片蒸腾消耗增大，果实，特别是果脐部所需的大量水分被叶片夺走，导致其生长发育受阻，形成脐腐。

【绿色防控技术】

（1）采用测土配方施肥技术。施足腐熟农家肥，防止土壤中钾、氮含量过高，土壤中缺钙或酸化时及时施用生石灰。

（2）加强栽培管理。适时均匀灌溉，尤其是坐果后果实膨大期不能缺水，地膜覆盖可保持土壤水分相对稳定，能减少土壤中钙质养分淋失。使用遮阳网覆盖，减少植株水分过分地蒸腾，也对防治此病有利。保持良好的通风透光条件，结果期根际温度维持在 18~20℃，控制湿度，保持土壤 pH 值大于 5.5。

（3）根外追施钙肥。可喷施过磷酸钙 100 倍液加 0.3% 磷酸二氢钾、氨基酸钙1 000 倍液加 0.3% 磷酸二氢钾及爱多收 6 000 倍液，或绿芬威 3 号 1 000~1 500 倍液。从初花期开始，隔 10~15 天喷施 1 次，连续喷洒 2~3 次。坐果后 30 天是番茄吸收钙质的关键时期，此期间要保证钙的供应。

# 二、辣椒和甜椒病害

## 辣椒和甜椒绵腐病

### 【症状特征】

主要为害幼苗或果实。幼苗受害，病斑水渍状，病势发展迅速，有时症状尚未明显表现时即突然死亡，后期病部长出白色棉絮状霉层。为害果实引起果腐。初为水渍状，后扩大为褐色斑块并蔓延至整个果面。在潮湿条件下。病部生有大量霉层，湿度小时变成僵果，失去食用价值。

### 【病原】

*Pythium aphanidermatum*（Eds.）Fitzp.，称瓜果腐霉，属藻物界卵菌门。菌丝多分枝，发达，直径 2.8~9.8 微米。孢子囊菌丝状或裂瓣状，顶生或间生，大小（63~725）微米 ×（4.9~22.6）微米。萌发后形成球形泡囊。藏卵器球形，壁光滑，大多顶生，偶有间生，直径 7~26 微米，雄器同丝生或异丝生，间生或顶生，形状多样，（11.6~16.9）微米 ×（10~12.3）微米。卵孢子球形，不满器，直径 14.0~22.0 微米。瓜果腐霉菌丝生长最低温度 12℃，最适为 32~36℃，最高 40℃。

### 【发病规律】

病菌以卵孢子在 12~18 厘米表土层越冬，并在土中长期存活。翌春，遇有适宜条件萌发产生孢子囊，以游动孢子或直接长出芽管侵入寄主，此外，在土中营腐生生活的菌丝也可产生孢子囊，以游动孢子侵染瓜苗引起猝倒。田间的再侵染主要靠病苗上产出孢子囊及游动孢子，借灌溉水或雨水溅附到近地面的根茎或果实上引致更严重的损失。病菌侵入后，在皮层薄壁细胞中扩展，菌丝蔓延于细胞间或细胞内，后在病组织内形成卵孢子越冬。病菌生长适宜地温 15~16℃，温度高于 30℃受到抑制；适宜发病地温 10℃，低温对寄主生长不利，但病菌尚能活动，尤其是育苗期出现低温、高湿条件，利于发病。当幼苗子叶养分基本用完，新根尚未扎实之前是感病期。这时真叶未抽出，碳水化合物不能迅速增加，抗病力弱，遇有雨、雪连阴天或寒流侵袭，地温低，光合作用弱，瓜苗呼吸作用增强，消耗加大，致幼茎细胞伸长，细胞壁变薄病菌乘机侵入。因此，该病主要在幼苗长出 1~2 片真叶期发生，3 片真叶后，发病较少，结果期阴雨连绵，果实易染病。

### 【绿色防控技术】

（1）因地制宜选育和种植抗病品种。

（2）加强栽培管理。选择地势高、地下水位低，排水良好的地作苗床，播前一次灌足底水，出苗后尽量不浇水，必须浇水时一定选择晴天喷洒，不宜大水漫灌；

保护地育苗畦（床）及时放风降湿，即使阴天也要适时少量放风排湿，严防辣椒苗徒长；要采用高畦，防止雨后积水。

（3）药剂防治。①每平方米苗床施用 50% 拌种双可湿性粉剂 7 克，或 25% 甲霜灵可湿性粉剂 9 克加 70% 代森锰锌可湿性粉剂 1 克对细土 4~5 千克拌匀，施药前苗床浇透底水，水渗下后，取 1/3 充分拌匀的药土撒在畦面上，播种后再把其余 2/3 药土覆盖在种子上面，防效明显。②发病初期喷淋 72.2% 霜霉威水剂 400 倍液、15% 噁霉灵水剂 450 倍液、50% 异菌脲可湿性粉剂 1 000 倍液、60% 多菌灵盐酸盐可湿性粉剂 600 倍液、45% 代森铵水剂 1 000 倍液。5~7 天 1 次，连喷 2 次。

### 辣椒和甜椒疫病

【症状特征】

苗期和成株期均可染病。苗期染病，茎基部靠近地面处出现水渍状腐烂，暗绿色，后呈猝倒或立枯状死亡。成株期染病，叶片上出现暗绿色、边缘不明显的圆形斑，叶片顶腐，病斑周围退绿变黄。枝条及茎部染病，产生近黑色条斑，多从基部开始发病，病部常软腐，病部以上枝叶很快枯死，高湿时病部产生白霉。严重时造成成片植株死亡。果实染病多从蒂部开始发病，形成暗绿色水渍状斑，边缘不明显，果变褐、软腐。

【病原】

*Phytophthora capsici* Leonian，称辣椒疫霉，属藻物界卵菌门。菌丝丝状，无隔膜，生于寄主细胞间或细胞里，宽 3.75~6.25 微米；孢子囊梗无色，丝状；孢子囊顶生，单胞，卵圆形，大小（28.01~59.0）微米 ×（24.8~43.5）微米；厚垣孢子球形，单胞，黄色，壁厚平滑；卵孢子球形，直径大约 30 微米，雄器 17~15 微米，但有时见不到。

【发病规律】

病菌以卵孢子、厚垣孢子随病残体在土中越冬，为翌年主要的初侵染源。经雨水和灌溉水传至茎基部或果实上，条件适宜时萌发侵染引起发病。重复侵染，来自病部产生的孢子囊。高温、高湿有利于此病的发生和流行。病菌在 10~37℃ 范围可生长发育。定植后大水漫灌利于发病。大雨之后，暴晴高温，病害易流行。降雨日多、雨量大、地面积水、多年重茬等均有利于发病。

【绿色防控技术】

（1）轮作。实行 2~3 年轮作，最好与十字花科轮作。

（2）科学管理。深沟高畦，合理密植，施足基肥（充分腐熟的农家肥），增施磷、钾肥，适控氮肥，并做到合理用水。

（3）种子处理。可用50%福美双可湿性粉剂与50%克菌丹可湿性粉剂等量混合，按每平方米用8~10克，加20千克干细土制成药土，用2/3垫种，1/3盖种。

（4）高温闷棚灭菌。夏季高温休棚期，深翻地，每667平方米用80千克氰氨化钙，盖地膜，将棚膜封严密闭，闷晒15天左右，土温高达50℃以上，可将土壤中病菌杀死。

（5）药剂防治。每667平方米用72.2%霜霉威水剂80~100毫升，或25%嘧菌酯悬浮剂35~48毫升、52.5%霜脲氰·噁唑菌酮可湿性粉剂35~40克对水喷雾，间隔7~10天，交替防治2~3次。

## 辣椒和甜椒褐斑病

### 【症状特征】

主要为害叶片，也可为害茎枝。叶片受害形成近圆形褐色斑点，逐渐变为灰褐色，表面微隆起，病斑具有一个明显的浅灰色中心，周围有黑褐色同心环，边缘有黄色晕圈，严重时多个病斑相连，叶片变黄脱落。茎枝病斑似叶片。

### 【病原】

*Cercospora capsici* Heald et Wolf，称辣椒尾孢菌，属真菌界半知菌类。分生孢子梗2~20根束生，榄褐色，尖端色较淡，无分枝，具1~3个隔膜，大小（20~150）微米×（3.5~5.0）微米；分生孢子无色，大小（30~200）微米×（2.5~4.0）微米。

### 【发病规律】

病菌以分生孢子及菌丝体在植株病残体上或以菌丝在病叶、病茎上越冬，也可在种子上越冬，成为翌年初侵染源。常始于苗床，大棚内高温高湿时间长，对该病扩展有利。

### 【绿色防控技术】

（1）清洁田园。采收后彻底清除病残株及落叶，集中烧毁。

（2）实行轮作。与其他蔬菜实行隔年轮作。

（3）药剂防治。发病初期喷洒50%代森锌可湿性粉剂500倍液，或1∶1∶200波尔多液、75%百菌清可湿性粉剂500倍液、50%多·硫悬浮剂、36%甲基硫菌灵可湿性粉剂500倍液、50%混杀硫悬浮剂500倍液、77%氢氧化铜可湿性粉剂500倍液。隔7~10天1次，连续防治2~3次。

## 辣椒和甜椒叶枯病

### 【症状特征】

辣椒、甜椒叶枯病又称灰斑病，在苗期及成株期均可发生，主要为害叶片，有时为害叶柄及茎。叶片发病初呈散生的褐色小点，迅速扩大后为圆形或不规则形病斑，中间灰白色，边缘暗褐色，直径 2~10 毫米不等，病斑中央坏死处常脱落穿孔，病叶易脱落。病害一般由下部向上扩展，病斑越多，落叶越严重，严重时整株叶片脱光成秃枝。

【病原】

*Stemphylium solani* Weber，称茄匍柄霉，属真菌界半知菌类。菌丝无色，具分隔、分枝；分生孢子梗褐色，具隔，顶端稍膨大，单生或丛生，大小（130~220）微米 ×（5~7）微米；分生孢子着生于分生孢子梗顶端，褐色，壁砖状分隔，拟椭圆形，顶端无喙状细胞，中部横隔处稍缢缩，大小（45~52）微米 ×（19~23）微米，分生孢子萌发后可产生次生分生孢子。在 PDA 培养基上，菌丝生长温限 4~38℃，最适温度 24℃。切取 2 平方毫米菌丝块移到 PDA 平板培养基上，置 24℃ 下培养，24 小时后产生直径 13 毫米大小的绒毛状白色菌落，48 小时后菌落中央部分变为褐色，并开始产生分生孢子，72 小时后菌落直径达 38.5 毫米，菌落背面有褐色素渗入培养基中。

【发病规律】

病菌以菌丝体或分生孢子丛随病残体遗落土中或以分生孢子粘附种子上越冬，以分生孢子进行初侵染和再侵染，借气流传播。如遇阴雨连绵，造成严重落叶，病菌随风雨在田间传播为害。施用未腐熟厩肥或旧苗床育苗，气温回升后苗床不能及时通风，温湿度过高，利于病害发生。田间管理不当，偏施氮肥，植株前期生长过盛，或田间积水易发病。

【绿色防控技术】

（1）加强苗床管理。用腐熟农家肥作底肥，及时通风，控制苗床温湿度，培育无病壮苗。

（2）实行轮作，及时清除病残体。

（3）加强田间管理。合理使用氮肥，增施磷、钾肥，或施用喷施宝、植宝素、爱多收等；定植后及时松土、追肥，雨季及时排水。

（4）药剂防治。发病初期开始喷洒 64% 噁霜·锰锌可湿性粉剂 500 倍液、80% 代森锰锌可湿性粉剂 800 倍液、75% 百菌清可湿性粉剂 600 倍液、58% 甲霜灵·锰锌可湿性粉剂 500 倍液或 1∶1∶200 波尔多液。隔 10~15 天 1 次，连喷 2~3 次。

## 辣椒和甜椒炭疽病

【症状特征】

辣椒、甜椒炭疽病症状有黑色炭疽和红色炭疽两种。黑色炭疽可使叶、果受害。中下部叶先发病，初为水渍状退绿斑，圆形，中部灰白，后期长出黑色小黑点，呈轮纹状排列。病部周围褐色。果实染病，病斑长圆形或不规则形，褐色水渍状，病部凹陷，上有隆起轮纹，密生黑色小粒点。干燥时病部易破裂，潮湿时病部周围有水渍状圈。红色炭疽多在果实表面形成黄褐色水渍状近圆形斑，后期病部凹陷，有轮纹状排列的橙红色的小粒点。在潮湿情况下病部有粉红色黏稠状物溢出。

【病原】

*Colletotrichum capsici*（Syd.）Butl. et Bisby 及 *C. coccodes*（Wallr.）Hughes，称辣椒刺盘孢及果腐刺盘孢，均属真菌界半知菌类。辣椒刺盘孢分生孢子盘上生有暗褐色刚毛，刚毛具隔膜 2~4 个；分生孢子新月形，无色，单胞，大小（20~31）微米 ×（3~6）微米，引致黑色炭疽病。果腐刺盘孢刚毛少见，分生孢子顶生，单胞，无色，圆柱形，大小（19~29）微米 ×（4~6）微米，引致红色炭疽病。

【发病规律】

病菌以菌丝体及分生孢子盘随病残体遗落在土中越冬，或以菌丝体潜伏在种子内或以分生孢子粘附在种子上越冬。以分生孢子作为初侵染与再侵染接种体，依靠雨水溅射而传播，从伤口或表皮侵入致病。高温多湿的天气及田间环境与贮运环境有利于发病，任何使果实损伤的因素亦有利于发病。偏施过施氮肥会加重发病。果实越成熟越易发病。

【绿色防控技术】

（1）选育抗耐病高产良种。甜椒如鲁椒 1 号、3 号、早杂 2 号、苏椒 2 号、早丰 1 号、茄椒 1 号、皖椒 2 号、长丰、吉农方椒等；辣椒如早杂 2 号、中子粒、细线椒等。

（2）温汤浸种。用 55℃温水浸种 10 分钟，转冷水冷却，催芽播种；或先在清水中浸 6~15 小时，再用 1% 硫酸铜液浸 5 分钟，拌草木灰中和酸性后再行播种。

（3）药剂拌种。用 2.5% 咯菌腈悬浮种衣剂 10 毫升加水 150 毫升，混匀后可拌种 5 千克，包衣后播种。

（4）药剂防治。发病初期可选用 10% 噁咪唑水溶粒剂 1 000~1 500 倍液，或25% 咪鲜胺乳油 1 000~1 500 倍液、80% 代森锰锌可湿性粉剂 600~800 倍液、75% 百菌清可湿性粉剂 1 000 倍液、80% 炭疽福美可湿性粉剂 600 倍液、25% 溴菌腈可湿性粉剂 500 倍液、50% 多菌灵可湿性粉剂 500 倍液等喷雾。隔 7~10 天喷 1 次，连喷 2~3 次。

### 辣椒和甜椒灰霉病

【症状特征】

灰霉病为害辣椒、甜椒地上部分，苗期、成株期均可发病。幼苗染病，子叶先端变黄，后扩展到幼茎，致幼茎缢缩变细，易自病部折断枯死。发病重的幼苗成片死亡，严重的毁棚。真叶染病出现半圆至近圆形淡褐色轮纹斑，后期叶片或茎部均可长出灰霉，致病部腐烂。成株染病，叶缘处先形成水浸状大斑，后变褐形成椭圆或近圆形浅黄色轮纹斑，密布灰色霉层，严重的致大斑连片，整叶干枯。果实发病多由花器侵入，甜椒青果染病，近果蒂、果柄或果脐处首先显症，病变部果皮灰白色水渍状软腐，病斑很快发展成不规则形病斑，病斑上易密生灰褐色霉层。有时病菌可直接侵染刚形成的幼果，但以后不再扩展，果实可继续发育，成熟时果实上形成圆形、外缘淡绿色、中央银白色、直径1厘米左右斑点，严重时可致果实畸形，品质下降。

【病原】

*Botrytis cinerea* Pers.，称灰葡萄孢，属真菌界半知菌类。形态特征与番茄灰霉病菌近似。分生孢子梗浅褐色至深褐色，多隔、透明，直且长，有时分枝1~5个，大小（124.3~615.29）微米×（2.49~4.97）微米；分生孢子簇生于梗顶部的小柄上，圆形至或近圆形，大小（1.86~4.97）微米×（1.24~4.35）微米。

【发病规律】

病菌可形成菌核遗留在土壤中，或以菌丝、分生孢子在病残体上越冬。分生孢子随气流及雨水传播蔓延，田间农事操作是传病途径之一。病菌发育适温23℃，最高31℃，最低2℃；病菌对湿度要求很高，一般12月至翌年5月连续湿度90%以上的多湿状态易发病；大棚持续较高相对湿度是造成灰霉病发生和蔓延的主导因素，尤其在春季连阴雨天气多的年份，气温偏低，放风不及时，棚内湿度大，致灰霉病发生和蔓延。此外，植株密度过大，生长旺盛，管理不当都会加快此病扩展。光照充足对该病扩展有很大抑制作用。

【绿色防控技术】

（1）加强栽培管理。保护地辣（甜）椒要加强通风管理，上午尽量保持较高的温度，使棚顶露水雾化；下午适当延长放风时间，加大放风量，以降低棚内湿度；夜间要适当提高棚温，减少或避免叶面结露。适当节制浇水，严防浇水过量，正常灌溉改在上午进行，减低夜间棚内湿度或结露。种植密度不宜过大，每667平方米3 000株左右。

（2）清除菌源。及时清除病果，带出大棚、温室外深埋；收获后，彻底处理病株，进行深翻，将遗留的病叶、病枝等翻入深层。进行地膜覆盖栽培可减轻灰霉病的发生。

（3）药剂防治。棚室可选用10%腐霉利烟剂，每667平方米250~300克熏烟，隔7天1次，连续或交替熏2~3次。也可喷撒5%百菌清粉尘剂，每667平方米1千克，隔9天1次，连续或交替防3~4次。可用50%异菌脲可湿性粉剂1 500倍液、50%腐霉利可湿性粉剂1 000倍液、25%咪鲜胺乳油1 500倍液、50%咯菌腈可湿性粉剂3 000倍液喷雾，每隔7~10天1次，视病情连续防治2~3次。

## 辣椒和甜椒白粉病

### 【症状特征】

辣椒、甜椒白粉病仅为害叶片，老叶、嫩叶均可染病。病叶正面初生退绿小黄点，后扩展为边缘不明显的退绿黄色斑驳。病部背面产出白粉状物，即病菌分生孢子梗及分生孢子。严重时病斑密布，终致全叶变黄。病害流行时，白粉迅速增加，覆满整个叶部，叶片产生离层，大量脱落形成光杆，严重影响产量和品质。

### 【病原】

*Leveillula taurica*（Liv.）Arn.，称鞭靼内丝白粉菌，属真菌界子囊菌门。无性阶段 *Oidiopsis taurica*（Lev.）Salm = *O. sicula* Scalia，称辣椒拟粉孢霉，属真菌界半知菌类。菌丝内外兼生；分生孢子梗散生，由气孔伸出，大小（112~240）微米 ×（3.2~6.4）微米；分生孢子单生，倒棍棒形或烛焰形，无色透明，大小（44.8~72）微米 ×（9.6~17.6）微米。

### 【发病规律】

病菌以闭囊壳随病叶在地表越冬。分生孢子在15~25℃条件下经3个月仍具很高萌发率。孢子萌发从寄主叶背气孔侵入。在田间，主要靠气流传播蔓延。分生孢子形成和萌发适温15~30℃，侵入和发病适温15~18℃。一般在25~28℃和稍干燥条件下该病流行。分生孢子萌发一定要有水滴存在。

### 【绿色防控技术】

（1）选用抗病品种。如通椒1号、茄椒2号。

（2）加强栽培管理。对保护地要注意控制温湿度，防止棚室湿度过低和空气干燥，提高寄主抗病力。

（3）药剂防治。发病初期喷洒50%醚菌酯干悬浮剂3 000倍液，或20%三唑酮乳油2 000倍液、40%氟硅唑乳油8 000倍液、50%硫磺悬浮剂300倍液、或2%武夷菌素水剂500倍液、2%嘧啶核苷类抗菌素水剂200倍液。隔7~15天1次，连防2~3次。

### 辣椒和甜椒黑斑病

【症状特征】

辣（甜）椒黑斑病主要侵染果实。病斑初呈淡褐色，不规则形，稍凹陷。一个果实上多生一个大病斑，病斑直径10~20毫米，上生黑色霉层，即病菌分生孢子梗及分生孢子。有时病斑融合，形成更大的病斑。

【病原】

*Alternaria alternata*（Fr.）Keissl，称细交链孢，属真菌界半知菌类。分生孢子梗单生，或数根束生，暗褐色；分生孢子倒棒形，褐色或青褐色，3~6个串生，有纵隔膜1~2个，横隔膜3~4个，横隔处有缢缩现象。

【发病规律】

主要在病残体上越冬。其发生与日灼病有联系，多发生在日灼处，即第二寄生物。

【绿色防控技术】

（1）加强栽培管理。注意遮阴，防止辣（甜）椒日灼病。

（2）发病初期喷洒58%甲霜灵·锰锌可湿性粉剂500倍液、60%琥·乙膦铝可湿性粉剂500倍液、75%百菌清可湿性粉剂600倍液、64%噁霜·锰锌可湿性粉剂500倍液或80%代森锰锌可湿性粉剂600倍液。隔7~10天1次，连防2~3次。


### 辣椒和甜椒根腐病

【症状特征】

辣（甜）椒根腐病多发生于定植后，起初病株白天枝叶萎蔫，傍晚至次晨恢复，反复多日后整株枯死。病株的根茎部及根部皮层呈淡褐色至深褐色腐烂，极易剥离，露出暗色的木质部。病部一般仅局限于根及根茎部。

【病原】

*Fusarium solani*（Mart.）App. et Wollenw.，称腐皮镰孢霉，属真菌界半知菌类。小型分生孢子数量多，卵形、肾形，比较宽，壁较厚，（8~16）微米 ×（2.5~4）微米；大型分生孢子镰刀形，即大孢子最宽处在中线上部，两端较钝，顶孢稍弯，基孢有足根，整个孢子形态较短而胖，壁较厚，2~8个隔膜，多数3~5个隔膜。1~2个隔膜的大小（10~41）微米 ×（2.5~4.9）微米；3~4个隔膜的（42.9~74.3）微米 ×（3.4~7）微米。厚垣孢子球形，数量多，在菌丝或孢子顶端或中间单生、对生，直径6~10微米。产孢细胞在气生菌丝上生出长筒形的单瓶梗，

在分生孢子座上成簇产生，多分枝，长短不一，但均呈长筒形，有性态为 *Nectria haematococca* Berk.et Br. 称赤球丛赤壳。引起多种植物根腐病。

【发病规律】

病菌以厚垣孢子、菌核或菌丝体在土壤中越冬，成为翌年主要初侵染源，通过雨水或灌溉水进行传播和蔓延。

【绿色防控技术】

（1）种子消毒。浸种前先用 0.2%~0.5% 的碱液清洗种子，再用清水浸种 8~12 小时，捞出后置入配好的 1% 次氯酸钠溶液中浸 5~10 分钟，冲洗干净后催芽播种。

（2）药剂防治。发病初期喷淋或灌根，用 47% 春雷·王铜可湿性粉剂 600 倍液、45% 代森铵水剂 500 倍液、40% 多·硫悬浮剂 600 倍液或 50% 甲基硫菌灵可湿性粉剂 500 倍液。隔 10 天左右 1 次，连灌 2~3 次。

## 辣椒和甜椒疮痂病

【症状特征】

苗期、成株期均可染病。叶、茎、果都会受害。苗期染病，子叶上产生银白色小圆点，水渍状，渐扩展成淡黑色凹陷病斑。成株期叶片染病，初为水渍状黄绿色小斑点，渐扩大成不规则形、边缘暗褐色稍隆起、中央色浅而凹陷、表面粗糙的疮痂状。多个病斑连接成大病斑，叶缘变黄、干枯、破裂，甚至脱落。茎秆染病，病斑呈条斑或斑块，后病部木栓化、纵裂如疮痂状。果实染病，初为暗褐色隆起的小斑点，扩大后病斑长圆形，干燥时病部木栓化。潮湿时，病部周围水渍状，有白色溢脓。

【病原】

*Xanthomonas campestris* pv. *vesicatoria*（Doidge）Dye，称野油菜黄单胞菌辣椒斑点病致病型，属细菌界薄壁菌门。菌丝杆状，两端钝圆，大小（1.0~1.5）微米 ×（0.6~0.7）微米，具极生单鞭毛，能游动。菌体排列成链状，有荚膜，革兰氏染色阴性，好气，在培养基上菌落圆形，浅黄色，半透明。有报道此菌分 3 个专化型：一型侵染辣椒；二型侵染番茄；三型两者均侵染。病菌发育适温 27~30℃，最高为 40℃，最低 5℃，59℃经 10 分钟致死。该菌除为害辣椒外，还侵染番茄、茄子和马铃薯等。

【发病规律】

病菌随种子越冬并远距离传播。从寄主的气孔侵入，在细胞间繁殖，致表皮增厚形成疮痂。病部溢出菌脓借雨水击溅、灌溉水、媒介昆虫及农事活动传播。病菌发育最适宜温度 27~30℃。高温、高湿是该病发生、流行的气候条件。管理不当、田间积水、大水漫灌、植株过密、生长不良的地块发病较重。

【绿色防控技术】

（1）清洁田园。田间及时清除病残体。

（2）种子处理。用 55℃温水浸种 15 分钟。

（3）药剂防治。发病初期，可喷施 60% 琥·乙膦铝可湿性粉剂 500 倍液、77% 氢氧化铜可湿性粉剂 500 倍液、72% 农用硫酸链霉素可溶粉剂 4 000 倍液、90% 新植霉素可溶粉剂 4 000 倍液、3% 中生霉素可湿性粉剂 1 000 倍液、20% 叶枯唑可湿性粉剂 600 倍液。

## 辣椒和甜椒细菌性叶斑病

【症状特征】

该病在田间点片发生，主要为害叶片。成株叶片发病，初呈黄绿色不规则水浸状小斑点，扩大后变为红褐色或深褐色至铁锈色，病斑膜质，大小不等。干燥时，病斑多呈红褐色。该病一经侵染，扩展速度很快，一株上个别叶片或多数叶片发病，植株仍可生长，严重的叶片大部脱落。细菌性叶斑病病健交界处明显，但不隆起，区别于疮痂病。

【病原】

*Pseudomonas syringae* pv. *aptata*（Brown et Jamieson）Young et al.，称丁香假单胞杆菌适合致病型，属细菌界薄壁菌门。菌体短杆状，两端钝圆，大小（0.8~2.3）微米 ×（0.5~0.6）微米，具 1~3 根单极生或双极生鞭毛，长 3~10 微米。在琼脂培养基上菌落圆形，灰白色，并有绿色荧光素产生。革兰氏染色阴性，产生荚膜。

【发病规律】

病菌在病残体或种子上越冬，通过叶片的伤口侵入，在田间借助雨水、灌溉或农具进行再侵染。当气温在 25~28℃，空气相对湿度在 90% 以上的 7~8 月高温多雨季节易流行。9 月气温降低，蔓延停止。地势低洼、管理不善、肥料缺乏、植株衰弱或偏施氮肥而使植株生长期延长，发病严重。病菌发育适温 25~28℃，最高 35℃，最低 5℃。但高温和叶面长时间有水膜更利于病害发生和发展。植株受侵后，相对湿度 85% 以上就能逐渐显症，短时间低温则受抑制，遇高温，病害可继续发展。因此，高温多雨或遇暴风雨，病害就加重发生。

【绿色防控技术】

（1）轮作。与非茄科、白菜等十字花科蔬菜实行 2~3 年轮作。

（2）培育壮苗。适时早播，早移栽、早间苗、早培土、早施肥，及时中耕培土，培育壮苗。

（3）种子消毒。用种子重量 0.3% 的 50% 琥胶肥酸铜可湿性粉剂或 50% 敌磺钠可湿性粉剂拌种。

（4）加强田间管理。避免在阴雨天气进行农事操作；及时防治害虫，减少植株伤口，减少病菌传播途径；发病时及时防治，并清除病叶、病株，带出田外烧毁，病穴施药或生石灰消毒。

（5）药剂防治。发病初期喷洒 50% 琥胶肥酸铜可湿性粉剂 500 倍液、47% 春雷·王铜可湿性粉剂 600 倍液或 20% 噻菌铜悬浮剂 500 倍液、77% 氢氧化铜可湿性粉剂 400~500 倍液、1∶1∶200 波尔多液或 72% 农用硫酸链霉素可溶粉剂 4 000 倍液。隔 7~10 天 1 次，连防 2~3 次。

## 辣椒和甜椒软腐病

### 【症状特征】

辣（甜）椒软腐病主要为害果实。病果初生水浸状暗绿色斑，后变褐软腐，具恶臭味，内部果肉腐烂，果皮变白。整个果实失水后干缩，挂在枝蔓上，稍遇外力即脱落。

### 【病原】

*Erwinia carotovora* subsp. *carotovora*（Jones）Bergey et al.（*Erwinia aroideae*（Towns.）Holland，称胡萝卜软腐欧氏菌胡萝卜软腐致病型，属细菌界薄壁菌门。菌丝杆状，周生 2~8 根鞭毛，不产生芽孢，无荚膜，革兰氏染色阴性。发育最适温度 25~30℃，最高 40℃，最低 2℃，致死温度 50℃经 10 分钟，pH 值为 5.3~9.3，最适 pH 值为 7.3。除侵染茄科蔬菜外，还侵染十字花科蔬菜及葱类、芹菜、胡萝卜、莴苣等。

### 【发病规律】

病菌随病残体在土壤中越冬，成为翌年初侵染源。在田间通过灌溉水或雨水飞溅使病菌从伤口侵入，染病后病菌又可通过烟青虫及风雨传播，使病害在田间蔓延。

### 【绿色防控技术】

（1）轮作。实行与非茄科及十字花科蔬菜进行 2 年以上轮作。

（2）清洁田园。将病果清除带出田外烧毁或深埋。

（3）培育壮苗。适时定植，合理密植。雨季及时排水，尤其下水头不要积水。保护地栽培要加强放风，防止棚内湿度过高。

（4）药剂防治。发病初期及时喷洒 72% 农用硫酸链霉素可溶粉剂 4 000 倍液，或 90% 新植霉素可溶粉剂 4 000 倍液、50% 琥胶肥酸铜可湿性粉剂 500 倍液、77% 氢氧化铜可湿性粉剂 500 倍液、14% 络氨铜水剂 300 倍液。

### 辣椒和甜椒病毒病

**【症状特征】**

常见症状有花叶、畸形和丛簇、条斑坏死 3 种。花叶型病叶出现浓绿与淡绿相间的斑驳，叶片皱缩，易脆裂，或产生褐色坏死斑。叶片畸形和丛簇形，在初发时心叶叶脉退绿，逐渐形成浓淡相间的斑驳，叶片皱缩变厚，并产生大型黄褐色坏死斑。叶缘上卷，幼叶狭窄如线状，病株明显矮化，节间缩短，上部叶呈丛簇状。果实感病后出现黄绿色的镶嵌花斑，有疣状突起，果实凹凸不平或形成褐色坏死斑，果实变小，畸形，易脱落。条斑坏死型的叶片主脉出现黑褐色坏死，病情沿叶柄扩展到枝、主茎及生长点，出现系统坏死性条斑，植株明显矮化，造成落叶、落花、落果。

**【病原】**

引起辣（甜）椒病毒病病毒有黄瓜花叶病毒（CMV）、烟草花叶病毒（TMV）、马铃薯 X 病毒（PVX）、苜蓿花叶病毒（AMV）等。在辣椒上，CMV 和 PVX 引起系统花叶症状，TMV 的不同株系分别引起系统花叶、系统环斑和条斑症状。

**【发病规律】**

辣（甜）椒病毒病主要病原是黄瓜花叶病毒和烟草花叶病毒。黄瓜花叶病毒主要在多年生杂草及保护地蔬菜上越冬，第二年由蚜虫传播。烟草花叶病毒在土壤、病残体、种子或卷烟中越冬，主要通过田间农事操作由汁液接触传播。特别是遇到高温干旱天气，有利于蚜虫繁殖和传毒。另外重茬、缺水、缺肥、管理粗放、苗小、定植晚易引起该病流行。

**【绿色防控技术】**

（1）选用抗病品种。辣椒抗病品种有：津绿 22 号、辣优 9 号、江苏 4 号、京椒 3 号等；甜椒抗病品种有：津椒 2 号、津椒 3 号，中椒 6 号、中椒 10 号、中椒 11 号、中椒 12 号、中椒 13 号和新丰 5 号等。

（2）培育壮苗。温室大棚内育苗，提倡营养钵育苗。适期播种，育苗床选 2 年以上未种过茄果类蔬菜，或大田净土作苗床土。有条件的可进行无土育苗。分苗和定植前，分别喷洒 1 次 0.1%~0.3% 硫酸锌溶液，防治病毒病。育苗要注意防蚜，尤其越冬辣椒，育苗时，正值高温季节，蚜虫活动频繁，宜采取防蚜育苗方法育苗。常用方法有两种，一是白色尼龙网纱覆盖育苗，苗畦播种后出苗前，用 30 目白色尼龙网纱覆盖，防止蚜虫飞进苗畦传染病毒病。二是银灰塑料薄膜避蚜育苗，即利用蚜虫对银灰色的负趋性，在育苗畦畦埂上铺银灰色塑料薄膜，在畦面上方30~50 厘米纵横拉上几道宽 2 厘米的银灰色塑料薄膜条，银灰色塑料薄膜条之间相距10厘米左右，防止蚜虫传毒危害。

（3）健康栽培。茄科蔬菜最好与大田作物轮作2~3年。深耕深翻，每667平方米施优质腐熟农家肥5 000千克以上，腐熟的大粪干或鸡粪160~200千克，过磷酸钙80~120千克作基肥，还要及时追肥，增施磷、钾、锌肥，叶面喷施微肥，提高植株抗病能力。采用高畦、双行密植法，采用地膜栽培，促进辣椒根系发达。未盖地膜的，生长前期要多中耕，少浇水，以提高地温，增强植株抗性。适时浇水，在盛果期做到见湿不见干，防止因缺水干旱加重病情，夏季高温干旱，傍晚浇水，降低地温。雨季及时排水，防止地面积水，以保护根系。保持白天棚温25~30℃，夜间15℃左右，昼夜温差加大，可减轻发病。

（4）种子消毒处理。先将种子放入清水中浸泡3~4小时，再放入10%磷酸三钠溶液中浸种30~40分钟，然后用清水冲洗干净，再催芽，播种。

（5）全棚消毒和治蚜防病。前茬作物收获后，及时清洁田园，距播种期间隔半月以上，使病残体全部腐烂。这时可用50%氯溴异氰尿酸可溶粉剂1 000倍液，加治蚜药剂，全棚喷洒，杀死棚内残存的病菌和蚜虫。

（6）药剂防治。目前防治病毒病尚无特效药物，应预防为主，综合防治，根据现有的药物配合施用，尽量抑制病毒病发生。防治花叶病毒病，可用5%菌毒清水剂300倍液，1.5%三十烷醇·十二烷基硫酸钠·硫酸铜水剂500倍液，83-1增抗剂200倍液，硫酸锌1 000倍液；防治蕨叶和条斑病毒病，可用5%菌毒清水剂300倍液，20%吗啉胍·乙铜可湿性粉剂500倍液，0.5%菇类蛋白多糖水剂400倍液。此外结合叶面喷施牛奶、葡萄糖，含磷、钾、锌的叶面肥，增强抗病能力，既能防病又丰产。

# 三、茄子病害

## 茄子黄萎病

### 【症状特征】

该病在苗期染病，坐果后发生危害加重。开始从下部叶片近叶柄的叶缘部及叶脉间发黄，渐渐发展为半边叶或整叶变黄，叶缘稍向上卷曲，有时病斑仅限于半边叶片，引起叶片歪曲。晴天高温，病株萎蔫，夜晚或阴雨天可恢复，病情急剧发展时，往往全叶黄萎，变褐枯死。症状由下向上逐渐发展，严重时全株叶片脱落，多数为全株发病，少数仍有部分无病健枝。病株矮小，株形不舒展，果小、变形。纵切根茎部，可见到木质部维管束变色，呈黄褐色或棕褐色。

**【病原】**

*Verticillium dahliae* Kleb.，称大丽花轮枝孢，属真菌界半知菌类。菌丝体初无色，老熟时变褐色，有隔膜。分生孢子梗直立，较长，约 110~200 微米，呈轮状分枝；在孢子梗上生 1~5 个轮枝层，每层有轮枝 2~3 枝，轮枝长 10~35 微米，轮距 12.4~24.8 微米，顶枝或轮枝顶端着生分生孢子。分生孢子椭圆形、单胞、无色或微黄，大小（2.5~6.25）微米 ×（2.0~3.0）微米。在培养基上可形成黑色微菌核及由孢壁增厚而产生的串生黑褐色的厚垣孢子。该菌可分为 3 种致病类型，称 Ⅰ 型、Ⅱ 型、Ⅲ 型。Ⅰ 型：致病力强，接种 30 天病情指数高于 70，并有枯死株，发病早、病株明显矮化，叶片皱缩、枯死或脱落称光杆，甚至整株死亡，病株率 100%。Ⅱ 型：致病力中等，接种 30 天病情指数 25.1~70，极少有枯死株，病株率 50%~100%，发病比 Ⅰ 型慢，病株稍矮化，叶上表现掌状黄化，叶片一般不枯死。Ⅲ 型：致病力弱，接种 30 天，病情指数 25，未见枯死株，病株率 33%~95%，发病缓慢，病株矮化不明显，症状为黄色斑驳。该病菌除为害茄子外，还为害甜（辣）椒、番茄、马铃薯等蔬菜，以及棉花、芝麻等多种作物。

**【发病规律】**

茄子黄萎病菌以休眠菌丝体、厚垣孢子和微菌核随病残体在土壤中越冬，一般在土壤可存活 6~8 年，拟菌核可存活 14 年之久。次年病菌从根部的伤口或直接从幼根表皮、根毛侵入后发病，在维管束内繁殖，扩展到茎、叶、果实和种子内。另外，施用带菌肥料和带菌土壤，借风雨、流水、人畜和农具等传播，都是无病地区的侵染来源。当气温在 20~25℃、地温在 22~26℃时，多雨或久旱后降雨，大水漫灌，发病均较重，而久旱高温发病轻。当气温达 28℃以上，病害显著受到抑制。

**【绿色防控技术】**

（1）选用抗病品种。从总体上看，长茄品种抗病性较圆茄抗病性好。瑞克斯旺种子公司提供的布利塔、702、706、765 等长茄品种，都具有高抗枯萎病和黄萎病的特性。

（2）实行合理轮作。与非茄科作物实行 2~5 年轮作。即种植两年茄子，然后种植 5 年以上的非茄科作物。

（3）采用工厂化育苗，杜绝苗子感病现象的发生。

（4）加强栽培管理。适时精细定植茄苗，前期控制浇水，加强中耕。高畦铺地膜，提高地温和土壤通透性。增施腐熟有机肥，并且及时喷施甲壳素、氨基寡糖素、抗坏血酸叶面肥，保持植株生长健壮，提高抗病性。

（5）嫁接防病。嫁接防病现在生产上已经得到了广泛的应用。茄子采用抗黄萎病的砧木嫁接以后，不但预防茄子的黄萎病，而且对茄子的枯萎病、根腐病、根结线虫也具有很好的防治效果。

（6）药剂防治。发病初期可选用50%多菌灵可湿性粉剂500倍液，或90%噁霉灵可湿性粉剂2 000~3 000倍液、25%氰烯菌酯悬浮剂1 500倍液、1%武夷菌素水剂500倍液灌根，10天左右1次，连续防治2~3次。

## 茄子枯萎病

**【症状特征】**

病株叶片自下向上逐渐变黄枯萎，病症多表现在一二层分枝上，有时同一叶片仅半边变黄，另一半健全如常。横剖病茎，病部维管束呈褐色。

**【病原】**

*Fusarium oxysporum* f.sp. *melongenae* Matuo et *lshigmi* Schlecht.，称尖镰孢菌茄专化型，属真菌界半知菌类。

**【发病规律】**

种子可以带菌，进行远距离传播。此外也可以菌丝体或厚垣孢子随病残体在土壤中越冬，营腐生生活，病菌一般从幼根或伤口侵入寄主，进入维管束繁殖，堵塞导管，并产生镰刀菌素，扩散开来造成病株叶片黄枯而死。病菌通过水流或灌溉水传播蔓延。地温28℃，土壤潮湿、连作地、移栽或中耕时伤根多，植株长势弱的发病重。此外，土壤酸化、根结线虫危害严重的地块发病重；连年重茬，土壤中病源基数高或使用未腐熟的有机肥，都可加重病害的发生；21℃以下或33℃以上，病害发展缓慢。

**【绿色防控技术】**

参见茄子黄萎病。

## 茄子褐纹病

**【症状特征】**

幼苗受害，近地面的茎基部出现褐色或黑褐色凹陷病斑，生有黑色小点，条件适宜时病斑发展快，造成幼苗猝倒死亡。成株期叶、茎和果实均可感病。植株下部叶片发病较多，初为圆褐色小斑点，病斑扩大则为圆形或近圆形，中央灰白或浅褐色，边缘深褐色，上生黑色小点排列成的轮纹；茎部受害多发生在茎基部，产生中央灰白色、边缘深褐色、上生许多黑色小点的病斑，病部凹陷干腐，皮层脱落，露出木质部，易折断；果实染病，产生淡褐色大型病斑，稍凹陷，上生许多小黑点，排列成轮纹状，病斑扩大可达整个果实，最后腐烂脱落或挂在植株上干缩成僵果，病果种子灰白色或灰色，皱瘪无光泽。

**【病原】**

*Phomopsis vexans*（Sacc. et Syd.）Harter.，称茄褐纹拟茎点霉，属真菌界半知菌类。有性态 *Diaporthe vexans*（Gratz），称茄褐纹间座壳菌，属真菌界子囊菌门。有性态少见。茄褐纹拟茎点霉孢子器寄生于寄主表皮下，成熟后突破表皮外露。孢子器近球形，凸出孔口，壁厚而黑，大小因环境条件及寄生部位而异，果实上 120~350 微米，叶上 60~200 微米。分生孢子单胞，无色，有两种形态：在叶片上，分生孢子椭圆形或纺锤形，大小（4.0~6.0）微米 ×（2.3~3.0）微米；在茎上，分生孢子呈线形或拐杖形，大小（12.2~28）微米 ×（1.8~2.0）微米。上述两种分生孢子可长在同一个或不同的分生孢子器内。

**【发病规律】**

病菌主要以菌丝体或分生孢子器在土表病残组织上，或以菌丝体潜伏在种皮内，或以分生孢子附着在种子上越冬。病菌在种子上可存活 2 年，在土壤中的病残体上存活 2 年以上。种子带菌是引起幼苗猝倒的主要原因，而土壤中病残体所带病菌多造成植株的茎部溃疡腐烂。病苗及茎部溃疡上产生的分生孢子是再侵染的来源，通过重复侵染而使叶片、果实和茎发病。带病种子未经消毒处理可远距离传病。田间传病主要以分生孢子借风、雨、雾、昆虫和田间操作（摘果、整枝等）传播。分生孢子萌发后直接从寄主表皮侵入，也可通过伤口侵入。果实上部花萼处最易受害，病菌往往由萼片侵入果实；从光滑而多角质的果皮上侵入则较少。有利于褐纹病发病的温度为 28~30℃，相对湿度为 85% 以上，因此在北方设施农业生产中深秋季节发病较重。土质黏重，通透性差，浇水以后地面积水，偏施氮肥的地块易感病。茄子品种间抗病性有差异，一般长形种较圆形种抗病；白皮茄、绿皮茄较紫皮茄、黑皮茄抗病。

**【绿色防控技术】**

（1）合理轮作。有条件的地区，尽量做到与非茄科蔬菜进行 2~3 年的轮作。

（2）清洁田园。茄子拔园后亦应及时清除病株残体，并立即深耕，以减少大田中的病源基数。

（3）合理密植。根据各地具体情况和品种特性，在适当密植时应考虑田间通风透光，降低田间湿度。如种植长茄，建议每 667 平方米保苗 1 800 株即可。

（4）加强肥水管理。施足底肥（每 667 平方米使用腐熟的优质有机肥应该在 15~20 立方米），避免偏施氮肥，要与磷、钾肥配合使用。提早定植，以 8 月中下旬为宜。结果后立即追肥，并结合中耕培土，以增强植株抗病力。在冬季浇水时要选择暖和天气、隔垄（行）浅灌，以保持地温。

（5）选用抗病品种。目前，生产上尚缺乏免疫或高度抗病的品种，但品种间抗病性仍有差异。瑞克斯旺中国种子公司提供的布利塔长茄系列品种，与其他品种相比较抗病性较好。

（6）药剂防治。苗期发病，可喷洒58%甲霜灵·锰锌可湿性粉剂800倍液，每隔5~7天喷1次。定植后，可以用58%甲霜灵·锰锌可湿性粉剂800倍液加50%异菌脲可湿性粉剂800倍液喷淋茎秆。

## 茄子炭疽病

**【症状特征】**

主要为害果实和叶片。病斑近圆形或椭圆等不定形，稍凹陷，黑褐色，斑面生黑色小点并溢出赭红色黏质物，即分生孢子盘和分生孢子。本病与茄子褐纹病的区别在于，其病征明显，偏黑褐色至黑色。严重时致茄果腐烂。

**【病原】**

*Colletotrichum capsici*（Syb.）Butl. et Bisb，称辣椒刺盘孢和 *Vermicularia capsici* Syd.，称辣椒丛刺盘孢，均属真菌界半知菌类。分生孢子盘直径149~161.46微米，其上混生刚毛。刚毛黑色，刺毛状，长62~161.46微米，末端色稍淡。分生孢子新月形，单胞，无色，中有一"油球"，大小（15.95~27.55）微米 ×（2.9~3.77）微米。有性态为 *Glomerella cingulata*（Stonem.）Spauld. et Schrenk，称围小丛壳，属真菌界子囊菌门。

**【发病规律】**

病菌以菌丝体和分生孢子盘在病残体上越冬，也可以分生孢子黏附种子表面越冬，翌年由分生孢子盘产出分生孢子，借雨水溅射或小昆虫活动传播，进行初侵染和再侵染。温暖多湿的天气或株间郁蔽，植地低洼易发病。高温高湿是该病为害的重要条件。

**【绿色防控技术】**

（1）实行轮作。或与非茄果类蔬菜实行3年以上轮作

（2）加强栽培管理。施用充分腐熟有机肥，提倡施用酵素菌沤制的堆肥和生物有机肥；采用高畦或起垄栽培，避免栽植过密，注意通风透气，可减轻发病。

（3）药剂防治。在发病初期可喷施50%炭疽福美可湿性粉剂、10%苯醚甲环唑水分散粒剂600~800倍液、22.7%二氰蒽醌水分散粒剂750倍液。使用次数2~3次，7~10天1次，以上药剂可以交替喷施。

### 茄子早疫病

【症状特征】

茄子早疫病可为害茄子的茎、叶和果实。茄子苗期和中后期易发，越冬栽培的茄子，开春以后发病严重。该病初在病叶上形成不规则的病斑，边缘褐色，中央浅灰色，病斑上具有轮纹，病斑大小 3~10 毫米，湿度大时，病斑上有黑色霉层，严重时引起叶片枯死，造成落叶现象。果实染病，产生不规则的褐色病斑，病斑凹陷，大小 15 毫米左右。

【病原】

*Alternaria solani*（Ell. et Mart.）Jones et Grout，称茄链格孢，属真菌界半知菌类。分生孢子梗单生或丛生，圆柱形，具 1~5 个隔膜，大小（31.08~74.58）微米 ×（6.22~9.32）微米；分生孢子长棍棒状，多砖隔形，黄褐色，具 6~12 个横隔，0~3 个纵隔，大小（127.41~217.53）微米 ×（16.6~21.75）微米，孢子顶端具细长喙，色浅或近透明。

【发病规律】

病原以菌丝体或分生孢子随病残体在土壤中越冬，条件适宜，产生分生孢子落在茄子叶片上，通过气孔侵入叶片产生病斑，再产生分生孢子，然后进行再侵染。病菌萌发的温度为 1~45℃，最适温度 25~28℃。

【绿色防控技术】

（1）加强栽培管理。重病田与非茄科作物轮作 3 年。施足基肥，适时追肥，增施钾肥，做到盛果期不脱肥。合理密植，及时整枝和打底叶，促进通风透光。

（2）药剂防治。注意检查田间病情，见零星病株即全田喷药防病。可用药剂有：58% 甲霜灵·锰锌可湿性粉剂 500 倍液、47% 春雷·王铜可湿性粉剂 800~1 000 倍液，50% 烯酰吗啉可湿性粉剂 1 000~1 500 倍液。以上药剂可根据具体情况轮换交替使用，注意使用代森锰锌时，每个生长季节只准使用 1 次，防止锰离子超标。早疫病防治必须要早，一般 7 天左右防治 1 次，连续防治 3~4 次。

### 茄子绵疫病

【症状特征】

该病菌主要为害果实，茎和叶片也可被害。在果实上初生水浸状圆形或近圆形，黄褐色至暗褐色稍凹陷病斑，边缘不明显，扩大后可蔓延至整个果面，内部褐色腐烂。潮湿时斑面产生白色棉絮状霉。病果落地或残留在枝上，失水变干后形成僵果。叶片病斑圆形，水渍状，有明显轮纹，潮湿时，边缘不明显，斑面产生稀疏的白霉（孢子囊及孢囊梗），干燥时，病斑边缘明显，不产生白霉。茎部染病初成水浸状，后变暗绿色或紫褐色，病部缢缩，其上部枝叶萎垂，湿度大时上生稀疏白霉。

**【病原】**

*Phytophthora parasitica* Dast.，称寄生疫霉和 *P. capsici* Leon.，称辣椒疫霉，均属藻物界卵菌门。菌丝白色，棉絮状，无隔膜，分枝多，气生菌丝发达。病组织和培养基上易产生大量孢子囊，孢囊梗无色，纤细，无隔膜，一般不分枝；孢子囊无色或微黄，卵圆形、球形至长卵圆形，大小（30~70）微米 ×（20~50）微米；孢子囊顶端乳头状突起明显，大小 5.8 微米 × 6.2 微米。菌丝顶端或中间可生大量黄色圆球形厚垣孢子，直径 20~40 微米，壁厚 1.3~2.5 微米，单生或串生。有人认为，*P. melongenae* Sawada 称茄疫霉也是该病致病菌，其特点棉毛状菌丝较长。

**【发病规律】**

病菌主要以卵孢子随病残体在地上越冬。萌发时产生孢子囊，借雨水溅到果实上侵染为害，后又在病斑上长出孢子囊，通过风雨传播。孢子囊萌发时产生游动孢子或直接产生芽管，进行再侵染。病菌生长发育最适温度 30℃，空气相对湿度 95% 以上菌丝体发育良好，因此高温高湿有利于病害发展。此外，地势低洼、排水不良、土壤黏重、管理粗放、偏施氮肥、过度密植、连茬栽培等，也会加剧病害蔓延。

**【绿色防控技术】**

（1）与非茄科、葫芦科作物实行 2 年以上轮作。

（2）加强栽培管理。选择高低适中、排灌方便的地块种植茄子，秋冬深翻，施足腐熟的有机肥，采用高畦或半高垄栽培方式；及时中耕、整枝，摘除病果、病叶；增施磷、钾肥，促进植株健壮生长，提高植株抗性。

（3）药剂防治。发病初可选用 72.2% 霜霉威盐酸盐水剂 400~600 倍液浇灌，每平方米浇 2~3 升药液，或用 72% 霜脲·锰锌可湿性粉剂 800 倍液、50% 烯酰吗啉可湿性粉剂 1 000~1 500 倍液、50% 甲霜铜可湿性粉剂 800 倍液喷雾。每 7~10 天 1 次，连续 2~3 次。

## 茄子灰霉病

**【症状特征】**

该病菌主要为害花、果、叶片，病菌从茄子残花部位侵入，进而危害幼果，在果实萼叶处造成腐烂，并产生灰色霉层。叶片染病产生褐色坏死斑，直径 1~1.5 厘米。

【病原】

*Botrytis cinerea* Pers.，称灰葡萄孢，属真菌界半知菌类。有性阶段为 *Sclerotinia fuckeliana*（de Bary）Fuckel，称富克尔核盘菌，属真菌界子囊菌门。分生孢子梗大小（1 408~2 560）微米 ×（16~24）微米，浅棕色，多隔。分生孢子聚生于梗顶端的小梗上，圆形、近圆形或长卵形，大小（7.46~13.67）微米 ×（6.22~11.19）微米。

【发病规律】

病菌随病残体越冬，靠气流、农事操作传播。适发条件为温度 18~20℃，空气相对湿度 90% 以上。连阴雨天气，光照弱时，如不及时放风则易诱发该病。

【绿色防控技术】

（1）加强管理。经常擦拭棚膜，增强棚室内的光照。避免连阴雨天浇水，浇水应选择晴天的上午，同时，密闭棚室，增温至 30℃ 时再放风排湿。白天应尽可能延长放风时间，防止湿度过大，叶面结露。室外最低气温为 8℃ 以上时，夜间不要关闭风口。湿度特别大时应开启前部放风口，加强排湿。

（2）清除病株残体。及时清除病叶、病花、病果。为防止病菌分生孢子散飞传播，可用塑料袋套摘发病的叶、花、果，带出室外深埋，防止再侵染。及时摘除生命力衰弱、败谢且仍留在果实上的花冠，防止病菌趁虚侵染。

（3）药剂防治。适宜的药物有 38% 嘧霉胺、50% 腐霉利、50% 异菌脲、50% 烟酰胺等可湿性粉剂 1 000~1 500 倍液，或 50% 啶酰菌胺悬浮剂 1 000~1 500 倍液以及相应品种药物的烟剂。为增强防治效果，应将不同药剂轮换施用，喷雾、熏烟同时进行，每 5~7 天喷雾 1 次，白天喷雾，夜晚用烟剂。另外，在保果激素中加入 3 000 倍烟酰胺喷花，可提高防治效果。

## 茄子白粉病

【症状特征】

该菌主要为害叶片，发病初期叶片正、背面产生白色近圆形小粉斑，白粉斑逐渐扩大连片。后期叶片布满白粉，变成灰白色，发病严重时整个叶片枯死。

【病原】

*Sphaerotheca fuliginea*（Schlecht）Poll.，称单丝壳白粉菌，属真菌界子囊菌门。在田间一般常见其无性阶段，分生孢子串生在直立的分生孢子梗上，晚秋有时产生有性繁殖体，即闭囊壳。闭囊壳扁球形，暗褐色，直径 70~119 微米，表面生 5~10 根丝状附属丝，褐色，有隔膜。闭囊壳内生 1 个子囊，子囊扁椭圆形或近球形，大小（48~96）微米 ×（51~70）微米，无色透明。

【发病规律】

病菌在温室蔬菜上或土壤中越冬，借风和雨水传播。在高温高湿或干旱环境条件下易发生，发病适温 20~25℃，相对湿度 25%~85%。温暖潮湿，弱光阴雨天及密植、通透性差易发病流行。大水漫灌，湿度大，肥力不足，植株生长后期衰弱发病严重。

【绿色防控技术】

（1）加强田间管理。及时清洁田园，将病残株集中深埋或烧毁。施足底肥，增施磷、钾肥，促使植株生长健壮，提高抗病力。

（2）药剂防治。发病初期及时喷洒 30% 醚菌酯悬浮剂 2 500 倍液、10% 苯醚甲环唑水分散粒剂 2 000 倍液、2% 武夷菌素水剂 200 倍液，每隔 10 天喷 1 次，连续防治 2~3 次。以上药剂可轮流选用，防止产生抗药性。

## 茄子细菌性褐斑病

【症状特征】

主要侵染叶片和花蕾，也可为害茎和果实。叶片染病，多始于叶缘，初生 2~5 毫米不整形褐色小斑点，后逐渐扩大，融合成大病斑，严重时病叶卷曲，最后干枯脱落。花蕾染病，先在萼片上产生灰色斑，后扩展至整个花器或花梗，致花蕾干枯。嫩枝染病，由花梗扩展传来，病部变灰腐烂，致病部以上枝叶凋萎。果实染病始于脐部。

【病原】

*Pseudomonas cichorii*（Swingle）Stapp，菊苣假单胞菌，属于细菌界薄壁菌门。菌体杆状，具极生鞭毛多根，能产生荧光色素，氧化酶反应阳性，生长适温 30℃，达到 41℃时不生长。

【发病规律】

病菌在土壤中越冬，主要通过水滴溅射传播，叶片间碰撞摩擦或人为操作也可传病，病原细菌从水孔或伤口侵入。发病适温 17~23℃，在生产上该病多发生在低温期。

【绿色防控技术】

（1）轮作。与非茄科作物实行 3 年以上轮作。

（2）加强管理。棚室栽培时要注意提高棚温和地温，避免低温、高湿的条件出现。浇水时要防止水滴溅射，以减少传播。

（3）药剂防治。田间一旦发病，可使用 20% 噻菌铜悬浮剂 800 倍液、84% 王铜干悬浮剂 800 倍液、77% 氢氧化铜可湿性粉剂 500 倍液进行茎叶喷雾。喷药时间在上午 10 点以前，中午放风，降低棚室中的湿度，减轻病害的发生。

### 茄子病毒病

【症状特征】

茄子病毒病常见有 3 种症状。花叶型：整株发病，叶片黄绿相间，形成斑驳花叶，老叶产生圆形或不规则形暗绿色斑纹，心叶稍显黄色；坏死斑点型：病株上位叶片出现局部侵染性紫褐色坏死斑，大小 0.5~1 毫米，有时呈轮点状坏死，叶面皱缩，呈高低不平萎缩状；大型轮点型：叶片产生由黄色小点组成的轮状斑点，有时轮点也坏死。

【病原】

主要有烟草花叶病毒（TMV）、黄瓜花叶病毒（CMV）、马铃薯 X 病毒（PVX）、蚕豆萎蔫病毒（BBWV）等。TMV 和 CMV 主要引起花叶型症状，BBWV 引起轮点状坏死，PVX 引起大型轮点。

【发病规律】

主要通过昆虫和汁液接触传播，高温干旱、管理粗放、田边杂草多，蚜虫发生量大发病重。

【绿色防控技术】

（1）防治传毒昆虫。如飞虱、蚜虫和蓟马等。

（2）加强田间管理。铲除田间杂草，增强植株的抗病性。

（3）药剂防治。可用 85% 三氯异氰尿酸可溶粉剂 1 500 倍液加叶面肥喷雾防治。5 天 1 次，连续防治 3 次。还可用 2% 宁南霉素水剂 200 倍液、4% 嘧肽霉素水剂 200 倍液、20% 吗啉胍·乙铜可湿性粉剂 500 倍液等喷雾防治。

# 第三节　豆科类病害

## 一、菜豆病害

### 菜豆枯萎病

【症状特征】

花期开始染病。病株下部叶片先变黄，后逐渐向上扩展，叶脉变褐，近脉处变黄，枯干或脱落；茎一侧或全部维管束变为黄褐或黑褐色；根部变色，皮层腐烂引致根腐，且易于拔起；结荚显著减少，且荚背部腹缝合线也渐变为黄褐色。花期后病株大量枯死。

【病原】

*Fusarium oxysporum* f. sp. *phaseoli* Kendrick et Snyder，称菜豆尖镰刀孢菜豆专化型，属真菌界半知菌类。菌丝白色，棉絮状；大型分生孢子无色，圆筒形至纺锤形或镰刀形，顶端细胞尖细，基部细胞有小突起，多具2~3个隔膜，大小（25~33）微米 ×（3.5~5.6）微米；小型分生孢子无色，卵形或椭圆形，单胞，（6~15）微米 ×2.5微米；厚垣孢子无色或黄褐色，球形，单胞或串生。该菌生长发育适温28℃，只侵染菜豆。

【发病规律】

病菌主要以菌丝、厚垣孢子或菌核在病残体、土壤和带菌肥料中越冬，成为翌年初侵染源，在无寄主的条件下存活3年以上。该菌还可在种子上越冬，从病株上采收的种子带菌率3%~11%，成为远距离传播的菌源。病菌主要通过伤口或根毛顶端细胞侵入，先在薄壁组织内生长，后进入维管束，在导管内发育，随水分的输送，迅速扩展到植株顶部。由于病菌繁殖堵塞导管，引起病株萎蔫。这一病程从苗期开始到结荚期显露出来。病部内外均有大量孢子，主要靠水流进行短距离传播，扩大危害。

发生程度与温湿度有密切关系。发病最适温度24~28℃，相对湿度80%；地势低洼、平畦种植、灌水频繁、肥力不足、管理粗放的连作地发病重。

【绿色防控技术】

（1）种子消毒。用种子重量0.5%的50%多菌灵可湿性粉剂拌种，或36%多·硫悬浮剂50倍液浸种3~4小时。

（2）播种前处理土壤。用50%多菌灵可湿性粉剂500倍液或20%甲基立枯磷乳油1 200倍液、50%琥胶肥酸铜可湿性粉剂300~400倍液匀开浇灌，待药液渗下后播种，再覆土。

（3）加强栽培管理。采用高垄栽培，防止田间积水，追施磷钾肥。

（4）药剂防治。发病初期每667平方米用50%乙烯菌核利可湿性粉剂100克或25%嘧菌酯悬浮剂34克对水喷雾，二者交替使用，连喷3~4次，施药间隔7~10天。

## 菜豆灰霉病

【症状特征】

茎、叶、花及荚均可染病。先在根须颈部向上11~15厘米处现出纹斑，周缘深褐色，中部淡棕色或浅黄色，干燥时病斑表皮破裂形成纤维状，湿度大时上生灰色霉层。有时病菌从茎蔓分枝处侵入，致病部形成凹陷水浸斑，后萎蔫。苗期子叶受害，呈水浸状变软下垂，后叶缘长出白灰霉层，即病菌分生孢子梗和分生孢子。叶片染病，形成较大的轮纹斑，后期易破裂。荚果染病先侵染败落的花，后扩展到荚果，病斑初淡褐色至褐色后软腐，表面生灰霉。

【病原】

*Botrytis cinerea* Pers.，称灰葡萄孢，属真菌界半知菌类。分生孢子聚生，无色，单胞，两端差异大，状如水滴或西瓜子，大小（3.2~12.8）微米 ×（3.2~9.6）微米。孢子梗浅棕色，多隔，大小（896~1 088）微米 ×（16~20.8）微米。

【发病规律】

病菌以菌丝、菌核或分生孢子越夏或越冬。越冬的病菌以菌丝在病残体中营腐生生活，不断产出分生孢子进行再侵染。条件不适，病部产生大量抗逆性强的菌核，在田间存活期较长，遇到适合条件，即长出菌丝直接侵入或产生孢子，借雨水溅射传播为害。此菌可随病残体、水流、气流、农具及衣物传播。腐烂的病果、病叶、病卷须、败落的病花落在健部即可发病。

菌丝生长温限 4~32℃，最适温度 13~21℃，高于 21℃其生长量随温度升高而减少，28℃锐减。该菌产孢温度范围 1~28℃，同时需要较高湿度；病菌孢子 5~30℃均可萌发，最适 13~29℃；孢子发芽要求一定湿度，尤在水中萌发最好，相对湿度低于 95% 孢子不萌发。病菌侵染后，潜育期因条件不同而异，1~4℃接种后 1 个月产孢，28℃接种后 7 天即可产孢；果实染病条件适宜，8 小时形成孢子；该病的侵染一般先削弱寄主病部抵抗力，后侵入引致腐烂。生产上缺少抗病品种，在有病菌存活的条件下，只要具备高湿和 20℃左右的温度条件，病害易流行。病菌寄主较多，为害时期长，菌量大，侵染快且潜育期长，又易产生抗药性，防治比较困难。

【绿色防控技术】

（1）加强栽培管理。平整土地，防止积水，雨后及时排水。棚室栽培可围绕降低湿度，采取提高棚室夜间温度，增加白天通风时间，从而降低棚内湿度和结露持续时间，达到控病目的。

（2）及时摘除病叶、病花、病荚。为避免摘除时传播病菌，用塑料小袋套上再摘，连袋集中销毁。

（3）药剂防治。棚室可选用 10% 腐霉利烟剂，每 667 平方米 250~300 克熏烟，隔 7 天 1 次，连续熏 2~3 次。也可喷撒 5% 百菌清粉尘剂，每 667 平方米 1 千克，隔 9 天 1 次，连续防 3~4 次。还可用 50% 异菌脲可湿性粉剂 1 500 倍液、50% 腐霉利可湿性粉剂 1 000 倍液、50% 咯菌腈可湿性粉剂 3 000 倍液、或 25% 咪鲜胺乳油

1 500 倍液喷雾防治，隔 7~10 天 1 次，视病情连续防治 2~3 次。

## 菜豆根腐病

### 【症状特征】

该病主要侵染根部或茎基部，病部产生褐色或黑色斑点，多由支根蔓延至主根，致整个根系腐烂或坏死。病株易拔出，纵剖病根，维管束呈红褐色，病情扩展后向茎部延伸，主根全部染病后，地上部茎叶萎蔫或枯死。湿度大时，病部产生粉红色霉状物，即病菌的分生孢子。

### 【病原】

*Fusarium solani* f.sp. *phaseoli*（Burkh.）Snyder et Hansen，称菜豆腐皮镰孢，属真菌界半知菌类。菌丝具隔膜。分生孢子分大小两型：大型分生孢子无色，纺锤形，具横隔膜 3~4 个，最多 8 个，大小（44~50）微米 ×5.0 微米；小型分生孢子椭圆形，有时具一个隔，大小（8~16）微米 ×（2~4）微米，厚垣孢子单生或串生，着生于菌丝顶端或节间，直径 11 微米。发育适温 29~30℃，最高 35℃，最低 13℃。侵染菜豆和豇豆。此外，*Fusarium oxysporum* f. sp. *phaseoli*，称尖镰刀孢菜豆专化型，也是该病病原。该病病原在土壤中可存活 10 年以上，土壤中病残体是主要传染来源。

### 【发病规律】

病菌可在病残体或厩肥及土壤中存活多年，无寄主时可腐生 10 年以上；种子不带菌，初侵染源主要是带菌肥料和土壤，通过工具、雨水及灌溉水传播蔓延，先从伤口侵入致皮层腐烂。土壤含水量大，土质黏重易发病。

### 【绿色防控技术】

（1）清除病残体。收获后彻底清除病残体，土壤深翻，减少初侵染源，生长期及时摘除病叶、病花、病果，带出田间深埋或烧掉。

（2）加强栽培管理。平整土地，防止积水，雨后及时排水。

（3）药剂防治。发病初期喷淋或灌根，用 45% 代森铵水剂 500 倍液、47% 春雷·王铜可湿性粉剂 600 倍液、50% 多菌灵可湿性粉剂 600 倍液、40% 多·硫悬浮剂 600 倍液或 50% 甲基硫菌灵可湿性粉剂 500 倍液，隔 10 天左右 1 次，连灌2~3 次。

## 菜豆菌核病

### 【症状特征】

主要发生在保护地或南方露地菜豆上。该病多始于近地面茎基部或第一分枝的丫窝处，初呈水渍状，后逐渐变为灰白色，皮层组织发干崩裂，呈纤维状。湿度大时，在茎的病组织中腔生鼠粪状黑色菌核；病部白色菌丝生长旺盛时，也长黑色菌核。蔓生菜豆从地表茎基部发病，致茎蔓萎蔫枯死。

**【病原】**

*Sclerotinia sclerotiorum*（Lib.）et Bary，称核盘菌，属真菌界子囊菌门。菌核球形至豆瓣或鼠粪状，直径1~10毫米，可生子囊盘1~20个，一般5~10个。子囊盘杯形，展开后盘形，开张在0.2~0.5厘米，盘浅棕色，内部较深，盘梗长3.5~50毫米。子囊圆筒或棍棒状，内含8个子囊孢子，大小（11.87~155.42）微米×（7.7~13）微米。子囊孢子椭圆形或梭形，单胞，无色，大小（8.7~13.67）微米×（4.97~8.08）微米。菌核由菌丝组成，外层系皮层，内层为细胞结合很紧的拟薄壁组织，中央为菌丝不紧密的疏丝组织。菌丝无休眠期，但抗逆力很强，温度18~22℃，有光照及足够水湿条件下，菌核即萌发，产生菌丝体或子囊盘。菌核萌发时先产生小突起，约经5天伸出土面形成子囊盘，开盘经4~7天放射孢子，后凋萎。

**【发病规律】**

病菌以菌核在土壤中、病残体上或混在堆肥及种子上越冬。不产生分生孢子。越冬菌核在适宜条件下萌发产生子囊盘，子囊成熟后，遇空气湿度变化即将囊中孢子射出，随风传播。孢子放射时间长达月余，侵染周围的植株。此外，菌核有时直接产生菌丝。病株上的菌丝具较强的侵染力，成为再侵染源扩大传播。菌丝迅速发展，致病部腐烂。当营养被消耗到一定程度时产生菌核，菌核不经休眠即萌发。该病在较冷凉潮湿条件下发生，适温5~20℃，15℃最适。子囊孢子0~35℃均可萌发，以5~10℃最有利。菌丝在0~30℃均能生长，20℃最适。菌核形成的温度与菌丝生长要求的温度一致，菌核50℃经5分钟致死。病菌对湿度要求严格，在潮湿土壤中，菌核只存活1年；土壤长期积水，1个月即死亡；在干燥土壤中能存活3年多，但不易萌发。菌核萌发要求高湿及冷凉的条件，萌发后子囊的发育需要连续10天有足够的水分。相对湿度70%，子囊孢子可存活21天；相对湿度100%只存活5天；大田条件下，散落在菜豆叶上的子囊孢子存活12天。病菌的接种体及菌丝侵染菜豆时，要求植株表面保持自由水48~72小时，相对湿度低于100%时，病菌即不能侵染。

菜豆菌核病一般在开花后发生，病菌先在衰老的花上取得营养后才能侵染健部，由于蔓生菜豆有无限花序，因此，受害期较长。

**【绿色防控技术】**

（1）选用无病种子或进行种子处理。从无病株上采种，如种子中混有菌核及病残体，播前用10%盐水浸种，再用清水冲洗后播种。

（2）轮作、深耕及土壤处理。有条件的可与水稻、其他禾本科作物轮作；收获后马上进行深耕，把大部分菌核埋在3厘米以下；在子囊盘出土盛期中耕，后灌水覆地膜闭棚升温，利用高温杀死菌核。

（3）勤松土、除草，摘除老叶。从初花期开始，坚持进行数次。

（4）覆盖地膜，利用地膜阻挡子囊盘出土，要求铺严。有条件的可铺盖沙泥，阻隔病菌。

（5）药剂防治。发病初期每667平方米用50%乙烯菌核利可湿性粉剂100克或25%嘧菌酯悬浮剂34克对水喷雾，二者交替使用，连喷3~4次，施药间隔7~10天。

## 菜豆锈病

### 【症状特征】

菜豆生长中后期发生，主要侵害叶片，严重时茎、蔓、叶柄及荚均可受害。叶片和茎蔓染病，初现边缘不明显的退绿小黄斑，直径0.5~2.5毫米，后中央稍突起，渐扩大现出深黄色夏孢子堆，表皮破裂后，散出红褐色粉末，即夏孢子。后在夏孢子堆或四周生紫黑色疱斑，即冬孢子堆。有时叶面或背面可见略凸起的白色疱斑，即病菌锈子腔。寄主衰老后，叶片枯死。荚染病形成突出表皮疱斑，表皮破裂后，散出褐色孢子粉，即冬孢子堆和冬孢子，发病重的无法食用。

### 【病原】

*Uromyces appendiculatus*（Pers.）Ung.，称疣顶单胞锈菌，异名：*U.phaseoli*（Pers.）Wint.，称菜豆单胞锈菌。均属真菌界担子菌门。疣顶单孢锈单主寄生。性子器丛生在菜豆叶面上，浅黄色；锈子器丛生在叶背，杯形，有白色包被；锈孢子椭圆形，无色，表面密生细瘤，（18~36）微米 ×（16~24）微米；夏孢子堆生在菜豆叶两面，黄褐色；夏孢子近圆形，浅黄褐色，表面具细刺，（18~28）微米 ×（18~24）微米；冬孢子堆黑褐色，生在夏孢子堆上或附近；冬孢子近圆形粟褐色，顶端具乳头状突起，柄长与孢子相近，不脱落，（24~41）微米 ×（19~30）微米。

### 【发病规律】

北方病菌以冬孢子在病残体上越冬，萌发时产生担子和担孢子，担孢子侵入寄主形成锈子腔阶段，产生的锈孢子侵染菜豆并形成疱状夏孢子堆，散出夏孢子进行再侵染，病害得以蔓延扩大，深秋产生冬孢子堆及冬孢子越冬。南方病菌主要以夏孢子越季，成为本病的初侵染源，一年四季辗转传播蔓延。北方该病主要发生在夏秋两季，尤其是叶面结露及叶面上的水滴是锈菌孢子萌发和侵入的先决条件。夏孢子形成和侵入适温 15~24℃，10~30℃均可萌发，其中以 16~22℃最适。日均温 24.5℃，相对湿度 84%，潜育期 9~12 天。菜豆进入开花结荚期，气温 20℃左右，高湿昼夜温差大及结露持续时间长此病易流行，苗期不发病，秋播菜豆及连作地发病重。南方一些地区春植常较秋植发病重。

【绿色防控技术】

（1）种植抗病品种。春播宜早，必要时可采用育苗移栽避病。

（2）清洁田园，加强栽培管理。采用配方施肥技术，适当密植。

（3）药剂防治。发病初期每 667 平方米用 50% 醚菌酯干悬浮剂 17 毫升或 10% 苯醚甲环唑水分散粒剂 34 克、20% 三唑酮乳油 75 毫升对水喷雾，交替使用。视病情防治 2~3 次，施药间隔 7~10 天。

## 菜豆炭疽病

【症状特征】

该病主要侵染叶、茎及荚。叶片发病始于叶背，叶脉初呈红褐色条斑，后变黑褐色或黑色，并扩展为多角形网状斑；叶柄和茎病斑凹陷龟裂，呈褐锈色细条形斑，病斑连合形成长条状；豆荚初现褐色小点，扩大后呈褐色至黑褐色圆形或椭圆形斑，周缘稍隆起，四周常具红褐或紫色晕环，中间凹陷，湿度大时，溢出粉红色黏稠物，内含大量分生孢子；种子染病，出现黄褐色的大小不等凹陷斑。

【病原】

*Colletotrichum lindemuthianum*（Sacc.et Magn.）Br. et Cav.，称豆刺盘孢，属真菌界半知菌类。该菌菌落生长缓慢，暗褐色至黑色，气生菌丝繁茂，褐色，边缘规整。在 PCA 培养基上偶生菌核，球形。载孢体轮状排列，盘状，初埋生，后突破表皮，浅褐色至暗褐色，直径 50~100 微米，顶端不规则开裂，刚毛散生在载孢体内或四周，暗褐色，顶端色浅，较尖，基部稍粗，正直或微弯，1~4 个隔膜，（26~83）微米 ×（3~5）微米。分生孢子梗圆柱形，无色或基部略呈淡褐色，（11~24）微米 ×（3~5）微米。内含颗粒状物。附着胞棒形或近球形，暗褐色，不易形成。有性态为 *Glomerella lindemuthianum*（Sacc. et Magn.）Shear et Wood，称菜豆小丛壳，属真菌界子囊菌门。侵染菜豆属植物。病菌生长发育适温 21~23℃，最高 30℃，最低 6℃，分生孢子经 45℃ 10 分钟致死。

【发病规律】

主要以潜伏在种子内和附在种子上的菌丝体越冬。播种带菌种子，幼苗染病，在子叶或幼茎上产生分生孢子，借雨水、昆虫传播；该菌也可以菌丝体在病残体内越冬，翌春产生分生孢子，通过雨水飞溅进行初侵染，分生孢子萌发后产生芽管，从伤口或直接侵入，经 4~7 天潜育出现症状，并进行再侵染。温度 17℃，相对湿度 100% 利于发病；高于 27℃，相对湿度低于 92%，则少发生；低于 13℃病情停止发展。该病在多雨、多露、多雾冷凉多湿地区，或种植过密，土壤黏重地发病重。

【绿色防控技术】

（1）用无病种子或进行种子处理。注意从无病种荚上采种，或用种子重量 0.4% 的 50% 多菌灵或 50% 福美双可湿性粉剂拌种，或 40% 多·硫悬浮剂或 60% 多菌灵磺酸盐可溶粉剂 600 倍液浸种 30 分钟，洗净晾干播种。

（2）加强栽培管理。平整土地，防止积水，雨后及时排水。

（3）药剂防治。发病初期用 50% 咪鲜胺悬浮剂 3 000 倍液、10% 苯醚甲环唑水分散粒剂 1 500 倍液、75% 百菌清可湿性粉剂 600 倍液，或 70% 甲基硫菌灵可湿性粉剂 500 倍液、80% 炭疽福美可湿性粉剂 800 倍液喷雾。隔 7~10 天 1 次，连续 2~3 次。

## 菜豆细菌性疫病

【症状特征】

主要侵染叶、茎蔓、豆荚和种子，叶片、豆荚受害重。病种子出苗后子叶呈棕褐色溃疡斑，或在着生小叶的节上及第二片叶柄基部产生水浸状斑，扩大后为红褐色溃疡斑，病斑绕茎扩展，幼苗即折断干枯。成株叶片染病，始于叶尖或叶缘，初呈暗绿色油渍状小斑点，后扩展为不规则形褐斑，病组织变薄近透明，周围有黄色晕圈，发病重的病斑连合，终致全叶变黑黏枯凋或扭曲畸形。茎蔓染病，生红褐色溃疡状条斑，稍凹陷，绕茎 1 周后，致上部茎叶枯萎。豆荚染病，初也生暗绿色油渍状小斑，后扩大为稍凹陷的圆形至不规则形褐斑，严重的豆荚皱缩。种子染病，种皮皱缩或产生黑色凹陷斑。湿度大时，茎叶或种脐部常有黏液状菌脓溢出，别于炭疽病。

【病原】

*Xanthomonas campestris* pv. *phaseoli*（Smith）Dye，称野油菜黄单胞菌，菜豆疫病致病型，属细菌界薄壁菌门。菌体短杆状，（0.5~3）微米 ×（0.3~0.8）微米，单极生鞭毛，有荚膜，革兰氏染色阴性。在琼脂培养基上菌落黄色圆形，病菌生长适温 28~32℃，致死温度 50℃，适宜 pH 值为 5.7~8.4，最适 pH 值 7.3。除侵染菜豆外，还侵染豇豆、扁豆、大豆、菜用大豆、四棱豆、绿豆等。

【发病规律】

病原细菌主要在种子内部或黏附在种子外部越冬，播种带菌种子，幼苗长出后即发病，病部渗出的菌脓借风雨或昆虫传播，从气孔、水孔或伤口侵入，经 2~5 天潜育，即引致茎叶发病。病菌在种子内能存活 2~3 年，在土壤中病残体腐烂后即失活。气温 24~32℃，叶上有水滴是本病发生的重要温湿条件，一般高温多湿、雾大露重或暴风雨后转晴的天气，最易诱发本病。此外，栽培管理不当、大水漫灌、或肥力不足或偏施氮肥，造成长势差或徒长，皆易加重发病。

**【绿色防控技术】**

（1）轮作。实行 3 年以上轮作。

（2）选留无病种子。从无病地采种，对带菌种子用 55℃恒温水浸种 15 分钟捞出后移入冷水中冷却，或用种子重量 0.3% 的 95% 敌磺钠原粉或 50% 福美双可湿性粉剂拌种，或用 72% 农用硫酸链霉素可溶粉剂 500 倍液，浸种 24 小时。

（3）加强栽培管理。避免田间湿度过大，减少田间结露的条件。

（4）药剂防治。发病初期喷洒 14% 络氨铜水剂 300 倍液、77% 氢氧化铜可湿性粉剂 500 倍液、50% 琥胶肥酸铜可湿性粉剂 500 倍液或 72% 农用硫酸链霉素可溶性粉剂 3 000~4 000 倍液、90% 新植霉素可溶粉剂 4 000 倍液、80% 乙蒜素乳油 800~1 000 倍液。隔 7~10 天 1 次，连续防治 2~3 次。

## 菜豆黑斑病

**【症状特征】**

为害叶片。叶片病斑圆形或近圆形，直径 2~6 毫米不等，褐色，微具同心轮纹，斑面生细微的黑色霉点即分生孢子丛。通常叶上散生数个至十数个病斑。

**【病原】**

*Alternaria brassicae*（Berk.）Sacc. var. *phaseoli* Brun. 和 *A. fasciculata*（Cooke et Ell.）Jones et Grout，称芸薹链格孢菜豆变种和簇生链格孢。均属真菌界半知菌类。前者分生孢子梗单生或 2~3 根丛生，淡橄榄色，顶端色淡，不分枝，基部稍膨大，多数正直，1~4 个分隔，大小（32~86）微米 ×（4~5.5）微米，分生孢子多为单生，呈倒棍棒状，榄褐色，嘴孢稍长，色淡，不分枝，孢子具横隔 4~7 个，纵隔 0~3 个，隔膜有缢缩，大小（29~54）微米 ×（11~15）微米。簇生链格孢菌能引致菜豆不规则褐斑，其分生孢子梗多 3~6 根丛生，暗褐色，顶端色淡，不分枝，基部稍膨大，正直或 1~3 个膝状节，3~8 个隔膜，大小（32~128）微米 ×（4~5.5）微米；分生孢子 2~5 个串生，少数单生，椭圆形至倒棍棒形，暗褐色，嘴胞无或有，但较短，不分枝，色淡，孢子具横隔 3~9 个，纵隔 0~6 个，隔膜处缢缩，大小（13~48）微米 ×（6~8）微米。此菌可侵染大豆、芹菜、甘蓝、莴苣、萝卜等多种作物，其寄主范围很广。

**【发病规律】**

两菌均以菌丝体和分生孢子丛在病部或随病残体遗落土中越冬。翌年产生分生孢子借气流或雨水溅射传播，进行初侵染和再侵染。在南方本菌在寄主上辗转传播，不存在越冬问题。通常温暖多湿的天气或密植郁蔽的生态环境有利于该病发生与扩展。

【绿色防控技术】

（1）清除病残体。收获后彻底清除病残体，土壤深翻，减少初侵染源，生长期及时摘除病花、病叶、病果，带出田间深埋或烧掉。

（2）加强栽培管理。合理密植，清沟排渍，大棚栽培注意改善通风条件以降低湿度。

（3）药剂防治。发病初期每667平方米可选用25%嘧菌酯悬浮剂40克、52.5%霜脲氰·噁唑菌酮可湿性粉剂40克、10%苯醚甲环唑水分散粒剂1500倍液，交替喷雾，连喷3~4次，间隔7~10天。


## 菜豆花叶病

【症状特征】

病株出苗后即显症。其症状常因品种、环境条件，或植株发育阶段不同而异。感病品种，叶上出现明脉、斑驳或绿色部分凹凸不平、叶皱缩；有些品种叶片扭曲畸形，植株矮缩，开花迟缓或落花。豆荚症状不明显，荚略短，有时出现绿色斑点。

【病原】

主要有3种：即菜豆普通花叶病毒（BCMV）、菜豆黄花叶病毒（BYMV）及黄瓜花叶病毒菜豆株系（CMV）。此外，还有TMV、TuMV和PVY等。菜豆普通花叶病毒粒体线状，致死温度56~58℃，稀释限点1 000倍。主要靠蚜虫及汁液接触传染，种子带毒率30%~50%。除侵染菜豆外，还侵染豇豆、蚕豆及扁豆。菜豆黄花叶病毒粒体线状，致死温度50~60℃，稀释限点800~1 000倍，也靠蚜虫及汁液接触传染，种子不带毒，除侵染菜豆外，还侵染豇豆、蚕豆、豌豆。黄瓜花叶病毒菜豆株系病毒粒体球状，致死温度60~70℃，稀释限点1 000~10 000倍，也靠蚜虫及汁液接触传染，种子不带毒。寄主有百余种植物。

【发病规律】

由菜豆普通花叶病毒引起的花叶病主要靠种子传毒，此外也可通过桃蚜、菜缢管蚜、棉蚜及豆蚜等传毒；菜豆黄花叶病毒和黄瓜花叶病毒菜豆株系初侵染源，主要来自越冬寄主，在田间也可通过桃蚜和棉蚜传播。该病受环境条件影响：26℃以上高温，多表现重型花叶、矮化或卷叶，18℃显症轻，只表现轻微花叶，20~25℃利于显症，光照时间长或强度大，症状尤为明显。土壤中缺肥、菜株生长期干旱发病重。

**【绿色防控技术】**

（1）选用抗病品种。如秋抗 6 号、春丰 4 号和长白 7 号等。

（2）防治传毒蚜虫。喷洒 10% 吡虫啉可湿性粉剂 1 000 倍液、50% 抗蚜威可湿性粉剂 2 000~3 000 倍液，棉蚜对抗蚜威有抗性也可选用黄皿或银灰膜等物理避蚜法。

（3）加强栽培管理，及时除草，以减少毒源。

（4）药剂防治。可用 5% 菌毒清水剂 300 倍液，1.5% 三十烷醇·十二烷基硫酸钠·硫酸铜水剂 500 倍液，83-1 增抗剂 200 倍液，硫酸锌 1 000 倍液，20% 吗啉胍·乙铜可湿性粉剂 500 倍液，0.5% 菇类蛋白多糖水剂 400 倍液喷雾防治。此外，结合叶面喷施牛奶、葡萄糖、含磷、钾、锌的叶面肥，增强抗病能力，既能防病又丰产。

# 二、豇豆病害

## 豇豆基腐病

**【症状特征】**

主要为害幼苗。发病时子叶上产生椭圆形红褐色病斑，病斑逐渐凹陷。侵染茎基和根时产生长条形红褐色凹陷斑，逐渐扩展到绕茎一周，病部干缩或龟裂，引起病苗生长缓慢或干枯而死。

**【病原】**

*Rhizoctonia solani* Kühn，为立枯丝核菌 AG-4 菌丝汇合群，属真菌界半知菌类。该菌不产生孢子，主要以菌丝体传播和繁殖。初生菌丝无色，后为黄褐色，具隔，粗 8~12 微米，分枝基部缢缩，老菌丝常呈一连串桶形细胞。菌核近球形或无定形，0.1~0.5 微米，无色或浅褐至黑褐色。有性态为 *Thanatephotus cucumeris*（Frank）Donk.，称瓜亡革菌，属担子菌门真菌。此外，有报道，*Macrophomina phaseolina*（Tassi）Goid，称菜豆壳球孢也可引起该病。*M. phaseolina* 分生孢子器球形，暗褐色，大小 100~200 微米，产孢细胞葫芦形，无色，大小（5~13）微米 ×（4~6）微米，分生孢子单胞无色，圆柱形至纺锤形，直立，两端钝圆，大小（14~30）微米 ×（5~10）微米。

**【发病规律】**

病原以菌丝或菌核在土壤中越冬。通过水流、农具等传播蔓延，当植株衰弱时侵入。生产中当土温在 10℃ 以下时，种子在土中的时间长，易发病。苗床湿度大，通风透光不良，幼苗瘦弱或徒长，发病较重。

**【绿色防控技术】**

（1）选用抗基腐病的品种。

（2）种子处理。用种子重量0.2%的40%拌种双粉剂拌种。

（3）农业防治。选用排水良好的向阳地块育苗。苗床土用无病原新土，施用石膏调节土壤酸碱度，使育苗畦和种植豇豆田块酸碱度呈微碱性。苗期做好保温，防治低温和冷风侵袭，浇水要根据土壤湿度和气温确定，严防湿度过高。浇水时间最好是在上午。

（4）药剂防治。①苗床或育苗盘药土处理，可单用40%拌种双粉剂，也可用40%拌种灵与福美双1∶1混合每平方米8克。②发病初期喷20%甲基立枯磷乳油1 200倍液，或15%噁霉灵水剂450倍液，或72.2%霜霉威水剂800倍加50%福美双可湿性粉剂800倍液。

## 豇豆根腐病

**【症状特征】**

主要为害根部和茎基部。一般出苗后7天开始发病，21~28天进入发病高峰。发病初期植株下部叶片变黄。病部产生点状病斑，由枝根蔓延至主根，引起整个根系腐烂或坏死，病株易拔起，纵剖病根，可见维管束呈红褐色，病情扩展后向茎部延伸。主根全部发病后，地上部茎叶萎蔫枯死。湿度大时，病部产生粉红色霉状物。

**【病原】**

*Fusarium solani* f. sp. *phaseoli*（Burkh.）Snyder et Hansen，称腐皮镰孢菌菜豆转化型，属真菌界半知菌类。分生孢子有大小2型。大型分生孢子纺锤形，无色，有隔膜3~4个，大小（14.0~16.0）微米×（2.5~3.0）微米；小型分生孢子圆柱形，无色，有隔膜1~2个，大小（6~11）微米×（2.5~3.0）微米。厚垣孢子近圆形、淡褐色，着生在菌丝顶端或节间。生长适宜温度为29~30℃，温度范围为13~35℃。这种病原可以侵染豇豆、菜豆。

**【发病规律】**

病原以菌丝体或厚垣孢子在病残体或土壤中越冬。种子不带菌。初侵染源主要是土壤、病残体和带菌有机肥。病原通过工具、雨水及灌溉水传播蔓延，先从伤口侵入引起根部皮层腐烂。施用未腐熟的有机肥，或追肥时撒施不均匀，使植株根部受伤害，易发病。地势低洼，土质黏重，雨后不及时排水，利于病原侵染和发病。豇豆根腐病每年6~10月均可发生，以秋豇豆发病最重，尤其是台风多雨年份，往往造成田间豇豆成片枯死，严重影响产量，甚至绝收。

**【绿色防控技术】**

（1）农业防治。选用抗病品种，如之豇 844、早生王、华豇 4 号、春宝、龙星 90、绿领 8 号等。水旱轮作，或与非豆科作物实行 2 年以上轮作；深沟高畦，防止积水，雨后及时排水。加强田间管理，增施磷、钾肥，提高植株抗病力。利用塑料大棚、地膜覆盖、育苗移栽种植豇豆，可大大减轻豇豆根腐病的发生。

（2）药剂防治。苗床消毒：每平方米用 50% 多菌灵可湿性粉剂 8~10 克，拌细干土 1 千克，撒在土表，或耙入土中，然后播种。病害发生初期，可用 40% 多菌灵悬浮剂 800 倍液，或 70% 甲基硫菌灵可湿性粉剂 800~1 000 倍液，或 15% 噁霉灵水剂 450 倍液、2.5% 咯菌腈乳油 1 000 倍液，浇淋植株基部或灌根，每株（穴）灌 250 毫升药液，每 10 天灌 1 次。在出苗后 7~10 天或定植缓苗后，开始第一次施药，每株 250 毫升，隔 7 天浇淋 1 次，连续 2~3 次。或 70% 甲基硫菌灵可湿性粉剂 800~1 000 倍液、75% 百菌清可湿性粉剂 600~800 倍液，或 50% 多菌灵可湿性粉剂 1 000 倍液 +70% 代森锰锌可湿性粉剂 1 000 倍液等药剂喷雾防治，隔 10 天防治 1 次，连续防治 2~3 次。

## 豇豆灰霉病

**【症状特征】**

主要为害叶片、茎蔓、花和豆荚。下部茎蔓先出现症状，病斑深褐色，病斑的中部淡棕色或浅黄色，干燥时病斑表皮破裂形成纤维状，湿度大时上生灰色霉层。有时病原从茎蔓分枝处侵入，引起病部形成凹陷水浸斑，植株逐渐萎蔫。苗期发病时子叶呈水浸状变软下垂，叶片边缘长出白灰色霉层。叶片上的病斑较大，有轮纹，后期易破裂。侵染豆荚时表现为病原先侵染败落的花，后扩展至豆荚，病斑初淡褐至褐色后软腐，表面生有灰霉。

**【病原】**

*Botrytis cinerea* Pers.，称灰葡萄孢菌，属真菌界半知菌类。分生孢子聚生、无色、单胞，两端差异大，状如水滴或西瓜子，大小（3.2~12.8）微米 ×（3.2~9.6）微米。孢子梗浅棕色，多隔，大小（896~1 088）微米 ×（16~20.8）微米。

**【发病规律】**

病原以菌丝、菌核或分生孢子越夏或越冬。越冬的病原以菌丝在病残体中营腐生生活，不断产生分生孢子侵染植株。外界条件不适时病部产生菌核，在田间存活期较长。病原借助雨水溅射或随病残体、水流、气流、农具及农事操作传播。

在有病原存活的条件下，只要具备高湿和 20℃ 左右的温度条件，病害易流行。腐烂的病荚、病叶、败落的病花落在健部即可发病。

【绿色防控技术】

（1）农业防治。棚室降低湿度，提高棚室夜间温度，增加白天通风时间。及时拔除病株。

（2）药剂防治。用种子重量 0.3% 的 35% 甲霜灵拌种剂拌种。定植后出现零星病株即开始喷药防治。常用农药有 65% 甲霉灵可湿性粉剂 1500 倍液，或 50% 腐霉利可湿性粉剂 1 500~2 000 倍液、50% 乙烯菌核利可湿性粉剂 1 000~1 300 倍液，或 50% 异菌脲可湿性粉剂 1 000~2 000 倍液 +90% 三乙膦酸铝可溶粉剂 800 倍液，隔 7~10 天喷 1 次，连续喷 2~3 次。

## 豇豆红斑病

【症状特征】

下部老叶先发病，逐渐向上蔓延。初期病斑较小，紫红色，发展受叶脉限制形成多角形或不规则形。病斑大小不等，直径 3~18 毫米，紫红色至紫褐色，边缘为灰褐色，后期中部变为暗灰色，叶背面密生灰黑色霉层。

【病原】

*Cercospora canescens* Ell. et Mart.，称变灰尾孢菌，属真菌界半知菌类。分生孢子梗着生于叶背，灰至黑色；分生孢子梗褐色，直立，大小（158~306.9）微米 ×（2.5~4.5）微米。

【发病规律】

病原以菌丝体或分生孢子在种子或病残体中越冬。生长季节分生孢子萌发侵入叶片，形成初侵染和多次再侵染。高温高湿有利于该病发生和流行。秋季多雨连作地或反季节栽培发病重。

【绿色防控技术】

（1）种子消毒。播前用 45℃ 温水浸种 10 分钟消毒。

（2）农业防治。实行轮作，收获后及时清除病残体，深翻土壤，消灭越冬病菌。

（3）药剂防治。发病前或发病初期喷 1∶0.5∶200 的波尔多液，或用 70% 甲基硫菌灵可湿性粉剂 1 000 倍液、75% 百菌清可湿性粉剂 600 倍液、50% 多·霉威可湿性粉剂 1 000~1 500 倍液喷雾防治。或每 667 平方米用 40% 氟硅唑乳油 7~9 毫升，或 25% 嘧菌酯悬浮剂 50~60 克，对水 50 千克喷雾。7~10 天喷 1 次，连续防治 2~3 次。

### 豇豆疫病

**【症状特征】**

主要为害茎蔓、叶片或豆荚。茎蔓染病，多发生在节部或节附近，尤以近地面处居多，初病部呈水浸状不定形暗色斑，后绕茎扩展致茎蔓呈暗褐色缢缩，病部以上茎叶萎蔫枯死，湿度大时，皮层腐烂，表面产生白霉；叶片染病，初生暗绿色水浸状斑，周缘不明显，扩大后现近圆形或不整形淡褐色斑，表面亦生稀疏白霉，即孢囊梗和孢子囊；荚染病多腐烂。

**【病原】**

*Phytophthora vignae* Purss，称豇豆疫霉，属藻物界卵菌门。菌丝无色透明，无隔膜，直径 4~7 微米。孢子囊椭圆形至卵圆形或倒梨形，单胞，多无乳状突起，大小 53 微米 × 33.8 微米，多产生于不分枝的孢囊梗上，萌发时产生游动孢子。卵孢子淡黄色，近球形，表面光滑，大小（13.9~24.3）微米 ×（18.3~25.3）微米。病菌生长适温 25~28℃，最高 35℃，最低 13℃，只为害豇豆。

**【发病规律】**

病菌以卵孢子在病残体上越冬。条件适宜，卵孢子萌发，产出芽管，芽管顶端膨大形成孢子囊。孢子囊萌发产出游动孢子，借风雨传播到豇豆上侵染。后病部又产生孢子囊进行再侵染，到生育后期，病菌在病组织内形成卵孢子，进行越冬。温度和湿度是发病主导因子，25~28℃，连阴雨或雨后转晴，湿度高，易发病；地势低洼或土壤潮湿、密度大、通风透光不好，发病重。

**【绿色防控技术】**

（1）农业防治。主要选用抗病品种，与非豆科作物实行 3 年以上轮作，下湿地采用垄作或高畦深沟种植，合理密植，保证株间通风透光，降低湿度。清洁田园，收获后将病株残体集中深埋或烧毁。

（2）不能轮作的重病地，可在"三夏"高温期间进行处理，拉秧后，每 667 平方米施石灰 100 千克加碎稻草 500 千克，均匀施在地表上，深翻土壤 40~50 厘米，起高垄 30 厘米，垄沟里灌水，要求处理期间沟里始终装满水，然后覆盖地膜，四周用土压紧，保持 10~15 天。

（3）药剂防治。主要以防为主。采用灌根与喷雾相结合的方法，在雨季到来之前的 5~7 天施药预防，连防 2~3 次，每次间隔 7 天。可用 72.2% 霜霉威水剂 1 000 倍液灌根、800 倍液喷雾；70% 代森锰锌可湿性粉剂 600 倍液灌根、400 倍液喷雾。交替使用上述药剂，灌根每穴用药液 200~300 毫升。发病较重时，可选用 64% 噁霜·锰锌可湿性粉剂 400~500 倍液，72% 霜脲·锰锌可湿性粉剂 600~800 倍液，

25% 嘧菌酯悬浮剂 1 000~2 000 倍液等喷雾，隔 6~7 天喷 1 次，连续喷 3~4 次，注意药剂的交替使用，除喷叶莱外，重点喷茎蔓部。

## 豇豆斑枯病

### 【症状特征】

豇豆斑枯病主要为害叶片。叶斑多角形至不规则形，直径 2~5 毫米不等，初呈暗绿色，后转紫红色，中部褪为灰白色至白色，数个病斑融合为斑块，致叶片早枯。后期病斑正面可见针尖状小黑点即分生孢子器。

### 【病原】

*Septoria phaseoli* Maubl.，称菜豆壳针孢菌和 *S. dolichi* Berk. et Curt.，称扁豆壳针孢菌，均属真菌半知菌类。菜豆壳针孢菌分生孢子器散生或聚生，初埋生，后突破表皮，球形或近球形，黑褐色，直径 48~128 微米；器孢子线形，无色，两端钝圆，直或稍弯，具 1~4 个隔膜，大小（10~27.5）微米 ×（1.0~2.0）微米。扁豆壳针孢菌分生孢子器也为球形或近球形；分生孢子线状，无色，直立，两端尖，长约 40 微米，具隔膜 3 个。

### 【发病规律】

两菌均以菌丝体和分生孢子器随病残体遗落土中越冬或越夏，并以分生孢子进行初侵染和再侵染，借雨水溅射传播蔓延。东北产区本病多由菜豆壳针孢菌侵染引起，7 月份始发。国内其他产区病原不尽相同。通常温暖高湿的天气有利发病。

### 【绿色防控技术】

（1）农业防治。及时清除病残体，合理密植，及时引蔓上架和整蔓，改善田间通风透光条件，在确保生育适温的前提下，尽量延长通风时间，加大通风排湿量。

（2）化学防治。发病初期可喷洒下列农药，75% 百菌清可湿性粉剂 1 000 倍液加 70% 代森锰锌可湿性粉剂 1 000 倍液，或 40% 多·硫悬浮剂 500 倍液，或 50% 复方硫菌灵可湿性粉剂 800 倍液，隔 10 天左右喷 1 次，连喷 2~3 次。

## 豇豆煤霉病

### 【症状特征】

主要为害叶片，严重时也为害蔓、叶柄及豆荚，从下向上发展。病斑初为不明显的近圆形黄绿色斑，继而黄绿斑中出现由少到多、叶两面生的紫褐色或紫红色小点，后扩大为直径 5~20 毫米的近圆形或受较大叶脉限制而呈不整形的紫褐色或褐色病斑，病斑边缘不明显。在变黄的叶上，病斑周围仍可保持绿色。湿度大时病斑表面生暗灰色或灰黑色煤烟状霉，尤以叶背密集。病斑可相互融合形成不定形较大斑块。病害严重时，病叶曲屈、干枯早落，仅存梢部幼嫩叶片。

【病原】

*Cercospora vignae* F. et E.，称豆类煤污尾孢菌，属真菌界半知菌类。分生孢子梗从气孔伸出，丛生，褐色，丝状，有隔膜 1~4 个，大小（15~52）微米 ×（2.5~6.2）微米。分生孢子淡褐色，上端细，下端大，有隔膜 3~17 个，大小（27~127）微米 ×（2.5~6.2）微米。发育温限 7~35℃，最适 30℃，最高 35℃，最低 7℃。这种病原可以侵染豇豆、菜豆、豌豆、蚕豆和大豆等作物。

【发病规律】

病原以菌丝块附在病残体上于田间越冬。翌春遇适宜条件，菌丝块上产出分生孢子，通过气流传播进行初侵染，后病部产出分生孢子进行再侵染。侵染病株后，又在病斑上下不断产生病原在田间进行重复侵染。①发病时期。春季大棚豇豆煤霉病在 4 月中旬开始发病，6 月上、中旬至 7 月上、中旬为发病高峰期。②气候条件与发病。高温、高湿有利于发病。③栽培管理与发病。连作地发病重。春播豇豆比晚播豇豆发病重，其中，尤以春季播种较晚的豇豆发病重。

【绿色防控技术】

（1）农业防治。选用抗病品种。合理密植，保持田间通风透光良好，防止湿度过大；多雨季，加强田间排水工作。增施磷、钾肥，提高植株抗病力。发病初期及时摘除病叶，收获后及时清除田间病残体，集中烧毁或深埋。

（2）药剂防治。发病前或发病初期用 50% 腐霉利可湿性粉剂 1 500 倍液，或 70% 甲基硫菌灵可湿性粉剂 800 倍液、50% 异菌脲可湿性粉剂 1 000 倍液、70% 代森锰锌可湿性粉剂 700 倍液喷雾，每隔 10 天左右喷施 1 次，连续防治 2~3 次。

## 豇豆枯萎病

【症状特征】

春豇豆苗期可以感染，由于此时温度低，一般不表现症状。开花结荚时温度高、雨水多，发病率明显上升。秋豇豆多在苗期发病。植株发病时先从下部叶片开始，先在叶片边缘、叶尖部出现不规则水渍状病斑，继而叶片变黄枯死，并逐渐向上部叶片发展，最后整株萎蔫死亡。病株根茎处皮层常开裂，剖视病株茎基和根部，维管束组织变褐，严重的外部变黑褐色，根部腐烂。湿度大时病部表面现粉红色霉层。

【病原】

*Fusarium oxysporun* Sch. f. sp. *tracheiphilium*（E. F. Smith）Snyd. et Hans.，称尖镰孢菌，属半知菌类真菌。病原生长发育适温 27~30℃。

**【发病规律】**

病原以菌丝体、厚垣孢子随病残体遗落土表越冬。该病属土传性病害，病原可以在土壤中存活多年，多年种植豇豆不仅增加接种体数量，同时也提高了病原的致病力。病原经根部伤口侵入，为害维管束组织，阻塞导管，影响水分运输，同时还分泌毒素，引起植株萎蔫死亡。豇豆枯萎病春、秋两季均可发病。连作地此病发生早、病情重，严重地块发病率高达97.5%。轮作地发病迟、病情轻。在连作地、土壤黏重、偏酸性、地势低洼积水的地块发病重。

**【绿色防控技术】**

（1）农业防治。豇豆收获后，及时清除田间残枝落叶并销毁。采取高垄窄畦栽培，合理密植，浇水时采取小水勤浇，避免中午高温浇水。还可以增施石灰改良土壤。发病地应轮作3年以上，最好与禾本科作物进行轮作。选择高燥地块，采用高畦深沟栽植。土传病害发生的pH值为4~5，在酸性土壤中每667平方米施入生石灰100千克，可减轻病害的发生。

（2）药剂防治。将25%多菌灵可湿性粉剂80克拌干土20千克，沟施于播种行中。田间开始出现病株时，喷药保护。用25%多菌灵可湿性粉剂500~1 000倍液灌根，每株灌50~150毫升药液，隔7天左右灌1次。喷药防治，常用农药有50%多·硫悬浮剂500~600倍液，或50%甲基硫菌灵可湿性粉剂500倍液、60%琥·乙膦铝可湿性粉剂500倍液、47%春雷·王铜可湿性粉剂500倍液。

# 豇豆锈病

**【症状特征】**

主要发生在叶片上，严重时也为害叶柄和种荚。病初叶背产生淡黄色小斑点，逐渐变褐，隆起呈小脓疱状，后扩大成夏孢子堆，表皮破裂后，散出红褐色粉末即夏孢子。到后期，形成黑色的冬孢子堆，致叶片变形早落。有时叶脉、种荚也产生夏孢子堆或冬孢子堆，种荚染病，不能食用。此外，叶正背两面有时可见稍凸起的栗褐色粒点，即病菌的性子器，在叶背面产出黄白色粗绒状物即锈子器。

**【病原】**

*Uromyces vignae* Barclay，称豇豆单胞锈菌，属真菌界担子菌门。系单主寄生锈菌，能产生性孢子、锈孢子、夏孢子、冬孢子及担孢子，是专性寄生菌，只为害豇豆。田间常见的是夏孢子和冬孢子。夏孢子黄褐色，孢壁褐色，表面具细刺，单胞，椭圆形或卵圆形，大小（21.1~31.7）微米 ×（18.7~24.3）微米，乳突浅褐色或黄褐色。冬孢子萌发从乳突产生担子，担子弯曲，具4个分隔，在曲面上生4个小梗，端部各着生1担孢子；担孢子单胞无色，卵形或长卵形，大小（10.4~22.1）

微米 ×（5.7~11.7）微米。

【发病规律】

在我国北方主要以冬孢子在病残体上越冬。翌春日均温 21~28℃具水湿及散射光条件，经 3~5 天冬孢子萌发产生担孢子，借气流传播产生芽管侵入豇豆叶片进行为害。同时产生性孢子和锈孢子；锈孢子成熟在豇豆叶上萌发侵入为害，后形成夏孢子堆，产生夏孢子。夏孢子成熟后借气流传播，又进行多次重复侵染，直到秋后，或植株生育后期条件不适才形成冬孢子堆，产出冬孢子越冬。但南方病菌主要以夏孢子越冬和越夏。日均温 23℃，相对湿度 90%，潜育期 8~9 天；日均温稳定在 24℃，连阴雨条件下，此病易流行。在南方夏孢子成为本病初侵染源，冬孢子虽然存在，但在病害周年循环中并不重要。

【绿色防控技术】

（1）以加强土种肥水的管理为基础，选用抗病品种，加强栽培管理。

（2）清洁田园。收获后应清除田间病残体并集中烧毁。选择前茬作物为种植禾本科的田块，不选前茬作物为种植豆科或花生的田块种植。

（3）药剂防治。药剂可选用 50%硫磺悬浮剂 150 倍液，或 75%甲基托布津可湿性粉剂 1 000 倍液、25%戊唑醇悬浮剂 1 000 倍液、20%三唑酮乳油 1 000 倍液。每隔 8~10 天喷 1 次，连喷 2~3 次。


## 豇豆白粉病

【症状特征】

主要为害叶片，也可侵害茎及荚。叶片染病，初于叶背现黄褐色斑点，扩大后呈紫褐色斑，其上覆一层稀薄白粉，后病斑沿脉发展，白粉布满全叶，严重的叶面也显症，致叶片枯黄，引起大量落叶。此病南方发生普遍，局部地区受害重。

【病原】

*Erysiphe polygoni* DC.，称蓼白粉菌，属真菌界子囊菌门。闭囊壳附属丝多，与菌丝交织在一起，闭囊壳扁球形，黑褐色，直径 81~176 微米，内含 3~10 个子囊，外有丝状附属丝，与营养菌丝相交织；子囊长卵形，无色，大小（49~82）微米 ×（29~53）微米，内含 2~8 个子囊孢子；子囊孢子椭圆形，单胞，无色，大小（17~30）微米 ×（10~19）微米。也有报道由 *Sphaerotheca fuliginea*（Sch.）Poll.，单丝壳白粉菌引起，但常见为 *Oidium* sp.（粉孢属）真菌。菌丝丝状，表生，以吸器侵入寄主表皮细胞内吸取养分，分生孢子梗棒状，不分枝，具 5~7 个隔，分隔处一般不缢缩，但顶部明显缢缩。分生孢子椭圆形或柱形，单胞无色，产生在分生孢子梗顶部，串生，由上而下顺序成熟脱落，最顶部的 1 个分生孢子长

椭圆形，成熟后脱落。孢子大小（25.4~38.1）微米 ×（12.7~17.8）微米。病菌除为害豇豆外，还侵染蚕豆、扁豆、菜豆、甘蓝、芹菜、番茄等。此外，有报道 *Erysiphe glycines* Tai 也是本病病原。

【发病规律】

南方温暖地区病菌很少形成闭囊壳，以分生孢子辗转传播为害，无明显越冬现象；北方寒冷地区则以菌丝体在多年生植物体内、花卉上或以闭囊壳在病残体上越冬，产生子囊孢子，进行初侵染。一般干旱条件下或日夜温差大叶面易结露发病重。

【绿色防控技术】

（1）选用抗病品种。如之豇844、华豇4号。

（2）清洁田园。收获后及时清除病残体，集中烧毁或深埋。

（3）药剂防治。发病前后可叶面喷施2%武夷菌素水剂200倍液，或25%戊唑醇水乳剂2 000倍液、30%氟菌唑可湿性粉剂2 000倍液，注意喷施叶片反正面，7~10天喷施1次，连喷2~3次；也可用30%醚菌酯悬浮剂2 000~2 500倍液进行叶面喷施。

## 豇豆炭疽病

【症状特征】

在茎上产生梭形或长条形病斑。初为紫红色，后色变淡，稍凹陷以至龟裂，病斑上密生大量黑点，即病菌分生孢子盘。该病多发生在雨季，病部往往因腐生菌的生长而变黑，加速茎组织的崩解。轻者生长停滞，重者植株死亡。

【病原】

*Colletotrichum truncatum*（Schw.）Andrus et Moore，豆类炭疽菌，异名：*C. dematium* f. sp. *truncate*（Schw.）V. Arx，称平头刺盘胞，属真菌界半知菌类。分生孢子盘茎表皮下生，圆形或椭圆形，大小（74.9~235.40）微米 ×（42.8~160.5）微米。子座由厚壁细胞组成，褐色，近圆形或不定形，直径差异较大，一般2.6~11微米，刚毛黑褐色，刺状，微弯，表面光滑，基部不膨大至稍膨大，顶部渐尖，具隔2~3个，大小（85.6~256）微米 ×（4.3~8.6）微米。分生孢子生于孢子梗顶，大量堆集在一起，单胞，无色，内含颗粒状物，新月形，微弯，两端渐细，上端较尖，下端稍钝或平截，大小（20.8~29.4）微米 ×（2.3~3.1）微米（平均24.4微米 ×2.6微米）。此外，有文献记载 *Colletotrichum lindemuthianum*（Sacc. Et Magn.）Br. et Cav. 菜豆炭疽菌也可为害豇豆。

【发病规律】

病菌主要以菌丝体潜伏在种子内和附在种子上越冬，播种带菌种子，幼苗染病，在子叶或幼茎上产生分生孢子，借雨水、昆虫传播；该菌也可以菌丝体在病残体内越冬，翌春产生分生孢子，通过雨水飞溅进行初侵染，分生孢子萌发后产生芽管，从伤口或直接侵入，经 4~7 天潜育出现症状，并进行再侵染。温度 17℃，相对湿度 100% 利于发病；高于 27℃，相对湿度低于 92%，则少发生；低于 13℃病情停止发展。该病在多雨、多露、多雾冷凉多湿地区，或种植过密，土壤黏重下湿地发病重。

**【绿色防控技术】**

（1）选用抗病品种。

（2）种子处理。可用 50% 福美双可湿性粉剂按种子重量的 0.4% 进行拌种，或用 40% 多·硫悬浮剂 600 倍液浸种 30 分钟消毒然后洗净。

（3）清除田边杂草，深开沟，增高培土，注意排水，防止病菌随雨水渗入土中侵染新种植的豇豆；实行 2 年以上轮作；在推广种植优良抗病品种时，最好不要在豇豆炭疽病常发生区域种植，避免与其他豆类连作。

（4）使用豇豆搭架的旧架材，要用硫磺熏蒸或用高锰酸钾水浸泡 24 小时消毒杀菌，用清水冲洗晾干后，再使用。搭架时，注意不要伤到植株，避免伤口感染病菌，导致发病。

（5）在真叶初展时第一次施药，药剂可选用 70% 甲基硫菌灵可湿性粉剂 1 000 倍液喷雾，5~7 天再施药 1 次。结荚期要视病情防治 1~2 次，药剂可选用 70% 甲基硫菌灵可湿性粉剂 1 000 倍液、25% 咪鲜胺乳油 1 000 倍液、10% 苯醚甲环唑水分散粒剂 1 000 倍液、80% 炭疽福美可湿性粉剂 800 倍液、30% 醚菌酯悬浮剂 2 500 倍液等，7~10 天喷 1 次。上述农药交替使用，连喷 2~3 次。

## 豇豆轮纹病

**【症状特征】**

主要为害叶片、茎及荚果。叶片初生浓紫色小斑，后扩大为直径 4~8 毫米近圆形褐斑，斑面具明显赤褐色同心轮纹，潮湿时生暗褐色霉状物，但量少而稀疏，远不及豇豆煤霉病浓密、明显。茎部初生浓褐色不正形条斑，后绕茎扩展，致病部以上的茎枯死。荚上病斑紫褐色，具轮纹，病斑数量多时荚呈赤褐色。

**【病原】**

*Cercospora vignicola* Kaw.，称豇豆尾孢菌，异名：*Corynespora vignicola* （Kaw.）Goto，称豇豆棒孢菌，均属半知菌类真菌。分生孢子梗丛生，线状，不分枝，暗褐色，具 1~7 个隔膜，大小多为（80~228）微米 ×（6~9）微米；少数长达 700 微米。分生孢子倒棍棒状，淡色至淡褐色，具 2~12 个隔膜，大小（39~222.3）

微米 ×（12~19.5）微米。

【发病规律】

病菌以菌丝体和分生孢子梗在病部或随病残体遗落土中越冬或越夏，病菌也可以菌丝体在种子内或以分生孢子黏附在种子表面越冬或越夏。分生孢子由风雨传播，进行初侵染和再侵染。病害不断蔓延扩展。南方周年都有豇豆种植区，病菌的分生孢子辗转传播为害，无明显越冬或越夏期。高温多湿的天气及栽植过密、通风差及连作低洼地发病重。

【绿色防控技术】

（1）重病地于生长季节结束时宜彻底收集病残物烧毁，并深耕晒土，有条件时实行轮作。

（2）开花结荚期喷洒杀菌剂：用40%氟硅唑乳油每667平方米10毫升，或25%嘧菌酯悬浮剂 每667平方米50克、45%百菌清可湿性粉剂800~1 000倍液、47%春雷·王铜可湿性粉剂800倍液，每10天喷药1次，共2~3次。

## 豇豆黑斑病

【症状特征】

为害结荚期豇豆叶片，叶片正、背两面生褐色至黑色，圆形或近圆形病斑，有时现不大明显的轮纹，病健部分界明显，病斑直径2~8毫米，一叶上生几个至数个病斑，湿度大时，病斑上生出黑霉，即病原菌分生孢子梗和分生孢子。

【病原】

*Alternara atyans* Gibson，称黑链格孢菌，属真菌界半知菌类。分生孢子梗单生或簇生，直立，屈膝状弯曲，黄褐色，分隔，偶分枝，具1至数个孢痕，大小（29~62）微米 ×（3.5~5.5）微米；分生孢子单生或短链生，倒梨形至阔倒棒状，有横隔3~7个，纵隔膜、斜隔膜1~4个，褐色，孢身大小（23~44.5）微米 ×（11~19）微米。具柱状真喙或假喙，喙大小（7~23）微米 ×（2.5~4）微米。

【发病规律】

北方、寒冷地区，两种病菌均以菌丝体和分生孢子丛随病残体在土中越冬。翌年产生分生孢子借助气流、雨水传播，进行初侵染和再侵染。南方冬天温暖地区，病菌在寄主上辗转传播为害，不存在越冬现象。温暖多雨天气有利于该病发生，植株过密、通风差、湿度高的地块发病重。

【绿色防控技术】

（1）农业措施。合理密植，通风降湿。雨后及时排除积水。收获后清洁田园，病残物集中烧毁等。

（2）药剂防治。发病初期及时喷药，可用75%百菌清可湿性粉剂600倍液，或50%腐霉利可湿性粉剂1500倍液，或58%甲霜·锰锌可湿性粉剂500倍液、64%噁霜·锰锌可湿性粉剂500倍液等药剂喷雾，每7天左右1次，连续防治2~3次。也可选用烟剂熏烟，或喷撒粉尘剂。

### 豇豆细菌性疫病

**【症状特征】**

主要为害叶片，也为害茎和荚。叶片染病，病斑较小，暗绿色，水渍状，从叶尖或边缘开始发病。病斑扩大后呈不规则形，坏死，褐色，边缘有黄晕，病部变硬，薄而透明，易脆裂。叶片干枯如火烧状。新叶发病皱缩，变形，易脱落。茎部染病，病斑水渍状，后发展成条形病斑，褐色，凹陷，环绕茎1周后，引起病部以上枯死。荚染病，病斑近圆形，褐红色，稍凹陷。种子上病斑黄褐色，凹陷。潮湿时有黄色菌脓溢出。

**【病原】**

*Xanthomonas axonopodis* pv. *vignicola* Vauterin et al.，称地毯草黄单胞菌豇豆致病变种，异名：*X.vignicola* Burkholder，豇豆细菌疫病黄单胞菌，属细菌界薄壁菌门。菌体杆状，大小（0.4~0.9）微米 ×（0.6~2.6）微米。革兰氏染色阴性，具单极生鞭毛。

**【发病规律】**

病原主要在种子内或黏附在种子上越冬。病原在种子内能存活2~3年，在土壤中当病残体腐烂后即死亡。带菌种子萌芽后，先从其子叶发病，并在子叶上产生菌脓。病原从气孔、水孔或伤口侵入，经2~5天潜育出现症状。病部渗出的菌脓借风雨或昆虫传播。当气温在24~32℃，叶片上有水滴时易发病。高温高湿、雾大露重或暴风雨后转晴的天气，最易诱发该病。栽培管理不当、大水漫灌、肥力不足、偏施氮肥、长势差，会加重发病。

**【绿色防控技术】**

（1）选留无病种子。从无病地采种，对带菌种子用45℃恒温水浸种15分钟，捞出后移入冷水中冷却，或用72%农用硫酸链霉素可溶粉剂4000倍液，浸泡2~4小时。

（2）农业防治。选择排灌条件较好的地块，并与非豆科作物实行3年以上轮作，与葱蒜类作物轮作最好。施用充分腐熟的堆肥。加强栽培管理，避免田间湿度过大，减少田间结露的条件。

（3）药剂防治。发病初期喷72%农用硫酸链霉素可溶粉剂3000~4000倍液，或14%络氨铜水剂300倍液、77%氢氧化铜可湿性粉剂500倍液、47%春雷·王铜可湿性粉剂 800 倍液，隔 7~10 天喷 1 次，连续喷 2~3 次。

### 豇豆花叶病

【症状特征】

多表现系统性症状，嫩叶出现花叶、明脉、黄化、退绿或畸形等症状，新生叶片上浓绿部位稍突起呈疣状；有的病株产生褐色凹陷条斑，叶肉或叶脉坏死。病株生长不良、矮化、花器变形、结荚少，豆粒上产生黄绿花斑；有的病株生长点枯死，或从嫩梢开始坏死。

【病原】

主要有 3 种：*Cucumber mosaic virus*（CMV）黄瓜花叶病毒、*Cowpea aphid borne mosaic virus*（CAMV）豇豆蚜传花叶病毒和 *Broad bean wilt virus* 蚕豆萎蔫病毒 1 号（BBWV-1）。

【发病规律】

3 种病毒在田间主要通过桃蚜、豆蚜等多种蚜虫进行非持久性传毒，病株汁液摩擦接种及田间管理等农事操作也是重要传毒途径。田间管理条件差，蚜虫发生量大发病重。

【绿色防控技术】

（1）农业防治。选用无病毒种子，建立无病毒种区和加强栽培管理为主要措施，同时加强抗病品种的选育，是防治本病的基本途径。重点加强肥水管理，促进植株生长健壮，减轻危害。

（2）药剂防治。在生长期间防治蚜虫危害，当成株期前发现蚜虫危害时，可使用 25% 噻虫嗪水分散粒剂 2 000 倍液、3% 啶虫脒乳油 1 500 倍液等药剂喷雾。在植株发病初期立即喷施药控制，10 天左右 1 次，连喷 2~3 次。药剂可选用植病灵Ⅱ号乳油 1 000 倍液或 20% 吗啉胍·乙铜可溶粉剂 500 倍液。

# 第四节　葱蒜类病害

## 一、韭菜病害

### 韭菜灰霉病

【症状特征】

主要侵害叶片，分为白点型、干尖型和湿腐型。白点型和干尖型初在叶片正面产生白色至浅灰褐色小斑点，由叶尖向下发展，随后扩大为椭圆形或梭形，后期病斑常相互联合产生大片枯死斑，使半叶或全叶枯焦。湿腐型发生在湿度大时，枯叶表面密生灰至绿色绒毛状霉，伴有霉味。湿腐型叶上不产生白点。干尖型由割刀口处向下腐烂，初呈水渍状，后变淡绿色，有褐色轮纹，病斑后扩散多呈现半圆形或"V"字形病斑，并可向下延伸2~3厘米，呈黄褐色，表面生灰褐色霉层，引起整簇溃烂，严重时成片枯死。

【病原】

*Botrytis squamosa* Walker，称葱鳞葡萄孢，属真菌界半知菌类。菌丝近透明，直径变化大，中等的5微米，具隔，分枝基部不缢缩。分生孢子梗在寄主叶内伸出，在培养基上则由菌核上长出，密集或丛生，直立，衰老后梗渐消失；梗长（208~1216）微米 ×（9.6~19.2）微米。淡灰色或暗褐色，具0~7个分隔，基部稍膨大，有时具瘤状突起，分枝处正常缢缩，分枝末端呈头状膨大，其上着生短而透明小梗及分生孢子，孢子脱落后，侧枝干缩，形成波状皱折，最后多从基部分隔处折倒或脱落，主枝上留下清楚的疤痕。分生孢子卵形至椭圆形，光滑，透明，浅灰色至褐绿色，大小（12.5~25）微米 ×（8.75~18.5）微米。小形孢子少见。田间未见菌核，但在培养基上可形成大量黑褐色片状或圆形至不整形菌核，大小（1~9）毫米 ×（0.5~5）毫米。

【发病规律】

病菌随病残体在土壤中及病株上越冬，病菌以分生孢子作为初次侵染与再次侵染接种体，随气流、雨水、灌溉水传播，进行初侵染和再侵染，温度高时产生菌核越夏。低温高湿发病重。在早春或秋末冬初，遇到连阴雨天气，相对湿度95%以上，易造成流行。棚室栽培如疏于温湿调控，结露持续时间长，湿度大，本病易发生流行。

【绿色防控技术】

（1）清洁棚室。韭菜收割后，及时清除病残体，深埋或烧毁，防止病菌蔓延。及时撒草木灰，降低湿度又促进伤口愈合。

（2）通风降湿。保护地内要适时通风降湿，防止棚内湿度过大，是防治该病的关键。根据天气变化情况，中午前后将棚膜拉开一条缝隙进行通风降湿，使棚内空气相对湿度降到70%以下。通风量依据韭菜长势而定，严禁放低风。

（3）培育壮苗。通过多施有机肥，及时追肥、浇水、除草，养好茬，增强植株抗病能力。

（4）药剂防治。①粉尘法：在韭菜发病初期的傍晚，用喷粉器喷撒10%氟吗啉粉尘剂，或5%百菌清粉尘剂，每667平方米每次用量1千克，每隔10天1次，连续或与其他绿色防控技术交替使用 2~3 次。②烟熏法：发病初期用 10% 腐霉利烟剂，每 667 平方米每次用量 200~250 克，或 45% 百菌清烟剂，每 667 平方米 每次用 250 克，分放 6~8 个点，于傍晚点燃闭棚熏烟。隔 10 天 1 次，连续或与其他绿色防控技术交替使用 2~3 次。③喷雾法：在发病初期，每次收后培土前都要喷药，每 667 平方米用 50% 乙霉威·多菌灵可湿性粉剂 225 克，或 50% 咯菌腈可湿性粉剂 15 克、20% 嘧霉胺悬浮剂 60 克、25% 嘧菌酯悬浮剂 51 克，对水 50 千克喷雾，7 天 1 次，连喷 2 次。还可选用 50% 腐霉利可湿性粉剂或 50% 异菌脲可湿性粉剂 1 000~1 500 倍液，交替使用，每隔 7 天 1 次，连续防治 2~3 次。

## 韭菜疫病

### 【症状特征】

韭菜疫病可侵害叶片、花薹、假茎、鳞茎和根等部位，患部初呈暗绿色沸水烫状，后因失水而明显收缩，叶片花薹下垂、湿腐；假茎、鳞茎和根盘发病，其组织亦变浅褐色湿腐状，植株生长明显受抑制，新叶抽生力弱，甚至全株枯死。潮湿时叶片、花薹等患部表面长出稀疏白色霉（病菌孢囊梗及孢子囊）。

### 【病原】

*Phytophthora nicotianae* Breda de Hann，称辣椒疫霉，属藻物界卵菌门。孢囊梗从气孔伸出，长 10~744 微米，孢子囊单生，长椭圆形或卵形，大小（28.8~67.5）微米 ×（12.5~30）微米，囊顶乳突明显，卵孢子球形，淡黄或金黄色，直径 20~22.5 微米。厚垣孢子微黄色圆球形，直径 20~40 微米。病菌发育温限 12~36℃，25~32℃ 最适。菌丝 50℃经 5 分钟致死。此菌除侵染韭菜外，还可侵染葱类及大蒜等。

### 【发病规律】

病菌主要以菌丝体随遗落在土表或土层中的病残体越冬，或以卵孢子随病残体在土中越冬，有时还可以厚垣孢子在土中越冬。病菌借助灌溉水、雨水、气流及农事操作等途径传播，以有性态卵孢子直接萌发芽管或卵孢子萌发产生无性态孢子囊及其萌发产生的游动孢子作为初次侵染接种体，从气孔侵入致病。发病后，病部形成的孢子囊及游动孢子，又借助雨水溅射或气流等传播，不断进行再次侵染，使病害得以蔓延。阴雨连绵的天气与高湿的种植地环境为本病发生流行的必要条件，特别是棚室等保护地栽培环境，如不注意通风降湿，往往较露地栽培更易诱发病害或受害更为严重，大棚漏雨的地方往往容易形成发病中心。肥水管理不善，尤其种植地偏施过施氮肥或种植地过湿等会加重发病。品种间抗病性有差异。

### 【绿色防控技术】

（1）选育和选用抗病高产良种。

（2）轮作换茬，避免连作。

（3）加强栽培管理。韭菜养根生长期，摘除下部老叶，增加光照，促进健壮生长。雨季时，及时排涝，棚室内防止湿度过大。

（4）药剂防治。初发病时每667平方米用50%烯酰吗啉可湿性粉剂25克或25%嘧菌酯悬浮剂51克对水50千克喷雾，7~10天喷1次，连续防治2~3次。或用25%甲霜灵可湿性粉剂700倍液，或58%甲霜·锰锌可湿性粉剂400~500倍液，或40%三乙膦酸铝可湿性粉剂200倍液，或64%噁霜·锰锌可湿性粉剂400倍液或50%甲霜铜可湿性粉剂600倍液喷雾防治，每隔7~10天喷1次，连续防治2~3次。注意轮用与混用，以防止或延缓病菌抗药性的产生。

### 韭菜菌核病

【症状特征】

主要为害叶片、叶鞘和茎基部。被害的叶片、叶鞘和茎基部初变褐色或灰褐色，后腐烂干枯，田间可见成片死株，病部可见棉絮状菌丝缠绕及由菌丛纠结成的黄白色至黄褐色或茶褐色菜籽状小菌核。

【病原】

*Sclerotinia allii* Saw.，称大蒜核盘菌，属真菌界子囊菌门。菌核薄片状、椭圆形或不规则形，大小不等，黑褐色，萌发产生子囊盘，子囊盘上形成子囊层。子囊筒状，大小（184~212）微米 ×（2~18）微米，含子囊孢子8个。子囊孢子长椭圆形，单孢，无色，大小（17~21）微米 ×（7~11）微米。无性阶段产生的小菌核粒状似油菜籽，幼嫩时黄白色至淡褐色，老熟时褐色至茶褐色，致密坚实，表面光滑。

【发病规律】

在寒冷地区，主要以菌丝体或菌核随病残体遗落在土中越冬。翌年条件适宜时，菌核萌发产生子囊盘，子囊放射出子囊孢子进行初侵染，借气流传播蔓延，或病部菌丝与健株接触后侵染发病。在南方温暖地区，病菌有性阶段不产生或少见，主要以菌丝体或小菌核越冬。翌年小菌核萌发伸出菌丝或患部菌丝通过接触侵染扩展。通常雨水频繁的年份或季节易发病。如种植地低洼积水或大雨后受涝，或偏施氮肥及过分密植发病重。

【绿色防控技术】

（1）整修排灌系统，防止种植地积水或受涝。

（2）合理密植，避免偏施过施氮肥，定期喷施喷施宝或增产菌使植株早生快发，可缩短割韭周期，改善植株间通透性，减轻受害。

（3）药剂防治。每次割韭后至新株抽生期喷50%异菌脲可湿性粉剂1 000~1 500

倍液，或 50% 腐霉利可湿性粉剂 1 500~2 000 倍液、75% 百菌清可湿性粉剂 800 倍液加 70% 甲基硫菌灵可湿性粉剂 800 倍液、60% 多菌灵盐酸盐可溶粉剂 600 倍液，40% 多·硫悬浮剂 500 倍液、5% 井冈霉素水剂 50~100 毫升 / 千克，隔 7~10 天 1 次，连续防治 3~4 次。棚室韭菜发病可采用烟熏法或粉尘法，具体方法见韭菜灰霉病。

## 韭菜锈病

### 【症状特征】

主要侵染叶片和花梗。初在表皮上产生纺锤形或椭圆形隆起的橙黄色小疱斑，即夏孢子堆。病斑周围具黄色晕环，后扩展为较大的疱斑。其表皮破裂后，散出橙黄色夏孢子。叶两面均可染病，后期叶及花茎上出现黑色小疱斑，为病菌冬孢子堆。病情严重时，病斑布满整个叶片，整畦韭菜叶片变成黄色，并散出很多锈粉，失去使用价值。

### 【病原】

*Puccinia allii*（DC.）Rudolphi，称葱柄锈菌，属真菌界担子菌门。夏孢子椭圆形至圆形，淡褐色，大小（19.2~32）微米 ×（16~25.9）微米，以 28.8 微米 × 23.4 微米居多，壁有微刺，发芽孔分散，不明显。冬孢子堆生于叶两面。黑色至黑褐色；冬孢子长筒形，顶斜尖，或一头稍高，壁厚 2 微米，双胞，分隔处稍缢，个别冬孢子单胞，顶端厚 2~12 微米，柄长 15~33 微米，易脱落，大小（42~70）微米 × 26 微米。

### 【发病规律】

南方以菌丝体或夏孢子在寄主上越冬或越夏。夏孢子借气流传播蔓延，遇有适宜条件，重复侵染不断进行。一般春秋两季发病重，冬季温暖利于夏孢子越冬，夏季低温多雨利其越夏。夏孢子是主要侵染源。天气温暖湿度大、露大雾大、或种植过密、氮肥过多、钾肥不足发病重。

### 【绿色防控技术】

（1）轮作，减少菌源积累；合理密植，做到通风透光良好；雨后及时排水，防止田间湿度过大；采用配方施肥技术，多施磷钾肥，提高抗病力。

（2）收获时，尽可能低割。注意清洁畦面，喷洒 45% 硫磺胶悬剂 400 倍液。

（3）药剂防治。发病初期及时喷洒 15% 三唑酮可湿性粉剂 1 500 倍液，或 20% 三唑酮乳油 2 000 倍液、50% 醚菌酯干悬浮剂 3 000 倍液。隔 10 天 1 次，防治 1~2 次。

# 二、大葱和洋葱病害

## 大葱和洋葱霜霉病

### 【症状特征】

大葱霜霉病主要为害叶及花梗。花梗上初生黄白色或乳黄色较大侵染斑，纺锤形或椭圆形，其上产生白霉，后期变为淡黄色或暗紫色。中下部叶片染病，病部以上渐干枯下垂。假茎染病多破裂，弯曲。鳞茎染病，可引致系统性侵染，这类病株矮缩，叶片畸形或扭曲，湿度大时，表面长出大量白霉。

洋葱霜霉病主要为害叶片。发病轻的病斑呈苍白绿色长椭圆形，严重时波及上半叶，植株发黄或枯死，病叶呈倒"V"字形。花梗染病同叶部症状，易由病部折断枯死。湿度大时，病部长出白色至紫灰色霉层，即病菌的孢囊梗及孢子囊。鳞茎染病后变软，外部的鳞片表面粗糙或皱缩，植株矮化，叶片扭曲畸形。

### 【病原】

*Peronospora schleideni* Ung.，称葱霜霉菌，属藻物界卵菌门。孢囊梗稀疏，1~3根由气孔伸出，顶端作3~6次二叉状分枝，无色，无隔膜，大小250~400微米。孢子囊单胞，卵圆形，淡褐色，大小（60~65）微米 × （22~30）微米。卵孢子球形，具厚膜，呈黄褐色，大小50~60微米。孢子囊形成温度13~18℃，15℃最适，10℃以下20℃以上则显著减少；孢子囊萌发适温11℃，3℃以下27℃以上不萌发。

### 【发病规律】

以卵孢子在寄主、种子上或土壤中越冬，翌年春天萌发，从植株的气孔侵入。湿度大时，病斑上产生孢子囊，借风、雨、昆虫等传播，进行再侵染。一般地势低洼、排水不良、重茬地发病重，阴凉多雨或常有大雾的天气易流行。

### 【绿色防控技术】

（1）清除病残体。收获后彻底清除病残体，土壤深翻，减少初侵染源，生长期及时摘除病残体，带出田间深埋或烧掉。

（2）加强栽培管理。选择地势高、易排水的地块种植，并与葱类以外的作物实行2~3年轮作。

（3）药剂防治。发病初期每667平方米用50%烯酰吗啉可湿性粉剂60~100克或25%嘧菌酯悬浮剂34克对水喷雾。视病情连喷2~3次，用药间隔6~7天。

## 大葱和洋葱锈病

### 【症状特征】

主要为害叶、花梗及绿色茎部。发病初期表皮上产生椭圆形稍隆起的橙黄色疱斑，后表皮破裂向外翻，散出橙黄色粉末，即病菌夏孢子堆及夏孢子。秋后疱斑变为黑褐色，破裂时散出暗褐色粉末，即冬孢子堆和冬孢子。

### 【病原】

*Puccinia allii*（DC.）Rudolphi，称葱柄锈菌，异名：*P. porri*（Sow.）Winter 称香葱柄锈菌，均属真菌界担子菌门。夏孢子椭圆形至圆形，淡褐色，大小（19.2~32）微米×（16~25.9）微米，以 28.8 微米×23.4 微米居多，壁有微刺，发芽孔分散，不明显。冬孢子堆生于叶两面。黑色至黑褐色；冬孢子长筒形，顶斜尖，或一头稍高，壁厚 2 微米，双胞，分隔处稍缢，个别冬孢子单胞，顶端厚 2~12 微米，柄长 15~33 微米，易脱落，大小（42~70）微米×26 微米。

### 【发病规律】

北方以冬孢子在病残体上越冬；南方则以夏孢子在葱、蒜、韭菜等寄主上辗转为害，或在活体上越冬。翌年夏孢子随气流传播进行初侵染和再侵染，夏孢子萌发后从寄主表皮或气孔侵入。萌发适温 9~18℃，高于 24℃萌发率明显下降，潜育期 10 天左右。气温低的年份、肥料不足及生长不良发病重。

### 【绿色防控技术】

（1）施足基肥，增施磷钾肥提高寄主抗病力。

（2）初见病叶，每 667 平方米用 50% 烯酰吗啉可湿性粉剂 60~100 克，或 50% 醚菌酯干悬浮剂 17 克对水喷雾。视病情连喷 2~3 次，用药间隔 6~7 天。

## 大葱和洋葱炭疽病

### 【症状特征】

主要为害叶片、花茎和鳞茎。叶片染病，初生近纺锤形不规则淡灰褐色至褐色病斑，后期在病斑上产生许多小黑点，严重时上部叶片枯死。鳞茎染病，在外层鳞片上生出圆形暗绿色或黑色斑纹，扩大后连接成片，病斑上散生黑色小粒点，即病菌的分生孢子盘。花茎染病，初为近椭圆形灰白至灰褐色略凹陷斑。以后发展成大型坏死枯斑，后期在其表面产生许多呈轮状排列的小黑点。

### 【病原】

*Colletotrichum circinans*（Berk.）Vog.，称葱刺盘孢菌，属真菌界半知菌类。分生孢子盘浅盘状，基部褐色，上生黑色刺毛状刚毛。分生孢子梗单胞，无色，棍棒状，大小（11~18）微米×（2~3）微米。分生孢子纺锤形，单胞无色，弯曲度

大，大小（17.5~22.5）微米 ×（3.0~3.5）微米。病菌 4~34℃均可发育，20℃最适；孢子萌发适温 20~26℃。

【发病规律】

病菌以子座或分生孢子盘或菌丝随病残体在土壤中越冬。条件适宜时分生孢子盘产生分生孢子形成侵染。发病后借雨水和浇水飞溅使病害传播蔓延。病菌发育温度 4~34℃，适宜温度 20℃左右，20~26℃适宜孢子萌发。10~32℃，空气潮湿即可使洋葱发病，26℃时最适宜发病。洋葱生长期间多雨，尤其是鳞茎膨大期多阴雨，或田间排水不良病害发生严重。

【绿色防控技术】

（1）收获后及时清洁田园；提倡施用有机活性肥或生物有机复合肥。

（2）与非葱类的作物实行 2~3 年以上轮作。

（3）种植抗病品种。

（4）药剂防治。发病初期每 667 平方米用 50% 烯酰吗啉可湿性粉剂 40 克或 25% 嘧菌酯悬浮剂 34 毫升对水喷雾。视病情连喷 2~3 次，用药间隔 6~7 天。

## 大葱和洋葱紫斑病

【症状特征】

主要为害叶和花梗，初呈水渍状白色小点，后变淡褐色圆形或纺锤形稍凹陷斑，继续扩大呈褐色或暗紫色，周围常具黄色晕圈，病部长出深褐色或黑灰色具同心轮纹状排列的霉状物，病部继续扩大，致全叶变黄枯死或折断。种株花梗发病率高，致种子皱缩，不能充分成熟。

【病原】

*Alternaria porri*（Ellis）Ciferri，称香葱链格孢，属真菌界半知菌类。分生孢子梗淡褐色，单生或 5~10 根束生，有隔膜 2~3 个，大小（30~100）微米 ×（4~9）微米，不分枝或分枝少，其上着生一个分生孢子；分生孢子褐色，长棍棒状，具横隔膜 5~15 个，纵隔膜 1~6 个，大小（60~130）微米 ×（15~20）微米；嘴孢较长，有时分枝，具隔膜 0~7 个，大小（45~432）微米 ×（2~4）微米。分生孢子发芽适温 24~27℃，病菌发育适温 6~34℃。

【发病规律】

南方病菌以分生孢子在葱类植物上辗转为害；北方寒冷地区则以菌丝体在寄主体内或随病残体在土壤中越冬，翌年产出分生孢子，借气流或雨水传播，经气孔、伤口或直接穿透表皮侵入，潜育期 1~4 天。发病适温 25~27℃，低于 12℃则不发病。病菌产孢需湿度大，萌发和侵入需有水滴存在，因此温暖多湿的夏季发病重。

此外，沙质土、旱地、早苗或老苗、缺肥及葱蓟马为害重的田块易发病，春季连续低温多雨紫斑病易流行。

**【绿色防控技术】**

（1）轮作。选择地势高、易排水的地块种植，并与葱类以外的作物实行 2~3 年轮作。

（2）种子消毒。用种子重量 0.2% 的 35% 甲霜·锰锌可湿性粉剂拌种，或用 50℃ 温水浸种 25 分钟，再浸入冷水中，捞出晾干后播种。

（3）清洁田园。收获后及时清除病残体，带出田外深埋或烧毁。

（4）药剂防治。发病初期每 667 平方米用 75% 百菌清可湿性粉剂 100 克或 25% 嘧菌酯悬浮剂 34 克对水喷雾。视病情连喷 2~3 次，用药间隔 6~7 天。

## 大葱和洋葱疫病

**【症状特征】**

叶片、花梗染病初现青白色不明显斑点，扩大后成为灰白色斑，致叶片枯萎。阴雨连绵或湿度大时，病部长出白色棉毛状霉；天气干燥时，白色消失，撕开表皮可见棉毛状白色菌丝体。

**【病原】**

*Phytophthora nicotianae* Breda. de Hann，称烟草疫霉，属藻物界卵菌门。孢子梗由气孔伸出，梗长多为 100 微米。梗上孢子囊单生，长椭圆形，顶端乳头状突起明显。大小（28.8~67.5）微米 ×（12.5~30）微米。卵孢子淡黄色，球形，直径 20~22.5 微米。厚垣孢子微黄色，圆球形，直径 20~40 微米。发育温限 12~36℃，25~32℃ 最适，菌丝 50℃ 经 5 分钟致死，除侵染葱外，还可侵染韭菜、洋葱等。

**【发病规律】**

以卵孢子、厚垣孢子或菌丝体在病残体内越冬，翌春产生孢子囊及游动孢子，借风雨传播，孢子萌发后产生芽管，穿越寄主表皮直接侵入，后病部又产生孢子囊进行再侵染，扩大为害。阴雨连绵的雨季易发病；种植密度过大、地势低洼、田间积水、徒长的田块发病重。

**【绿色防控技术】**

（1）彻底清除病残体，减少菌源；与非葱蒜类实行 2 年以上轮作。

（2）选择排水良好的地块栽植，南方采用高厢深沟，北方采用高畦或垄作。雨后及时排水，做到合理密植，通风良好。采用配方施肥，增强寄主抗病力。

（3）发病初期喷洒 60% 琥铜·乙膦铝可湿性粉剂 500 倍液或 70% 乙铝·锰锌可湿性粉剂 500 倍液、58% 甲霜·锰锌可湿性粉剂 500 倍液、64% 噁霜·锰锌可湿性粉剂 500 倍液、72.2% 霜霉威水剂 800 倍液。隔 7~10 天 1 次，连续防治 2~3 次。

### 大葱和洋葱黑霉病

**【症状特征】**

大葱、洋葱黑霉病又称叶枯病。初在大葱、洋葱叶及花梗上产生近圆形至不规则形病斑，灰黄色至灰褐色，初生灰色霉层，造成葱叶或花梗干枯。进入雨季或湿度大时病部产生一层黑色霉状物，即病原菌的分生孢子梗或分生孢子，后期病部长出很多黑色小点，即该菌的有性态——子囊壳。别于葱链孢菌引起的紫斑病。

**【病原】**

*Stemphylium botryosum* Wallroth，称葡柄霉，属真菌界半知菌类。分生孢子梗单生或 4~14 根簇生，榄褐色，顶端稍宽或膨大成平截形，基部细胞稍大，多隔膜，（16~93）微米 ×（4~6）微米。分生孢子梗单生，近椭圆形或近矩圆形，榄褐色，表面具疣刺，两端钝圆，具纵、横隔，分隔处缢缩，中隔隔膜缢缩处较深，无喙，基部具明显加厚的脐点，（18~54）微米 ×（9~19）微米。有性态 *Pleospora herbarum*（Fr.）Rabenh.，称枯叶格孢腔菌，属真菌界子囊菌门。子囊座有孔口，直径 180~250 微米。子囊棍棒形，具短柄（100~150）微米 ×（20~25）微米。子囊孢子卵圆形，有横隔膜 3~7 个，纵隔膜 0~7 个，隔膜处缢缩，大小（25~45）微米 ×（10~15）微米。

**【发病规律】**

寒冷地区，病菌以子囊座随病残体在土中越冬，以子囊孢子进行初侵染，靠分生孢子进行再侵染，借气流传播蔓延。在温暖地区，病菌有性阶段不常见，靠分生孢子辗转为害。该菌系弱寄生菌，长势弱的植株及冻害或管理不善易发病。

**【绿色防控技术】**

（1）清除病残体。收获后彻底清除病残体，土壤深翻，减少初侵染源，生长期及时清除被害叶和花梗，带出田间深埋或烧掉。

（2）加强栽培管理。合理密植，雨后及时排水，提高寄主抗病能力。

（3）药剂防治。发病初期每 667 平方米用 50% 多菌灵可湿性粉剂 100 克、80% 代森锰锌可湿性粉剂 120 克对水喷雾。视病情连喷 2~3 次，用药间隔 6~7 天。

### 大葱和洋葱软腐病

**【症状特征】**

田间鳞茎膨大期，在 1~2 片外叶的下部产生半透明灰白色斑，叶鞘基部软化腐败，致外叶倒折，病斑向下扩展。鳞茎部染病初呈水浸状，后内部开始腐烂，散发出恶臭。

**【病原】**

*Erwinia carotovora* subsp. *carotovora*（Jones）Berg. et al.，称胡萝卜软腐欧氏杆菌胡萝卜软腐致病型，属细菌界薄壁菌门。菌体短杆状，大小（0.9~1.5）微米 ×（0.5~0.6）微米，周生 4~5 根鞭毛。病菌在 4~39℃范围内均可生长，25~30℃最适，50℃经 10 分钟致死。除为害葱外，还可侵染白菜、芹菜、胡萝卜和马铃薯等。

**【发病规律】**

病菌在鳞茎中越冬，也可在土壤中腐生，通过肥料、雨水或灌溉水传播蔓延。经伤口侵入，蓟马、种蝇也可传病。低洼连作地或植株徒长易发病。

**【绿色防控技术】**

（1）选择中性土壤育苗，培育壮苗。适期早栽，勤中耕，浅浇水，防止氮肥过多。

（2）及时防治葱蓟马、葱蛾或地蛆等。

（3）药剂防治。发病初期每 667 平方米用 77% 氢氧化铜可湿性粉剂 500 倍液，或 50% 琥胶肥酸铜可湿性粉剂 500 倍液、72% 农用硫酸链霉素可溶粉剂 4 000 倍液、90% 新植霉素可溶粉剂 4 000~5 000 倍液喷雾防治。视病情连喷 2~3 次，用药间隔 7~10 天。

## 大葱和洋葱黄矮病

**【症状特征】**

大葱染病叶生长受抑制，叶片扭曲变细，致叶面凹凸不平，叶尖逐渐黄化，有时产出长短不一的黄绿色斑驳或黄色长条斑，葱管扭曲，生长停滞，蜡质减少，叶下垂变黄，严重的全株矮化或萎缩。

**【病原】**

*Onion yellow dwarf virus*（OYDV），称洋葱黄矮病毒，属马铃薯 Y 病毒科、马铃薯 Y 病毒属。病毒粒体线状，大小（750~775）纳米 × 13 纳米，寄主范围窄，仅限于葱属植物，稀释限点 100~10 000 倍，体外存活期 2~3 天。

**【发病规律】**

病毒在田间主要靠多种蚜虫以非持久性方式或汁液摩擦接种传毒。高温干旱、管理条件差、蚜量大、与葱属植物邻作的发病重。

**【绿色防控技术】**

（1）加强栽培管理。增施有机肥，适时追肥，喷施植物生长调节剂，增强抗病力。及时防除传毒蚜虫和蓟马。

（2）药剂防治。发病初期每667平方米用25%噻虫嗪水分散粒剂3克，或10%吡虫啉可湿性粉剂20克加10%吗啉胍·乙铜可湿性粉剂20克对水喷雾。视病情连喷2~3次，用药间隔7~10天。

# 三、大蒜病害

## 大蒜紫斑病

### 【症状特征】

大田生长期为害叶和薹，贮藏期为害鳞茎。南方苗高10~15厘米开始发病，生育后期为害最甚；北方主要在生长后期发病。田间发病多始于叶尖或花梗中部，几天后蔓延至下部，初呈稍凹陷白色小斑点，中央微紫色，扩大后呈黄褐色纺锤形或椭圆形病斑，湿度大时，病部产出黑色霉状物，即病菌分生孢子梗和分生孢子，病斑多具同心轮纹，易从病部折断。贮藏期染病的鳞茎颈部变为深黄色或红褐色软腐状。

### 【病原】

*Alternaria porri*（Ellis）Ciferri，称葱链格孢，属真菌界半知菌类。分生孢子梗淡褐色，单生或5~10根束生，有隔膜2~3个，大小（30~100）微米 ×（4~9）微米，不分枝或分枝少，其上着生一个分生孢子。分生孢子褐色，长棍棒状，具横隔膜5~15个，纵隔膜1~6个，大小（60~130）微米 ×（15~20）微米。嘴孢较长，有时分枝，具隔膜0~7个，大小（45~432）微米 ×（2~4）微米。分生孢子发芽适温24~27℃，病菌发育适温6~34℃。

### 【发病规律】

冬季温暖地区病菌在葱蒜作物上辗转传播为害；寒冷地区则以菌丝体附着在寄主或病残体上越冬，翌年产出分生孢子，借气流或雨水传播，病菌从气孔和伤口，或直接穿透表皮侵入，潜育期1~4天。分生孢子在高湿条件下形成。孢子萌发和侵入需具露珠或雨水。发病适温25~27℃，低于12℃不发病，一般温暖、多雨或多湿的夏季发病重。

### 【绿色防控技术】

（1）合理施肥。施足基肥，加强田间管理，增强植株抗病力。

（2）轮作。实行2年以上轮作。

（3）种子消毒。用40%福尔马林300倍液浸种3小时，浸后及时洗净。鳞茎可用40~50℃温水浸1.5小时消毒。

（4）药剂防治。发病初期每667平方米用25%嘧菌酯悬浮剂34克，或75%百菌清可湿性粉剂100克、50%多菌灵可湿性粉剂100克、80%代森锰锌可湿性粉剂 120 克对水喷雾。视病情连喷 2~3 次，用药间隔 6~7 天。

## 大蒜锈病

### 【症状特征】

主要侵染叶片和假茎。病部初为梭形退绿斑，后在表皮下现出圆形或椭圆形稍凸起的夏孢子堆，表皮破裂后散出橙黄色粉状物，即夏孢子。病斑四周具黄色晕圈，后病斑连片致全叶黄枯，植株提前枯死。生长后期，在未破裂的夏孢子堆上产出表皮不破裂的黑色冬孢子堆。

### 【病原】

*Puccinia allii*（DC.）Rudolphi，称葱柄锈菌，属真菌界担子菌门。蒜上形成的夏孢子堆，产生黄色广椭圆形夏孢子，大小（23~28）微米 ×（18~32）微米，具芽孔 8~10 个；冬孢子堆产出双胞的冬孢子，有时也产生单胞的冬孢子，冬孢子长圆形或卵圆形。

### 【发病规律】

病菌可侵染大蒜、葱、洋葱和韭菜等。多以夏孢子在留种葱和越冬青葱及大蒜病组织上越冬。翌年入夏形成多次再侵染，这时正值蒜头形成或膨大期，为害严重。蒜收获后侵染葱或其他植物，气温高时则以菌丝体在病组织内越夏，引起冷凉地区或湿度大的山区该病的流行。夏孢子萌发温限 6~27℃，适宜侵入温度 10~23℃。在湿度大或有水滴时，9~19℃可侵入，干燥条件下，夏孢子可抵抗 –16℃以下低温。有报道田间干葱叶上的夏孢子，越冬后仍有 25% 存活。

### 【绿色防控技术】

（1）选用抗锈病品种。如紫皮蒜、小石口大蒜等，应因地制宜选用。

（2）避免葱蒜混种，注意清洁田园，以减少初侵染源。

（3）适时晚播，合理施肥，减少灌水次数，杜绝大水漫灌。

（4）药剂防治。发病初期选用 15% 三唑酮可湿性粉剂 1 500 倍液，或 20% 三唑酮乳油 2 000 倍液、50% 醚菌酯干悬浮剂 3 000 倍液喷雾防治。视病情连喷 2~3 次，用药间隔 6~7 天。

## 大蒜叶枯病

### 【症状特征】

主要为害叶或花梗。叶片染病多始于叶尖或叶的其他部位，初呈花白色小圆点，扩大后呈不规则形或椭圆形灰白色或灰褐色病斑，其上生出黑色霉状物，严重时病叶枯死。花梗染病易从病部折断，最后在病部散生许多黑色小粒点。为害严重时不抽薹。

【病原】

*Pleospora herbarum*（Pers. et Fr.）Rabenhorst，称枯叶格孢腔菌，属真菌界子囊菌门。常见无性阶段为 *Stemphylium botryosum* Wallroth，称匍柄霉。分生孢子梗 3~5 根丛生，由气孔伸出，稍弯曲，暗色，具 4~7 个隔膜，大小（30~110）微米 ×（3~6）微米。分生孢子灰色或暗黄褐色，单生，卵形至椭圆形或广椭圆形，具横隔膜 3~8 个，纵隔膜 1~3 个，隔膜处略缢缩，大小（22~40）微米 ×（18~22）微米，表面密生疣状细点。子囊壳群生或散生，球形或扁球形，具孔口，直径 180~250 微米，子囊壳内含长椭圆形或棍棒状子囊 20~30 个；子囊无色，含 8 个子囊孢子；子囊孢子黄褐色，纺锤形或椭圆形，具横隔 3~7 个，纵隔膜 0~7 个，大小（25~45）微米 ×（10~15）微米。

【发病规律】

病菌主要以菌丝体或子囊壳随病残体遗落土中越冬，翌年散发出子囊孢子引起初侵染，后病部产出分生孢子进行再侵染。该菌系弱寄生菌，常伴随霜霉病或紫斑病混合发生。

【绿色防控技术】

（1）及时清除被害叶和花梗，带出田间深埋或烧掉。

（2）加强栽培管理。合理密植，雨后及时排水，提高寄主抗病能力。

（3）药剂防治。发病初期每 667 平方米用 50% 多菌灵可湿性粉剂 100 克、80% 代森锰锌可湿性粉剂 120~180 克对水喷雾。视病情连喷 2~3 次，用药间隔 6~7 天。

## 大蒜花叶病

【症状特征】

发病初期，沿叶脉出现断续黄条点，后连接成黄绿相间长条纹，植株矮化，且个别植株心叶被邻近叶片包住，呈卷曲状畸形，长期不能完全伸展，致叶片扭曲。病株鳞茎变小，或蒜瓣及须根减少，严重的蒜瓣僵硬，贮藏期尤为明显，该病是当前生产上普遍流行的一种病害，罹病大蒜产量和品质明显下降，造成种性退化。

【病原】

大蒜花叶病毒（*Garlic mosaic virus* 简称 GMV）及大蒜潜隐病毒（*Garlic latent virus* 简称 GLV）。均属麝香石竹潜隐病毒属。GMV 粒体线状，多数粒体长约 750 纳米，个别长达 800 纳米以上。寄主范围窄，稀释限点 100~1 000 倍，钝化温度 55~60℃，体外存活期 2~3 天。系统感染寄主仅限于葱属植物。该病毒与洋葱黄矮病毒亲缘关系极近。有人认为，GMV可能属OYDV的一个株系。GLV一般与GMV同时感染大蒜；但是，GLV单独感染大蒜时，不显症也不造成产量损失，通过室内提纯可获得纯病毒，其稀释限点10 000~100 000倍，钝化温度60℃，体外存活期2~3天。

**【发病规律】**

播种带毒鳞茎，出苗后即染病。田间主要通过桃蚜、葱蚜等进行非持久性传毒，以汁液摩擦传毒。管理条件差、蚜虫发生量大及与其他葱属植物连作或邻作发病重。由于大蒜系无性繁殖，以鳞茎作为播种材料，因此，植株带毒能长期随其营养体蒜瓣传至下代，以至于田间已无不受病毒感染的植株，且不断扩大病毒繁殖系数，致大蒜退化变小。

**【绿色防控技术】**

（1）严格选种，减少鳞茎带毒率；避免与大葱、韭菜等葱属植物邻作或连作，减少田间自然传播。

（2）加强栽培管理。加强肥水管理，避免早衰，提高植株抗病力。

（3）防治蚜虫等传毒介体。

（4）药剂防治。可用10%吗啉胍·乙铜可湿性粉剂300倍液，或1.5%三十烷醇·十二烷基硫酸钠·硫酸铜水剂500倍液、83-1增抗剂200倍液、硫酸锌1 000倍液喷雾防治。

## 大蒜煤斑病

**【症状特征】**

主要为害叶片。初生苍白色小点，逐渐扩大后形成以长轴平行于叶脉的椭圆形或梭形病斑，中央枯黄色，边缘红褐色，外围黄色，并迅速向叶片两端扩展，尤以向叶尖方向扩展的速度最快，致叶尖扭曲枯死。病斑中央深橄榄色，湿度大时呈绒毛状，干燥时呈粉状。病斑大小（1.0~2.5）毫米×（0.5~0.8）毫米，少数7.5毫米×1.2毫米。病害流行时一张叶片往往有数个病斑，致全株枯死。其上着生厚的深橄榄色绒毛状物，别于引起大蒜叶枯病的枯叶格孢腔菌。

**【病原】**

*Cladosporium allii*（Ellis et Martin）Kirk et Crompton.，称葱枝孢，属真菌界半知菌类。分生孢子梗暗色，从叶片病斑两面伸出，单生或2~3根丛生，不分枝，基部略粗，暗褐色，大小（50~80）微米×（3~4）微米。产孢细胞作合轴式延伸，单胞芽生，其上具1~3个孢痕，也有5个的。分生孢子暗色，圆筒形，两端钝圆，中间稍收缩，有1~3个横隔，也有5个的，单生或两个孢子链生，表面粗糙，多细

疣状突起，大小（40~70）微米 ×（10.6~13.3）微米。

**【发病规律】**

病菌以病残体上的休眠菌丝及分生孢子在干燥的地方越冬或越夏，播种时随肥料进入田间成为初侵染源，也可在高海拔地区田间生长的大蒜植株上越夏，随风传播，孢子萌发从寄主气孔侵入，在维管束周围扩展。分生孢子萌发的温度范围0~30℃，以10~20℃最快。空气相对湿度100%和有自由水存在萌发最好，相对湿度低于90%则不萌发。菌丝生长温度范围0~25℃，以10~20℃生长最快，30℃不生长。病残体上的休眠菌丝和分生孢子寿命与空气相对湿度相关：相对湿度90%，可存活8个月；相对湿度10%~75%存活期达1年；相对湿度100%，或浸入水中寿命不足20天。从苗期到鳞茎膨大期均可发病，植株生长不良或阴雨潮湿多露天气及生长后期发病重。在重病田中有抗病单株，品种间抗病性有差异。

**【绿色防控技术】**

（1）清除病残体。收获后彻底清除病残体，土壤深翻，减少初侵染源，生长期及时清除病残体，带出田间深埋或烧掉。

（2）加强栽培管理。适时播种，合理密植，及时追肥，施用氮、磷、钾全效有机肥，或增施钾肥及腐殖质肥，加强田间管理，提高大蒜的抗病力。

（3）药剂防治。发病初期每667平方米用25%嘧菌酯悬浮剂34克或75%百菌清可湿性粉剂100克对水喷雾。视病情连喷2~3次，用药间隔6~7天。

# 第五节　叶菜类病害

## 一、大白菜病害

### 大白菜霜霉病

**【症状特征】**

大白菜霜霉病全国各地普遍发生，是大白菜三大病害之一。主要为害叶片，也能为害植株茎、花梗和种荚，整个生育期均可发病。大白菜莲座期叶片开始从外叶染病，发病初期叶片下面出现淡绿色水渍状斑点，后扩大成黄褐色，病斑受叶脉阻隔成多角形，潮湿时叶片背面生白色霜霉状物。大白菜进入包心期后病情加速，从外叶向内发展，严重时脱落。采种植株发病，花梗肥肿、弯曲畸形、花瓣变绿，不易脱落，可长出白色霉状物，导致结实不良。

【病原】

*Peronospaora parasistica*（Pers.）Fr.，称寄生叉霜霉菌，属藻物界卵菌门。菌丝无色，不具隔膜，蔓延于细胞间，靠吸器伸入细胞里吸取水分和营养。吸器圆形至梨形或棍棒状。从菌丝上长出的孢子梗自气孔伸入，单生或 2~4 根束生，无色，无分隔，主干基部稍膨大，作重复的两叉分枝，顶端 2~5 次分枝，主轴和分枝成锐角，顶端的小梗尖锐、弯曲，每端长 1 个孢子囊，孢子囊无色，单胞，长圆形至卵圆形，大小（19.8~30.9）微米 ×（18.0~28.0）微米，萌发时产生芽管。卵孢子球形，单孢，黄褐色，表面光滑，直径 27.9~45.3 微米。该菌系专性寄生菌，只能在活体上存活。有生理分化现象。白菜霜霉菌产生孢子囊的最适宜温度 8~12℃，孢子囊的萌发适宜温度 7~13℃，最高 25℃，最低 3℃，侵染适温 16℃，菌丝在植株体内生长发育最适温度 20~24℃。卵孢子在 10~15℃，相对湿度 70%~75% 条件下易形成。

【发病规律】

病菌以卵孢子随病株在土壤中或地窖贮白菜上越冬。病菌在田间随风、雨传播，适宜发病温度 7~28℃，最适宜发病温度 20~24℃，相对湿度 90% 以上，多雨、多雾或田间积水发病重。栽培上播种期过早、氮肥偏多、种植过密、通风透光差易发病。

【绿色防控技术】

（1）选择抗病品种。因地制宜选用抗病品种，如矮抗青、新 1 号、新 2 号、新 3 号，华王青梗白、山东 1 号大白菜、青杂 3 号、青杂 5 号、夏阳大白菜和夏丰大白菜等。

（2）轮作。重病地与非十字花科蔬菜轮作 2 年以上。

（3）栽培管理。提倡深沟高畦，密度适宜，及时清理水沟，保持排灌畅通；施足有机肥，适当增施磷、钾肥，促进植株生长健壮。

（4）适期播种。早播比晚播发病重，但晚播往往影响产量，所以要适期播种。

（5）种子处理。从无病株上留种，使用无病种子。播种前用药剂进行种子消毒，一般用种子重量 0.3% 的 40% 三乙膦酸铝可湿性粉剂或 75% 百菌清可湿性粉剂拌种。

（6）药剂防治。发病初期或轻发病年份，每隔 7~10 天防治 1 次，连续 3~4 次，中等至中等偏重年份，每隔 5~7 天防治 1 次，连续 4~6 次。防治时注意药剂交替使用。可选用 25% 嘧菌酯悬浮剂 1 500 倍液，或 40% 三乙膦酸铝可湿性粉剂 300 倍液、72% 霜脲氰·代森锰锌可湿性粉剂 1 000 倍液、25% 甲霜灵可湿性粉剂 600 倍液、52.5% 霜脲氰·噁唑菌酮水分散粒剂 2 500 倍液，均匀喷雾。

## 大白菜黑斑病

### 【症状特征】

主要为害子叶、真叶的叶片及叶柄，有时也可为害花梗和种荚。叶片染病，初生近圆形退绿斑，后渐扩大，边缘淡绿色至暗褐色，几天后病斑直径扩大到5~8毫米或更大，且有明显的同心轮纹，有的病斑具黄色晕圈。在高温高湿条件下病部穿孔，发病严重的，病斑汇合成大的斑块，致使叶片局部或整叶枯死。全株叶片由外向内干枯。茎或叶柄上病斑长梭形，呈暗褐色条状凹陷。采种株的茎或花梗受害，病斑椭圆形，暗褐色。种荚上病斑近圆形，中心灰色，边缘淡褐色，有或无轮纹，湿度大时生暗褐色霉层别于霜霉病。

### 【病原】

*Alternaria brassicae*（Berk.）Sacc.，称芸薹链格孢菌，属真菌界半知菌类。分生孢子梗榄褐色，不分枝。分生孢子单生，具5~12个横隔膜，若干个纵隔膜，灰榄褐色，大小（33~147）微米 ×（9~33）微米，喙具1~6个横隔膜，大小（27~111）微米 ×（4.9~7.4）微米，孢身至喙渐细。该菌可在0~35℃的温度下生长发育，适温17~25℃，分生孢子萌发适温20~25℃。菌丝和分生孢子48℃经5分钟致死，适应pH值3.6~9.6，最适pH值6.6。

### 【发病规律】

病菌主要以菌丝体在病残体或种子及冬贮菜上越冬，翌年产生出孢子从气孔或直接穿透表皮侵入，潜育期3~5天，在田间通过气流、雨水传播，引起初次侵染。病菌先从下部老叶侵染，逐渐向上部、内部叶片发展。发病适宜温度11~24℃，相对湿度72%~85%。春季雨水较多，田间湿度大，秋季露水重，肥水管理粗放发病重。

### 【绿色防控技术】

（1）选用抗病品种。如北京新1号、北京新5号、郑杂2号、郑白2号、郑白4号和小青口等。

（2）种子处理。在50℃温水中浸种30分钟，晾干后播种，或用种子重量0.3%的50%异菌脲可湿性粉剂或50%福美双可湿性粉剂拌种。

（3）轮作。实行与非十字花科蔬菜轮作2年，同时，要安排茬口，尽量远离十字花科蔬菜菜田。

（4）加强田间管理。增施有机肥，清洁田园，深翻晒垡，收获后清除病残体等。

（5）药剂防治。在发病初期及时喷洒25%嘧菌酯悬浮剂1 500倍液，或50%异菌脲可湿性粉剂1 000倍液、75%百菌清可湿性粉剂600倍液、50%腐霉利可湿性粉剂 1 000 倍液、50% 代森锰锌可湿性粉剂 600 倍液等药剂。注意交替使用。

## 大白菜炭疽病

### 【症状特征】

主要为害叶片、花梗及种荚。叶片染病，初生为白色或退绿水浸状小斑点，扩大后为圆形或近圆形灰褐色斑，中央下陷，呈薄纸状，边缘褐色，微隆起；后期病斑灰白色，半透明，易穿孔。在叶背多为害叶脉，形成长短不一略向下陷的条状褐斑。叶柄、花梗及种荚染病，形成长圆或纺锤至梭形凹陷褐色至灰褐色斑，湿度大时，病斑上常有赭红色黏状物。

### 【病原】

*Colletotrichum higginsianum* Sacc.，称芸薹刺盘孢，属真菌界半知菌类。菌丝无色透明，有隔膜。分生孢子盘小，直径 25~42 微米，散生，大部分埋于寄主表皮下，黑褐色，有刚毛。分生孢子梗顶端窄，基部较宽，呈倒钻状，无色，单胞，大小（9~16）微米 ×（4~5）微米。分生孢子长椭圆形，两端钝圆，无色，单胞，大小（13~18）微米 ×（3~4.5）微米。13~38℃均可发育，最适为 26~30℃，最高 38℃，最低 10℃；碱性条件利于产孢，酸性条件利于孢子萌发；光照可刺激菌丝生长。

### 【发病规律】

白菜炭疽病以菌丝体随病残体在土壤中或附在种子上越冬，借风雨传播，潜育期 3~5 天，病部产出分生孢子后进行再侵染。高温高湿的气候条件特别适宜该病的发生。

### 【绿色防控技术】

（1）选择抗病品种。不同品种间抗病性差异明显，且在各地适应性不同，因此应选适合当地栽培的抗病品种。

（2）种子消毒处理。一是用 50℃温水浸种 10~15 分钟，或用种子重量 0.4% 的 50% 多菌灵可湿性粉剂拌种，后用冷水漂洗；二是"干热法"，即用 70℃干热处理种子 2~3 天的办法。

（3）合理轮作。一般与非十字花科作物轮作 2~3 年。

（4）加强田间管理。如合理密植，增强植株间通透性；选择地势较高、排水良好的田块，实行深沟窄厢栽培，加强雨季清沟除渍，降低田间湿度；清洁田园，清除病株残体，防止病害扩散；注意施用微肥如钙、硼、锌、镁等，增加植株的抗病能力。

（5）药剂防治。发病初期可用 25% 嘧菌酯悬浮剂 1 500 倍液、25% 溴菌腈可湿性粉剂 500 倍液、25% 咪鲜胺乳油 1 000 倍液、50% 咪鲜胺锰盐可湿性粉剂 1 500

倍液、30% 苯醚甲·丙环唑乳油 3 000 倍液。隔 7~10 天喷 1 次，连喷 2~3 次。

### 大白菜白斑病

**【症状特征】**

叶片上病斑初为散生的灰褐色圆形小斑点，后扩大为灰白色不定形病斑，病斑周缘有淡黄绿色晕圈。潮湿条件下病斑背面产生稀疏的淡灰色霉层，即分生孢子梗和分生孢子。病斑后期变为白色半透明状，常破裂穿孔。病斑多时连片，叶片提早枯死。病株叶片由外向内层干枯，似火烤状。

**【病原】**

*Pseudocercosporella capsellae*（Elli et Everh）Deightont，称芸薹假小尾孢，属真菌界半知菌类。异名 *Cercospora albo-maculans*（Ell. et Ev.）Sacc.，分生孢子梗较短，簇生，无色，无隔膜，正直或弯曲，顶端圆形。分生孢子线形，正直或略弯，无色，顶端略尖，基部圆锥形。

**【发病规律】**

病菌主要以分生孢子梗基部的菌丝体或菌丝块在土表的病残体或采种株上越冬，或以分生孢子黏附于种子表面越冬，田间借风雨传播，有再侵染。8~10 月气温偏低、连阴雨天气可促进病害的发生。

**【绿色防控技术】**

（1）选用抗病品种。如小青口，大青口，辽白 1 号，疏心青白口和玉青等品种较抗病。

（2）农业防治。加强栽培管理；与非十字花科蔬菜隔年轮作。

（3）药剂防治。发病初期喷洒 25% 嘧菌酯悬浮剂 1 500 倍液、40% 多·硫悬浮剂 600 倍液、50% 多·霉威可湿性粉剂 800 倍液、65% 甲硫·霉威可湿性粉剂 1 000 倍液、70% 锰锌·乙膦铝可湿性粉剂 500 倍液、50% 异菌脲可湿性粉剂 1 000 倍液、50% 多菌灵可湿性粉剂 +5% 井冈霉素水剂按 1∶1.5 剂量混合稀释 700 倍液。隔 7~10 天喷 1 次，连喷 2~3 次。

### 大白菜黑胫病

**【症状特征】**

为害十字花科蔬菜的茎、根、种荚和叶片。茎染病，病斑长条形，略凹陷，边缘紫色，中间褐色，上生密集黑色小粒点；根部染病，产生长条形病斑，紫黑色，严重时侧根全部腐烂，致植株枯死；成株、采种株染病，多在老叶上出现圆形或不规则形病斑，中央灰白色，边缘浅褐色，略凹陷，大的 1~1.5 厘米，上生黑色小粒点；有的只形成小而稍枯黄的斑点；种荚染病，多始于叶端，病荚种子瘦小，灰白色无光泽；贮藏期染病，病菌可继续为害引起叶片干腐。此外本菌还可为害幼苗，在靠近土表的茎部产生黑色长形斑，在枯死病苗茎基部产生黑色小粒点，即病菌分生孢子器。

**【病原】**

*Phoma lingam*（Todeex Schw.）Desm.，称黑胫茎点霉，属真菌界半知菌类。有性态为 *Leptosphaeria maculans*（Desm.）Ces. et de Not.，称十字花科小球腔菌或斑点小球腔菌。分生孢子器球形或扁球形，深黑褐色，散生、埋生在寄主表皮下，直径 100~400 微米，顶部具突起的孔口，四周细胞颜色较深，吸水后，能从孔口处涌出胶质状污白色孢子角，内含大量分生孢子。分生孢子椭圆形，无色，大小（3.5~4.5）微米 ×（1.5~2）微米。

**【发病规律】**

病菌以菌丝体在种子、土壤或有机肥中的病残体上或十字花科蔬菜种株上越冬。菌丝体在土壤中可存活 2~3 年，在种子内可存活 3 年。翌年气温 20℃产生分生孢子，在田间主要靠雨水或昆虫传播蔓延。播种带病的种子，出苗时病菌直接侵染子叶而发病，后蔓延到幼茎，病菌从薄壁组织进入维管束中蔓延，致维管束变黑。育苗期湿度大发病重，定植后天气潮湿多雨或雨后高温，该病易流行。

**【绿色防控技术】**

（1）选种与种子消毒。从无病株上选留种子，采用 50℃温水浸种 20 分钟，或用种子重量 0.4% 的 50% 琥胶肥酸铜可湿性粉剂或 50% 福美双可湿性粉剂拌种。

（2）苗床土壤处理。每平方米用 40% 拌种灵可湿性粉剂 8 克与 40% 福美双可湿性粉剂 8 克等量混合拌入 40 千克堰土，将 1/3 药土撒在畦面上，播种后再把其余 2/3 药土覆在种子上。

（3）与非十字花科作物实行 3 年以上轮作。

（4）及时防治地下害虫。

（5）药剂防治。发病初期喷洒 60% 多·福可湿性粉剂 600 倍液或 40% 多·硫悬浮剂 500~600 倍液、70% 百菌清可湿性粉剂 600 倍液。隔 9 天 1 次，防治 1 次或 2 次。

## 大白菜褐斑病

**【症状特征】**

主要发生在外叶上，初生水浸状圆形或近圆形小斑点，扩大后成为多角形或不规则形浅黄白色斑。大小 0.5~6 毫米。有的受叶脉限制，病斑略凸起。

【病原】

*Cercospora brassicicola* P.Henn.，称介生尾孢，属真菌界半知菌类。子座无或由少数褐色球形细胞组成。分生孢子梗3~20根簇生，浅褐色至中度褐色，不分枝，0~6个曲膝状折点，顶部圆锥形平截，1~16个隔膜，大小（38.7~215）微米 ×（3.7~6.5）微米。孢痕疤加厚，宽2.5~3.5微米。分生孢子针形，无色，直或略弯曲，顶端近尖至钝，基部平截，3至多个隔膜，大小（42~186.7）微米 ×（2.8~5.3）微米。

【发病规律】

病菌由菌丝块在病残体上越冬，也可以随种子传播。每当温暖多雨天气出现，病部产生大量分生孢子随风飞散到白菜叶片上进行初侵染和再侵染。病菌发育适温25~30℃，相对湿度98%~100%或在水中孢子萌发最佳。病残体上的病菌，往往随叶片腐烂而死亡。一般重茬地，与早熟白菜相邻的田块易发病。尤其氮肥施用过多，田间湿度大的黏土或下湿地、背阴或排水不良地块发病重。

【绿色防控技术】

参见大白菜炭疽病。此外，还可喷洒40%多菌灵可湿性粉剂800倍液。

## 大白菜软腐病

【症状特征】

田间植株一般从包心期开始发病。一种常见症状是在植株外叶上，叶柄基部与根茎交界处先发病，初水渍状，后变灰褐色腐烂，病叶瘫倒露出叶球，俗称"脱帮子"，并伴有恶臭；另一种常见症状是病菌先从菜心基部开始侵入引起发病，而植株外生长正常，心叶逐渐向外腐烂发展，充满黄色黏液，病株用手一拔即起，俗称"烂疙瘩"，湿度大时腐烂并发出恶臭。

【病原】

*Erwinia carotovora* pv. *carotovora*（Jones）Bergey et al.，称胡萝卜软腐欧氏杆菌软腐致病型，属细菌界薄壁菌门。菌体短杆状，大小（0.5~1.0）微米 ×（2.2~3.0）微米，周生鞭毛2~8根，无荚膜，不产生芽孢，革兰氏染色阴性。病菌生长发育最适温度25~30℃，最高40℃，最低2℃，致死温度50℃，10分钟，在pH值5.3~9.2均可生长，其中，pH值7.2最适。不耐光或干燥，在日光下暴晒2小时，大部分死亡，在脱离寄主的土中只能存活15天左右。本菌除为害十字花科蔬菜外，还侵染茄科、百合科、伞形科及菊科蔬菜。

【发病规律】

该菌在南方温暖地区，无明显越冬期，在田间周而复始、辗转传播蔓延。在北方则主要在田间病株、窖藏种株或土中未腐烂的病残体及害虫体内越冬。借雨水、灌溉水、带菌肥料、昆虫等传播。病菌易通过自然裂口、机械伤口和虫伤侵入。贮藏期内缺氧，温度高，湿度大，通风散热不及时，容易烂窖。

【绿色防控技术】

（1）品种与轮作。选用适宜本地种植丰产优质抗病品种。尽可能选择前茬为小麦、水稻和豆类作物种植白菜，避免与十字花科、葫芦科、茄科蔬菜连作；提前2~3周深翻晒垡，促进病残体腐烂分解。

（2）栽培管理。选择地势高、地下水位低和比较肥沃的地种植；适期晚播，高垄栽培；增施有机肥；发现病株及时拔除，并用生石灰消毒。

（3）防治害虫。及时防治黄曲条跳甲、猿叶甲、小菜蛾等害虫，减少害虫为害引起的伤口，同时避免田间操作造成伤口。

（4）药剂防治。发病初期及时用药防治。可用72%农用硫酸链霉素可溶粉剂3 000~4 000倍液、47%春雷·王铜可湿性粉剂750倍液、90%新植霉素可溶粉剂3 000~4 000倍液、20%噻菌铜悬浮剂300~500倍液，喷洒病株基部及近地表处效果为好。

## 大白菜黑腐病

【症状特征】

幼苗出土前染病不出苗，出土后染病子叶水渍状，根髓部变黑，幼苗枯死。成株染病，引起叶斑或黑脉。叶斑多从叶缘向内扩展，形成"V"字形黄褐色枯斑。病斑周围组织淡黄色，与健部界限不明显。有时病菌沿叶脉向里扩展，形成大块黄褐色斑或网状黑脉。从伤口入侵时，可在叶片任何部位形成不规则的褐斑，扩展后致周围叶肉变褐枯死。叶帮染病，病菌沿维管束向上扩展，呈淡褐色，造成部分菜帮干腐，致叶片歪向一边，有的产生离层脱落。与软腐病并发时，易加速病情扩展，致茎或茎基腐烂，轻者根短缩茎维管束变褐。严重的植株萎蔫或倾倒，纵切可见髓部中空。种株染病，仅表现叶片脱落，花薹髓部变暗，之后枯死。该病腐烂时不臭，别于软腐病。

【病原】

*Xanthomonas campestris* pv. *campestris*（Pammel）Dowson，称油菜黄单胞菌油菜致病变种，或甘蓝黑腐病黄单胞菌。属细菌界薄壁菌门。菌体杆状，大小（0.7~3.0）微米×（0.4~0.5）微米，极生单鞭毛，无芽孢，有荚膜，菌体单生或链生，革兰氏染色阴性。在牛肉汁琼脂培养基上菌落近圆形，初呈淡黄色，后变蜡黄色，边缘完整，略凸起，薄或平滑，具光泽，老龄菌落边缘呈放射状。病菌生长发育最适温度25~30℃，最高39℃，最低5℃，致死温度51℃经10分钟，耐酸碱

度范围 pH 值 6.1~6.8，pH 值 6.4 最适。

【发病规律】

该菌在种子上或病残体内遗留在土壤中或在采种株上越冬。菜株生长期间，病菌主要借雨水、带菌肥料及昆虫传播。从气孔、水孔、虫伤口侵入，进入维管束组织后，在维管束组织中上下扩展，形成系统侵染。在留种株上，病菌从果柄维管束进入种荚，并从种子脐部侵入种子内。

【绿色防控技术】

（1）选用抗病品种。选用抗病的青帮、直筒型大白菜品种，如多抗 3 号、津秋 75 等。

（2）轮作倒茬。大白菜与非十字花科蔬菜实行 2~3 年的轮作。

（3）土壤消毒。每 667 平方米用 50% 福美双可湿性粉剂 1.25 千克或 65% 代森锰锌可湿性粉剂 0.5~0.75 千克，加细土 10~12 千克，沟施于播种行内或穴施于播种穴内，消灭土中的病菌。

（4）种子处理。用种子重量 0.4% 的 50% 琥胶肥酸铜可湿性粉剂拌种，用以杀死种子表面的病菌，减少种子带毒，减轻黑腐病的发生。

（5）适时播种。播期可适当延后，以避开高温和多雨季节，减少病害的发生。采用高畦栽培，做到旱能浇、涝能排。施足腐熟的有机肥，合理密植。

（6）药剂防治。发病初期喷洒 72% 农用硫酸链霉素可溶粉剂或 90% 新植霉素可溶粉剂 3 000 倍液，或 50% 氯溴异氰尿酸可溶粉剂 1 000 倍液，或 12% 松脂酸铜乳油 600 倍液，交替使用，7 天喷 1 次，连喷 3~4 次。


## 大白菜细菌性褐斑病

【症状特征】

主要为害叶片。叶部病斑不规则形，大小不等、褐色，边缘色深，中间稍浅，病斑四周组织退绿发黄；许多小病斑可融合为大斑块；叶脉染病变为褐色，病脉附近叶肉组织变为黄白色，病斑多的，全叶或大半叶褐变；湿度大时，叶片呈水浸状腐烂，干燥后变白干枯。多从外叶开始发病，逐渐向内部扩展，病情扩展很快，几天内即可达到包心叶，生产上常成片腐烂或干枯。

【病原】

*Pseudomonas aeruginosa*（Schroeter）Migula，称铜绿假单胞菌，属细菌界薄壁菌门。菌体杆状，单生，无芽孢，具极生鞭毛 1~2 根；大小（1.1~1.6）微米 ×（0.6~0.8）微米。革兰氏染色阴性，好气性，没有 PHB 积累。在肉汁胨琼脂平板培养基上，菌落圆形，白色，中间厚于四周，周围具一半透明晕环，边缘波纹状，

表面光滑，菌落直径大小不等，幅度为0.5~2.2毫米，没有色素产生。在KB培养基上产生绿色荧光。能侵染白菜、莴苣、洋葱、烟草等。适宜生长温度30~35℃，41℃能生长。

【发病规律】

该菌在自然界分布很广，是土壤腐生菌，是一种机遇性病原菌，多从伤口侵入。白菜生长季节遇连阴雨天气或田间湿度大、气温高，病害扩展迅速，能造成为害。

【绿色防控技术】

（1）选育抗病品种。目前可用吉研5号，北京小杂50号、北京小杂61号、北京小杂67号，津白45号、星白1号，豫白菜4号、豫白菜6号，尤协白5号，鲁白10号等抗软腐病的品种。

（2）清洁田园。清除田间病残体，集中深埋或烧毁。

（3）轮作。与非十字花科作物进行2年以上轮作。

（4）药剂防治。发病初期开始喷洒72%农用硫酸链霉素可溶粉剂3 000倍液，或90%新植霉素可溶粉剂3 000倍液、27%碱式硫酸铜悬浮剂600倍液、50%氯溴异氰尿酸可溶粉剂1 000倍液，可兼治软腐病、黑腐病。


## 大白菜细菌性角斑病

【症状特征】

初在叶背现水渍状叶肉稍凹陷斑，后扩大并受叶脉限制呈膜状不规则角斑，病斑大小不等，叶面病斑呈灰褐色油渍状。湿度大时，叶背病斑上溢出污白色菌脓；干燥时，病部易干、质脆，呈开裂或穿孔状。该菌主要为害叶片薄壁组织，叶脉不易受害。白菜苗期至莲座期或包心初期，外部3~4层叶片染病后呈急性型发病，出现水渍薄膜状腐烂，病叶呈铁锈色或褐色干枯，后病部破裂、脱落形成穿孔，残留叶脉。该病是我国北方白菜上新发现的重要细菌病害。

【病原】

*Pseudomonas syringae* pv.*syringae* van Hall.，称丁香假单胞菌丁香致病变种，属细菌界薄壁菌门。菌体短杆状，大小（0.9~1.1）微米×（1.8~2）微米，具1~4根极生鞭毛，有荚膜，无芽孢，革兰氏染色阴性。接种在KB平板培养基上27℃培养7天，菌落多呈圆形或稍扁平，中央凸起，污白色，不透明，具同心环纹，边缘一圈薄且透明，菌落直径4~5.5毫米，外缘有放射状细毛状物，具黄绿色荧光。生长适温24~28℃。

**【发病规律】**

病菌可在种子及病残体上越冬，借风雨、灌溉水传播蔓延。病菌发育适温25~27℃，48~49℃，10分钟致死。苗期至莲座期阴雨或降雨天气多，雨后易见此病发生和蔓延。

**【绿色防控技术】**

（1）选用抗病品种。建立无病留种田，选用无病种子。

（2）轮作。与非十字花科作物实行2年以上轮作。

（3）加强田间管理。生长期及收获后清除病叶，及时深埋。

（4）药剂防治。发病初期喷洒3%中生菌素可湿性粉剂800倍液，或25%络氨铜·锌水剂500倍液，但对铜剂敏感的品种慎用。此外，可喷洒20%噻菌铜悬浮剂500倍液、72%农用硫酸链霉素可溶粉剂3 000倍液，或50%氯溴异氰尿酸可溶粉剂1 000倍液。隔7~10天1次，连续防治2~3次。

## 大白菜病毒病

**【症状特征】**

幼苗发病，心叶出现明脉或沿叶脉失绿，进而产生淡绿色与浓绿色相间的花叶或斑驳症状，继之心叶扭曲，皱缩畸形，停止生长，病株往往不能正常包心，俗称"抽疯"。成株期发病，受害较轻或后期染病植株虽能结球，但表现不同程度的皱缩、矮化或半边皱缩、叶球外叶黄化、内部叶片的叶脉和叶柄处出现小褐色病斑。叶球商品性差，不易煮烂。病株常不能抽薹而死亡。若能抽薹，花梗短小，结荚少，籽粒不饱满，发芽率低。

**【病原】**

主要有：*Turnip mosaic virus* 芜菁花叶病毒、*Cucumber mosaic virus* 黄瓜花叶病毒、*Tobacco mosaic virus* 烟草花叶病毒3种。

**【发病规律】**

该病南方地区可周年发生为害。田间主要通过桃蚜、萝卜蚜、甘蓝蚜等媒介传播，还可通过农事操作和病健植株接触摩擦汁液传播。病害发生与品种、生育期、气候、播种期等密切相关。大白菜苗期最易感病，特别是在苗期遇高温干旱季节，有利蚜虫传播为害。长江中、下游地区白菜病毒病有春季4~6月和9~11月两个发生盛期，一般秋季重于春季。秋季干旱少雨年份发病较重。

**【绿色防控技术】**

（1）选用抗病品种。如早熟5号、鲁白1号、鲁白4号、夏丰大白菜、小杂56、矮抗青、三月慢青菜、四月慢青菜等。

（2）适期晚播。以使苗期避开高温期。

（3）肥水管理。施足基肥，增施磷、钾肥，控制少施氮肥。苗期遇高温干旱季节，必须勤浇水，降温保湿，促进白菜植株根系生长，提高抗病能力。

（4）及时防治蚜虫。在蚜虫发生初期及时用吡虫啉、啶虫脒等药剂防治。在苗期7叶前每隔7~10天防治蚜虫1次，也可用银灰色遮阳网或22目防虫网育苗避蚜防病。

（5）药剂防治。防病初期施用病毒抑制剂和生长促进剂。可用20%吗啉胍·乙铜可湿性粉剂500倍液、24%混脂酸·碱铜水剂800倍液喷雾防治。每隔7~10天1次，连续3~4次。

# 二、甘蓝病害

## 甘蓝黑根病

### 【症状特征】

苗期受害重，病菌主要侵染幼苗根茎部，致病部变黑或缢缩，潮湿时其上生白色霉状物。植株染病后，数天内即见叶片萎蔫、干枯，继而造成整株死亡。定植后一般停止扩展，但个别田仍继续死苗。此外，该病还可表现为猝倒状或叶球腐烂。

### 【病原】

*Rhizoctonia solani* Kühn，称立枯丝核菌，属真菌界半知菌类。初生菌丝无色，后变黄褐色，具隔，直径8~12微米，分枝基部变细，分枝处往往成直角。菌核不定形，浅褐至黑褐色。有性阶段 *Pellicularia filamentosa*（Pat.）Rogers，称丝核薄膜革菌，属担子菌门真菌。担孢子圆形，大小（6~9）微米×（5~7）微米，病菌主要以菌丝体传播和繁殖，其生长发育最适温度24℃，最高40~42℃，最低13~15℃。

### 【发病规律】

病菌主要以菌丝或菌核在土壤或病残体内越冬，土壤中的菌丝营腐生生活，不休眠。在田间主要靠接触传染，即植株的根茎叶接触病土时，便会被土中的菌丝侵染，在有水膜的条件下，与病部接触的健叶即染病。此外，种子、农具及带菌堆肥等都可使病害传播蔓延。菌丝生长温限6~40℃。生长适温为20~30℃，尤以25~30℃生长最快。菌丝存活需要冷凉干燥的土壤。不利于寄主生长的土壤温湿度，如过高、过低的土温，黏重而潮湿的土壤，均有利发病。

### 【绿色防控技术】

（1）苗床设在地势较高、排水良好的地方；选用无病新土作苗床；如用旧床应进行床土消毒；使用腐熟农家肥或酵素菌沤制的堆肥；播种不宜过密，覆土不宜过厚。

（2）加强苗床管理。要看天气保温与放风，水分的补充宜多次少洒，浇水后注意通风换气。

（3）床土药剂处理。每平方米苗床用95%噁霉灵可湿性粉剂1克掺细土15~20千克拌匀，播前把药土的1/3撒在浇好底水的畦面上，播后再将余下的2/3药土覆在种子上，做到上覆下垫，使种子夹在药土中间。也可每667平方米用30%苯噻氰微囊悬浮剂50毫升，对水50千克喷雾。

（4）药剂防治。发病时每667平方米用75%百菌清可湿性粉剂100~140克、50%霜脲·锰锌可湿性粉剂120克、25%嘧菌酯悬浮剂34克、50%烯酰吗啉可湿性粉剂30克或50%醚菌酯干悬浮剂20克对水40~50千克均匀喷雾，防治2~3次，用药间隔7~10天。

## 甘蓝黑腐病

【症状特征】

主要为害叶片、叶球或球茎。叶斑多从叶缘开始，由外向内扩展，呈"V"字形，黄色至红褐色，斑外围具有明显或不明显黄色晕圈，斑面网状脉呈褐色至紫褐色病变。病征表现为薄层菌脓，一般不明显，潮湿时触之具质黏感，但不臭。干燥条件下球茎黑心或呈干腐状，别于软腐病。

【病原】

*Xanthomonas campestris* pv.*campestris*（Pammel）Dowson，称油菜黄单胞杆菌油菜致病变种，属细菌界薄壁菌门。菌体杆状，大小（0.7~3.0）微米 ×（0.4~0.5）微米，极生单鞭毛，无芽孢，有荚膜，菌体单生或链生，革兰氏染色阴性。在牛肉汁琼脂培养基上菌落近圆形，初呈淡黄色，后变蜡黄色，边缘完整，略凸起，薄或平滑，具光泽，老龄菌落边缘呈放线状。病菌生长发育最适温度25~30℃，最高39℃，最低5℃，致死温度51℃经10分钟，耐酸碱度范围pH值6.1~6.8，pH值6.4最适。

【发病规律】

病害多在春秋雨季发生，病菌通过种子、采种株和雨水、灌溉水、农具及媒介昆虫传播，由水孔或伤口侵入寄主。病菌在种子内或采种株上及土壤病株残体内越冬，一般可存活2~3年。另外，带菌菜苗、农具及暴风雨，均可传播。高温、高湿、连作或偏施氮肥发病重。

【绿色防控技术】

（1）轮作。与非十字花科蔬菜实行2~3年轮作。

（2）精选种子或种子消毒。从无病种株采种或播前种子消毒，可用50℃温水浸种20分钟，然后在冷水中降温，晾干后播种；或用种子重量1.5%的漂白粉，加少量水，将种子拌匀后放入容器中密闭16小时后播种。

（3）加强栽培管理和虫害防治。适时播种，适期蹲苗，避免过旱过涝，及时防治地下害虫。

（4）药剂防治。发病初期及时拔除病株，每667平方米用77%氢氧化铜可湿性粉剂70克、20%噻菌铜悬浮剂80克，对水50~60千克，重点喷施植株基部，防治2~3次，用药间隔7~10天。

## 甘蓝霜霉病

### 【症状特征】

主要为害叶片。病斑初为淡绿色，逐渐变为黄色至黄褐色，或暗黑色至紫褐色，中央略带黄褐色稍凹陷斑，因受叶脉限制而呈多角形或不规则形，直径5~10毫米。湿度大时叶背或叶面生稀疏白色霉状物，即病菌孢囊梗及孢子囊。发病重的，病斑连成片，致叶片干枯，很易流行成灾。

### 【病原】

*Peronospora parasitica*（Pers.）Fr.，异名：*P. brassicae* Gaumann，称寄生霜霉，属藻物界卵菌门。菌丝无色，不具隔膜，蔓延于细胞间，靠吸器伸入细胞里吸入水分和营养，吸器圆形至梨形或棍棒状。从菌丝上长出的孢囊梗自气孔伸出，单生或2~4根束生，无色，无分隔，主干基部稍膨大，作重复的两叉分枝，顶端2~5次分枝，全长154.5~515微米，主轴和分枝成锐角，顶端的小梗尖锐、弯曲，每端长一个孢子囊。孢子囊无色，单胞，长圆形至卵圆形，大小（19.8~30.9）微米 ×（18~28）微米，萌发时多从侧面产生芽管，不形成游动孢子。卵孢子球形，单胞，黄褐色，表面光滑，大小27.9~45.3微米，卵球直径12.4~27.5微米，胞壁厚，表面皱折或光滑，抗逆性强，条件适宜时，可直接产生芽管进行侵染。该菌系专性寄生菌，只能在活体上存活，且具明显的生理分化现象。孢子囊最适温度8~12℃，孢子囊萌发适温7~13℃，最高25℃，最低3℃，侵染适温16℃，菌丝在植株体内生长发育最适温度20~24℃；卵孢子在10~15℃，相对湿度70%~75%条件下易形成。

### 【发病规律】

病菌以卵孢子在病残体、土壤中或黏附在种子表皮上越冬，棚室也可在其他寄主上为害过冬。土壤中的病菌萌发后直接侵染幼苗或其他十字花科植物，产生大量孢子囊，借风雨、气流传播蔓延。进入雨季，雨日多、结露持续时间长易发病。品种间抗病性有差异。

**【绿色防控技术】**

（1）选用抗病品种。如冬甘2号等。

（2）精选种子或种子消毒。选无病株留种，或播种前用种子重量0.3%的25%甲霜灵可湿性粉剂拌种。

（3）栽培防病。适期、适时早播；实行2年以上轮作；前茬收获后清除病叶，及时深翻，施足腐熟有机肥；早间苗，晚定苗，适期蹲苗。

（4）药剂防治。发现中心病株后每667平方米用75%百菌清可湿性粉剂100~140克，或50%霜脲·锰锌可湿性粉剂120克、25%嘧菌酯悬浮剂34克、50%烯酰吗啉可湿性粉剂30克，对水40~50千克均匀喷雾，防治2~3次，用药间隔7~10天。

## 甘蓝黑胫病

**【症状特征】**

苗期发病，子叶、幼茎和真叶均出现灰色病斑，圆形或椭圆形，上散生黑色小粒点。茎基部因溃疡容易折断，最后导致全株枯死。病苗移栽后，向茎基和根部蔓延，形成黑紫色条斑。成株期叶部病斑与苗期相同，并在主根和侧根上生紫色条斑，使根部发生腐朽，或从病茎处折倒。发病重时植株外部叶片产生带有黑粒点的病斑，或变黄后凋萎。贮藏期发病，叶球可发生干腐症状。将病茎或根部纵切，可见到变黑的维管束。

**【病原】**

*Phoma lingam*（Tode et Schw.）Desm.，称黑胫茎点霉，属真菌界半知菌类。分生孢子器埋生寄主表皮下，深黑褐色，直径100~400微米。分生孢子长圆形，无色透明，内含2油球，大小（3.5~4.5）微米 ×（1.5~2）微米。

**【发病规律】**

病原菌以菌丝体在种子、土壤及农家肥中，或十字花科蔬菜留种株上越冬，菌丝体在土中可存活2~3年。病菌由雨水或昆虫传播，种子带菌由幼苗子叶直接侵染引起发病。苗期环境潮湿发病重；成株期多雨天潮湿闷热，或降雨后气温高，均容易引起病害流行。

**【绿色防控技术】**

（1）选用四季39等抗黑胫病菌的品种。

（2）轮作。与非十字花科蔬菜实行3年以上轮作。

（3）选种或种子消毒。从无病株上选留种子，或采用50℃温水浸种20分钟，或用种子重量0.4%的50%琥胶肥酸铜可湿性粉剂拌种。

（4）苗床土壤处理。每平方米用35%福·甲可湿性粉剂8克拌入40千克细土，将1/3药土撒在畦面上，播种后再把其余2/3药土覆在种子上。

（5）及时防治地下害虫。

（6）药剂防治。发病初期每667平方米用75%百菌清可湿性粉剂100~140克，或50%霜脲·锰锌可湿性粉剂120克、25%嘧菌酯悬浮剂34克、50%烯酰吗啉可湿性粉剂30克、50%醚菌酯干悬浮剂20克对水40~50千克均匀喷雾，防治2~3次，用药间隔7~10天。

## 甘蓝软腐病

### 【症状特征】

发病一般始于结球期，初在外叶或叶球基部出现水浸状斑，植株外层包叶中午萎蔫，早晚恢复，数天后外层叶片不再恢复，病部开始腐烂，叶球外露或植株基部逐渐腐烂成泥状，或塌倒溃烂，叶柄或根茎基部的组织呈灰褐色软腐，严重的全株腐烂，病部散发出恶臭味，别于黑腐病。

### 【病原】

*Erwinia carotovora* subsp. *carotovora*（Jones）Bergey et al.，异名：*Erwinia aroideae*（Towns.）Holland，称胡萝卜软腐欧文氏菌胡萝卜软腐致病型，属细菌界薄壁菌门。此菌在培养基上的菌落灰白色，圆形或不定形。菌体短杆状，大小（0.5~1.0）微米×（2.2~3.0）微米，周生鞭毛2~8根，无荚膜，不产生芽孢，革兰氏染色阴性。本菌生长发育最适温度25~30℃，最高40℃，最低2℃，致死温度50℃经10分钟，在pH值5.3~9.2均可生长，其中，pH值7.2最适，不耐光或干燥，在日光下曝晒2小时，大部分死亡，在脱离寄主的土中只能存活15天。通过猪的消化道后全部死亡。本菌除为害十字花科蔬菜外，还侵染茄科、百合科、伞形科及菊科蔬菜。

### 【发病规律】

主要在田间病株、窖藏种株或土中未腐烂的病残体及害虫体内越冬，病原细菌在含水量20%~28%土壤中，可存活50~60天，通过雨水、灌溉水、带菌肥料、昆虫等传播，从菜株的伤口侵入。由于软腐病菌寄主广，经潜伏繁殖后，引起生育期或贮藏期发病。该病从春到秋在田间辗转为害，其发生与田间害虫和人为或自然造成伤口多少及黑腐病等有关，伤口是该病侵入的主要途径。生产上久旱遇雨，或蹲苗过度，浇水过量、地下害虫多都会造成伤口而发病。反季节栽培时遇高温季节发病重。

**【绿色防控技术】**

（1）清洁田园。播种或移栽前及收获后清除田间及四周杂草，集中烧毁或沤肥。深翻地灭茬，促使病残体分解，减少病源和虫源。

（2）轮作。与非本科作物轮作，水旱轮作最好。

（3）种子消毒。选用无病、包衣的种子，如未包衣则种子须用拌种剂或浸种剂灭菌。浸种：用3%中生菌素可湿性粉剂100倍液15毫升浸拌200克种子，吸附后阴干，催芽播种。

（4）栽培管理。高畦栽培，选用排灌方便的田块，开好排水沟，降低地下水位，达到雨停无积水；大雨过后及时清理沟系，防止湿气滞留，降低田间湿度，这是防病的重要措施。

（5）及时防治害虫，减少植株伤口，减少病菌传播途径。

（6）药剂防治。发病初期及时清除病叶、病株，带出田外烧毁，病穴施药或生石灰消毒。每667平方米用77%氢氧化铜可湿性粉剂70克对水50~60千克，或3%中生菌素可湿性粉剂800倍液，重点喷施植株基部，防治2~3次，用药间隔7~10天。

## 甘蓝菌核病

**【症状特征】**

主要为害茎基部、叶片或叶球，受害部初呈边缘不明显的水浸状淡褐色不规则形斑，后病组织软腐，生白色或灰白色棉絮状菌丝体，并形成黑色鼠粪状菌核。茎基部病斑环茎一周后致全株枯死。采种株多在终花期受害，除侵染叶、荚外，还可引起茎部腐烂和中空，或在表面及髓部生絮状菌丝及黑色菌核，晚期致茎折倒。花梗染病，病部白色或呈湿腐状，致种子瘦瘪，内生菌丝或菌核，病荚易早熟或炸裂。

**【病原】**

*Sclerotina sclerotiorum*（Libert）de Bary，称核盘菌，属真菌界子囊菌门。菌丝无色、纤细、具隔，菌核长圆至不规则形，成熟后为黑色，形状及大小与着生部位有关，菌核萌发产生1~50个子囊盘，一般4~5个。子囊盘初为杯状，直径2~8毫米，大的可达14毫米，淡黄褐色，盘下具柄，柄长受菌核埋在土层中深度影响，短的仅几毫米，长的可达70毫米。子囊排列在子囊盘表面，棍棒状，内含8个子囊孢子。子囊孢子椭圆形或梭形，无色，单胞，大小（8.7~13.6）微米 ×（4.9~8.1）微米。

**【发病规律】**

病菌主要以菌核留在土壤中或混杂在种子中越冬、越夏，多在冬春季萌发。

萌发的菌核产生子囊盘，盘中的孢子成熟后弹射出来借气流传播。病菌发育适温20℃，最高30℃，最低0℃。菌丝不耐干燥，相对湿度高于85%发育良好，低于70%病害扩展明显受阻；菌核在干燥的土中可存活3年多，在潮湿的土中只能存活1年，在水中经1个月即腐烂死亡。栽培条件对该病发生影响较大，一般排水不良、通透性差、偏施氮肥或遇霜害、冻害或肥害的田块发病重。

【绿色防控技术】

（1）种子处理。用10%盐水汰除混在种子中的菌核，清水洗种，晾干播种，以减少初侵染源。

（2）加强栽培管理。与非十字花科作物进行2~3年轮作，与水田轮作最好。播前或收后翻耕土地，把菌核埋于表土10厘米以下。施足基肥，合理施用氮肥，小水勤浇，雨后及时排水。

（3）药剂防治。发病初期用50%异菌脲可湿性粉剂1 000倍液，或50%乙烯菌核利可湿性粉剂800倍液、50%腐霉利可湿性粉剂1 500倍液均匀喷雾，连续防治2~3次，用药间隔7~10天。

## 甘蓝细菌性黑斑病

【症状特征】

叶、茎、花梗或种荚均可染病。染病时，叶片上生大量小的具淡褐至发紫边缘的小斑，直径很小，大的可达0.4厘米，当坏死斑融合后形成大的不整齐的坏死斑，可达1.5~2厘米以上。病斑最初大量出现在叶背面，每个斑点发生在气孔处。病菌还可为害叶脉，致叶片生长变缓，叶面皱缩，进一步扩展，引起叶片脱落。

【病原】

*Pseudomonas syringae* pv. *maculicola*（McCulloch）Young, Dye et Wilkie, 称丁香假单胞菌斑点致病变种，属细菌界薄壁菌门。菌体短杆状，两端圆，具1~5根极生鞭毛，大小（1.3~3.0）微米 ×（0.7~0.9）微米。此菌发育适温25~27℃，最高29~30℃，最低0℃，48~49℃经10分钟致死，适应酸碱度pH值6.1~8.8，最适pH值为7。

【发病规律】

病菌主要在种子上或土壤及病残体上越冬，在土壤中可存活1年以上，随时均可侵染。雨后易发病。

【绿色防控技术】

（1）轮作。与非十字花科蔬菜进行2年以上轮作。

（2）清洁田园。收获后，及时清除病残物，集中深埋或烧毁，以减少下年菌源。

（3）种子处理。建立无病留种地，可用种子重量0.4%的50%琥胶肥酸铜可湿性粉剂拌种后播种。

（4）药剂防治。发现少量病株及时拔除，于发病初期喷洒20%叶枯唑可湿性粉剂800倍液，或53.8%氢氧化铜可湿性粉剂800倍液、10%苯醚甲环唑水分散粒剂2 000倍液。

## 甘蓝灰霉病

### 【症状特征】

在苗期、成株期均可发生。苗期染病，幼苗呈水浸状腐烂，上生灰色霉层。成株染病多从距地面较近的叶片始发。初为水浸状，湿度大时病部迅速扩大，呈褐色至红褐色，上生灰色霉层。病株茎基部腐烂后，引致上部茎叶凋萎，且从下向上扩展，或从外叶延至内层叶，致结球叶片腐烂，其上常产生黑色小菌核。贮藏期易染病，引起水浸状软腐，病部遍生灰霉，后产生小的近圆形黑色菌核。

### 【病原】

*Botrytis cinerea* Pers. : Fr.，称灰葡萄孢，属真菌界半知菌类。无性阶段的分生孢子梗长，色淡，较细，具分枝，分枝末端略膨大呈球形，其上布满短的小梗，小梗上生分生孢子，似葡萄状，分生孢子色淡，聚集在一起则为灰色，孢子卵圆形，单胞。

### 【发病规律】

主要以菌核随病残体在地上越冬，翌春环境适宜时，菌核萌发产生菌丝，菌丝上长出分生孢子梗及分生孢子，分生孢子借气流或雨水传播，产出芽管侵入寄主为害，又在病部产生分生孢子进行再侵染，当遇到恶劣条件时，又产生菌核越冬或越夏。当气温20℃，相对湿度连续保持在90%以上，病害易发生和流行。

### 【绿色防控技术】

（1）加强保护地或露地田间管理，严密注视棚内温度，降低棚内及地面湿度。

（2）棚、室栽培于发病初期采用烟熏法或粉尘法，如施用10%腐霉利烟剂，每667平方米1次200~250克。或喷撒6.5%甲霉灵粉尘剂或5%春雷·王铜粉尘剂每667平方米1次1千克。

（3）棚室或露地发病初期及时喷洒50%腐霉利可湿性粉剂1 500倍液，或50%异菌脲可湿性粉剂1 000倍液，每667平方米喷药液50~60千克，隔7~10天1次，连续防治2~3次。或每667平方米用50%乙烯菌核利可湿性粉剂100克，或25%嘧菌酯悬浮剂34克对水喷雾。二者交替使用，连喷3~4次，施药间隔7~10天。

# 三、菠菜病害

## 菠菜霜霉病

### 【症状特征】

主要为害叶片。病斑初呈淡绿色小点，边缘不明显，扩大后呈不规则形，大小不一，直径 3~17 毫米，叶背病斑上产生灰白色霉层，后变灰紫色。病斑从植株下部向上扩展，干旱时病叶枯黄，湿度大时多腐烂，严重的整株叶片变黄枯死，有的菜株呈萎缩状，多为冬前系统侵染所致。

### 【病原】

*Peronospora farinosa*（Fries）Fries，称粉霜霉，异名：*Peronospora affusa*（Grev.）Ces.，称散展霜霉，属藻物界卵菌门。孢囊梗从气孔伸出，大小为（170~307）微米 ×（6~10）微米，长成两叉式分枝。孢囊梗分枝与主轴成锐角，3~6 次分枝，末端小梗短而尖，无色，主轴无隔膜。孢子囊卵生，顶生，无乳突，半透明，单胞，大小（18~34）微米 ×（16~24）微米。卵孢子黄褐色，球形，具厚膜，大小 24~38 微米。

### 【发病规律】

病菌以菌丝在被害的寄主和种子上或以卵孢子在病残叶内越冬，翌春产出分生孢子，借气流、雨水、农具、昆虫及农事操作传播蔓延。孢子萌发产生芽管由寄主表皮或气孔侵入，后在病部产生孢子囊，在田间进行再侵染。分生孢子形成适温 7~15℃；萌发适温 8~10℃，最高 24℃，最低 3℃。气温 10℃，相对湿度 85% 的低温高湿条件下，或种植密度过大，积水及早播发病重。

### 【绿色防控技术】

（1）早春在菠菜田内发现系统侵染的萎缩株，要及时拔除，携出田外烧毁。

（2）重病地应实行 2~3 年轮作，加强栽培管理，做到密度适当，科学灌水，降低田间湿度。

（3）药剂防治。发病初期每 667 平方米用 50% 醚菌酯干悬浮剂 17 克，或 25% 嘧菌酯悬浮剂 34 克对水喷雾，施药间隔 7~10 天。

## 菠菜斑点病

### 【症状特征】

主要为害叶片。叶片染病，初呈退色圆形斑，中央淡褐色，稍凹陷，边缘褐色，稍隆起，直径约 4 毫米，其上可长出黑褐色霉层。

**【病原】**

*Cladosporium variabile*（Cooke）de Vries，称变异芽枝孢，属真菌界半知菌类。分生孢子梗生在叶面，每束 1~3 根，曲折，孢痕明显。一般每节具孢痕两个，淡榄褐色，先端色较淡，具横隔膜 0~6 个，大小（18.6~217.6）微米 ×（3.4~6.1）微米。分生孢子短杆状至长卵状或倒棒状，淡榄褐色，具横隔膜 1~5 个，表面有密集的微刺，大小（8.5~40.8）微米 ×（5.1~10.2）微米。

**【发病规律】**

病菌以菌丝体潜伏在病部越冬，以分生孢子进行初侵染和再侵染，靠气流传播蔓延。天气温暖多雨或田间湿度大，或偏施过施氮肥发病重。

**【绿色防控技术】**

（1）收获后，清除田间及四周杂草，集中烧毁或沤肥；深翻地灭茬、晒土，促使病残体分解，减少病源。

（2）合理密植，适量灌水，雨后及时排水。

（3）发病初期喷施 50% 甲基硫菌灵可湿性粉剂，或 50% 混杀硫（甲基硫菌灵加硫磺）悬浮剂 500 倍液、40% 多·硫悬浮剂 600 倍液。


## 菠菜炭疽病

**【症状特征】**

主要为害叶片及茎。叶片染病，初生淡黄色污点，逐渐扩大成灰褐色圆形或椭圆形病斑，具轮纹，中央有小黑点；采种株染病，主要发生于茎部，病斑梭形或纺锤形，其上密生黑色轮纹状排列的小粒点，即病菌分生孢子盘。

**【病原】**

*Colletotrichum spinaciae* Ell. et Halst.，称菠菜炭疽菌，属真菌界半知菌类。分生孢子盘上长有针状淡黑色刚毛，具隔膜 2~3 个，基部屈曲，大小（72~142）微米 ×（4~5）微米。分生孢子梗单胞，无色。分生孢子稍弯曲，无色，大小（14~25）微米 ×（3~4）微米。适温 24~29℃，最高 34℃，最低 5℃。

**【发病规律】**

病菌以菌丝在病组织内或黏附在种子上越冬，成为翌年初侵染源。春天条件合适时，产生的分生孢子借风雨传播，由伤口或直接穿透表皮侵入，经几天潜育又开始产生分生孢子盘或分生孢子进行再侵染。雨水多、地势低洼、排水不良、栽培过密、株行间郁蔽不通风透光、湿度大、浇水多、秋季多雨、多雾、重露或寒流来早时发病重。

【绿色防控技术】

（1）轮作。与其他蔬菜实行3年以上轮作。

（2）选用无病种子。从无病地或无病株上采种，种子用55℃温水浸20分钟后捞出，立即放入冷水中冷却，晾干后播种。

（3）加强栽培管理。选用排灌方便的田块，开好排水沟，降低地下水位，达到雨停无积水；大雨或大雪过后及时清理沟系，防止湿气滞留，降低田间湿度，这是防病的重要措施。合理密植，浇水适宜，防止大水漫灌；施足有机肥，追施复合肥料，使菠菜生长良好；加强通风，降低湿度；及时把病残体清除干净，减少病菌在田间传播。采用测土配方施肥技术，适当增施磷钾肥，加强田间管理，培育壮苗，达到"冬壮、早发、早熟"，增强植株抗病力，有利于减轻病害。

（4）药剂防治。发病初期用80%炭疽福美可湿性粉剂600~800倍液，或40%多丰农可湿性粉剂400~500倍液、50%拌种双可湿性粉剂400~500倍液，2%嘧啶核苷类抗菌素水剂200倍液，隔6~7天喷1次，连喷2~3次。也可用8%克炭灵粉尘剂，每667平方米喷1千克。

## 菠菜病毒病

【症状特征】

菠菜矮花叶病毒侵染表现病株畸形，叶片出现深绿与浅绿或黄色相间的花叶，叶片变小，植株严重矮缩。菠菜坏死型病毒侵染，导致成株期发病，病株叶片上有坏死斑，甚至心叶坏死，导致全株死亡。黄瓜花叶病毒侵染表现为叶形细小，畸形或缩节丛生。芜菁花叶病毒侵染，叶片形成浓淡相间斑驳，叶缘上卷。甜菜花叶病毒侵染表现明脉和新叶变黄，或产生斑驳，叶缘向下卷曲。

【病原】

菠菜矮花叶型病毒病病原为蚕豆萎蔫病毒一株系（*Broad bean wilt virus* 简称BBWV），菠菜坏死型病毒病病原为黄瓜花叶病毒（CMV）、芜菁花叶病毒（TuMV）和甜菜花叶病毒（BtMV）单独或复合侵染引起。黄瓜花叶病毒和芜菁花叶病毒形态见黄瓜病毒病。甜菜花叶病毒，粒体线条状，大小730纳米×12纳米，稀释限点1 000倍，体外存活期24~48小时，致死温度55~60℃。主要由桃蚜和豆蚜或汁液接触传病。

【发病规律】

病毒在菠菜及菜田杂草上越冬，由桃蚜、萝卜蚜、豆蚜、棉蚜等进行传播蔓延。在田间，黄瓜花叶病毒和芜菁花叶病毒往往混合发生为害，形成相应的症状。春旱和秋旱年份，根茬或风障菠菜及早播地、窝风处或靠近萝卜、黄瓜地发生重。

此外可通过汁液摩擦及农事操作传毒。

**【绿色防控技术】**

（1）地块选择。选择通风良好，远离萝卜、黄瓜的地块。

（2）田间管理。铲除田间杂草，彻底拔除病株。遇有春旱或秋旱要多浇水，可减少发病。

（3）防治蚜虫。田间铺、挂银灰膜条避蚜。在传毒蚜虫迁入菠菜地的始期和盛期，及时喷药剂杀灭蚜虫。

（4）药剂防治。发病初期喷洒 5% 菌毒清水剂 500 倍液，或 0.5% 抗毒剂 1 号水剂 300 倍液、20% 吗啉胍·乙铜可湿性粉剂 400~600 倍液、10% 混合脂肪酸（83 增抗剂）50~80 倍液、8% 宁南霉素水剂 200 倍液。隔 10 天左右 1 次，视病情防治 1~2 次。

# 四、芹菜病害

## 芹菜叶斑病

**【症状特征】**

芹菜叶斑病在幼苗期、成株期均可发病，以成株受害较重，主要危害叶片，也能危害叶柄和茎。植株受害时，首先在叶边缘、叶柄处发病，逐步蔓延到整个叶片。病斑初为黄绿色水渍状小点，后扩展成近圆形或不规则形灰褐色坏死斑，边缘不明显，内部组织坏死后病部变薄呈半透明状，周缘深褐色，外围具黄色晕圈。病斑不受叶脉限制，严重时扩大汇合成大斑块，最终导致整个叶片变黄枯死。叶柄和茎受害时，病斑椭圆形，开始产生水渍状小斑，扩大后成暗褐色稍凹陷条斑，发生严重的全株倒伏。田间湿度大时，病部常长出灰白色霉层，即病菌的分生孢子梗及分生孢子。

**【病原】**

*Cercospora apii* Fres.，称芹菜尾孢，属真菌界半知菌类。子座仅由少数暗褐色球形细胞组成至球形，暗褐色，直径达 50 微米。分生孢子梗单生或 2~15 根簇生，浅褐色，不分枝，0~4 个曲膝状折点，2~7 个隔膜，大小（10~402）微米 ×（3.6~6.3）微米。胞痕明显加厚，宽 2.5~2.8 微米。分生孢子针形，无色，顶端尖细，基部平截形，具隔膜 3~30 个，大小（26.3~257.7）微米 ×（2.5~5.0）微米。

**【发病规律】**

病菌以菌丝体附着在种子或病残体上及病株上越冬，春季条件适宜，产生分生孢子，通过雨水飞溅、风及农具或农事操作传播，从气孔或表皮直接侵入。此菌发育适温 25~30℃。分生孢子形成适温 15~20℃，萌发适温 28℃。初侵染源主要为种子或残留病株，带菌种子可作远距离传播。

该病以夏秋发病重，高温多雨或高温干旱而夜间结露的情况下也易发病。大水漫灌、田间积水、排水不良及保护地栽培易发病。此外缺水缺肥、通风不良、植株长势弱等发病严重。

【绿色防控技术】

（1）种子消毒。播种前用 48℃温水浸种 30 分钟，捞出后晾干后再播种。

（2）农业防治。实行轮作可有效减轻病害。浇水时勿大水漫灌，发病后要控制浇水量。保护地栽培要注意通风排湿，白天温度控制在 15~20℃，夜间温度控制在 10~15℃，缩小日夜温差，减少叶面结露。随时摘除病叶，带出田外烧毁或深埋，以减少病源，控制病害蔓延。

（3）药剂防治。发病初期及时喷药防治，每 667 平方米用 10% 苯醚甲环唑水分散粒剂 34 克或 25% 嘧菌酯悬浮剂 34 克对水喷雾，或用 50% 异菌·福美双可湿性粉剂 600~800 倍液、50% 异菌脲可湿性粉剂 500~600 倍液喷雾。每 7 天 1 次，连续防治 3~4 次。保护地栽培的，可用 5% 百菌清粉尘剂每 667 平方米 1 000 克喷撒，或用 45% 百菌清烟剂每 667 平方米 200 克熏治。每 10 天左右 1 次，连续 2~3 次。

## 芹菜斑枯病

【症状特征】

芹菜斑枯病主要危害叶片，根据病斑大小可分为大斑型和小斑型。大斑型先发生在老叶上，再向新叶上扩展。叶上病斑圆形，初为淡黄色油浸状斑，后变为淡褐色或褐色，边缘明显，病斑上散生少数小黑点，即为分生孢子器。危害严重时，全株叶片变为褐色干枯状，并累及茎及叶柄受害。病斑均呈长圆形，稍凹陷，中央密生黑色小粒点。小斑型病斑中央黄白色或灰白色，边缘聚生有很多黑色小粒点，病斑边缘黄色，大小不等。叶柄或茎部上的病斑为褐色，长圆形稍凹陷，中部散生黑色小点。

【病原】

*Septoria apiicola* Speg，称芹菜生壳针孢，属真菌界半知菌类。分生孢子器生于表皮组织下，大小（87~155.4）微米 ×（25~56）微米，遇水从分生孢子器孔口溢出大量孢子角和器孢子。器孢子无色透明，长线形，顶端较钝，具隔膜 0~7 个，多为 3 个，大小（35~55）微米 ×（2~3）微米。该菌分生孢子萌发时，隔膜增多或断裂成若干段，每段均能产出芽管。菌丝体和分生孢子致死温度 9~28℃，该菌

在低温下生长较好，发育适温 20~27℃，高于 27℃生长发育趋缓。它只侵害芹菜。

【发病规律】

主要以菌丝体在种皮内或病残体上越冬，且存活 1 年以上。播种带菌种子，出苗后即染病，产出分生孢子，在育苗畦内传播蔓延。在病残体上越冬的病原菌，遇适宜温、湿度条件，产出分生孢子器和分生孢子，借风、雨水飞溅将孢子传到芹菜上。孢子萌发产出芽管，经气孔或直接穿透表皮侵入，经 8 天潜育，病部又产出分生孢子进行再侵染。病菌在冷凉和高湿条件下易发生，气温 20~25℃，湿度大时发病重。此外，连阴雨或白天干燥，夜间有雾或露水及温度过高、过低，植株抵抗力弱时发病重。

【绿色防控技术】

（1）选用抗病品种。

（2）种子消毒。可采用 48~50℃温水浸种 30 分钟，边浸边搅拌，后移入冷水中冷却，晾干后播种。

（3）加强栽培管理。重病田与其他蔬菜实行 2~3 年轮作。除施足底肥外，应及时追肥，促成壮苗。防止大水漫灌，雨后应注意排水。保护地栽培，要注意降温排湿，白天控温 15~20℃，高于 20℃要及时放风，夜间控制在 10~15℃，缩小日夜温差，减少结露。发病初期应摘除病叶和底部老叶，收获后清除病残体，并进行深翻。

（4）药剂防治。发病初期及时进行药物防治。药剂可选用 10% 苯醚甲环唑水分散粒剂每 667 平方米 34 克对水喷雾，或用 75% 百菌清可湿性粉剂 600 倍液、60% 琥铜·乙膦铝可湿性粉剂 500 倍液、64% 噁霜·锰锌可湿性粉剂 500 倍液、40% 硫磺·多菌灵悬浮剂 500 倍液喷雾防治，每 7~10 天 1 次，连续防治 2~3 次。保护地栽培的，使用 45% 百菌清烟剂每 667 平方米 200~250 克熏治。

## 芹菜灰霉病

【症状特征】

芹菜灰霉病是近年棚室保护地新发生的病害。一般局部发病，开始多从植株有结露的心叶或下部有伤口的叶片、叶柄或枯黄衰弱的外叶缘先发病，初为水渍状，后期病部软化、腐烂或萎蔫，病部长出灰色霉层，即病菌分生孢子梗和分生孢子。长期高湿条件下易导致整株腐烂。

【病原】

*Botrytis cinerea* Pers. :Fr.，称灰葡萄孢，属真菌界半知菌类。分生孢子梗数根丛生，直立或稍弯曲，（100~300）微米 ×（11~14）微米，淡褐色，有隔膜，顶端

具1~2次分枝，分枝的末端膨大，呈棒头状，上密生小梗，聚生大量分生孢子。分生孢子卵圆形，无色至浅灰褐色，单胞，大小（9~16）微米×（6~10）微米。有性态为 *Botryotinia fuckeliana*（de Bary）Whetze，称富氏葡萄核盘菌，属真菌界子囊菌门。

**【发病规律】**

病菌主要以菌核在土壤中或以菌丝及分生孢子在病残体上越冬或越夏。翌春条件适宜，菌核萌发，产生菌丝体和分生孢子梗及分生孢子。分生孢子成熟后脱落，借气流、雨水或露珠及农事操作进行传播，萌发时产出芽管，从寄主伤口或衰老的器官及枯死的组织上侵入，发病后在病部又产生分生孢子，借气流传播进行再侵染。本菌为弱寄生菌，可在有机物上腐生。发育适温20~23℃，最高31℃，最低2℃。对湿度要求很高，一般12月至翌年5月，气温20℃左右，相对湿度持续90%以上的多湿状态易发病。

**【绿色防控技术】**

（1）农业防治。加强管理，控制湿度。浇水宜在上午进行，发病初期适当节制浇水，并加强通风，以防结露。

（2）生态防治。因灰霉病菌分生孢子不耐高温，在31℃以上高温时，萌发速度减缓，产孢推迟，产孢量降低。可以通过变温管理实现生态防治。具体操作是：晴天上午晚放风，使棚温迅速升高，当棚温升至33℃，再开始放顶风。当棚温降至25℃以上，中午继续放风，使下午棚温保持在25~20℃；棚温降至20℃关闭通风口，以减缓夜间棚温下降，夜间棚温保持15~17℃；阴天打开通风口换气。

（3）药剂防治。①保护地可施用15%腐霉利烟剂，每667平方米200克或3%噻菌灵烟剂，每100立方米用量50克（1片）；45%百菌清烟剂，667平方米250克熏1夜，隔7~8天1次。也可于傍晚喷撒5%百菌清粉尘剂，667平方米用量1千克，隔10天1次，视病情注意与其他杀菌剂交替使用。②发病初期喷洒50%福·异脲可湿性粉剂800倍液，或50%腐霉利可湿性粉剂1 000~1 500倍液、45%噻菌灵悬浮剂1 000倍液、50%异菌脲可湿性粉剂1 000倍液、40%嘧霉胺悬浮剂1 200倍液、28%百·霉威可湿性粉剂500~600倍液，隔7~10天1次，连续防治3~4次。由于灰霉病菌易产生抗药性，应尽量减少用药量和施药次数，必须药物防治时，要注意轮换或交替及混合使用。抗性严重的地区可选用65%甲霉灵（甲硫菌·霉威）可湿性粉剂1 500倍液或50%多霉灵（多·霉威）可湿性粉剂1 000~1 500倍液，隔14天1次，连续防治2~3次。

### 芹菜菌核病

**【症状特征】**

为害芹菜靠近地面的叶柄基部或根颈部。受病部位初呈褐色水浸状，湿度大时出现软腐，表面生出白色菌丝，最后形成鼠粪状菌核。

**【病原】**

*Sclerotinia sclerotiorum*（Lib.）de Bary，称核盘菌，属真菌界子囊菌门。由菌核生出 1~9 个盘状子囊盘，初为淡黄褐色，后变为褐色。生有很多平行排列的子囊及侧丝。子囊椭圆形或棍棒形，无色，大小（91~125）微米 ×（6~9）微米；子囊孢子单胞，椭圆形，排成 1 行，大小（9~14）微米 ×（3~6）微米。

**【发病规律】**

病原以菌核在土壤中或混杂在种子中越冬，成为翌年初侵染源。子囊孢子借风雨等传播，侵染老叶或花瓣。田间再侵染多通过菌丝进行。菌丝的侵染和蔓延有两个途径：一是脱落的带病组织与叶片、茎接触菌丝蔓延其上；二是病健组织的直接接触或间接接触传播。该病在低温潮湿环境条件下易发生，菌核萌发的温度范围为 5~20℃，其最适温度为 15℃。相对湿度在 85% 以上时，有利于该病的发生与流行。

**【绿色防控技术】**

（1）种子消毒。种子处理可用 10% 的盐水选种，以除去菌核。经盐水选过的种子，须用清水洗净后晾干备播。

（2）农业防治。从无病地或无病株上采种。可与葱蒜类作物实行轮作倒茬。用无病土培育壮苗，增施磷、钾肥。深翻土地，采用地膜覆盖栽培。保护地注意通风降湿，及时清除病株。棚室内湿度达到 85% 以上时，棚温可控制在 22~25℃；如果湿度不大，棚温可控制在芹菜生长最适宜的 15~20℃ 范围内；棚内夜温不要超过15℃。棚室内杜绝大水漫灌，更不要造成畦内积水。

（3）药剂防治。发病初期及时喷药防治，可选用 40% 菌核净可湿性粉剂 1 000 倍液，或 50% 腐霉利可湿性粉剂 1 000~1 500 倍液、70% 甲基硫菌灵可湿性粉剂 1 000~1 500 倍液、50% 多菌灵可湿性粉剂 500 倍液，每 7~8 天 1 次，连续 2~3 次。保护地栽培的，也可每 667 平方米用 45% 百菌清烟剂或 10% 腐霉利烟剂 250 克熏治。

### 芹菜黑腐病

**【症状特征】**

主要为害根茎部和叶柄基部，多发生在近地面处，有的也侵染根部，染病后受害部先变灰褐色，扩展后变为黑褐色，严重时受害部位变黑腐烂，叶片萎蔫而死。病部生出许多小黑点，即载孢体——分生孢子器。

**【病原】**

*Phoma apiicola* Kleb.，称芹菜生茎点霉，属真菌界半知菌类。载孢体球形，初埋生后突破表皮，器壁褐色，膜质，孔口圆形。分生孢子长椭圆形，单胞无色，大小（3~3.8）微米 ×（1~1.6）微米。

**【发病规律】**

该菌主要以菌丝附在病残体或种子上越冬。翌年播种带病的种子，长出幼苗即猝倒枯死，病部产生分生孢子借风雨或灌溉水传播，孢子萌发后产生芽管从寄主表皮侵入进行再侵染，生产上移栽病苗易引起该病流行。

**【绿色防控技术】**

（1）选用抗病品种。如冬芹、美芹、文图拉芹和上海大芹等品种。

（2）实行轮作。对重茬重病地块实行 2~3 年轮作，最好水旱轮作。

（3）种子消毒。用 48℃温水浸 20~30 分钟后移入冷水中冷却，捞出晾干再播种。

（4）加强栽培管理。采用高畦栽培，开好排水沟，避免畦沟积水，勤浇浅灌，防止大水漫灌及雨后田间积水，避免田间湿度过大。合理施肥，增施磷、钾肥，避免偏施多施氮肥。合理密植，田间芹菜株距 5~7 厘米较适宜。及时清理田间病残体，清除病源。

（5）药剂防治。发病初期喷洒 56% 氧化亚铜水分散粒剂 800~1 000 倍液，或 70% 甲基硫菌灵可湿性粉剂 700 倍液、50% 多菌灵可湿性粉剂 600 倍液、50% 苯菌灵可湿性粉剂 1 500 倍液、30% 氧氯化铜悬浮剂 800 倍液、30% 碱式硫酸铜悬浮剂 400 倍液、40% 百菌清悬浮剂 600 倍液防治。每 7~10 天 1 次，连续 2~3 次。喷施时应注意将药液喷在植株基部。

## 芹菜黑斑病

**【症状特征】**

主要为害叶片。叶片发病初期，出现水渍状浅褐色小斑点，后发展成近圆形坏死病斑，黄褐色至深褐色，边缘的颜色较深，清晰，病斑大小 6~8 毫米。病斑易开裂破碎，空气潮湿时中部产生稀疏的黑霉。

**【病原】**

*Alternaria tenuis* Nees，称细交链格孢，属真菌界半知菌类。分生孢子倒棍棒状，喙胞不明显或短，具横隔膜 3~4 个，有的仅有横隔膜无纵隔膜。

**【发病规律】**

病菌随病残体在土壤中越冬，在田间可通过气流或雨水传播。

**【绿色防控技术】**

（1）农业防治。调整好棚内温湿度，定植初期闷棚时间不宜过长，防止棚内湿度过大、温度过高。

（2）药剂防治。发病初期及时喷洒80%代森锰锌可湿性粉剂600倍液，或50%异菌脲可湿性粉剂1 000倍液、64%噁霜·锰锌可湿性粉剂500倍液，每10天左右1次，连续3~4次。保护地栽培的，在发病前或发病初期，每667平方米可用45%百菌清烟剂或10%腐霉利烟剂200~250克熏治，每7天1次，连续3次；或每667平方米喷撒5%百菌清粉剂1千克，每10天1次，连续2~3次。

## 芹菜立枯病

**【症状特征】**

多发生在育苗中期，发病初期幼苗白天萎蔫，夜间恢复。严重时病斑扩展到茎基部，造成茎收缩，地上部分枯死，但不倒伏。病苗根部或根颈部变为红褐色，发病严重时大量死苗。

**【病原】**

*Rhizoctonia solani* Kühn，称立枯丝核菌，属真菌界半知菌类；有性态为：*Thanatephorus cucumeris*（Frank）Donk，称瓜亡革菌，属真菌界担子菌门。*R. solani* 可分做十多个菌丝融合群，AG2-2引起根腐病，AG2-2的担孢子还可引起叶枯病。

**【发病规律】**

病原以菌丝体或菌核在土壤中越冬，在田间可通过水流、农具传播。播种过密、间苗不及时、温度过高均易诱发该病。

**【绿色防控技术】**

（1）种子消毒。播种前用种子重量0.2%的40%拌种双可湿性粉剂拌种。

（2）农业防治。种苗不能过密，注意排湿通风，畦面要经常撒些干细土，防止苗床或育苗盘高温高湿条件出现。苗期喷施浓度0.1%~0.2%磷酸二氢钾，可增强种苗抗病能力。

（3）药剂防治。育苗前，每平方米苗床可用50%多菌灵可湿性粉剂10克，加15千克细土拌匀，配成药土，1/3用作垫土，将种苗播在垫土上，2/3的药土做盖土，盖在种芽上。苗床中发现个别死苗时要及时拔除，并用75%百菌清可湿性粉剂700倍液做全床防治。

## 芹菜软腐病

### 【症状特征】

主要发生在叶柄基部或茎上，一般先从柔嫩多汁的叶柄组织开始发病，发病初期叶柄基部出现水浸状纺锤形或不规则形凹陷斑，以后病斑呈黄褐色或黑褐色，腐烂并发臭，干燥后呈黑褐色，最后只剩维管束，严重时生长点烂掉，甚至全株枯死。苗期主要表现是心叶腐烂坏死，呈"烧心"状。

### 【病原】

*Erwinia carotovora* subsp. *Carotovora*（Jones）Bergey et al.，称胡萝卜软腐欧氏杆菌胡萝卜软腐致病型，属细菌。此菌在培养基上的菌落灰白色，圆形或不定形；菌体短杆状，大小（0.5~1.0）微米 ×（2.2~3.0）微米，周生鞭毛 2~8 根，无荚膜，不产生芽孢，革兰氏染色阴性。本菌生长发育最适温度 25~30℃，最高 40℃，最低 2℃，致死温度 50℃经 10 分钟，在 pH 值 5.3~9.2 均可生长，其中，pH 值 7.2 最适，不耐光或干燥，在日光下暴晒 2 小时，大部分死亡，在脱离寄主的土中只能存活 15 天左右，通过猪的消化道后则完全死亡。本菌除为害伞形科蔬菜外，还侵染十字花科、茄科、百合科及菊科蔬菜。

### 【发病规律】

病原细菌在土壤中越冬，在田间可通过雨水或灌溉水传播。夏、秋季露地栽培较常见，冬季保护地发病更为严重。种植密度和土壤湿度过大、连作或与十字花科及茄科等蔬菜轮作、机械损伤或昆虫为害等条件下，芹菜容易发病。

### 【绿色防控技术】

（1）农业防治。实行 2 年以上轮作，轮作作物大麦、小麦、豆类和葱蒜类为宜，忌与十字花科、茄科及瓜类等蔬菜轮作。合理密植，起宽垄种植，以便于浇水和排水；发病期减少浇水或暂停浇水。播种或定植前提早深翻整地，改进土壤性状，提高肥力、地温，促进病残体腐解。栽植、松土或锄草时避免伤根，防止病原由伤口侵入。发现病株及时挖除并撒入石灰消毒。

（2）药剂防治。发病前或初期每 667 平方米用 77% 氢氧化铜可湿性粉剂 200克，或 3% 中生菌素可湿性粉剂 100 克、20% 噻菌铜悬浮剂 100 克对水喷雾防治。或喷洒 72% 农用硫酸链霉素可溶粉剂 3 000 倍液，或 1% 新植霉素可溶粉剂 4 000~5 000 倍液、14% 络氨铜水剂 350 倍液。每 7~10 天 1 次，连续 2~3 次。注意喷药时应以轻病株及其周围植株为重点，喷在接近地表的叶柄及茎基部上。重病田也可采用药液浇根的办法防病。

### 芹菜细菌性叶斑病

【症状特征】

从苗期到收获期均可发病，主要为害芹菜叶片，严重时也可为害茎秆。初期在叶片上形成淡褐色、水渍状、不规则小斑点，以后病斑发展受叶脉限制，逐渐发展呈多角形病斑。后期病斑颜色为深褐色，严重时叶片上的病斑可相互融合，导致叶片枯死。有时病斑沿叶脉发展，造成叶片扭曲畸形。

【病原】

*Pseudomonas cichorii*（Swingle）Stapp.，称菊苣假单胞杆菌，属细菌界薄壁菌门。菌体杆状，有单极生鞭毛 1~4 根，大小（0.2~3.5）微米 × 0.8 微米，革兰氏染色阴性、氧化酶反应阳性、精氨酸双水解酶阴性、金氏 B 平板上产生黄绿色荧光色素，菌落圆形，白色，不透明，边缘整齐，微凸，黏稠。能引起烟草过敏反应，不能使马铃薯腐烂，生长适温 30℃，41℃不生长；具硝酸还原作用。

【发病规律】

病原细菌可在杂草及其他作物上越冬，成为该病的初侵染源，除为害芹菜外，还可为害白菜、甘蓝、油菜、黄瓜、苋菜、龙葵、马齿苋等作物和杂草。该病发生与湿度密切相关，棚室或田间湿度大易发病和扩展，据观察，田间叶斑病的发生可能需借助风雨冲刷，使叶片呈水渍状利于叶片上的病原细菌侵入、繁殖而发病。

【绿色防控技术】

（1）种子消毒。用 48℃温水浸泡种子 30 分钟，捞出晾干后播种。温水浸种对芹菜种子发芽率稍有影响，因此播种量应增加 10%~20%。

（2）农业防治。前茬芹菜收获后，将病株、烂叶彻底清出田外并集中销毁。加强栽培管理，增强植株的抗病性。浇水时做好渠道规划，避免病原从有病田传到无病田。

（3）药剂防治。苗期防治是关键，可用 72%农用硫酸链霉素可溶粉剂 3 000 倍液、或 90%新植霉素可溶粉剂 4 000~5 000 倍液、14%络氨铜水剂 400 倍液、2%春雷霉素可湿性粉剂 500 倍液喷雾防治。每 7~10 天 1 次，防治 2~3 次。药剂应交替使用，以免产生抗药性。

### 芹菜病毒病

【症状特征】

全株染病。从苗期至成株期均可发病。幼苗发病，出现黄色花叶或系统花叶，发病早的所生嫩叶上出现斑驳或呈花叶状，病叶小，有的扭曲或变窄；叶柄纤细，植株矮化。成株期发病，病后表现的症状有叶片变色黄化、畸变，植株矮化等。通常叶片症状与植株矮化复合出现，以叶畸变引起的植株矮化最为严重。

【病原】

由黄瓜花叶病毒（*Cucumber mosaic virus* 简称 CMV）、芹菜花叶病毒（*Celery mosaic virus*，简称 CeMV）侵染引起。两种病原引起的花叶症状相似。CMV 特性见黄瓜病毒病。芹菜花叶病毒（CeMV）属马铃薯 Y 病毒科马铃薯 Y 病毒属。芹菜花叶病毒（CeMV）粒体线形，（750~800）纳米 × 13 纳米，寄主范围窄，主要侵染菊科、藜科、茄科中几种植物，病毒汁液稀释限点 100~1 000 倍，钝化温度 55~65℃，体外存活期 6 天。

【发病规律】

CMV 和 CeMV 在田间主要通过蚜虫传播，也可通过人工操作接触摩擦传毒。发生为害与季节和气温的变化关系十分密切。夏天高温季节 16~28℃发病率局部地区高达 100%。冬季 5~15℃除育苗地发病较高外，平均发病率较低。栽培管理条件差、干旱、蚜虫数量多的地块发病重。

【绿色防控技术】

（1）种子消毒。种子播前用 10% 磷酸三钠溶液浸种 40 分钟，然后水洗再催芽播种。

（2）农业防治。适度密植，保持田间通风透光，及时排水，增施有机肥，避免偏施氮肥。清洁田园，及早清除田间杂草及病残体，发现病株及时拔除，并集中销毁，以减少毒源。积极防治蚜虫。

（3）药剂防治。苗期喷施 10% 混合脂肪酸水乳剂 100 倍液。发病初期喷施 25% 吗胍·乙酸铜可湿性粉剂 500~800 倍液，或 2% 氨基寡糖素水剂 300 倍液、1.5% 的植病灵水剂 500~600 倍液、2% 宁南霉素水剂 150~250 倍液等抗病毒药剂，可一定程度上抑制病毒病的蔓延。

## 芹菜根结线虫病

【症状特征】

为害根部，表现为植株生长发育受阻，颜色不正常，湿度大时，植株萎蔫。幼苗期主要侵害主根，成株期多侵害幼嫩侧根和细根。在根部形成大小不等、链珠状或葫芦状肿瘤，初为乳白色至乳黄色，以后变褐腐烂。

【病原】

*Meloidogyne incognita*（Kofoid and White）Chitwood，南方根结线虫和 *M.javanica* Treub.，爪哇根结线虫，属动物界线虫门。成虫雌雄异形，幼虫呈细长蠕虫状。雄成虫线状，尾端钝圆，无色透明，大小（1.0~1.5）毫米 ×

（0.03~0.04）毫米；雌成虫梨形，每头可产卵 300~800 粒，多埋藏于寄主组织内，大小（0.44~1.59）毫米 ×（0.26~0.81）毫米，乳白色。排泄孔近于吻针基球处，有卵巢 2 个，盘卷于虫体内，肛门和阴门位于虫体末端，会阴花纹背弓稍高，顶或圆或平，侧区花纹由波浪形到锯齿形，侧区不清楚，侧线上的纹常分叉。

【发病规律】

病原以成虫、2 龄幼虫或卵随病残体遗留土壤中越冬。初侵染源主要是病土、病苗及灌溉水。

发病适宜温度为 25~30℃，10℃时停止活动。主要分布在土表 10 厘米土层内。成虫喜温暖湿润环境。南方发生更为普遍，受害更重。保护地栽培地温高，土壤湿度大，更宜于根结线虫的繁殖。地势高燥、土质中性沙质，易发病；重茬地发病重。

【绿色防控技术】

（1）农业防治。采用无线虫的土壤育苗或播种前用药剂处理土壤，培育无病苗，严防定植病苗。线虫多分布在 5~10 厘米的土层内，深翻土层 25 厘米以上，可将大部分线虫翻到深层。收获前彻底清除病残体，将埋在土层内的须根全部挖出，深埋或销毁。

（2）药剂防治。每 667 平方米用 1.8% 阿维菌素乳油 1 000 毫升，或 10% 噻唑磷颗粒剂 2 千克，用干细土拌匀后撒施于垄上沟内，盖土后移栽幼苗。


# 第六节　根菜类病害

## 一、萝卜病害

### 萝卜霜霉病

【症状特征】

为害叶片、花梗、花器和种荚。发病初期叶背出现水渍状病斑，叶片正面形成淡黄绿色边缘不明显的病斑，后变为黄色至黄褐色，常受叶脉限制成多角形，严重时病斑连片，病叶枯死。病叶背面密生白色霜状霉，逐渐变褐色。在采种株上，受害花梗肥肿、弯曲，上面生有白色霜状霉；花器被害肥大、畸形，花瓣绿色，久不凋落；种荚受害，病部呈现淡褐色不规则形斑，上生白色霉状物（孢子囊及孢囊梗）。

【病原】

*Peronospora parasitica*（Persoon:Fries）Fries，称寄生霜霉，属藻物界卵菌门。孢子囊自气孔伸出，2~5 根束生或单生，无色，无隔，主干基部稍膨大，全长416~800 微米，二叉分枝 2~6 次，顶端小枝尖锐且弯曲，其上着生一个孢子囊，孢子囊无色单胞，长圆形或卵圆形，大小（20~27.5）微米 ×（17.5~21.25）微米。有性繁殖产生卵孢子，卵孢子黄色至黄褐色，球形或近球形，表面光滑或有皱纹，萌发时直接产生芽管。

【发病规律】

病菌主要以卵孢子在病残体内或附着在种子上越冬。卵孢子萌发时，产生芽管，从幼苗茎部侵入，进行有限的系统侵染。病菌亦能在田间，以菌丝体在病株上越冬，翌年春天长出孢子囊。孢子囊借气流传播，侵染为害。潜育期 3~4 天。孢子囊产生和萌发的最适温度分别为 8~12℃和 7~13℃，在水滴或水膜中和适温下，经3~4 小时即可萌发。侵入最适温度为 16℃。菌丝体在寄主体内生长要求较高温度（20~24℃）。高湿、徒长地块发病重。

【绿色防控技术】

（1）农业措施。与非十字花科作物轮作 2~3 年；清洁田园；合理施肥，不能偏施氮肥。

（2）药剂防治。发病初期每 667 平方米用 25% 嘧菌酯悬浮剂 34 克，或 70% 烯酰吗啉可湿性粉剂 30 克、50% 醚菌酯干悬浮剂 17 克，对水 40~50 千克均匀喷雾，防治 2~3 次，间隔 6~7 天。

## 萝卜炭疽病

【症状特征】

病斑发生在叶、茎或荚上。初呈现针尖大小的水浸状小斑点，后扩大为 2~3 毫米的褐色小斑，多个小斑可融合成不规则形深褐色较大病斑，严重时叶片病斑开裂或穿孔，引起叶片黄枯。受害茎和荚病斑近圆形或梭形，稍凹陷。湿度大时，病部产生淡红色黏质物，即病菌分生孢子。

【病原】

*Colletotrichum higginsianum* Sacc.，称希金斯炭疽菌，属真菌界半知菌类。菌丝无色透明，有隔膜，分生孢子盘小，直径 25~42 微米，散生，大部分埋于寄主表皮下，黑褐色，有刚毛。分生孢子梗顶端窄，基部较宽，呈倒钻状，无色，单胞，大小（9~16）微米 ×（4~5）微米。分生孢子长椭圆形，两端钝圆，无色，单胞，大小（13~18）微米 ×（3~4.5）微米。本菌 13~38℃均可萌发，最适为 26~30℃，

最高 38℃，最低 10℃；碱性条件利于产孢，酸性条件利于孢子萌发；光照可刺激菌丝生长。

【发病规律】

病原以菌丝体或分生孢子在种子或病残体上越冬。通过雨水冲刷或雨滴溅射传播蔓延，形成初侵染和再侵染。病原在 13~38℃均可发育，最适宜的温度为 26~30℃。秋季高温、多雨季节发病重。

【绿色防控技术】

（1）种子消毒。50℃温水浸种 20 分钟后移入冷水中冷却，晾干后播种。

（2）药剂防治。发病初期喷洒 50% 甲基硫菌灵可湿性粉剂或 50% 多菌灵可湿性粉剂 500 倍液，或 50% 苯菌灵乳油 1 000~1 500 倍液、2% 嘧啶核苷类抗菌素水剂 200 倍液、2% 武夷菌素水剂 500 倍液。每隔 7~8 天喷 1 次，连续 2~3 次。

## 萝卜黑斑病

【症状特征】

主要为害叶片，发病初期叶片上先出现黑褐色稍隆起的小圆斑，后扩大到直径 3~6 毫米病斑，病斑边缘为苍白色，中间灰褐色，同心轮纹不明显，湿度大时病斑上生有淡黑色霉状物，即病原菌分生孢子梗和分生孢子。病部发脆易破碎，发病重的，病斑汇合致叶片局部枯死。采种株叶、茎和荚均可发病，茎及花梗上病斑多为黑褐色椭圆形斑块。

【病原】

*Alternaria raphani* Groves et Skolko，称萝卜链格孢，属真菌界半知菌类。分生孢子梗短而色深，大小（24.5~105）微米 ×（6.3~7.7）微米。分生孢子倒棍棒形，壁砖状分隔，具横隔膜 5~11 个，纵隔膜 1~3 个，大小（55~70）微米 ×（12~30）微米，喙长 80~110 微米。

【发病规律】

病原以菌丝或分生孢子在病叶或种子上越冬，是全年发病的初侵染源。大田中以分生孢子靠风、农事操作传播。种子上病原在种子发芽时侵入根部。发病适宜温度为 25℃，最高 40℃，最低 15℃。高湿高温发病重。氮肥偏高、萝卜徒长利于发病。

【绿色防控技术】

（1）种子消毒。用种子重量 0.2% 的 50% 福美双可湿性粉剂，或 75% 百菌清可湿性粉剂、50% 异菌脲可湿性粉剂拌种。

（2）农业防治。大面积轮作，收获后及时翻晒土地，清洁田园，减少田间菌源。加强管理，提高萝卜抗病力和耐病性。

（3）药剂防治。发病前喷75%百菌清可湿性粉剂500~600倍液，或50%异菌脲可湿性粉剂1 000倍液、58%甲霜·锰锌可湿性粉剂500倍液、64%噁霜·锰锌可湿性粉剂500倍液。每隔7~10天喷1次，连续3~4次。

## 萝卜黑腐病

### 【症状特征】

主要为害叶和根。幼苗期发病子叶呈水浸状，根髓变黑腐烂。叶片发病，叶缘多处产生黄色斑，后变"V"字形向内发展，叶脉变黑呈网纹状，逐渐整叶变黄干枯。病原沿叶脉和维管束向短缩茎和根部发展，最后使全株叶片变黄枯死。萝卜肉质根受侵染，透过日光可看出暗灰色病变。横切看，维管束呈放射线状变黑褐色，重者呈干缩空洞。细看维管束溢出菌脓，这一点可与缺硼引起的生理性变黑相区别。

### 【病原】

*Xanthomonas campestris* pv. *campestris*（Pammel）Dowson，称野油菜黄单胞杆菌野油菜致病变种，属细菌界薄壁菌门。菌体杆状，大小（0.7~3.0）微米 ×（0.4~0.5）微米，极生单鞭毛，无芽孢，有荚膜，菌体单生或链生，革兰氏染色阴性。在牛肉汁琼脂培养基上菌落近圆形，初呈淡黄色，后变蜡黄色，边缘完整，略凸起，薄或平滑，具光泽，老龄菌落边缘呈放线状。病菌生长发育最适温度25~30℃，最高39℃，最低5℃，致死温度51℃经10分钟，耐酸碱度范围pH值6.1~6.8，pH值6.4最适。

### 【发病规律】

病菌在种子或土壤里及病残体上越冬。播种带菌种子，病株在地下即染病，致幼苗不能出土，有的虽能出土，但出苗后不久即死亡。在田间通过灌溉水、雨水及虫伤或农事操作造成的伤口传播蔓延，病菌从叶缘处水孔或叶面伤口侵入，先侵害少数薄壁细胞，后进入维管束向上下扩展，形成系统侵染。在发病的种株上，病菌从果柄维管束侵入，使种子表面带菌，带菌种子成为此病远距离传播的主要途径。病原菌生长发育最适温度25~30℃。平均气温15~21℃，多雨、结露时间长易发病；十字花科重茬地、地势低洼、排水不良、播种早、发生虫害严重的地块发病重。

### 【绿色防控技术】

（1）种子消毒。50℃温水浸种30分钟，或60℃干热灭菌6小时。用种子重量0.4%的12.5%松脂酸铜乳油拌种；用种子重量0.2%的50%福美双可湿性粉剂或35%甲霜灵拌种剂拌种，晾干播种。

（2）农业防治。适时播种，不宜过早。苗期小水勤浇，降低土温，及时间苗、定苗。

（3）药剂防治。发病初期每667平方米用37.5%氢氧化铜悬浮剂125毫升，或20%噻菌铜悬浮剂160毫升对水喷雾。每隔7~10天喷1次，连续2~3次。

## 萝卜白斑病

**【症状特征】**

主要为害叶片。发病初期叶片散生灰白色圆形斑，扩大后呈浅灰色圆形至近圆形，直径2~6毫米，斑周缘有浓绿色晕圈，但叶背病斑周缘晕圈有时不明显，严重时病斑连成片，引起叶片枯死，病斑不易穿孔，生育后期病斑背面长出灰色霉状物，即病菌的菌丝体。

**【病原】**

*Cercosporella albo-maculans*（Ell. et Ev.）Sacc.，称白斑小尾孢，属真菌界半知菌类。分生孢子梗束生，2~20根1束，由气孔伸出，无色，正直或弯曲，短小，顶端圆截形，大小（7.0~17.5）微米×（2.5~3.25）微米。其上着生一个分生孢子。分生孢子线形，无色透明，基部膨大，圆形，顶端稍尖，直或弯，大小（30~95）微米×（2.0~3.0）微米，具1~4个横隔膜。子座近无色至橄褐色。该菌在PDA培养基上只长菌丝，不长孢子。有性世代为*Leptosphaeria oleriola* Sacc.，称十字花科白霉菌。子囊座直径9~110微米；子囊（50~60）微米×（7~9）微米；子囊孢子纺锤形或圆筒形，黄色，具3个隔，大小（18~22）微米×（3~4.25）微米。

**【发病规律】**

病菌以分生孢子梗基部的菌丝或菌丝块附着在地表的病叶上生存或以分生孢子附着在种子上越冬。翌年借雨水飞溅传播到萝卜叶片上，孢子发芽后从气孔侵入，引起初侵染。病斑形成后又可产生分生孢子，借风雨传播进行多次再侵染。此菌对温度要求不大严格，5~28℃均可发病，适宜发病温度为11~23℃。雨后易发病，作物徒长发病重。

**【绿色防控技术】**

（1）种子消毒。在50℃温水浸种20分钟，然后立即移入冷水中冷却，晾干后播种。

（2）农业防治。选用抗病品种；与非十字花科蔬菜隔年轮作；清沟沥水，雨后排水；适期播种，增施有机肥；收获后及时清除田间病残体。

（3）药剂防治。发病初期喷75%百菌清可湿性粉剂600倍液，或25%多菌灵可湿性粉剂400~500倍液、65%乙霉威可湿性粉剂1 000倍液、50%苯菌灵可湿性粉剂 1 500 倍液。每隔 15 天喷 1 次，连续 2~3 次。

## 萝卜软腐病

### 【症状特征】

病株外部叶片萎蔫下垂，露出心叶。根颈部或叶柄基部腐烂，叶片易脱落。也有从外叶边缘或心叶顶端开始向下发展；或从叶片虫伤处向四周蔓延，最后引起整个叶片腐烂，形成湿腐或叶片失水变干，呈薄纸状，形成干腐。萝卜受害呈水渍状软腐，病健部分界明显，留种株老根外观完好，心髓腐烂，仅存空壳。本病重要特征是腐烂组织产生恶臭。

### 【病原】

*Erwinia carotovora* subsp. *carotovora*（Jones）Bergey et al.，称胡萝卜欧文氏菌胡萝卜亚种，属细菌界薄壁菌门。此菌在培养基上的菌落灰白色，圆形或不定形；菌体短杆状，大小（0.5~1.0）微米 ×（2.2~3.0）微米，周生鞭毛 2~8 根，无荚膜，不产生芽孢，革兰氏染色阴性。本菌生长发育最适温度 25~30℃，最高 40℃，最低 2℃，致死温度 50℃经 10 分钟；在 pH 值 5.3~9.2 均可生长，其中，pH 值 7.2 最适；不耐光或干燥，在日光下曝晒 2 小时，大部分死亡；在脱离寄主的土中只能存活 15 天；通过猪的消化道后则完全死亡。本菌除为害十字花科蔬菜外，还侵染茄科、百合科、伞形科及菊科蔬菜。

### 【发病规律】

病原细菌主要在土壤中生存，经伤口侵入发病。该菌发育温度范围 2~41℃，最适温度为 25~30℃，50℃经 10 分钟致死，耐酸碱度范围 pH 值 5.3~9.2，适宜 pH 值为 7.2。

### 【绿色防控技术】

（1）农业措施。加强田间管理，低洼地高畦栽培；与禾本科作物轮作 2~3 年；适当晚播种；雨后排涝。

（2）药剂防治。发病初期用 12.5% 松脂酸铜乳油 300 倍液、20% 噻菌铜悬浮剂 500 倍液，或 667 平方米用 37.5% 氢氧化铜悬浮剂 125 毫升对水喷雾或灌墩，也可用 72% 农用硫酸链霉素可溶粉剂 2 000 倍液喷雾，5~7 天 1 次，连喷 2~3 次。

## 萝卜白锈病

### 【症状特征】

主要为害叶片。发病初期叶片正反两面均现边缘不明显的淡黄色斑，后病斑出现白色稍隆起的小疱，大小 1~5 毫米，成熟后表皮破裂，散出白色粉状物，即病原菌的孢子囊。病斑多时病叶枯黄。种株的花梗染病，花轴肿大，歪曲畸形。

【病原】

*Albugo macrospora*（Togashi）Ito 和 *A. condida*（Pers.）Kuntze，称大孢白锈菌和白锈菌，均属藻物界卵菌门。该菌菌丝无分隔，蔓延于寄主细胞间隙。孢子囊梗短棍棒状，其顶端着生链状孢子囊。孢子囊卵圆形至球形，无色，萌发时产生 5~18 个具双鞭毛的游动孢子，上述两种白锈菌大小不同。白锈菌的孢子囊和卵孢子稍小，长宽分别为 15.42 微米 × 14.48 微米和（33~48）微米 ×（33~51）微米；大孢白锈菌孢子囊和卵孢子均较大，其长宽分别为 20.03 微米 × 18.18 微米和（45~61.25）微米 ×（50~67.5）微米。两菌卵孢子均为褐色，近球形，外壁有瘤状突起。其孢子囊萌发时最低温度和最适温度为 10℃，最高 25℃，侵入寄主最适温度为 18℃。

【发病规律】

病原以菌丝体在种株或病残组织中越冬，也可以卵孢子在土壤中越冬或越夏。卵孢子萌发长出芽管或产生孢子囊及游动孢子，侵入寄主引起初侵染，后病部产生孢子囊及游动孢子，通过气流传播进行再侵染，使病害蔓延扩大，后期病菌在病组织内产生卵孢子。多在春季和秋季发病。低温年份或雨后发病重。

【绿色防控技术】

（1）农业防治。与非十字花科蔬菜进行隔年轮作；田间病残体要及时清除，以减少田间菌源。

（2）药剂防治。发病初期喷 25% 甲霜灵可湿性粉剂 1 000 倍液，或 58% 甲霜灵·锰锌可湿性粉剂 500 倍液、64% 噁霜·锰锌可湿性粉剂 500 倍液、20% 噻菌铜悬浮剂 600 倍液。


## 萝卜病毒病

【症状特征】

心叶表现明脉症，逐渐形成花叶斑驳。叶片皱缩，畸形，严重病株出现泡疹状叶，萝卜生长慢、品质低劣。另一症状是叶片上出现许多直径 2~4 毫米的圆形黑斑，茎、花梗上产生黑色条斑。有时与前者混合发生。青肉萝卜感染病毒病后木质部部分组织变褐，降低品质。

【病原】

该病是由芜菁花叶病毒（TuMV）和黄瓜花叶病毒（CMV）引起。部分地区发生萝卜耳突花叶病毒（REMV）。其中，芜菁花叶病毒与其他花叶病毒复合侵染占54%，TuMV 单独侵染占 32%。TuMV 侵染萝卜，多引致叶面叶绿素分布严重不均，形成深绿与浅绿相间明显花叶，严重时叶片凹凸不平，致畸形或矮化。CMV 单独侵染萝卜症状轻微，叶绿素分布稍有不均，显轻花叶症。萝卜耳突花叶病毒（REMV）引起叶片沿叶脉向内皱缩成耳突状，并产生轮纹花叶症，此病毒寄主范围广，可侵染十字花科、藜科、茄科植物，病汁液稀释限点 15 000 倍、钝化温度 65~70℃，体外存活期 14~21 天。

【发病规律】

三种病毒均可摩擦汁液传毒。芜菁花叶病毒和黄瓜花叶病毒在田间主要由有翅蚜传播。萝卜耳突花叶病毒由黄曲条跳甲传毒。秋茬萝卜播种过早、苗期天气干旱、浇水少、地温高，以及有翅蚜发生量大，均发病重。

【绿色防控技术】

（1）秋茬萝卜干旱年份不宜早播。

（2）高畦直播，苗期多浇水，降低地温。适当晚定苗，选留无病株。

（3）与大田作物间套种，明显减轻病害。

（4）苗期防治蚜虫和黄曲条跳甲以及白粉虱。

（5）发病初期喷洒 20% 吗啉胍·乙铜可湿性粉剂 500 倍液，或 1.5% 三十烷醇·十二烷基硫酸钠·硫酸铜水剂 1 000 倍液，隔 7~10 天喷 1 次，连续防治 2~3 次。

# 二、胡萝卜病害

## 胡萝卜黑斑病

【症状特征】

茎、叶、叶柄均可染病。叶片染病多从叶尖或叶缘开始，病斑初为圆形，后为不规则形，深褐色至黑色，病斑周围组织略退色，湿度大时病斑上长出黑色霉状物，严重时病斑汇合，叶缘上卷，叶片早枯。叶柄、茎染病，病斑长条形或长圆形，黑褐色稍凹陷。

【病原】

*Alternaria dauci*（Kühn）Groves et Skolko，称为胡萝卜链格孢，属真菌界半知菌类。分生孢子梗短而色深，大小（24.5~105）微米 ×（6.3~7.7）微米。分生孢子倒棍棒形，壁砖状分隔，具横隔膜 5~11 个，纵隔膜 1~3 个，大小（55~70）微米 ×（12~30）微米，喙长 80~110 微米。

【发病规律】

病原菌以菌丝或分生孢子在种子或病残体上越冬，成为翌年初侵染源。发病后新病斑上产生的分生孢子，通过气流传播蔓延并进行再侵染。发病适温 28℃左右，

15℃以下或35℃以上不发病。一般雨季，植株长势弱的田块发病重。干旱天气有利于症状显现。发病严重的，可引起叶片大量早枯死亡。

**【绿色防控技术】**

（1）无病株采种或播前种子消毒。可用种子量0.2%的50%福美双可湿性粉剂、70%代森锰锌可湿性粉剂、75%百菌清可湿性粉剂、50%异菌脲可湿性粉剂拌种。

（2）实行2年以上轮作。

（3）及时清除病残体，深翻土地，增施底肥，适当增加灌水，促进生长，增强抗病力。

（4）发病初期开始喷施75%百菌清可湿性粉剂600倍液，或50%异菌脲可湿性粉剂1 000~1 500倍液、58%甲霜灵·锰锌可湿性粉剂400~500倍液，或25%嘧菌酯悬浮剂每667平方米34毫升对水喷雾。每7~10天防治1次，连续喷洒2~3次。

## 胡萝卜细菌性软腐病

**【症状特征】**

主要为害肉质根。田间慢性发病，发病初期部分叶片黄化后萎蔫。急性发病，则整株突然萎蔫青枯。检查病株，根茎部呈水浸状软化，肉质部变灰褐色软化腐烂，外溢汁液发恶臭。

**【病原】**

*Erwinia carotovora* subsp.*carotovora*（Jones）Bergey et al.，称胡萝卜软腐欧文氏菌胡萝卜软腐亚种，属细菌界薄壁菌门。病原形态及生理生化同甘蓝软腐病菌。此外，*E. carotovora* subsp. *atroseptica*（van Hall.）Dye.，称胡萝卜软腐欧文氏黑腐亚种，除引致马铃薯黑胫病外，也可引起本病。病菌形态特征等见马铃薯黑胫病菌。

**【发病规律】**

病菌随病残体在土壤中越冬，来年条件适合从自然伤口、机械伤口、虫伤等处侵入，靠水传播。该细菌在4~36℃之间都能生长发育，最适温度为27~30℃，在pH值5.3~9.3之间都能生长，但以pH值7时生长最好。致死温度50℃，不耐干燥和日光。在室内干燥2分钟，或在培养基上暴晒10分钟即死亡。病菌脱离寄主单独存在于土壤中只能存活15天左右，病菌随病菜通过猪的消化道以后全部死亡。软腐病菌能分泌消解寄主细胞中胶层的果胶酶，使细胞分离，组织分解离析。组织在腐烂过程中易感染腐败性微生物，细胞蛋白质被分解后，产生奇臭的吲哚，这是胡萝卜发臭的原因。伤口往往是长期干旱后下大雨、遇暴风雨、中耕松土以及地下、地上害虫为害等造成。在夏秋高温多雨、排水不良地发病重。

**【绿色防控技术】**

（1）实行与大田作物轮作2年，或水旱轮作。

（2）高畦直播栽培，不宜过密，通风好，加强排水，发病后适当控制浇水。

（3）及早防治地上、地下害虫。

（4）发现病株拔除处理。

（5）发病初期每667平方米用37.5%氢氧化铜悬浮剂125毫升，或20%噻菌铜悬浮剂160毫升对水喷雾；或用72%农用硫酸链霉素可溶粉剂2 000倍液、14%络氨铜水剂300倍液喷雾防治。隔7~10天1次，共喷2次。


## 胡萝卜根结线虫病

**【症状特征】**

胡萝卜根结线虫病一般肉质根不发病，只为害由肉质根长出的须根或从其根尖延长的细根上，发生极微小的根瘤。地上部表现症状因发病的程度不同而异，轻病株症状不明显，重病株生长发育不良，叶片中午萎蔫或逐渐枯黄，植株矮小，影响结实。发病严重时，全田植株枯死。地下染病后产生瘤状大小不等的根结。出苗期感病，造成胡萝卜肉质根停止生长，致使后期膨大受阻，形成圆状小球体，不能长成商品肉质根，失去商品价值。

**【病原】**

*Meloidogyne arenaria*（Neal）Chitwood，称花生根结线虫；*M. hapla* Chitwood，称北方根结线虫；*M. incognita* Chitwood，称南方根结线虫；*M. javanica* Treub.，称爪哇根结线虫，均属动物界线虫门。其中，以南方根结线虫和爪哇根结线虫两种发生较普遍。

**【发病规律】**

根结线虫主要以幼虫在土中或以成虫和卵在病根的根瘤内越冬，次年气温升到10℃左右时，越冬卵开始孵化为幼虫。土中线虫95%在表层20厘米内的土壤中。线虫的传播途径主要是病土和灌溉水，还有人、畜、农具等作近距离传播，带病幼苗作远距离传播。根结线虫喜较高温度，但不喜土壤过湿，一般土壤温度20~30℃，土壤湿度40%~70%，适合线虫生长发育。土壤温度超过40℃线虫大量死亡。致死温度55℃经10分钟。由卵孵化为幼虫直到成虫再产卵的整个过程一般需25~30天。

根结线虫是好气性线虫，一般地势高燥，土壤结构疏松的沙质土壤，透气性强的，适于线虫活动，发病较为严重。土质黏重潮湿，结构板结，易渍水，不利于线虫活动的发病轻。在一块斜坡地，低地发病轻，高地发病重。发病地连作又不进行药物防治的，病情会逐年扩大蔓延。

**【绿色防控技术】**

（1）轮作换茬。发病地与葱、蒜、韭菜等轮作，为期2年。有条件可进行水旱轮作，期限1年，效果明显。

（2）高温处理。保护地可利用夏季休闲期间，将表土翻耕，大水浸灌，或在地面上覆盖薄膜，提高土壤温度在60℃以上。

（3）药剂防治。播种前，每667平方米可采用92%二氯丙烯10千克土壤消毒；播种时，每667平方米用10%噻唑磷颗粒剂1千克拌细土20~30千克顺沟撒施。

## 胡萝卜花叶病

**【病害症状】**

胡萝卜苗期或生长中期发生，植株生长旺盛叶片受害，轻者形成明显斑驳花叶，重者呈严重皱缩花叶，有的叶片扭曲畸变，叶色变黄。

**【病原】**

胡萝卜花叶病毒（*Carrot mosaic virus*）、胡萝卜杂色矮缩病毒（*Carrot motley dwarf virus*）、胡萝卜薄叶病毒（*Carrot thin leaf virus*）、胡萝卜斑驳病毒（*Carrot mottle virus*）及萝卜红叶病毒（*Cairrot red leaf virus*）。

**【发病规律】**

5种病毒的传毒虫媒为埃二尾蚜和胡萝卜微管蚜及桃蚜。也可通过人工操作接触摩擦传毒。栽培管理条件差、干旱、蚜虫数量多发病重。

**【绿色防控技术】**

（1）清洁田园。及时清理病残株，深埋或烧毁。

（2）及早防治蚜虫，减少传毒机会。可用2.5%高效氟氯氰菊酯乳油3 000~4 000倍液或每667平方米用10%吡虫啉可湿性粉剂15克对水喷雾。

（3）发病初期可用1.5%三十烷醇・十二烷基硫酸钠・硫酸铜水剂1 000倍液喷雾，或1：20~40的鲜豆浆喷雾防治。隔7天喷1次，连喷3~4次。

## 胡萝卜根腐病

**【症状特征】**

主要为害根部。初发病时地上部萎蔫，扒开土壤可见肉质根表面产生污垢状小斑点，不断扩展成水渍状不规则形病斑。病斑褐色，湿度大时长出污白色、灰白色至粉红色丝状霉，病部逐渐软化腐烂。此病多发生在肉质根的上半部，向上扩展到叶柄基部，致叶柄基部变为褐色，呈立枯状。

【病原】

有两种：*Rhizoctonia solani* Kühn，称立枯丝核菌；*Fusarium oxysporum* Syn.、*F. vasinfectum* Atk.var.*zonatum* Sherb.（Wr.）、*F. avenaceum*、*F.anguioides*（Syn.）、*F. orthrosporiodes* Sherb.，称镰刀菌，均属真菌界半知菌类。

【发病规律】

病菌以菌丝体或菌核及厚垣孢子随病残体在土壤中越冬，两种病菌也可在土壤中腐生，遇有适宜条件菌丝直接侵入肉质根引起发病。镰刀菌从根部伤口侵入，借雨水或灌溉水传播蔓延，发病后病部又产生大量分生孢子，进行再侵染。高温、高湿利其发病。感染 *F. avenaceum* 的胡萝卜 35 天后即发生腐烂，干燥后即成僵化。在贮藏中试验 14 个品种的抗病性，贮藏温度为 15.5℃，结果所有的品种全感染此病。

【绿色防控技术】

（1）选用地势高燥、排水良好的地块种植胡萝卜。

（2）采用高畦或起垄种植。春胡萝卜适时早播，密度不要过密，并及早间苗、定苗，适时锄草。

（3）发现病株及早拔除，并喷淋 20% 甲基立枯磷乳油 1 200 倍液或 50% 咯菌腈可湿性粉剂 3 000 倍液。

（4）对镰刀菌引起的根腐病，喷淋或浇灌 3% 噁霉灵·甲霜灵水剂 600 倍液或50% 多霉威可湿性粉剂 1 000 倍液、50% 多菌灵可湿性粉剂 600 倍液。


## 胡萝卜黑腐病

【症状特征】

苗期至采收期或贮藏期均可发生，主要为害肉质根、叶片、叶柄及茎。叶片染病形成暗褐色斑，严重的叶片枯死。叶柄上病斑长条状，茎上多为梭形至长条形斑，病斑边缘不明显。湿度大时表面密生黑色霉层。肉质根染病多在根头部形成不规则或圆形稍凹陷黑色斑，严重时病斑扩展，深达内部，使肉质根变黑腐烂。

【病原】

*Alternaria radicina* Meier et al.，称胡萝卜黑腐链格孢，属半知菌类真菌。无性繁殖体叶两面生，有子座或无，子座由近圆形褐色细胞组成。分生孢子梗褐色单生或数根束生，膝曲状，或仅顶端膝曲，深棕色，有明显的孢痕，少数分枝，具隔2~5 个，大小（25~92.5）微米 ×（5~12.5）微米。分生孢子深褐色，串生，卵形

或椭圆形至倒棍棒状，无喙，具横隔 3~6 个，纵隔 1~5 个，孢子大小（17.5~52.5）微米 ×（5~17.5）微米。

**【发病规律】**

病菌以菌丝体或分生孢子在留种母株、种子表皮、病残体或留在土壤中越冬和越夏，成为来年初侵染源，分生孢子借气流传播蔓延，形成再侵染。病菌在 10~35℃ 条件下均能生长发育，温暖多雨天气有利于发病。

**【绿色防控技术】**

参见胡萝卜黑斑病。

# 三、牛蒡病害

## 牛蒡黑斑病

**【症状特征】**

主要为害叶片和叶柄。发病初期，叶片上出现灰褐色近圆形病斑，病斑可见不规则轮纹。发病严重时，多个病斑连接成片，病斑周围有时产生黄色晕圈，后期病斑中间变薄且退为浅灰色，易破裂或穿孔。其上散生黑色小粒点，即病菌分生孢子器。叶柄受害时，病斑呈梭形，暗褐色，稍凹陷，隐约可见环纹。在潮湿条件下，病斑可轻度腐烂，叶片同时黄化，发生严重时，多个病斑融合为不规则形。

**【病原】**

*Phyllosticta lappae* Sacc.，称牛蒡叶点霉，属真菌界半知菌类。分生孢子器浅黄褐色，球形至扁球形，大小 75~158 微米，埋生在组织中，顶端具孔口；分生孢子无色单胞，椭圆形至长椭圆形，两端圆，大小（5.5~6.1）微米 ×（4~5）微米，多具 1 个隔膜。

**【发病规律】**

病菌以分生孢子器在病叶上或土壤中越冬，第二年产生分生孢子借风雨传播，进行初侵染和再侵染。高温高湿的环境条件易发病。气温 25~27℃，雨后潮湿易发病，病斑往往因降雨而成穿孔；栽植密度过大，田间通风透光不良或植株生长衰弱时，发病较重；偏施氮肥牛蒡徒长发病重。

**【绿色防控技术】**

（1）清洁田园。收获后将牛蒡残体集中处理，降低病原基数。

（2）轮作。与禾本科作物或葱蒜姜轮作 2~3 年。

（3）合理施肥。增施有机肥，每 667 平方米施腐熟农家肥 4 000~5 000 千克，少施氮肥，多施磷钾肥。

（4）药剂防治。从苗期开始预防，发病初期每667平方米用80%代森锰锌可湿性粉剂160克，或10%苯醚甲环唑水分散粒剂24克、2%武夷菌素水剂150克对水喷雾，防治2~3次，施药间隔7~10天。

### 牛蒡细菌性叶枯病

#### 【症状特征】

叶部病害，从苗期至生长期均可发病。被害叶片初生暗绿色水渍状圆形或多角形小斑点。扩展后成黑褐色至黑色的多角形病斑，病斑受叶脉限制。后期病斑中部退成灰白色，周边皱缩。多块病斑可融成大型不规则斑块，易干枯或破裂，无霉状物。叶柄初生病斑黑色短条状，后扩成水渍状稍凹陷的纺锤形黑斑，易折，严重时枯死。

#### 【病原】

*Xanthomonas campestris* pv.*nigromaculans*（Takimoto）Dye，异名：*Xanthomonas nigromaeulans*（Takimoto）Dowson，称油菜黄单胞杆菌黑斑致病变种，属细菌界薄壁菌门。菌体杆状，单极鞭毛，无芽孢，大小（0.6~0.9）微米×（1.5~2.5）微米。革兰氏染色阴性，好气性。在肉汁胨琼脂平面上菌落圆形，黄色，略隆起，平滑，具光泽。在牛肉汁蛋白胨培养液中生长中等，具黄色菌膜。生长最适温度27~28℃，最高33℃，最低0℃，50℃经10分钟致死。在培养基上能生存5个月以上。

#### 【发病规律】

该病病菌主要在种子、土壤及其病残体上越冬，翌年温度、湿度适宜时进行初侵染，田间通过雨水、灌溉水、农事操作等途径引起再侵染，病菌主要从伤口侵入。高湿高温发病重，密度大、氮肥过量易发病。

#### 【绿色防控技术】

（1）清洁田园。收获后，将植株残体及时清除，降低病原基数。

（2）合理密植。每667平方米种植8 000株左右（行距80~85厘米，株距10~12厘米）。

（3）药剂防治。发病初期用12.5%松脂酸铜乳油300倍液，或20%噻菌铜悬浮剂500倍液、72%农用硫酸链霉素可溶粉剂2 000倍液喷雾防治。5~7天1次，连喷2~3次。

### 牛蒡白粉病

#### 【症状特征】

病菌为害叶片和叶柄，由下部叶片逐渐向上部叶片蔓延。发病初期叶反正两面均出现白色粉状斑点，斑点逐渐扩大，斑点大小不等、不规则，严重时使整个叶片被灰白色粉状霉层所覆盖。后期病斑形成黑褐色小粒点（子囊壳）。叶片逐渐变黄，最后干枯。

【病原】

*Sphaerotheca fusca*（Fr.）Bum.emend.Z.Y.Zhao，称棕丝单囊壳，属真菌界子囊菌门。子囊果生在叶柄、茎、花、萼上时为稀聚生，褐色至暗褐色，球形或近球形，直径 60~95 微米，具 3~7 根附属丝，着生在子囊果下面，长为子囊果直径的 0.8~3 倍，具隔膜 0~6 个，内含 1 个子囊；子囊椭圆形，少数具短柄，大小（50~95）微米 ×（50~70）微米，内含 8 个或 6~8 个子囊孢子；子囊孢子椭圆形或近球形，大小（15~20）微米 ×（12.5~15）微米。

【发病规律】

病菌以菌丝体、闭囊壳随病残体越冬，为来年初侵染来源。分生孢子借气流或雨水传播，田间有多次再侵染。当温度 20~23℃，相对湿度 80% 以上，植株长势弱，密度大，通透不良时，发病重；常发生于气温高、降雨少的夏季；多施氮肥，有利于病害发生。

【绿色防控技术】

（1）与葱蒜姜轮作 2~3 年以上。

（2）施足腐熟农家肥，减少氮肥施用量；合理密植，每 667 平方米一般种植 8 000 株左右（行距 80~85 厘米、株距 10~12 厘米）。

（3）药剂防治。发病初期每 667 平方米用 15% 三唑酮可湿性粉剂 75 克，或 10% 苯醚甲环唑水分散粒剂 24 克、2% 武夷菌素水剂 150 克对水喷雾防治。连喷 2~3 次，施药间隔 7~10 天。


## 牛蒡花叶病

【症状特征】

被害幼叶叶形皱缩畸形，成叶受害形成不规则形的黄色至黄绿色花叶状斑块，有时无明显花叶，但叶脉透明或叶脉枯死，植株生长停滞。

【病原】

*Burdock mosaic virus*，称牛蒡花叶病毒。病毒粒体为正 20 面体，无包膜，大小 30 纳米。致死温度 50~60℃，体外存活期 24 小时。

【发病规律】

汁液摩擦能接种，辣根长管蚜（*Macrosiphum gobonis*）进行非持久性传毒，即病毒在介体昆虫体内保存时间短，只有几小时或更短。杂草丛生，利于蚜虫生长的环境发病重，高温干旱利于发病。

【绿色防控技术】

（1）防治蚜虫。此病是苗期长管蚜传毒，防治蚜虫是关键。可用 10% 吡虫啉可湿性粉剂 1 500 倍液、5% 啶虫脒可湿性粉剂 1 500 倍液或 50% 抗蚜威可湿性粉剂 2 000 倍液喷雾防治。

（2）在发病前或初期，可用 1.5% 三十烷醇·十二烷基硫酸钠·硫酸铜水剂 1 000 倍液、5% 菌毒清水剂 500 倍液喷雾防治。

# 第七节　薯芋类病害

## 一、马铃薯病害

### 马铃薯早疫病

【症状特征】

主要发生在叶片上，也可侵染块茎。叶片染病，病斑黑褐色，圆形或近圆形，具同心轮纹，大小 3~4 毫米，湿度大时，病斑上生出黑色霉层，即病原菌分生孢子梗及分生孢子，发病严重的叶片干枯脱落，致一片枯黄。块茎染病，产生暗褐色稍凹陷圆形或近圆形斑，边缘分明，皮下呈浅褐色海绵状干腐。

【病原】

*Alternaria solani*（Ell. et Martin）Sorauer，称茄链格孢菌，属真菌界半知菌类。菌丝丝状，有隔膜。分生孢子梗自气孔伸出，束生，每束 1~5 根，梗圆筒形或短杆状，暗褐色，具隔膜 1~4 个，大小（30.6~104）微米 ×（4.3~9.19）微米，直或较直，梗顶端着生分生孢子。分生孢子长卵形或倒棒形，淡黄色，孢子大小（85.6~146.5）微米 ×（11.7~22）微米，纵隔 1~9 个，横隔 7~13 个，顶端长有较长的喙，无色，多数具 1~3 个横隔，大小（6.3~74）微米 ×（3~7.4）微米。病菌发育温限 1~45℃，26~28℃最适。分生孢子在 6~24℃水中经 1~2 小时即萌发，在 28~30℃水中萌发时间只需 35~45 分钟。每个孢子可产生芽管 5~10 根。该病潜育期短，侵染速度快，除为害马铃薯外，还可侵染番茄、茄子和辣椒等。

【发病规律】

病菌以分生孢子或以菌丝在病残体或带病薯块上越冬。翌年种薯发芽病菌即开始侵染，病苗出土后，其上产生的分生孢子借风、雨传播，进行多次再侵染使病害蔓延扩大。病菌易侵染老叶片，遇有小到中雨，或连续阴雨，或相对湿度高于70%，该病易发生和流行。分生孢子萌发适温为26~28℃，当叶片上有结露或水滴，温度适宜，分生孢子经35~45分钟即萌发，从叶片气孔或穿透表皮侵入，潜育期2~3天。瘠薄地块及肥力不足地块发病重。

**【绿色防控技术】**

（1）选用早熟耐病品种，适当提早收获。

（2）选择土壤肥沃的高燥田块种植，增施有机肥，推行配方施肥，提高寄主抗病力。

（3）发病前即开始防治，每667平方米用25%嘧菌酯悬浮剂34克，或50%烯酰吗啉可湿性粉剂60克、52.2%霜脲氰·噁唑菌酮可湿性粉剂20克对水喷雾；还可使用68%精甲霜·锰锌水分散粒剂600倍液，或50%异菌脲可湿性粉剂1 000倍液、64%百·锰锌可湿性粉剂600倍液、75%百菌清可湿性粉剂600倍液、80%代森锰锌可湿性粉剂500倍液喷雾防治。视病情连喷2~3次，用药间隔7~10天。

## 马铃薯晚疫病

**【症状特征】**

该病主要侵害叶、茎和薯块，叶片染病，先在叶尖或叶缘产生水浸状褐色斑点，病斑周围具浅绿色晕圈，湿度大时病斑迅速扩大，呈褐色，并产生一圈白霉，即孢囊梗和孢子囊，尤以叶背最为明显。干燥时病斑变褐干枯，质脆易裂，不见白霉，且扩展速度减慢。茎部或叶柄染病，出现褐色条斑。发病严重的叶片萎垂，卷缩，终致全株黑腐，全田一片枯焦，散发出腐败气味。块茎染病，初生褐色或紫褐色大块病斑，稍凹陷，病部皮下薯肉亦呈褐色，慢慢向四周扩大或烂掉。

**【病原】**

*Phytophthora infestans*（Mont.）de Bary，称致病疫霉，属藻物界卵菌门。菌丝分枝，无色无隔，较细，多核。孢子梗无色，单根或多根成束，由气孔伸出。孢子梗较菌丝稍细，分枝上有结节状膨大处，大小（624~1 136）微米×（6.27~7.46）微米。孢子囊顶生或侧生，卵形或近圆形，无色，顶端有乳突，基部有短柄，孢子囊中游动孢子少于12个，孢子囊大小（22.5~40）微米×（17.5~22.5）微米。卵孢子不多见。菌丝发育适温24℃，最高30℃，最低10~13℃。孢子囊形成温限3~36℃，相对湿度高于91%；或18~22℃，相对湿度100%最适。孢子囊萌发，10℃条件下需3小时，15℃需2小时。20~25℃需1.5小时芽管才能侵入。此菌只为害马铃薯和番茄。虽然马铃薯晚疫病菌对番茄致病力弱，但经多次侵染番茄后，致病力可以提高。

**【发病规律】**

病菌主要以菌丝体在薯块中越冬，带病种薯是马铃薯晚疫病的主要初侵染来源。马铃薯生长后期，如果叶片带菌，下雨的时候，将病菌淋入土壤，从而感染马铃薯块茎；收获时，块茎亦可以受地面的孢子侵染。除带病种薯外，晚疫病菌也可在冬暖温室保护地栽培的番茄上危害越冬，孢子囊经气流传到附近露地马铃薯田引起初侵染。马铃薯晚疫病对温度适应范围较广，中原二季作区马铃薯栽培期，温度一般不低于10℃，适宜晚疫病发生。湿度对病害的发生起着决定作用，相对湿度持续保持饱和或近于饱和24小时，叶片上有水膜，尤其午后12~18点前，叶片要保持湿润数小时，才能完成侵染循环。露地栽培只有在空气潮湿、暖而阴、多露、多雾的天气，加以连续阴雨的情况下才会发生，如天气连续晴朗干燥，病害便不会流行。设施栽培发病条件易于满足，发病比露地重。

晚疫病发生与马铃薯生育阶段也有密切关系，现蕾前抗病性较强，开花结果后抗病力迅速下降。开花期中心病株出现，是该病流行的前兆。

马铃薯晚疫病是一种侵染性、流行性很强的病害，如条件适宜，从首发病株出现，到传播全田的每个植株经过10~14天。一旦马铃薯晚疫病大流行，轻者减收30%以上，严重的减产60%以上，甚至绝收。

**【绿色防控技术】**

（1）选用抗病、优质、丰产、抗逆性强的品种。

（2）生产和选用无病种薯。建立无病留种田，收获时仔细挑选无病薯，淘汰病薯；种薯贮藏期间晾晒并剔除显症的病薯；种薯切块前再选一次，淘汰病薯；种薯切块时切刀消毒，并把外表无症状切开后表现病症的病薯去掉；必要时可用2%盐酸溶液或用40%福尔马林200倍液浸种5分钟，晾干播种。

（3）清洁田园。马铃薯收获后不要将病残薯块和薯秧遗弃在田间，应带出田外销毁。

（4）加强栽培管理。适期早播，选土质疏松，排水良好田块，促使植株健壮生长，增强抗病力。测土配方施肥，增施有机肥，合理浇水，保护地栽培通风降湿等。创造有利于植株健壮，而不利于病菌繁衍的生态环境。

（5）药剂防治。发病初期开始用药，每667平方米可用25%嘧菌酯悬浮剂34克，或50%烯酰吗啉可湿性粉剂60克、52.2%霜脲氰·噁唑菌酮可湿性粉剂20克对水喷雾。视病情连喷2~3次，用药间隔7~10天。

### 马铃薯立枯菌核黑痣病

【症状特征】

主要为害幼芽、茎基部及块茎，幼芽染病，有的出土前腐烂形成芽腐，造成缺苗。出土后染病，初植株下部叶子发黄，茎基形成褐色凹陷斑，大小1~6毫米，病斑上或茎基部常覆有紫色菌丝层，有时茎基部及块茎生出大小不等（1~5毫米）形状各异块状或片状，散生或聚生的菌核；轻病株症状不明显，重病株可形成立枯或顶部萎蔫，或叶片卷曲。

【病原】

*Rhizoctonia solani* Kühn，称立枯丝核菌，属真菌界半知菌类。初生菌丝无色，直径4.98~8.71微米，分枝呈直角或近直角，分枝处多缢缩，并具1个隔膜，新分枝菌丝逐渐变为褐色，变粗短后纠结成菌核。菌核初白色，后变为淡褐或深褐色，大小0.5~5毫米。菌丝生长最低温度4℃，最高32~33℃，最适23℃，当温度达到34℃时停止生长，菌核形成适温23~28℃。

【发病规律】

病菌以病薯上的或留在土壤中的菌核越冬。带病菌薯是翌年初侵染源，也是远距离传播的主要途径。该病发生与春寒及潮湿条件有关，播种早，或播后土温较低发病重。该病菌除侵染马铃薯外，还可侵染豌豆。

【绿色防控技术】

（1）选用抗病品种。如渭会、高原系统、胜利1号等。

（2）生产和选用无病种薯。建立无病留种田，采用无病薯播种。

（3）发病重的地区，要特别注意适期播种，避免早播。

（4）播种前用50%多菌灵可湿性粉剂500倍液，或50%福美双可湿性粉剂1 000倍液浸种10分钟。

### 马铃薯粉痂病

【症状特征】

主要为害块茎及根部，有时茎也可染病。块茎染病，初在表皮上出现针头大的褐色小斑，外围有半透明的晕环，后小斑逐渐隆起、膨大，成为直径3~5毫米不等的"疮斑"，其表皮尚未破裂，为粉痂的"封闭疱"阶段。后随病情的发展，"疮斑"表皮破裂、反卷，皮下组织现橘红色，为粉痂的"开放疱"阶段。根部染病，于根的一侧长出豆粒大小单生或聚生的瘤状物。

【病原】

*Spongospora subterranea*（Wallr.）Lagerh，称马铃薯粉痂菌，属原生动物界

根肿菌门。粉痂病"疱斑"破裂散出的褐色粉状物为病菌的休眠孢子囊球（休眠孢子团），由许多近球形的黄色至黄绿色的休眠孢子囊集结而成，外观如海绵状球体，直径19~33微米，具中腔空穴。休眠孢子囊球形至多角形，直径3.5~4.5微米，壁不太厚，平滑，萌发时产生游动孢子。游动孢子近球形，无孢壁，顶生不等长的双鞭毛，在水中能游动，静止后成为变形体，从根毛或皮孔侵入寄主内致病。故游动孢子及其静止后所形成的变形体，成为本病初侵染源。

【发病规律】

病菌以休眠孢子囊球在种薯内或随病残物遗落在土壤中越冬，病薯和病土成为翌年本病的初侵染源。病害的远距离传播靠种薯的调运，田间近距离的传播则靠病土、病肥、灌溉水等。休眠孢子囊在土中可存活4~5年，当条件适宜时，萌发产生游动孢子，游动孢子静止后成为变形体，从根毛、皮孔或伤口侵入寄主。变形体在寄主细胞内发育，分裂为多核的原生质团，到生长后期，原生质团又分化为单核的休眠孢子囊，并集结为海绵状的休眠孢子囊球，充满寄主细胞内，病组织崩解后，休眠孢子囊球又落入土中越冬或越夏。土壤湿度90%左右，土温18~20℃，土壤pH值为4.7~5.4，适于病菌的发育，因而发病也重。一般雨量多、夏季较凉爽的年份易发病。本病发生的轻重主要取决于初侵染病原菌的数量，田间再侵染即使发生也不重要。

【绿色防控技术】

（1）病区实行5年以上轮作。

（2）选留无病种薯。把好收获、贮藏、播种关，汰除病薯。

（3）增施基肥或磷钾肥，多施石灰或草木灰，改变土壤pH值。加强田间管理，提倡采用高畦栽培，避免大水漫灌及田间积水，防止病菌传播蔓延。

（4）药剂防治。每667平方米的种子用6.25%精甲·咯菌腈悬浮种衣剂100毫升，或35%精甲霜灵水分散粒剂20克，对水喷淋或浸种。

## 马铃薯疮痂病

【症状特征】

马铃薯块茎表面先产生褐色小点，扩大后形成褐色圆形或不规则形大斑块，因产生大量木栓化细胞致表面粗糙，后期中央稍凹陷或凸起呈疮痂状硬斑块。病斑仅限于皮部不深入薯内，别于粉痂病。

【病原】

*Streptomyces scabies*（Thaxter）Lambert et Loria，称疮痂链霉菌；*S. acidiscabies*，称酸疮痂链霉菌，均属细菌界厚壁菌门。菌体丝状，有分枝，极细，尖端常呈螺旋

状，连续分割生成大量孢子，孢子圆筒形，大小（1.2~1.5）微米 ×（0.8~1.0）微米。

【发病规律】

病菌在土壤中腐生，或在病薯上越冬，块茎生长的早期表皮木栓化之前病菌从皮孔或伤口侵入后染病，当块茎表面木栓化后，侵入则较困难，病薯长出的植株极易发病，健薯播入带菌土壤中也能发病。适合该病发生的温度为25~30℃，中性或微碱性沙壤土发病重，pH 值 5.2 以下很少发病。品种间抗病性有差异，白色薄皮品种易感病，褐色、厚皮品种较抗病。

【绿色防控技术】

（1）选用无病种薯。

（2）多施有机肥或绿肥，可抑制发病。

（3）与葫芦科、豆科、百合科蔬菜进行 5 年以上轮作。

（4）选择保水好的菜地种植。结薯期遇干旱应及时浇水；避免田间积水。

（5）药剂防治。可用 2% 春雷霉素水剂 200 倍液，或 72% 农用硫酸链霉素可溶粉剂 200 倍液喷淋或浸种。

## 马铃薯癌肿病

【症状特征】

主要为害地下部，被害块茎或匍匐茎由于病菌刺激寄主细胞不断分裂，形成大大小小花菜头状的瘤，表皮常龟裂，癌肿组织前期呈黄白色，后期变黑褐色，松软，易腐烂并产生恶臭。病薯在窖藏期仍能继续扩展为害，甚至造成烂窖，病薯变黑，发出恶臭。

地上部，田间病株初期与健株无明显区别，后期病株较健株高，叶色浓绿，分枝多，重病田块部分病株的花、茎、叶均可被害而产生癌肿病变。

【病原】

*Synchytrium endobioticum*（Schulberszky）Percivadl，称内生集壶菌，属真菌界壶菌门。病菌内寄生，其营养菌体初期为一团无胞壁的裸露原生质（称变形体），后为具胞壁的单胞菌体。当病菌由营养生长转向生殖生长时，整个单胞菌体的原生质就转化为具有一个总囊壁的休眠孢子囊堆，孢子囊堆近球形，大小 47 微米 ×100 微米至 78 微米 ×81 微米，内含若干个孢子囊。孢子囊球形，锈褐色，大小（40.3~77）微米 ×（31.4~64.6）微米，壁具脊突，萌发时释放出游动孢子或合子。游动孢子具单鞭毛球形或洋梨形，直径 2~2.5 微米，合子具双鞭毛，形状如游动孢子，但较大，在水中均能游动，也可进行初侵染和再侵染。

【发病规律】

病菌以休眠孢子囊在病组织内或随病残体遗落在土中越冬。休眠孢子囊抗逆性很强，甚至可在土中存活 25~30 年，遇条件适宜时，萌发产生游动孢子和合子，从寄主表皮细胞侵入，经过生长产生孢子囊，孢子囊可释放出游动孢子或合子，进行重复侵染。并刺激寄主细胞不断分裂和增生，在生长季节结束时，病菌又以休眠孢子囊转入越冬。

病菌对生态条件的要求比较严格，在低温多湿、气候冷凉，昼夜温差大、土壤湿度高，温度在 12~24℃的条件下有利于病菌侵染。

【绿色防控技术】

（1）严格检疫。严禁疫区种薯向外调运，病田的土壤及其上生长的植物也严禁外移。

（2）选用抗病品种。

（3）轮作换茬。重病地不宜种马铃薯，一般病地也可根据实际情况改种非茄科作物。

（4）加强栽培管理。做到勤中耕，施用净肥，增施磷钾肥，及时挖除病株集中烧毁。

（5）及早施药防治。于 70% 植株出苗至齐苗期，用 20% 三唑酮乳油 1 500 倍液浇灌；在水源不方便的田块可于苗期、蕾期喷施 20% 三唑酮乳油 2 000 倍液，每次 667 平方米喷药液 50~60 千克。


## 马铃薯干腐病

【症状特征】

侵染块茎。发病初期仅局部变褐色凹陷，扩大后病部出现很多皱褶，呈同心轮纹状，其上有时长出灰色的绒状颗粒，即病菌子实体，剖开病薯可见空心，空腔内长满菌丝，薯内则变为深褐色或灰褐色，终致整个块茎僵缩或干腐状，不堪食用。

【病原】

*Fusarium sulphureum* Schiechtendahl，称硫色镰刀菌，属真菌界半知菌类。硫色镰刀菌气生菌丝白色絮状，在 PSA 培养基上产生肉状粉状孢子堆。分生孢子拟纺锤形，有顶端和足细胞，成熟时具 1~3 个或 5~6 个分隔，厚垣孢子稀疏，间生，球形，单生或短串状着生。菌丝适宜生长温度 20~22℃。此外，报道的病原有*Fusarium coeruleum*（Lib.）Sacc.，称深蓝镰孢菌，菌丝棉絮状，能产出黄、红、紫等色素。分生孢子梗聚集成垫状分生孢子座，大型分生孢子镰刀形或纺锤形，多具 3 个分隔，聚集时呈粉红色或黄色或蓝紫色。

**【发病规律】**

病菌以菌丝体或分生孢子在病残组织或土壤中越冬，多系弱寄生菌，从伤口或芽眼侵入。病菌在 5~30℃ 条件下均能生长，贮藏条件差，通风不良利于发病。

**【绿色防控技术】**

（1）生长后期注意排水，收获时避免伤口，收获后充分晾干再入窖，严防碰伤。

（2）增施钾肥，控施氮肥，补施硼肥，提高植株抗病力。

（3）窖内保持通风干燥，窖温控制在 1~4℃，发现病烂薯及时汰除。

## 马铃薯白绢病

**【症状特征】**

主要为害块茎。薯块上密生白色丝状菌丝，并有棕褐色圆形菜籽状小菌核，切开病薯皮下组织变褐。

**【病原】**

*Sclerotium rolfsii* Sacc.，称齐整小核菌，属真菌界半知菌类。有性阶段为白绢薄膜革菌 *Pellicularia rolfsii*（Sacc.）West，属担子菌门真菌。菌丝无色，具隔膜；菌核由菌丝构成，外层为皮层，内部由拟薄壁组织及中心部疏松组织构成，初白色，紧贴于寄主上，老熟后产生黄褐色圆形或椭圆形小菌核，直径 0.5~3 毫米。高温高湿条件下产生担子或担孢子。担子无色，单胞，棍棒状，大小 16 微米 × 6.6 微米，小梗顶端着生单胞无色的担孢子。

**【发病规律】**

病菌以菌核在土壤中越冬，翌年通过雨水、土壤及病株进行传播蔓延，在湿度大的储藏窖，也易见发病。

**【绿色防控技术】**

（1）轮作。发病重的地块应与禾本科作物轮作，有条件的可实行水旱轮作效果更好。

（2）深翻土地。把病菌翻到土壤下层，可减少该病发生。

（3）土壤消毒。在菌核形成前，拔除病株，病穴撒石灰消毒。

（4）合理施肥。施用充分腐熟农家肥，适当追施硫酸铵。

（5）药剂防治。病区可用 20% 甲基立枯磷乳油 1 000 倍液，或 40% 乙烯菌核利水剂 800 倍液，于发病初期灌穴或淋施 1~2 次，隔 15~20 天 1 次。也可用 50% 甲基立枯磷可湿性粉剂 150 克与 15 千克细土拌匀撒在病穴内。

## 马铃薯黑胫病

【症状特征】

主要侵染茎或薯块，从苗期到生育后期均可发病。种薯染病，腐烂成黏团状，不发芽，或刚发芽即烂在土中，不能出苗。幼苗染病，一般株高 15~18 厘米出现症状，植株矮小，节间缩短，或叶片上卷，退绿黄化，或胫部变黑，萎蔫而死，横切茎可见 3 条主要维管束变为褐色。薯块染病，始于脐部呈放射状向髓部扩展，病部黑褐色，横切可见维管束亦呈黑褐色，用手压挤皮肉不分离，湿度大时，薯块变为黑褐色，腐烂发臭，别于青枯病。

【病原】

*Erwinia carotovora* subsp.*atroseptica*（van Hall.）Dye，称胡萝卜软腐欧文氏菌黑腐亚种，属细菌界薄壁菌门。菌体短杆状，单细胞，极少双连，周生鞭毛，具荚膜，大小（0.53~0.6）微米 ×（1.3~1.9）微米，革兰氏染色阴性，能发酵葡萄糖产出气体，菌落微凸乳白色，边缘齐整圆形，半透明反光，质黏稠。该菌适宜温度 10~38℃，最适为 25~27℃，高于 45℃即失去活力。

【发病规律】

种薯带菌，土壤一般不带菌。病菌先通过切薯块扩大传染，引起更多种薯发病腐烂，再经维管束或髓部进入植株，引起地上部发病。田间病菌还可通过灌溉水、雨水或昆虫传播，经伤口侵入致病，后期病株上的病菌又从地上茎通过匍匐茎传到新长出的块茎上，贮藏期病菌通过病健薯接触经伤口或皮孔侵入健薯染病。窖内通风不好或湿度大、温度高，利于病情扩展。带菌率高或多雨或低洼田块发病重。

【绿色防控技术】

（1）选用抗病品种。选用无病种薯，建立无病留种田。

（2）种薯入窖前要严格挑选，入窖后加强管理，窖温控制在 1~4℃，防止窖温过高，湿度过大。

（3）药剂浸种薯。用 0.03% 溴硝丙二醇溶液浸 18 分钟或用 0.09% 春雷霉素浸 30 分钟、0.2% 高锰酸钾浸 25 分钟，浸后晾干播种。

（4）适时早播，促使早出苗。切块用草木灰拌后立即播种。

（5）及时挖除发病株，特别是留种田更要细心挖除，减少菌源。

（6）药剂防治。可用 53.8% 氢氧化铜干悬浮剂 300~500 倍液，或 20% 噻菌铜悬浮剂 300~500 倍液灌根。视病情连灌 2~3 次，用药间隔 7~10 天。

### 马铃薯青枯病

**【症状特征】**

病株稍矮缩。叶片浅绿或苍绿，下部叶片先萎蔫后全株下垂，开始早晚恢复，持续4~5天后全株茎叶全部萎蔫死亡，但仍保持青绿色，叶片不凋落。叶脉褐变，茎出现褐色条纹，横剖可见维管束变褐，湿度大时，切面有细菌液溢出。块茎染病，轻的不明显，重的脐部呈灰褐色水浸状，切开薯块，维管束圈变褐，挤压时溢出白色黏液，但皮肉不从维管束处分离。严重时外皮龟裂，髓部溃烂如泥，别于枯萎病。

**【病原】**

*Pseudomonas solanacearum*（Smith）Smith，称青枯假单胞菌或茄假单胞菌，属细菌界薄壁菌门。菌体短杆状，单细胞，两端圆，单生或双生，极生1~3根鞭毛，大小（0.9~2.0）微米 ×（0.5~0.8）微米。在肉汁胨蔗糖琼脂培养基上，菌落圆形或不整形，污白色或暗色至黑褐色，稍隆起，平滑具亮光，革兰氏染色阴性。

**【发病规律】**

病菌随病残组织在土壤中越冬，侵入薯块的病菌在窖里越冬，无寄主可在土壤中腐生14个月至6年。病菌通过灌溉水或雨水传播，从茎基部或根部伤口侵入，也可透过导管进入相邻的薄壁细胞，致茎部出现不规则水浸状斑。青枯病是典型维管束病害，病菌侵入维管束后迅速繁殖并堵塞导管，妨碍水分运输导致萎蔫。该菌在10~40℃均可发育，最适为30~37℃，适应pH值6~8，最适pH值6.6。一般酸性土发病重，田间土壤含水量高、或连阴雨后转晴，气温急剧升高发病重。

**【绿色防控技术】**

（1）选用抗病品种。

（2）选用无病种薯，建立无病留种田。

（3）采用测土配方施肥技术，适当增施磷钾肥，施用酵素菌沤制的堆肥或腐熟农家肥，不用带菌肥料。加强田间管理，培育壮苗，增强植株抗病力，有利于减轻病害。

（4）及时防治害虫，减少植株伤口，减少病菌传播途径；发病时及时清除病叶、病株，并带出田外烧毁，病穴施农药或石灰消毒。

（5）药剂防治。可用53.8%氢氧化铜干悬浮剂300~500倍液，或20%噻菌铜悬浮剂300~500倍液灌根。视病情连灌2~3次，用药间隔7~10天。

### 马铃薯环腐病

**【症状特征】**

马铃薯环腐病属细菌性维管束病害。地上部染病分枯斑和萎蔫两种类型。枯斑型多在植株基部复叶的顶上先发病，叶尖和叶缘及叶脉呈绿色，叶肉为黄绿或灰绿色，具明显斑驳，且叶尖干枯向内纵卷，病情向上扩展，致全株枯死；萎蔫型初期则从顶端复叶开始萎蔫，叶缘稍内卷，似缺水状，病情向下扩展，全株叶片开始退绿，内卷下垂，终致植株倒伏枯死。块茎发病，切开可见维管束变为乳黄色以至黑褐色，皮层内现环形或弧形坏死部，故称环腐。经贮藏块茎芽眼变黑干枯或外表爆裂，播种后不出芽，或出芽后枯死或形成病株。病株的根、茎部维管束常变褐，病蔓有时溢出白色菌脓。

## 【病原】

*Clavibacter michiganense* subsp.*sepedonicum* Davis et al.，异名：*Corynebacterium sepedonicum*（Spieck. et Kotthoff）Skaptason et Burkholder，称密歇根棒形杆菌马铃薯环腐亚种，属细菌界厚壁菌门。菌体短杆状，大小（0.4~0.6）微米 ×（0.8~1.2）微米，没有鞭毛，单生或偶尔成双，不形成荚膜及芽孢，好气。在培养基上菌落白色，薄而透明，有光泽，人工培养条件下生长缓慢，革兰氏染色阳性。

## 【发病规律】

病原菌在种薯中越冬，成为翌年初侵染源。病薯播下后，一部分芽眼腐烂不发芽，一部分出土的病芽，病菌沿维管束上升至茎中部，或沿茎进入新结薯块而致病。适合此菌生长温度 20~23℃，最高 31~33℃，最低 1~2℃。致死温度为干燥情况下 50℃经 10 分钟。最适 pH 值 6.8~8.4。传播途径主要是在切薯块时，病菌通过切刀带菌传染。

## 【绿色防控技术】

（1）选用抗病品种。

（2）建立无病留种田，尽可能采用整薯播种。有条件的最好与选育新品种结合起来，利用杂交实生苗，繁育无病种薯。

（3）播前汰除病薯。把种薯先放在室内堆放 5~6 天。进行晾种，不断剔除烂薯。使田间环腐病大为减少。此外，用 50 克 / 升硫酸铜药液浸泡种薯 10 分钟有较好效果。

（4）结合中耕培土，及时拔除病株，携出田外集中处理。

（5）药剂防治。可用 53.8% 氢氧化铜干悬浮剂 300~500 倍液，或 20% 噻菌铜悬浮剂 300~500 倍液灌根。视病情连灌 2~3 次，用药间隔 7~10 天。

## 马铃薯软腐病

### 【症状特征】

主要为害叶、茎及块茎。叶染病近地面老叶先发病，病部呈不规则暗褐色病斑，湿度大时腐烂。茎部染病，多始于伤口，再向茎干蔓延，后茎内髓组织腐烂，具恶臭，病茎上部枝叶萎蔫下垂，叶变黄。块茎染病多由皮层伤口引起，初呈水浸状，后薯块组织崩解，发出恶臭。

【病原】

*Erwinia carotovora* subsp. *carotovora*（Jones）Bergey et al., 称胡萝卜软腐欧氏菌胡萝卜软腐亚种，属细菌界薄壁菌门。菌体短杆状，大小（1.2~3.0）微米 ×（0.5~1.0）微米，在培养基上菌落呈灰白色，菌体变形虫状，可使石蕊牛乳变红，明胶液化。

【发病规律】

病原菌在病残体上或土壤中越冬，经伤口或自然裂口侵入，借雨水飞溅或昆虫传播蔓延。该菌发育适温 2~40℃，最适温度 25~30℃。50℃经 10 分钟致死。适应 pH 值 5.3~9.3，最适 pH 值 7.3。

【绿色防控技术】

（1）加强田间管理，注意通风透光和降低田间湿度。

（2）及时拔除病株，并用石灰消毒减少田间初侵染和再侵染源。

（3）避免大水漫灌。

（4）发病初期喷洒 50% 琥胶肥酸铜可湿性粉剂 500 倍液，或 14% 络氨铜水剂 300 倍液。


## 马铃薯病毒病

【症状特征】

常见的马铃薯病毒病有 3 种类型。花叶型：叶面叶绿素分布不均，呈浓淡绿相间或黄绿相间斑驳花叶，严重时叶片皱缩，全株矮化，有时伴有叶脉透明；坏死型：叶、叶脉、叶柄及枝条、茎部都可出现褐色坏死斑，病斑发展连接成坏死条斑，严重时全叶枯死或萎蔫脱落；卷叶型：叶片沿主脉或自边缘向内翻转，变硬、革质化，严重时每张小叶呈筒状。此外还有复合侵染，引致马铃薯发生条斑坏死。

【病原】

马铃薯 X 病毒（*Potato virus* X，简称 PVX），在马铃薯上引起轻花叶症，有时产生斑驳或环斑，病毒粒体线形，长 480~580 纳米，其寄主范围广，系统侵染的植物主要是茄科，病毒稀释限点 100 000~1 000 000 倍，钝化温度 68~75℃，体外存活期 1 年以上。马铃薯 S 病毒（*Potato virus* S，简称 PVS），在马铃薯上引起轻度皱缩花叶或不显症，病毒粒体线形，长 650 纳米，其寄主范围较窄，系统侵染的植物仅限于茄科的少数植物，病汁液稀释限点 1~10 倍，钝化温度 55~60℃，体外存活期 3~4 天。马铃薯 A 病毒（*Potato virus* A，简称 PVA），在马铃薯上引起轻花叶或不显症，病毒粒体线形，长 730 纳米，其寄主范围较窄，仅侵染茄科少数植物，病汁液稀释限点 10 倍，钝化温度 44~52℃，体外存活期 12~18 小时。马铃薯 Y 病毒（*Potato virus* Y，简称 PVY），在马铃薯上引起严重花叶或坏死斑和坏死条斑，病毒粒体线形，长 730 纳米，该病毒寄主范围较广，可侵染茄科多种植物，病汁液稀释限点 100~1 000 倍，钝化温度 52~62℃，体外存活期 1~2 天。马铃薯卷叶病毒（*Potato leafroll virus*，简称 PLRV），在马铃薯上引起卷叶症，病毒粒体球形，直径 25 纳米，该病毒寄主范围主要是茄科植物，病毒稀释限点 10 000 倍，钝化温度 70℃，体外存活期 12~24 小时，2℃低温下存活 4 天。此外烟草花叶病毒（TMV）也可侵染马铃薯。

**【发病规律】**

在引起马铃薯的几种病毒中，除 PVX 外，都可通过蚜虫及汁液摩擦传毒。田间管理条件差、蚜虫发生量大时发生重。此外，25℃以上高温会降低寄主对病毒的抵抗力，也有利于传毒媒介蚜虫的繁殖、迁飞或传病，从而有利于该病扩展，加重受害程度，故一般冷凉山区栽植的马铃薯发病轻。品种抗病性及栽培措施都会影响本病的发生程度。

**【绿色防控技术】**

（1）采用无毒种薯，建立无毒种薯繁育基地。

（2）培育或利用抗病或耐病品种。

（3）出苗前后及时防治蚜虫。尤其靠蚜虫进行非持久性传毒的条斑花叶病毒更要防好。防治蚜虫，每 667 平方米用 25% 噻虫嗪水分散粒剂 3 克或 3% 啶虫脒乳油 50 毫升对水喷雾，防治 1~2 次，用药间隔 5~7 天。

（4）改进栽培措施。包括留种田远离茄科菜田；及早拔除病株；实行精耕细作，高垄栽培，及时培土；避免偏施过施氮肥，增施磷钾肥；注意中耕除草；控制浇水，严防大水漫灌。

（5）发病初期喷洒 1.5% 三十烷醇·十二烷基硫酸钠·硫酸铜乳油 1 000 倍液，或 50% 吗啉胍·乙铜可湿性粉剂 500 倍液。

# 二、生姜病害

## 姜瘟病

**【症状特征】**

姜瘟病是生姜生产上的一种毁灭性病害，又称"青枯病"，产姜地区均有发生，严重时姜株成片死亡，主要危害地下根茎和根部。发病初期，植株地上部叶片变橘黄色、萎蔫、反卷，叶片变黄部分和绿色部分的界限不明显。发病严重的地上部萎蔫并青枯。病害由茎基部逐渐向上发展，茎基部和地下根茎变软，呈淡褐色水渍状。纵剖茎基部及茎块，可见维管束变褐，用手挤压有污白色细菌脓液从维管束部分溢出。随病害发展，病株的根茎、茎的髓部和皮层也感染而变色，最后根茎基部和茎基部变褐腐烂，腐烂组织具有恶臭味。病株发展到后期，地上部萎蔫和枯死，且易从腐烂的茎基部折断而倒伏。

【病原】

*Ralstonia solanacearum* Smith，称茄科劳尔氏菌，属细菌界薄壁菌门。菌体短杆状，单细胞，两端圆，单生或双生，（0.9~2.0）微米 ×（0.5~0.8）微米，极生鞭毛 1~3 根，在琼脂培养基上菌落圆形或不规则形，稍隆起，污白色或暗色至黑褐色，平滑具亮光。革兰氏染色阴性，病菌能利用多种糖产生酸，不能液化明胶，能使硝酸盐还原。

【发病规律】

病原细菌在姜根茎内或土壤病残体上越冬，带菌姜种是主要初侵染源，并可借姜种调运作远距离传播。种植带菌姜长出的姜苗就会发病，成为田间中心病株，靠灌溉水、地面流水、地下害虫和雨水溅射传播蔓延。病菌由根茎部伤口侵入，从薄壁组织进入维管束即迅速扩展，终至全株枯萎。姜瘟病流行期长，危害严重，一般 7 月始发，8~9 月为发病盛期，10 月停止发生。其发生早晚、轻重与气候条件相关，温度高、降水量大发病严重。此外，地势低洼、易积水、土壤黏重或偏施氮肥的地块发病重。

【绿色防控技术】

姜瘟病的发病期长，传播途径多，防治较为困难，因而在栽培上应以农业绿色防控技术为主，辅之以药剂防治，以切断传播途径，尽可能地控制病害的发生和蔓延。

（1）轮作换茬。因姜瘟病菌在土壤中存活 2 年以上，轮作换茬是切断土壤传菌的重要途径，尤其对于发病重的地块要间隔 2~3 年以上才能种姜。

（2）选用无病姜种。姜收获前可在无病姜田严格选种，在姜窖内单放单贮。翌年下种前再严格挑选，防止种姜带菌。

（3）种姜消毒。用 40% 福尔马林 100 倍液浸、闷各 6 小时，姜种切口蘸草木灰后下种。

（4）药剂防治。发现病株后，拔除病株，并用药剂喷淋或灌根。可用 20% 噻菌铜悬浮剂 800 倍液，或 47% 春雷·王铜可湿性粉剂 500 倍液、77% 氢氧化铜可湿性粉剂 500 倍液、50% 琥胶肥酸铜可湿性粉剂 500 倍液，每株灌药液 400 毫升。防治 2~3 次，用药间隔 10~15 天。

### 姜根结线虫病

**【症状特征】**

姜根结线虫病，俗称"姜癞皮病"。姜受线虫为害后，轻者症状不明显、重者植株发育不良，叶小，叶色暗绿，茎矮，9月中旬前后可比正常植株矮30%~50%，但植株很少死亡。根部受害，产生大小不等的瘤状根结，块茎受害部位表面产生瘤状或疙瘩状物并出现裂口，如有病菌侵染常伴有腐烂。

**【病原】**

主要是南方根结线虫（*Meloidogyne incognita* Chitwood）及少量卵形根结线虫（*M. ovalis*）和印度根结线虫（*M. indica*），属植物寄生线虫。南方根结线虫雌雄异形，幼虫呈细长蠕虫状。雄成虫线状，尾端钝圆，无色透明，大小（1.0~1.5）毫米 ×（0.03~0.04）毫米。雌虫鸭梨形，每头雌线虫可产卵300~800粒，雌虫多藏于寄主组织内，大小（0.44~1.59）毫米 ×（0.26~0.81）毫米，乳白色。排泄孔近于吻针基部球处，有卵巢2个，盘卷于虫体内，肛门和阴门位于虫体外端，会阴花纹背弓稍高，顶或圆或平，侧区花纹由波浪形到锯齿形，侧区不清楚，侧线上的纹常分叉。根结线虫寄主范围广，除大蒜、大葱和韭菜不危害外，其他瓜类、茄果类、豆类、叶菜类等蔬菜均有危害。

**【发病规律】**

姜根结线虫主要以卵、幼虫在土壤和病姜块茎及根内越冬。翌年姜播种后，条件适宜时，越冬卵孵化，一龄幼虫留在卵内，到二龄时幼虫从卵中钻出进入土壤中。幼虫从姜的幼嫩根尖或块茎伤部侵入，刺激寄主细胞，使之增生形成根结。姜根结线虫靠病土、病残体、灌溉水、农具、农事作业等传播。一般年发生3代。线虫病的发生程度与土壤性质、温度、湿度有关，据调查，含磷量大的地块线虫病发病重；使用化学肥料大、土壤呈酸性、土壤板结的地块发病重；有机质含量低的沙壤土发病重。姜根结线虫活动的适宜温度为20~25℃，35℃以上停止活动，幼虫在55℃温水中10分钟死亡。根结线虫在土壤中垂直分布以10~20厘米土层中为多。

**【绿色防控技术】**

（1）选好姜种。选择无病害、无虫伤、肥大整齐、色泽光亮、姜肉鲜黄色的姜块作姜种。

（2）合理轮作。与玉米、棉花、小麦进行轮作3~4年，减少土壤中线虫量。

（3）清洁田园，施用有机肥。收获后，将植株病残体带出田外，集中晒干、烧毁或深埋；采取冬前耕地，减少下茬线虫数量。施用充分腐熟的有机肥作底肥，合理施肥，做到少施勤施，增施钾、钙肥。

（4）土壤处理。播种前30天，每667平方米用50%氰氨化钙颗粒剂50~75千克撒施，用悬耕犁耕翻。起垄覆盖地膜，膜下浇水，15~20天后揭膜、晾墒、耙地、整畦备播（也可在生姜收获后及时处理）。或用氯化苦处理土壤，每667平方米30千克，覆原生膜10~15天，揭膜敞气7天以上，然后打沟种姜。

（5）药剂防治。每667平方米用10%噻唑磷颗粒剂2千克，或1%阿维菌素微囊悬浮剂1 000毫升拌20~25千克细沙土，撒施于种植沟内，搂匀后下种。分别于7月上旬和8月上旬，每667平方米用1.8%阿维菌素乳油1 000毫升对水灌根，或用10%噻唑磷颗粒剂2千克顺沟撒施后培土。

## 姜斑点病

### 【症状特征】

姜斑点病主要为害叶片，病斑较小，叶片反面病斑水渍状，正面黄白色，棱形或长圆形，细小，长2~5毫米，病斑中部变薄，易破裂或成穿孔，严重时，病斑密布，全叶似星星点点，故又名白星病。病部可见针尖小点，即分生孢子器。

### 【病原】

*Phyllosticta zingiberi* Hori，称姜叶点霉菌，属真菌界半知菌类。分生孢子器生在叶两面，初埋生，后突破囊表皮孢面外露，球形至扁球形，直径75~90微米，高65~80微米。器壁膜质，褐色，由数层细胞组成，壁厚7.5~10微米，内壁无色，形成产孢细胞，上生分生孢子，孔口圆形，居中，产孢细胞瓶形，单胞无色，大小（5~7.5）微米 ×（5~6）微米。分生孢子椭圆形至卵圆形，两端钝圆或一端稍尖，单胞无色，大小（5~6）微米 ×（2.5~3）微米。

### 【发病规律】

病菌主要以菌丝体和分生孢子随病残体遗落土中越冬，以分生孢子作为初侵染和再侵染源，借雨水溅射传播蔓延。8月中旬始见中心病株，随后蔓延全田，9月中下旬为流行盛期，末期在10月下旬。高温高湿是此病发生的主要原因，8、9月的降水量大，且雨日多，利于姜斑点病发生。另外，种姜地片较为固定，连年种植，土壤中积累了大量菌源。肥料单一，氮肥投入量过多，磷钾肥使用偏少，植株抗病能力弱是此病发生的重要因素。姜斑点病发生的早晚与汛期出现的早晚有关，汛期来得早，生姜斑点病发生得也早。

### 【绿色防控技术】

（1）避免连作，增施有机肥和磷钾肥，加强健身栽培，提高植株抗病能力。

（2）搞好田间调查及早发现病株。在发病初期，用50%醚菌酯悬浮剂3 000倍液、10%苯醚甲环唑水分散粒剂1 500倍液、12.5%烯唑醇可湿性粉剂1 500倍液，或70%甲基硫菌灵可湿性粉剂和75%百菌清可湿性粉剂等量混合600倍液对发病中心进行重点喷雾。隔6~7天喷1次，连续防治3~4次。

## 姜枯萎病

### 【症状特征】

姜枯萎病又称姜块茎腐烂病，主要为害地下块茎、根部。块茎变褐，从外表皮向内腐烂，根部坏死，地上部植株心叶干枯，整株呈枯萎状。该病与细菌性姜瘟病外观症状易混淆，两病区分为：姜瘟病块茎多呈半透明水渍状，挤压患部溢出乳白色菌脓，镜检则见大量细菌涌出，细菌性姜瘟病一般从姜块内部往外部腐烂；姜枯萎病块茎变褐而不带水渍状半透明，挤压患部虽渗出青液但不呈乳白色混浊状，姜块腐烂一般从外往里烂，镜检病部可见菌丝或孢子，保湿后患部多长出黄白色菌丝，挖检块茎表面有菌丝体。

### 【病原】

*Fusarium oxysporum* f.sp. *zingiberi* 和 *Fusarium solani*（Martius）Apple et Wollenweber，称尖镰孢菌和茄病镰孢，属真菌界半知菌类。两菌均可产生大型和小型分生孢子。小型分生孢子无色，单胞或双胞，卵形至肾形；大型分生孢子无色，多胞，纺锤形至镰刀形。

### 【发病规律】

两菌均以菌丝体和厚垣孢子随病残体遗落土中越冬。带菌的肥料、姜种块和病土成为翌年初侵染源。病部产生的分生孢子，借雨水溅射传播，进行再侵染。植地连作、低洼排水不良或土质过于黏重，或施用未充分腐熟的土杂肥易发病。

### 【绿色防控技术】

（1）选用抗病品种，耐涝品种。

（2）常发地或重病地宜实行轮作，有条件最好实行水旱轮作。

（3）施用充分腐熟的农家肥，适当增施磷钾肥。注意田间卫生，及时收集病残株烧毁。

（4）常发地种植前注意精选姜种块，并用50%多菌灵可湿性粉剂300~500倍液浸姜种块1~2小时，捞起晾干下种。

（5）发病初期于病穴及其四周灌50%多菌灵可湿性粉剂500倍液，防治2次。

## 姜茎基腐病

### 【症状特征】

姜茎基腐病，俗称"姜烂脖子病"。发病植株地上部茎叶变黄，初近地面叶片尖端或叶缘退绿变黄，后扩展到整个叶片，终致全株叶片黄枯、凋萎或倒伏。茎发病先从茎基或叶鞘退绿，无光泽，有的产生水渍状褐色病斑，茎基部缢缩变细。土面以下茎表皮产生浅褐色病变，表皮或部分块茎变软，但不腐烂发臭。

**【病原】**

*Pythium myriotylum* Drechsler，属藻物界卵菌门。菌丝体丝状，无色透明，无隔膜，有不规则分枝，直径 3.7~11.0 微米，孢子囊顶生或间生，姜瓣状或膨大菌丝状，大小（48.8~402.3）微米 ×（4.9~18.3）微米。泡囊球形或椭圆形，大小 28.0~60.9 微米或（36.6~70.7）微米 ×（30.5~67.1）微米。游动孢子椭圆形。休止孢子球形或近球形。直径 8.5~13.4 微米，萌发产生芽管。藏卵器球形或近球形，壁光滑，多顶生，少间生，偶有 2 个串生，直径 25.6~39.0 微米，偶有 1 乳状突起，突起大小（3.7~21.9）微米 ×（2.4~4.9）微米。雄器异丝生，呈钩状或棒状，大小（7.3~19.5）微米 ×（3.7~19.5）微米。每个藏卵器与 3~5 个雄器交配，授精管明显。卵孢子球形，光滑，单生，不满器，直径 13.4~41.5 微米，壁厚 1.2~4.3 微米，内含储物球和折光体各 1 个。

**【发病规律】**

病菌在病残体上、土壤中或种姜上越冬。土壤中的腐霉菌先侵入近地面的根茎，后向下扩展，侵入地下茎和刚萌发的芽，后软化，在土壤中借姜及流水传播。土壤湿度大、排水不良的低洼处易发病。山东 5 月上旬开始发病，5 月下旬至 6 月上旬进入发病高峰期。

**【绿色防控技术】**

（1）种姜消毒。每 667 平方米种姜用 68% 精甲霜·锰锌水分散粒剂 700 倍液或 3 克 / 升，或用 6.25% 精甲·咯菌腈悬浮种衣剂 100 毫升喷淋，晾干催芽播种。

（2）药剂处理土壤。播种前 1 个月每 667 平方米用氰氨化钙 50 千克撒在地表，然后翻耕，深度为 20 厘米，后土表覆膜压实，20 天后揭膜，通风 2~3 天，旋耕松土 1~2 次，7 天后播种。

（3）发病初期用 47% 春雷·王铜可湿性粉剂 500 倍液，或 3% 中生菌素可湿性粉剂 600 倍液灌根处理，每墩灌药液 250 毫升。连灌 2~3 次，间隔 7~10 天。

### 姜腐霉根腐病

**【症状特征】**

发病初期茎基部茎叶处（地表处）出现黄褐色病斑，继之软腐，致地上部茎叶黄化凋萎后枯死，地下部块茎染病呈软腐状，失去食用价值。根部受害腐烂，引起植株下部叶片尖端及叶缘退绿变黄，后蔓延至整个叶片，并逐渐向上部叶片扩展，致整株黄化倒伏，根茎腐烂，散发出臭味。后期在块茎上产生白色菌丝。

【病原】

*Pythium rostratum* Butler.，称喙腐霉；*Pythium periilum* Drechsler，称周雄腐霉；*P. myriotylum* Drechsler.，称群结腐霉；*P. aphanidermatum*（Edson）Fitzpatrick，称瓜果腐霉。均属于藻物界卵菌门。喙腐霉：菌落在 CMA 上呈放射状，无气生菌丝。菌丝不规则分枝，粗 2.0~8.5 微米。卵孢子球形、平滑、满器，直径 13~16 微米，壁厚 0.9~2.3 微米。周雄腐霉：菌落在 CMA 上呈放射状。菌丝基内生，粗 1.5~7.7 微米。孢子囊由膨大与不膨大两种结构组成，顶生或间生，（50~628）微米 ×（8~19）微米，孢子囊间接萌发产生游动孢子；游动孢子肾形，双鞭毛，（11.3~11.9）微米 ×（7.5~8.6）微米。藏卵器球形，多顶生，少数间生，直径 22~27 微米，藏卵器壁上偶有一突起物。雄器顶生，与藏卵器同丝生，很少异丝生，（6.0~13.9）微米 ×（3.0~7.0）微米，平均 9.72 微米 × 5.13 微米，雄器柄有时缠绕藏卵器，且分枝，分枝顶端着生雄器，每个藏卵器有 1~4 个雄器。卵孢子球形，平滑，单生，大多满器，直径 20~23 微米；壁厚 1.5~3.0 微米；内含贮物球和折光体各 1 个。

【发病规律】

病菌以菌丝体在种姜或以菌丝体和卵孢子在遗落土中的病残体上越冬，病姜种、病残体和病肥成为本病的初侵染源。在温暖地区，游动孢子囊及其萌发产生的游动孢子借雨水溅射和灌溉水传播进行初侵染和再侵染，病菌主要从伤口侵入。通常日暖夜凉的天气和植地低洼积水，土壤含水量大，土质黏重有利该病发生；种植带菌的种姜和连作，发病重。

【绿色防控技术】

参见姜茎基腐病。

## 姜腐烂病

【症状特征】

姜腐烂病又称姜细菌叶枯病或烂姜，主要为害根茎。初在茎基部或根茎上半部现黄褐色水渍状病变，逐渐失去光泽，姜从外部逐渐向内软化腐败，仅留表皮，内部充满灰白色具硫化氢臭味的汁液。病茎、病根染病初呈浅黄褐色至暗紫色病变，后亦变成黄褐色腐烂，致叶尖或叶脉呈鲜黄色至黄褐色，叶缘上卷，病叶凋萎早落。

【病原】

*Xanthomonas campestris* pv. *zingibericola*（Ren et Fang）Bradbury.，异名：

*X. zingibericola* Ren et Fang，称油菜黄单胞杆菌姜致病变种（姜细菌叶枯病黄单胞菌），属细菌界薄壁菌门。菌体杆状，大小（0.4~0.7）微米 ×（0.7~1.8）微米，单生为主，两端钝圆，具1~2根极生鞭毛。适宜生长温度25~30℃，最高30~39℃，好气。革兰氏阴性。

**【发病规律】**

病原细菌主要在贮藏的根茎里或随病残体留在土壤中越冬或越夏，带菌根茎成为田间主要初侵染源，并可通过根茎进行远距离传播，在田间病菌靠灌溉水及地下害虫传播蔓延。在地上借风雨、人为等因素接触传播，病原细菌从伤口或叶片上的水孔侵入，沿维管束向上、下蔓延。引致根茎腐烂或植株枯死。土温28~30℃、土壤湿度大易发病。

**【绿色防控技术】**

（1）种姜选择与处理。选用密轮细肉姜、疏轮大肉姜等耐涝品种和无病种姜，必要时切开种姜用1∶1∶100等量式波尔多液浸20分钟，也可用草木灰封住伤面，以避免病原菌从伤口侵入。

（2）轮作。有条件的应与禾本科作物实行2~3年轮作。

（3）栽培管理。施用充分腐熟农家肥和草木灰，及时拔除病株，集中深埋或烧毁，病穴撒施石灰消毒，严防病田的灌溉水流入无病田中。

（4）药剂防治。发病初期浇灌72%农用硫酸链霉素可溶粉剂4 000倍液，或80%乙蒜素乳油800~1 000倍液、50%琥胶肥酸铜可湿性粉剂500倍液、30%碱式硫酸铜悬浮剂400倍液。此外，要注意防治地下害虫。

（5）种姜贮藏。种姜收获后，先晾晒几天，后放在20~33℃温度条件下热处理7~8天，促其伤口愈合，同时发现病姜及时剔除后，进行贮藏，窖温控制在12~15℃为宜。


### 姜炭疽病

**【症状特征】**

可为为害叶片、叶鞘和茎。染病叶片多从叶尖或叶缘开始出现近圆形或不规则形湿润状退绿病斑，可互相连接成不规则形大斑，严重时可使叶片干枯，潮湿时病斑上长出黑色略粗糙的小粒点。为害茎或叶鞘形成不定形或短条形病斑，亦长有黑色小粒点，严重时可使叶片下垂，但仍保持绿色。

**【病原】**

*Colletotrichum capsici*（Syd.）Butler et Bisby，称辣椒刺盘孢和 *C.gloeosporioides*（Penz.）Sacc，称胶孢炭疽菌，均属真菌界半知菌类。辣椒刺盘

孢菌落表面气生菌丝白色至灰黑色，背面黑褐色。载孢体盘状，多聚生，初埋生后突破表皮，黑色，顶端不规则开裂。刚毛散生在载孢体中，数量较多，暗褐色，顶端色淡，较尖，2~4个隔膜，大小（74~128）微米×（3~5）微米。分生孢子梗分枝，有隔膜，无色，分生孢子镰刀形，顶端尖，基部钝，单胞无色，（22~26）微米×（4~5）微米，内含油球。附着孢棒状，圆球形褐色，（9~14）微米×（6.5~11.5）微米。为害姜、茄、番茄、大豆等多种作物。

【发病规律】

病菌以菌丝潜伏在姜种内越冬，播种带菌姜种便能引起幼苗发病；病菌还能以菌丝或分生孢子盘随病残体在土壤中越冬，成为下一季发病的初侵染源。越冬后长出的分生孢子通过风雨溅散、昆虫或淋水而传播，条件适宜时分生孢子萌发长出芽管，从寄主表皮的伤口侵入。初侵染发病后又长出大量新的分生孢子，传播后可频频进行再侵染。高温高湿有利于此病发生。如平均气温26~28℃，相对湿度大于95%时，病菌侵入后3天就可以发病。地势低洼、土质黏重、排水不良、种植过密通透性差、施肥不足或氮肥过多、管理粗放引起表面伤口，都易于诱发此病害。

【绿色防控技术】

（1）彻底清洁田园，勿施用混有病残体堆制而未完全腐熟的土杂肥，深翻晒土，均可有效减少初侵染源。

（2）实行2年以上轮作。

（3）高垄深沟种植，施腐熟农家肥作底肥，及时中耕培土，清除杂草降低田间湿度，适当增施磷钾肥。

（4）喷药保护。发病初期可选喷80%炭疽福美可湿性粉剂600~750倍液、70%甲基硫菌灵可湿性粉剂1 000倍液、40%多·硫悬浮剂500倍液、25%咪鲜胺悬浮剂2 000倍液。隔8~10天喷1次，连续喷3~4次。

# 三、芋头病害

## 芋头枯萎病

【症状特征】

此病主要侵害维管组织形成全株性发病，多从外叶开始显病。初期叶脉间出现许多浅绿褐色边缘模糊的不规则小斑，以后沿叶缘向里黄化坏死，最后变褐，终致病叶卷曲枯死。纵剖叶柄，可见维管束变色。随病害发展，病株叶片由外向里萎蔫枯死。

【病原】

*Fusarium solani*（Martius）App. et Wr.，称茄病镰孢，属真菌界半知菌门。分生孢子散生或生在假头状体上或孢子座、黏孢子团中，群集呈褐白色或土黄色、绿色至深褐色。大型孢子纺锤形稍弯曲，两端圆，基部在长轴斜向具微小凸起，具隔膜3~5个，3个隔膜的大小（19~50）微米 ×（3.5~7）微米，5个隔膜的大小（32~68）微米 ×（4~7）微米。厚垣孢子间生或顶生，褐色球形至洋梨形，单生，单胞者大小8微米 × 8微米，双胞者大小（9~16）微米 ×（6~10）微米，平滑或有小瘤。除寄生芋外，还为害甘薯、马铃薯的块茎、黄瓜、甜瓜的果实。

【发病规律】

病菌以厚垣孢子在土壤中被害的病残体上存活或越冬，种球内越冬的病菌随翌年栽芋引起发病，球茎中母芋带菌率高，子芋次之，孙芋最低。该病不仅在田间侵染蔓延，贮运期间也可扩展。气温28~30℃易发病，连作地或地下害虫多易诱发此病。管理粗放、土壤过干或过湿发病重。

【绿色防控技术】

（1）从无病地或无病株上留种，选用无病种芋，最好用孙芋或子芋，尽量少用母芋。

（2）与葱蒜姜、禾本科作物实行3年以上轮作，收获后及时清除病残体，携出田外深埋或烧毁。

（3）采用高畦或起垄栽培，合理施肥。

（4）药剂防治。种芋可用50%多菌灵可湿性粉剂500倍液浸种芋30分钟，晾干后直接播种。常年发病地块，出苗后采用97%噁霉灵可湿性粉剂1 500倍液灌墩，10天1次，连灌3~4次。


## 芋头炭疽病

【症状特征】

芋头炭疽病主要为害叶片，严重时也为害球茎和叶柄。多从下部老叶开始发病，初期在叶片上产生水渍状暗绿色病斑，后逐渐变为近圆形、褐色至暗褐色病斑，四周具湿润变黄色晕圈。干燥条件下，病斑干缩成羊皮纸状，易破裂，上面轮生黑色小点，即病菌的分生孢子盘。球茎染病，上生圆形病斑，似漏斗状深入肉质球茎内部，去皮病部呈黄褐色，无臭味。炭疽病与疫病有时可混合发生，两病症状不同点在于：炭疽病病斑发病与健康部位分界较明晰，斑外黄晕亦明显，斑面病征为小黑点（病菌分生孢子盘）；疫病病斑与健康部位分界模糊不清，无明显黄晕，病征为薄层白霉（病菌孢囊梗及孢子囊）。

【病原】

*Colletotrichum capsici*（Syd.）Butler et Bisby, 异名：*Vermicularia capsici* Syd.，称辣椒炭疽菌，属真菌界半知菌类。在 PDA 培养基上菌落白色，后变灰色。气生菌丝浅灰色至暗灰色，培养基背面黑色，黏分生孢子团白色。刚毛很多。分生孢子梗具分枝，产孢细胞筒形，内壁芽殖产孢，分生孢子单胞无色，镰刀形，顶端尖锐，末端钝圆，大小（17.8~23.3）微米 ×（2.3~3.6）微米。附着胞多，黑褐色，椭圆形至棍棒形，大小（8.3~24）微米 ×（3.7~15.7）微米。引起芋、辣椒、茄、番茄、大豆、苹果、梨和香蕉等炭疽病。

【发病规律】

病菌以菌丝体随病残体在土壤中越冬，或以分生孢子黏附在球茎表面越冬。以分生孢子盘产生的分生孢子作为初侵染与再侵染接种体，借助雨水溅射或小昆虫活动而传播，从叶片伤口侵入致病。气温 25~30℃易发病，高于 35℃发病少或不发病。此外，连绵阴雨或雾大露重的天气易发病，偏施氮肥或排水不良地块发病较重。

【绿色防控技术】

（1）选用抗病品种。

（2）加强肥水管理。勿过施偏施氮肥；勿用水过度，雨后及时清沟排渍降湿。

（3）药剂防治。应在封行时发病前喷施 75%百菌清可湿性粉剂 800~1 000 倍液，或 70% 甲基硫菌灵可湿性粉剂 800 倍液、12.5%烯唑醇可湿性粉剂 1 000 倍液。隔 7~15 天 1 次，交替喷施，连喷 2~3 次。

## 芋头灰斑病

【症状特征】

主要为害叶片。叶上病斑圆形，大小 1~4 毫米，病斑深灰色，四周褐色，病斑正、背面生出黑色霉层，即病原菌的分生孢子梗和分生孢子。

【病原】

*Cercospora caladii* Cooke，称芋尾孢，属真菌界半知菌类。子实体生于叶两面，子座小，褐色；分生孢子梗 12~21 根束生，浅褐色至褐色，顶端色浅略狭，不分枝，具隔膜 1~3 个，膝状节 0~1 个，孢痕明显，顶端近截形，大小（58~116）微米 ×（4~6）微米；分生孢子无色透明，鞭状、正直或略弯，基部截形，顶端尖，多隔膜，大小（40~92）微米 ×（3~5）微米。

【发病规律】

病菌以菌丝体和分生孢子座在病残体上越冬，以分生孢子进行初侵染与再侵染，从伤口或表皮直接侵入致病，借助气流或风雨传播蔓延。高温多雨的年份或季节易发病，连作地或植株过密通透性差的田块发病重。

【绿色防控技术】

（1）注意田间卫生。收获时或生长季节收集病残物深埋或烧毁。

（2）合理密植，管好肥水。

（3）药剂防治。每 667 平方米用 50% 烯酰吗啉可湿性粉剂 60 克，或用 52.5% 霜脲氰·噁唑菌酮可湿性粉剂 20 克对水喷雾。视病情连喷 2~3 次，用药间隔 7~10 天。

## 芋头细菌性斑点病

【症状特征】

主要为害叶片。初生叶斑密而多，圆形或近圆形，横径 1~3 毫米不等，初呈水渍状，后转黄褐色至灰褐色，外围具有明显的黄色晕圈，多个病斑连合为淡褐色小斑块。病征一般不明显，潮湿时触之有质黏感。

【病原】

*Pseudomonas colocasiae*（Takimoto）Okabe et Goto，称芋假单胞菌，属细菌界薄壁菌门。菌体短杆状，两端钝圆，有单极生鞭毛 1 根。在 PDA 培养基上产生圆形菌落，发育温度 4~37℃，适温为 28℃。

【发病规律】

病原细菌随病残体遗落在土中越冬或黏附在球茎表面越冬。在土壤中可存活 1 年以上，随时均可侵染。雨后易发病。

【绿色防控技术】

（1）清洁田园，实行轮作。

（2）发病初期用 77% 氢氧化铜可湿性粉剂 800 倍液，或 12.5% 松脂酸铜悬浮剂 500 倍液，或 20% 噻菌铜悬浮剂 500~800 倍液，或 0.5∶1∶100 波尔多液喷雾。7~10 天 1 次，连喷 3~4 次。

## 芋头软腐病

【症状特征】

芋头软腐病主要为害叶柄基部、芋头。叶柄基部染病，开始出现水浸状、暗绿色不定形或条形病斑，逐渐扩大可使整个叶片基部变褐色软腐，叶片变黄凋萎或倒折；危害芋头亦出现湿润状暗褐色斑，手压病部外皮下陷，可使芋头局部乃至全部变软腐烂，并发出异常的恶臭味。此病在芋头贮藏期可继续危害，在窖藏中发生软腐。

**【病原】**

*Erwinia carotovora* pv.*carotovora*（Jones）Bergey et a1., 称胡萝卜欧氏软腐杆状细菌胡萝卜致病型，属细菌界薄壁菌门。此菌在培养基上的菌落灰白色，圆形或不定形；菌体短杆状，大小（0.5~1.0）微米 ×（2.2~3.0）微米，周生鞭毛 2~8 根，无荚膜，不产生芽孢，革兰氏染色阴性。本菌生长发育最适温度 25~30℃，最高 40℃，最低 2℃，致死温度 50℃经 10 分钟，在 pH 值 5.3~9.2 均可生长，其中，pH 值 7.2 最适，不耐光或干燥，在日光下曝晒 2 小时，大部分死亡，在脱离寄主的土中只能存活 15 天。

**【发病规律】**

病原细菌主要在种芋内及随植物残体遗落在土壤中存活越冬，病菌借助雨水、灌溉水及小昆虫活动与农事活动等传播，从伤口侵入致病。连作地、低洼湿地，或高温多雨天气发病重。

**【绿色防控技术】**

（1）实行轮作。与禾本科作物轮作 2~3 年；注意雨后排水。

（2）药剂防治。发病初期用 53.8% 氢氧化铜可湿性粉剂 300~500 倍液，或 20% 噻菌铜悬浮剂 300~500 倍液灌根。视病情连灌 2~3 次，用药间隔 7~10 天。

## 芋头病毒病

**【症状特征】**

病叶沿叶脉出现退绿黄点，扩展后呈黄绿相间的花叶，严重的植株矮化。新叶除上症状外，还常出现羽毛状黄绿色斑纹或叶片扭曲畸形。严重病株有时维管束呈淡褐色，分蘖少，球茎退化变小。

**【病原】**

病原为病毒，主要是黄瓜花叶病毒（CMV）和芋花叶病毒（*Dasheen mosaic virus*，简称 DMV）。芋花叶病毒属马铃薯 Y 病毒科，属马铃薯 Y 病毒属。病毒颗粒线状，大小 750 纳米 ×13 纳米。

**【发病规律】**

病毒可以在芋球茎内或野生寄主及其他栽培植物体内越冬。第二年春天，播种带毒球茎，出芽后即出现病症，6~7 叶前叶部症状明显，进入高温期后症状隐蔽消失。主要由蚜虫传播。用带毒球茎作母种，病毒随之繁殖蔓延，造成种性退化，发病严重。

【绿色防控技术】

（1）选用抗病品种。

（2）严防蚜虫。在有翅蚜迁飞期，及时喷药防蚜。

（3）发病初期喷洒耐病毒诱导剂"NS-83"100倍液，或1.5%三十烷醇·十二烷基硫酸钠·硫酸铜水剂1 000倍液，隔10天左右喷1次，共喷2~3次。

## 芋头疫病

【症状特征】

首先发生于叶片，逐渐扩至叶柄和球茎，然后迅速扩展蔓延，形成轮纹式大斑。若在叶片发生，其叶背轮纹斑最为明显，其斑点外围有分生孢子，呈白色霉状物，严重时病斑逐渐枯烂破裂，直至叶片只残留主脉，像破伞一样；若在叶柄发生，常常形成暗褐色的长椭圆形病斑，使叶片和叶柄变黄直至枯萎；若在球茎发生，就会导致整个芋头腐烂乃至毁灭。

【病原】

*Phytophthora colocasiae* Racib.，称芋疫霉菌，属藻物界卵菌门。孢子梗1至数枝，自叶片气孔伸出，短而直，无色，无隔膜，大小（15~24）微米×（2~4）微米，顶端着生孢子囊。孢子囊梨形或长椭圆形，单胞，无色，胞膜薄，顶端具乳头状突起，下端具一短柄，大小（45~145）微米×（15~21）微米，遇水湿条件萌发产生游动孢子，水湿不足则直接萌生芽管。游动孢子肾形，单胞，无色，无胞膜，为一团裸露的原生质，大小（17~18）微米×（10~12）微米，中部一侧具两根鞭毛，能在水中游动。

【发病规律】

病菌主要以菌丝体或厚壁孢子在病残体或种用芋头上越冬，成为下一季的初侵染菌源。播种带菌芋头，在条件适宜时便可引起植株发病，并长出大量新的孢子囊，通过气流或风雨溅散传播，频频进行再侵染。多雨、露大、雾重、空气潮湿、温度偏高（24~28℃）的天气有利于此病的发生。凡地势低洼、杂草丛生、田间郁蔽不通风，或施氮肥过多的，发病均较重。不同品种抗性有差异，红芽芋和白芽芋品种较感病，香芋品种较抗病。雨季和盛夏期间，晴雨相间和高温多湿的盛夏期间最易感病。

【绿色防控技术】

（1）选用抗病品种。从无病或轻病地选留种芋。

（2）实行轮作。最好水旱轮作1~2年。

（3）加强肥水管理。施足基肥，增施磷钾肥，避免偏施氮肥，做到高畦深沟，清沟排渍。

（4）药剂防治。每667平方米用25%嘧菌酯悬浮剂34克，或50%烯酰吗啉可湿性粉剂60~100克对水喷雾。视病情连喷2~3次，间隔7天。

### 芋头污斑病

【症状特征】

芋头污斑病只为害叶片。病斑圆形或椭圆形，初呈淡黄色，后变为淡褐色至暗褐色，边缘不明显。病部背面色泽较淡。后期在病斑上长出黑色霉状物（分生孢子及分生孢子梗）。

【病原】

*Cladosporium colocasiae* Sawada，称芋枝孢，属真菌界半知菌类。在CMA25℃培养10天，菌落直径20毫米，绒毛状，灰绿色，中心隆起。子实体生在叶背，菌丝体埋生或表生。孢子梗单生或3~6根簇生，粗大，直立或微弯曲，具3~7个节状膨大，淡褐色至褐色，孢痕明显，（68~108）微米×（4.2~5.4）微米，膨大处直径6~9.5微米。分生孢子单生或呈短链，圆锥形至椭圆形，淡褐色至中度褐色，0~3个隔膜，偶有5个隔膜，分隔处稍缢缩，两端孢脐明显突起，（9.8~20.5）微米×（5.9~9.0）微米。

【发病规律】

病菌以菌丝体及分生孢子随病残体留在地上越冬。分生孢子借气流传播侵染为害。病菌属弱寄生菌，植株生长衰弱和多雨潮湿环境，易发病。

【绿色防控技术】

（1）加强管理，增施肥料，提高植株抗病力。

（2）药剂防治。发病初期每667平方米用50%烯酰吗啉可湿性粉剂60克，或52.5%霜脲氰·噁唑菌酮可湿性粉剂20克对水喷雾防治。视病情连喷2~3次，用药间隔7~10天。

# 四、山药病害

### 山药炭疽病

【症状特征】

主要为害山药的叶片和茎，也可为害叶柄。叶片病斑近圆形、椭圆形和不规则形，边缘褐色至黑褐色，中部颜色较浅，病斑稍凹陷，潮湿时叶正面轮生橘黄色黏质小点，后变黑色。圆形病斑大小为0.6~2.1厘米，椭圆形病斑为（0.6~1.5）厘米×（0.6~2.1）厘米，不规则病斑为（0.4~1.6）厘米×（0.6~2.0）厘米。叶柄与茎部症状相似，造成落青叶。茎部受害初为黑色小点，逐渐扩大至长条形不规则斑。边缘褐色至黑褐色，中部颜色较浅，病斑明显凹陷，潮湿时轮生橘黄色黏质小点，后变黑色。病斑环绕茎时导致病部以上植株枯死，圆形病斑大小为0.3~0.8厘米，椭圆形病斑为（0.3~0.5）厘米×（0.4~0.8）厘米，不规则病斑为（0.3~0.6）厘米×（0.4~0.8）厘米。

【病原】

*Gloeosporium cingulata*（Stonem.）Spauld. et Schrenck，称围小丛壳，属真菌界子囊菌门。无性态为 *Colletotrichum gloeosporioides*（Penz.）Sacc=*C.dioscoreae* Tehon，称胶孢炭疽菌，属真菌界半知菌类。围小丛壳在 PDA 培养基上产生子囊壳，集生，近球形，大小（104~168）微米，壳高91~155微米；子囊棍棒状，单层壁，大小（47~62）微米×（10~14）微米；子囊孢子单胞无色，椭圆形至长卵形，略弯曲，大小（13~19）微米×（4~6）微米；无性态，分生孢子盘表生，稀疏，圆形至椭圆形，黑褐色，盘周缘着生有刚毛，黑褐色，基部稍膨大，顶端尖锐，高35~79微米；分生孢子梗无，产孢细胞短，瓶梗状，无色，平行排列；分生孢子圆筒形，单胞无色，内生1~2个油球，大小（10~15）微米×（3~5）微米；附着胞不规则形至棍棒状，四周不规则，致病性强。

【发病规律】

病原菌以菌丝体和分生孢子盘在病株上或遗落土中的病残体上越冬，以分生孢子进行初侵染和再侵染。病原借雨水溅射或小昆虫活动传播蔓延。发病的温度范围在25~30℃，凡雨季来临早、雨量大、雨日多的年份，发病早，传播蔓延快，为害重。重茬连作年限长，老产区比新产区发病重。偏施氮肥，植株徒长，柔嫩，易感病。支架低矮，通风透光不良，田间排水不畅，土壤湿度过高的田块发病明显偏重。通风、透光条件差，空气湿度大，易发病。防治不及时，延误了最佳防治时期，发病重。

【绿色防控技术】

（1）农业防治。选择适宜栽培地：选择土质疏松，地势高燥，土层深厚肥沃，排灌方便，通气透水，保水保肥性能好，光照充足，土质上下均匀的轻沙质土壤种植。选择色泽鲜艳，顶芽饱满或休眠萌动，无病斑、无伤口，大小适宜的优质栽子，并进行播前处理。山药不宜连作，一般隔3年轮作1次，可与禾本科作物轮作。种植前最好进行冬耕冻垡，使土质疏松。采用地膜覆盖栽培，可降低田间湿度，促进山药生长，减少病原物传播。以底肥为主，多施有机肥，增施磷钾肥，并配以适量的铁、锌等微量元素肥料。发病初期及时摘除病叶，拔掉病株，秋后及时清洁田园，把病残体集中深埋或烧毁。

（2）药剂防治。生长期喷药重在预防，防治山药炭疽病关键是要抓"早"，第1

次用药一定要在山药甩秧上架后、发病前施药。持续干旱可间隔 15 天左右，遇雨或连续 3 天以上大雾可缩短 5~7 天，全季一般需喷药 3~5 次。发病初期每 667 平方米用 25% 嘧菌酯悬浮剂 40~60 毫升，或 10% 苯醚甲环唑水分散粒剂 27~41 克、25% 咪鲜胺乳油 25~37.5 毫升对水喷雾。以上药剂轮换交替使用。

## 山药褐斑病

### 【症状特征】

主要为害叶片。叶面病斑近圆形或椭圆形至不规则形，大小不等，边缘褐色，中部灰褐色至灰白色。病斑上现针尖小黑粒即病原菌的分生孢子器。

### 【病原】

*Phyllosticta dioscoreae* Cooke，称薯蓣叶点霉，属真菌界半知菌类。分生孢子器近球形，黑褐色。分生孢子卵形，单胞，无色。

### 【发病规律】

病原以菌丝体和分生孢子器在病叶上或随病残体遗落土中越冬。温湿度适宜时，病原主要借助风和雨水传播，进行初侵染和再侵染。温暖多湿，生长期风雨频繁，山药架内封闭，通风透光条件差，空气湿度大，易发病。

### 【绿色防控技术】

（1）农业防治。设计畦向时要考虑种植地的通透性，避免株行间郁蔽高湿。连阴雨天注意清沟排渍。收获后及时清除病残体，集中烧毁。

（2）药剂防治。雨季到来时喷洒 75% 百菌清可湿性粉剂 600 倍液，或 50% 多菌灵可湿性粉剂 600 倍液、50% 甲基硫菌灵·硫磺悬浮剂 800 倍液。发病初期喷 70% 甲基硫菌灵可湿性粉剂 1 000 倍液加 75% 百菌清可湿性粉剂 1 000 倍液，或 70% 甲基硫菌灵可湿性粉剂 1 000 倍液加 30% 氧氯化铜悬浮剂 600 倍液、40% 多·硫悬浮剂 500 倍液。每隔 10 天喷 1 次，连续 1~2 次。

## 山药灰斑病

### 【症状特征】

主要为害叶片，叶斑出现在叶片两面，近圆形至不规则形，大小因寄主品种不同而异，一般 2~21 毫米，叶面中心灰白色至褐色，常有 1~2 个黑褐色细线轮纹圈，有的四周具黄色至暗褐色水浸状晕圈，湿度大时病斑上生有灰黑色霉层。叶背色较浅，危害重。

### 【病原】

*Cercospsra dioscoreae* Ellis et Martin，称薯蓣尾孢，属真菌界半知菌类。子实

体生在叶的两面，子座生在表皮下，近球形，大小20~42.5微米，褐色；菌丝体内生，分生孢子梗3~22根簇生，浅青褐色，基部略宽，平滑，直立或稍曲，有时近端部具1个曲膝状折点，孢痕疤明显，宽1.3~2.5微米，坐落在陡细窄圆锥形顶部和折点处，横隔膜0~1个或不明显，大小（8.8~37.5）微米×（4~5）微米，产孢细胞与分生孢子梗合生。分生孢子平滑，淡青黄色，链生，圆柱形至倒棍棒形，直立或弯曲，顶部圆形或圆锥形，孢痕疤明显，基部倒圆锥形平截，脐明显，宽1.3~2.5微米，3~8个横隔膜，大小（30~120）微米×（4~5.6）微米。

【发病规律】

病原以菌丝体在病残体上越冬，种子可带菌。病原借气流传播，进行初侵染，之后病部又产生分生孢子进行再侵染。当温度在18~20℃、相对湿度在90%以上时，易引起发病。保护地内通风不良、高温高湿，露地条件下夏季高温多雨，均是发病的重要条件。重茬地易发病。

【绿色防控技术】

（1）农业防治。合理密植，适当加大行距，改善田间的通风透光条件；保护地栽培要采用高畦定植、地膜覆盖，适时通风降温排湿，防止田间湿度过大；多施腐熟的有机肥，增施磷、钾肥，提高植株的抗病性；保持田间清洁，发病初期及时摘除病叶，拉秧时彻底清除病残体，集中烧毁，减少病原。

（2）药剂防治。突出"早"字，发病初期可用1∶1∶200波尔多液，或50%的多菌灵可湿性粉剂500倍液、50%甲基硫菌灵可湿性粉剂500倍液、75%百菌清可湿性粉剂600倍液、58%的甲霜灵·锰锌可湿性粉剂600倍液交替喷雾。每隔5~6天喷施1次，连喷3次。

### 山药斑枯病

【症状特征】

主要为害叶片，发病初期叶面上生褐色小点，后病斑呈多角形或不规则形，大小6~10毫米，中央褐色，边缘暗褐色，上生黑色小粒点，即病原分生孢子器。病情严重的，病叶干枯，全株枯死。

【病原】

*Septoria dioscoreae* J.K.Bai et Lu，称为薯蓣壳针孢，属真菌界半知菌类。分生孢子球形或近球形，生于叶面，散生或聚生，突破表皮外露，器壁膜质暗褐色，大小90~144微米；分生孢子倒棍棒状，近圆柱形，正直或略弯曲，宽窄不一，无色，透明，具隔膜2~4个，基部钝圆形，顶端较钝，大小（60~70）微米×（4~6）微米。

【发病规律】

病原以分生孢子器在病叶上越冬。春天温湿度条件适宜时，分生孢子器释放出的分生孢子借风雨传播，进行初侵染和多次再侵染，使病害不断扩展。

【绿色防控技术】

（1）农业防治。注意田间卫生，收获时彻底收集病残物烧毁。抓好以肥水管理为中心的栽培防病。增施磷钾肥和有机肥，避免偏施、过施氮肥，高畦深沟、清沟排渍，定期喷植宝素等生长促进剂，使植株壮而不旺，稳生稳长。

（2）药剂防治。发病及时喷10%苯醚甲环唑悬浮剂2 000倍液，或70%甲基硫菌灵可湿性粉剂1 000倍液加75%百菌清可湿性粉剂1 000倍液、25%溴菌腈可湿性粉剂1 000倍液、50%苯菌灵可湿性粉剂1 000倍液、50%复方硫菌灵可湿性粉剂1 000倍液。10~15天喷1次，连续2~3次。注意喷匀、喷足。

## 山药斑纹病

【症状特征】

发病初期叶面上出现黄色或黄白色病斑，边缘不十分明显，蔓延扩大后呈现褐色不规则形，叶脉失绿呈透明状，状如潜叶蝇钻蛀细小隧道。发病后期病斑边缘微凸起，中间淡褐色，上生小黑点，有些病斑能形成穿孔，严重时致叶片枯死。在叶柄和茎上，也可形成圆形病斑。

【病原】

*Cylindrosporium dioscoreae* Miyabe et S.Ito，称薯蓣柱盘孢，属真菌界半知菌类。载孢体盘状，散生或聚生，初埋生后突破表皮，白色至黄白色，直径144~480微米，顶端不规则形开裂。分生孢子梗圆柱形，无色，无隔膜，直或弯，大小（17~29）微米×（3~3.5）微米。分生孢子针形，两端较圆或一端尖，单胞无色，大小（28~67）微米×（2~3）微米。

【发病规律】

病原以分生孢子座或菌丝在病残体上越冬，成为第二年初侵染源。发病后又产生分生孢子，遇有适宜温湿度条件，经1~2天潜育，分生孢子即可萌发进行再侵染。湿度大、多雨，发病重。该病于7月中、下旬开始发生，8月发病重，一直延续到收获。

【绿色防控技术】

（1）种子处理。用50%多菌灵可湿性粉剂500倍液浸泡30分钟。

（2）农业防治。轮作换茬可有效地减轻或避免病害发生。种植山药3年以后，必须进行轮作。轮作作物以禾本科作物为好。选择地势高燥、肥沃疏松、排水良好的沙质土壤种植。冬前深翻，利用太阳热或薄膜密封消毒土壤。高畦深沟、短行栽培，雨季注意排水。不施未腐熟肥料，多施有机肥，增施磷、钾肥。

（3）药剂防治。发病初选用10%苯醚甲环唑悬浮剂2 000倍液、12.5%烯唑醇可湿性粉剂2 500倍液，或70%甲基硫菌灵可湿性粉剂1 200倍液、50%多菌灵可湿性粉剂500倍液喷施。轮流交替用药，一般需喷药3~4次。

## 山药枯萎病

### 【症状特征】

主要为害茎基部和地下块根。初在茎基部出现梭形湿腐状的褐色斑块，后病斑向四周扩展，茎基部整个表皮腐烂，致地上部叶片逐渐黄化、脱落，藤蔓迅速枯死，剖开茎基，病部变褐；块根染病，在皮孔上的细根及块根内部也变褐色，干腐，严重的整个山药变细变褐。贮藏期该病可继续扩展。

### 【病原】

*Fusarium oxysprum* Schl.f.sp.*dioscoreae* Wellman，称山药尖镰孢，属真菌界半知菌类。在石竹叶培养基上，气生菌丝茂盛，菌丛反面无色，絮状，小分生孢子数量多，生在单苗瓶梗或较短的分生孢子梗上，肾形、椭圆形至圆筒形，大小（4~7）微米×（2.5~4）微米；大型分生孢子纺锤形或镰刀形，两端尖，具3~4个隔膜，个别5个；3个隔膜的大小（22~40）微米×（4~5）微米；厚垣孢子球状，具1~2个细胞，顶生或间生，单生或双生，偶串生。

### 【发病规律】

病菌在土壤中存活，条件适宜即有可能发病，7~8月为发病高峰。高温阴雨、地势低洼、排水不良、施氮过多、土壤偏酸均有利于发病。

### 【绿色防控技术】

（1）种子处理。栽前用50%多菌灵可湿性粉剂800~1 000倍液，或25%咪鲜胺乳油600倍液，或高锰酸钾1 000~1 200倍液浸种15分钟或喷洒，进行灭菌处理，以减少或避免种苗带菌。

（2）农业防治。选择通透性好、易于排灌的地块作栽培地。前茬山药收获后，深翻土壤，晒土晾地，下茬栽培山药隔行挖沟。及时清除染病块根以及病残体，减少田间菌源。重病地块实行与非薯芋类蔬菜2~3年的轮作。施用充分腐熟的有机肥，增施菌肥、磷肥、钾肥，增强植株的综合抗性。防治地下害虫。多雨季节及时清沟排水，防止土壤板结。进入块根膨大期，经常保持土壤湿润。避免高温干燥造成块根损伤。

（3）药剂防治。在生长期用50%多菌灵可湿性粉剂500倍液，或2%武夷菌素水剂500倍液、2.5%咯菌腈悬浮剂500倍液喷淋茎基部。视病情喷淋2~3次，间隔7~10天。

## 山药根腐病

### 【症状特征】

主要为害山药的地下块根。块根受害首先出现水渍状小斑点或黄褐色坏死，逐渐发展成黄褐色、深褐色病斑，组织内部腐烂。高温多雨季节病害发展迅速，有时病部表面产生白色至粉红色霉状物，即病原的分生孢子丛。染病植株多叶色不正，叶脉附近退绿或叶缘坏死，最后全株死亡，带菌块根贮藏时也易腐烂。

### 【病原】

*Fusarium dioscoreae* Miyabe et S.Itl.，称为镰孢菌，属真菌界半知菌类。该菌常产生大型分生孢子和小型分生孢子，前者镰刀形，无色，多细胞。小型分生孢子长椭圆形，单胞无色，个别有1隔膜。

### 【发病规律】

病原以分生孢子或菌丝体的形式，在土壤中或病残体上越冬。高温多雨条件利于发病，天气时晴时雨、土壤积水、通透性差、地下害虫活动频繁的地块发病重。

### 【绿色防控技术】

参见山药枯萎病。

## 山药青霉软腐病

### 【症状特征】

初期在块根的伤口产生大小不等的白色絮状菌丝团，后渐发展成浅蓝色霉层，病部软化，最后干缩。

### 【病原】

*Penicillium chrysogenum* Thom.，病原为青霉，属真菌界半知菌类。分生孢子梗无色，单生，少数集聚成孢梗束，直立，顶端形成一至多次帚状分枝，分枝顶端形成多数产孢细胞，上面产生成串的、自上而下依次成熟的分生孢子。分生孢子圆形或卵圆形，无色，表面光滑或疣，聚集时呈青色或绿色。有性态为闭囊壳，不常见。

### 【发病规律】

病原广泛存在于各种环境中。条件适宜时可直接侵染。

温度偏高，湿度大时容易发病。有伤口，发病重。

### 【绿色防控技术】

选地势高燥的地块种植，生长期内要加强管理，适时浇水，防治地下害虫。收获时避免产生伤口。贮藏时注意通风降湿。

# 第八节　多年生蔬菜病害

## 芦笋病害

### 芦笋茎枯病

**【症状特征】**

芦笋茎枯病又叫芦笋茎腐病。主要为害茎、枝和叶。茎部初生纺锤形或线条状暗褐色斑，周缘水渍状，病斑渐扩大，中央赤褐色凹陷，其上散生很多黑色小粒点，即病原的分生孢子器，病斑绕茎或枝一周后，致病斑上部干枯，似火烧状，不仅影响下年嫩茎的质量，甚至造成绝产绝收，成为芦笋生产中的毁灭性病害。

**【病原】**

*Phomopsis asparagi*（Sacc.）Bubak，称天门冬拟茎点霉，属真菌界半知菌类。分生孢子器形成于子座中，单生或 2~3 个聚生，扁球形至近三角形，黑色，孔口突出，近孔口处壁厚。分生孢子角乳白色，α 型分生孢子长椭圆形至梭形，无色，单胞，两端各具 1 油球，大小（7.5~10.0）微米 ×（2.5~3.0）微米。此外，还有 β 型和中间类型的分生孢子。生长适温 10~30℃，菌丝生长和孢子萌发最适温度 25℃。在 pH 值 5~10 的培养基上均可生长，以 pH 值 7.0 最佳。光照能诱导分生孢子器产生。

**【发病规律】**

病菌主要以分生孢子器或分生孢子在病残体上越冬，田间或堆积在田埂上的枯老病残株上的分生孢子器，在高湿条件下释放出分生孢子进行侵染，成为翌年主要初侵染源。茎、枝及病斑上产生的分生孢子随雨水沿茎枝向下流，致茎基部形成大量病斑，或引起流行。该病早春始发，均温 15℃潜伏期 7~10 天，多经 5~10 天形成繁殖器官，以分生孢子进行初侵染和再侵染，早期形成的分生孢子器能越夏，成为秋季侵染源。该病在梅雨或秋雨连绵的季节发生流行，均温 19.8~28.5℃进入盛发期，连阴雨或台风暴雨后病情加剧，使用氮肥过多或缺乏，或土壤湿度大发病重。品种间抗病性差异明显。

**【绿色防控技术】**

（1）清洁田园。收获时沿土表割除，将枯老病残深埋或烧毁，并注意清除杂草。

（2）栽培管理。推行配方施肥技术，适当增施磷、钾肥。适时选留母茎，彻底清除病残体，提高抗病力。

（3）药剂防治。发病初期每 667 平方米用 25% 嘧菌酯悬浮剂 34 克或 52.5% 霜脲氰·噁唑菌酮可湿性粉剂 35 克对水喷雾或用 50% 多菌灵可湿性粉剂 300 倍液喷雾。视病情防治 2~3 次，用药间隔 6~7 天。兼治立枯病、锈病。此外，药剂还可选用 50% 异菌脲可湿性粉剂 1 500 倍液，或 50% 苯菌灵可湿性粉剂 1 000 倍液、70% 甲基硫菌灵可湿性粉剂 600 倍液、40% 多·硫悬浮剂 500 倍液，隔 10 天左右 1 次，连续防治 3~4 次。遇雨适当增加次数，雨后及时补喷。

## 芦笋叶枯病

**【症状特征】**

主要为害下部叶片，病菌从叶尖或叶缘处侵入后，形成灰白色不规则形枯斑，扩展变为灰褐色，病斑上生出黑色霉状物。严重的植株枯死。

**【病原】**

*Stemphylium botryosum* Wallr.，称葡柄霉，属真菌界半知菌类。分生孢子梗单生或束生，淡褐色至褐色，顶部膨大具有 2~3 个膨大节，大小为（26~59）微米 ×（4~7）微米；分生孢子淡褐色至榄褐色，椭圆形至长方形，具有 3~4 个横隔，1~3 纵隔或斜隔，分隔处缢缩，表面生有小瘤或刺，大小为（23~39.6）微米 ×（12.6~19.8）微米。有性态 *Pleospora herbarum*（Pers. et Fr.）Rabenh.，称枯叶格孢腔菌，属真菌界子囊菌门。子囊圆筒形，大小为（90~160）微米 ×（24~40）微米；子囊孢子多胞，椭圆形，具有 0~7 个纵隔，3~7 个横隔，黄褐色，大小（31~39）微米 ×（13.5~18）微米。

**【发病规律】**

主要以菌丝体在病株上或子囊壳随病残体遗落在土中越冬，翌年散发出子囊孢子引起初侵染，后病部产生分生孢子进行再侵染。该菌属于弱寄生菌，常伴随紫斑病等混合发生。湿度大、温度较高，病斑上出现霉状物。

**【绿色防控技术】**

（1）增施有机肥。提倡施用酵素菌沤制的堆肥，抑制有害微生物，提高抗病力。

（2）加强管理。收获后及时清除残枝落叶，携出田外集中烧毁，茎秆及时割除，适时翻耙土壤，减少菌源。雨后及时排水，勿过于荫蔽潮湿。

（3）药剂防治。发病初期喷洒 27% 碱式硫酸铜悬浮剂 600 倍液，或 50% 琥胶肥酸铜可湿性粉剂 500 倍液、75% 百菌清可湿性粉剂 600 倍液。

### 芦笋褐斑病

**【症状特征】**

茎、枝及拟叶均可感染。初现褐色小点，后逐渐扩大为卵圆形或椭圆形病斑。发病重的导致拟叶早落或茎秆枯黄。该病病斑中央产生淡灰色霉层，即病菌的分生孢子梗及分生孢子，别于茎枯病。

**【病原】**

*Cercospora asparagi* Sacc.，称石刁柏尾孢，属真菌界半知菌类。分生孢子梗稀疏至紧密簇生，浅褐色，不分枝，多个隔膜，顶部近平截，（30~170）微米 ×（4~7）微米。孢痕疤明显加厚。分生孢子针形，无色，顶部近钝，基部平截，具不明显的多个隔膜，大小（35~130）微米 ×（2.5~5）微米。

**【发病规律】**

病菌以分生孢子在病残体上越冬，成为翌年初侵染源。在田间分生孢子借气流传播，形成再侵染，秋天达到发病高峰。病菌发育适温 25~28℃，37℃以上及 5℃以下停止生长，29℃适于分生孢子形成。

**【绿色防控技术】**

（1）选用抗耐病品种。如泽西巨人、Asp8278 和 Asp8284 品系等。

（2）清洁田园。收获后及时清除残枝落叶，携出田外集中烧毁，茎杆及时割除，适时翻耙土壤，减少菌源。

（3）药剂防治。发病初期每 667 平方米用 25% 嘧菌酯悬浮剂 34 克，或 52.5% 霜脲氰·噁唑菌酮可湿性粉剂 35 克对水喷雾；或用 50% 多菌灵可湿性粉剂 300 倍液喷雾。视病情防治 2~3 次，用药间隔 6~7 天。兼治立枯病、锈病。还可以喷洒 40% 多·硫悬浮剂 600 倍液，或 14% 络氨铜水剂 300 倍液、50% 琥胶肥酸铜可湿性粉剂 500 倍液进行防治。

### 芦笋紫斑病

**【症状特征】**

芦笋紫斑病多发生在笋株的发育后期，以为害芦笋的分枝为主，也为害芦笋的主茎。笋株遭受危害后，先在染病部位形成紫褐色的小斑点，以后逐渐扩大形成近圆形或钝纺锤形的大病斑，病斑四周为紫褐色、中央为浅褐色至灰褐色，乃至灰白色。发病部位与健康部位分界明显或不明显，潮湿时病斑表面出现薄霉层病症（病菌分生孢子梗及分生孢子）。主茎遭受危害后一般不会造成笋株枯死，分枝遭受危害后，可造成病斑以上部分枯死。

【病原】

*Stemphylium vesicarium*（Wallr.）Simons，称黄花菜葡柄霉，属真菌界半知菌类。分生孢子梗为直形或微弯曲状，深褐色，顶部膨大，色泽比较深，基部色泽比较浅，具有 3~6 个分隔，在隔膜处稍缢缩。分生孢子近长方形，深褐色，具有 3~6 个横隔，中间分隔处缢缩，1~2 个纵隔，有的外部细胞突出或变为不规则形状。

【发病规律】

芦笋紫斑病菌在病残体上越冬，在翌年温度、湿度适宜的条件下产生分生孢子，通过风雨、人为将病菌带入病区或无病区进行初次侵染，发病后产生分生孢子进行再次侵染危害，全年可进行多次侵染循环。在阴雨天多、浇灌过勤和浇灌水量过大、留茎数量偏多、高度保留一致枝叶密集、笋株过于荫蔽通风透光差、田间湿度过大等条件下，病害发生得比较严重。间作黄花菜、大葱、洋葱和大蒜等作物，为病菌提供了寄生和湿度条件，病害发生得比较严重。氮肥施用偏多，有机肥、磷肥、钾肥施用不足，微量元素缺乏等，病害发生得比较严重。笋株遭受其他病虫害危害严重的田块，也容易造成紫斑病发生得比较严重。

【绿色防控技术】

（1）秋末冬初清除病株残体，集中深埋或烧毁，以减少初侵染源。

（2）提倡施用酵素菌沤制的堆肥或充分腐熟农家肥。

（3）每株留母茎 5~7 根，以利通风，防止倒伏。株高 120~150 厘米即应打顶。此外要及时拔除杂草。

（4）药剂防治。

参见芦笋叶枯病。

## 芦笋疫霉根腐病

【症状特征】

芦笋疫霉根腐病主要为害芦笋茎基部和根部或幼株，病部迅速变黑而枯死。较老的笋株初期仅下部叶变黄，后地表附近茎环割，病株萎蔫。

【病原】

*Phytophthora megasperma* var. *sojae* Drechsl.，称大雄疫霉菌，属藻物界卵菌门。孢子囊卵形，无乳状突起，层出，大小（15~60）微米 ×（6~45）微米；藏卵器球形，大小 16~61 微米，多为 42~52 微米；卵孢子黄色，平滑，直径 11~54 微米，多为 37~47 微米。

【发病规律】

病菌随病残体在土壤中或带菌种子上越冬，翌春条件适合时产生孢子进行初侵染和再侵染。通过雨水溅射传播，从气孔侵入致病。病菌属土壤习居菌，高湿的天气和较高的土壤湿度有利于发病。连作时间长的植地易发病。

【绿色防控技术】

（1）清洁田园。发现病株及时拔除，集中深埋或烧毁。

（2）增施基肥。提倡施用酵素菌沤制的堆肥或腐熟农家肥，抑制土壤中有害微生物，减少发病。

（3）药剂防治。发病初期喷淋 25% 甲霜灵可湿性剂粉 800~1 000 倍液，或 72.2% 霜霉威水剂 600~800 倍液、硫酸铜 1 500~2 000 倍液。隔 7~10 天 1 次，连喷 2~3 次。

## 芦笋锈病

【症状特征】

该病在植株生长发育期间都会发生危害，主要为害叶和枝。初生黄褐色稍隆起的病斑，即病菌夏孢子堆，表皮破裂后散出黄褐色夏孢子。秋末冬初，病部形成暗褐色椭圆形病斑，即冬孢子堆。病情严重时，茎叶变黄枯死。

【病原】

*Puccinia asparagi-lucidi* Diet.，称天门冬柄锈菌，属真菌界担子菌门。病菌锈孢子器乳白色，常分散为长条形组群，内含球形或卵圆形锈孢子，大小（15~21）微米 ×（18~27）微米，孢子壁透明，厚 1 微米，其上长有细刺。夏孢子堆粉状结构，黄棕至褐色，内含球形至卵圆形的夏孢子，大小（10~30）微米 ×（18~29）微米，孢子壁金黄色，厚 2 微米，有 4 个"赤道孔"（发芽孔）。冬孢子堆浅黑褐色，冬孢子（30~50）微米 ×（19~26）微米，双胞，隔膜处稍缢缩，孢子壁栗褐色，厚 10 微米。孢子柄通常为孢子长的 2 倍。

【发病规律】

病菌以冬孢子在病部越冬，翌年萌发产生担孢子，借气流传到茎叶上，产生性孢子器和性孢子，后在叶背产生锈孢子腔和锈孢子。锈孢子成熟从腔顶出口处散出，靠气流传播蔓延，继续侵染芦笋，产生夏孢子堆和锈孢子，以锈孢子进行重复侵染，到秋末冬初，低温季节又在病部形成冬孢子堆和冬孢子，并转入越冬。本菌为单主寄生，孢子多型。

【绿色防控技术】

（1）选用抗病品种。如玛莉华盛顿等。

（2）注意改善通风条件，雨后及时排水，防止田内湿度过高。

（3）及时清洁田园。

（4）药剂防治。发病初期喷洒75%百菌清可湿性粉剂600倍液，或15%三唑酮可湿性粉剂1 000倍液、12.5%烯唑醇可湿性粉剂1 000倍液。隔7~10天1次，视病情连续防治2~3次。

## 芦笋炭疽病

### 【症状特征】

芦笋炭疽病菌以为害芦笋主茎为主，主茎遭受病菌侵染危害后，先形成水渍状的小斑点，以后逐渐形成针尖大小的淡褐色小病斑，再逐渐形成灰色或褐色的棱形或不规则形状的病斑，病斑凹陷，在病斑上面产生许多小黑点状或朱红色小点病征的子实体，称为病菌分生孢子盘及分生孢子。

### 【病原】

*Glomerella cingulata*（Stonem.）Spauld. et Schrenk，称围小丛壳，属真菌界子囊菌门；无性世代 *Colletotrichum gloeosporioides*（Penz.）Sacc.，称胶孢炭疽菌，属真菌界半知菌类。子座暗褐色，呈球形至扁球形，大小为（81~127）微米 ×（65~146）微米，每个子座具有1至数个子囊壳，子囊壳暗褐色，呈瓶状，外部附有毛状菌丝，大小为（130~168）微米 ×（29~41）微米；子囊呈瓠瓜状，平排于子囊壳内，大小为137~288微米；分生孢子无色，单细胞，圆筒形，两端钝圆，大小为（8~15）微米 ×（2.4~4.1）微米。

### 【发病规律】

病菌以菌丝体和分生孢子盘在病株上和随病残体遗落在土中越冬，以分生孢子作为初侵染与再侵染源，借助风雨、种子、人为活动及小昆虫活动传播。分生孢子萌发后产生芽管直接穿过表皮、气孔、伤口侵染危害，全年可进行多次侵染循环。分生孢子萌发温度为15~40℃，但以28~32℃为最适宜温度；菌丝可在12~40℃的条件下生长，但以28℃左右为最适宜温度。春雨来得早，水湿充足的年份多发病，干旱年份发病轻。浇灌过勤或浇水量过大、留茎数量偏多、高度保留一致枝叶密集、间作其他作物、笋株过于荫蔽通风透光差发病重；氮肥施用偏多，有机肥、磷钾肥施用不足，微量元素缺乏发病重。

### 【绿色防控技术】

（1）清洁田园。收获时沿土表割除，将枯老病残株深埋或烧毁，并清除杂草，减少田间菌源。

（2）栽培管理。适当控制留母茎数，雨后做好开沟排水，严防大水漫灌，降低田间湿度。浇水最好安排在上午，减少夜晚结露，以创造不利于病菌侵染和发病的环境条件。

（3）合理施肥。施足有机肥，增施磷钾肥和微肥，可减轻病害发生。

（4）药剂防治。发病初期开始喷洒 25% 咪鲜胺乳油 2 000 倍液，或 80% 代森锰锌可湿性粉剂 600~800 倍液、75% 百菌清可湿性粉剂 600 倍液、80% 炭疽福美可湿性粉剂 800 倍液、50% 苯菌灵可湿性粉剂 1 500 倍液等。每 7~10 天喷洒 1 次，连续防治 2~3 次。

### 芦笋紫纹羽病

**【症状特征】**

发病初期，地上部植株无明显的症状表现。根部发病 2 年后地上部植株表现为生长衰弱。干旱和气温较高时，中午及午后植株顶部幼嫩组织出现失水萎蔫现象。后期，茎叶变黄直至病株黄枯。地下根系外表有紫色菌丝和紫色小斑，病根中空只剩皮层。有时还可发现病根表面形成扁形的紫色小菌核。

**【病原】**

*Helicobasidium mompa* Tanaka，称紫纹卷担子菌，属真菌界担子菌门。菌丝体黄褐色，相互连接而形成根状菌索，营养不良时产生半球形的菌核，菌核表层紫色，内层黄褐色，中央白色。菌核大小为 0.86~2.06 毫米。子实体扁平，毛绒状深褐色；子实体浅紫红色，担子自菌丝顶端产生，无色圆筒形，有分隔而分成 4 个细胞，担子大小为（25~42）微米 ×（6~7）微米；在担子每个细胞上长出一个小梗，每个小梗顶端形成 1 个担子孢子，担子孢子无色单细胞，卵圆形或肾脏形，表面光滑，大小为（10~25）微米 ×（5~8）微米。生长适温为 24~28℃。病菌菌丝丛紫色，并可形成菌索和菌核。

**【发病规律】**

病菌生活在土壤中的病残根系内，是一种寄主广泛的病菌。病菌可侵染农作物、果树、林木、中药材、茶、桑等，引起根系腐烂。病菌可在病残根系中生活多年，遇到寄主植物的根系后便可发生侵染。芦笋如果定植在发生过紫纹羽病的大田，定植前如果未将病残桩及根系清除干净，或病土未经过灌水浸泡，可能发病。因为在土壤或病残根中越冬的病菌，在适宜的条件下，菌核或菌索便可萌发出菌丝，从芦笋吸收根系的幼嫩组织处侵入，再扩展到贮藏根系及鳞芽盘组织中。当病株出现后，健康植株的根系若与病株根系接触后，又可使健株发病，导致田间病株一年比一年增加。

**【绿色防控技术】**

（1）地块选择。定植大田要避免选择前茬作物为果园、桑园及甘薯、牛蒡等易感病寄主的地块。

（2）消灭发病中心。一旦发现病株及时挖掉，尽可能清除残留在土中的有病根系，并对病穴用氯化苦原液 3~4 毫升，注入深度 15 厘米处，后地面覆盖薄膜密封熏蒸。薄膜覆盖时间至少 5 天。

（3）药剂防治。发病初期及时喷淋或浇灌 70% 甲基硫菌灵可湿性粉剂 500 倍液、50% 苯菌灵可湿性粉剂 1 500 倍液进行防治。

## 芦笋茎腐病

### 【症状特征】

芦笋茎腐病主要为害幼笋。幼笋出土后即可能受侵害，幼茎出现水渍状不定形病斑，绕茎扩展，并侵入到茎杆内部，造成嫩茎组织腐烂、崩解，由于水分、养分输送受到抑制，地上部位呈枯萎状，终致幼笋枯死。发病轻的即使不枯死，其生长势大减，地上部茎叶衰弱，幼茎细弱，产量低。在湿度大的条件下，嫩茎表面可形成白色菌丝体。

### 【病原】

*Pythium* sp.，称腐霉菌，属藻物界卵菌门。菌丝絮状，白色；孢子囊呈丝状膨大，分枝不规则；藏卵器光滑，球形，顶生，大小为 18.1~22.7 微米；游动孢子肾形双鞭毛，休止时呈球形，大小为 11~12 微米。菌丝在 10~40℃的温度条件下均可生长，在 15~30℃的温度条件下均可产生游动孢子。以 22~28℃时最适宜病菌的侵染危害。

### 【发病规律】

病菌以菌丝体和卵孢子随病残体遗落在土中存活越冬，并在土中营腐生生活，存活力较强，可腐生 2~3 年。首先，在翌年温度、湿度适宜的条件下，越冬的卵孢子可直接萌发芽管侵染致病，也可萌发产生孢子囊，以游动孢子、休止孢子产生芽管侵染危害嫩茎，菌丝侵入嫩茎后，在嫩茎体内迅速扩展，是一种侵染比较快的病菌。灌溉水、雨水是病菌主要传播途径。其次，病菌可借助农具、施用土杂肥传播，全年可进行多次侵染循环。连绵阴雨多的年份或季节有利于发病。尤其是育苗期出现低温、高湿条件，利于发病。低洼潮湿地，土质黏重地多发病。播种过密易发病。

### 【绿色防控技术】

（1）在本病常发生的地区注意整修植地排灌系统，有条件可采用滴灌，严防大水漫灌，雨后及时清沟排渍降湿。土质黏重地应掺沙或增施有机肥等逐步改土，增强土壤通透性，提高根系活力。低洼潮湿地采用高畦深沟栽培，并挖环田沟、十字沟等措施以降低地下水位。

（2）幼笋抽生期加强喷药保护。采取喷淋结合的办法。可喷淋 30% 氧氯化铜悬浮剂 600 倍液，或 25% 甲霜灵可湿性粉剂 600~800 倍液、72% 霜脲氰·代森锰锌可湿性粉剂 800~1 000 倍液、64% 噁霜·锰锌可湿性粉剂 500 倍液。隔 5~10 天 1 次，防治 3~4 次。

### 芦笋病毒病

**【症状特征】**

芦笋遭受病毒病侵染为害后，多数笋株的症状不是十分明显。在感病严重的情况下，造成芦笋株丛矮小、叶色退绿、枝叶扭曲、局部形成坏死病斑等症状。有些笋株在遭受病毒侵染危害后，造成拟叶轻度失绿后，过一段时间又能恢复正常。

**【病原】**

*Asparagus virus* Ⅰ（AV–Ⅰ），称天门冬病毒Ⅰ、Ⅱ、Ⅲ号。芦笋Ⅰ号病毒为弯曲棒状，大小为 763 纳米 × 15 纳米，稀释限点为 104，钝化温度在 50~55℃ 的条件下需要 10 分钟，在 20℃ 的条件下体外可存活 8~11 天。芦笋Ⅱ号病毒为球状，长度为 26~36 纳米，稀释限点为 103~104，钝化温度在 55~60℃ 的条件下需要 10 分钟，在 20℃ 的条件下体外可存活 2~3 天。烟草条斑病毒、芦笋Ⅲ号病毒也能危害芦笋，烟草条斑病毒为等轴粒子，直径为 28 纳米，稀释限点为（1∶30）~（1∶15 265），钝化温度为 53~64℃，病毒汁液稀释后存活的时间比较长。芦笋Ⅲ号病毒为线状，长度为 500~600 纳米。烟草条斑病毒、芦笋Ⅲ号病毒均为隐型病毒。

**【发病规律】**

芦笋病毒病主要是通过汁液、种子、蚜虫、蓟马等进行传播。芦笋Ⅱ号病毒分布很广，危害性也比较严重。芦笋遭受芦笋Ⅱ号病毒危害后，引起花叶和形成坏死病斑，造成产量与品质下降，并引起根腐病、茎枯病等病害发生严重，能造成笋株生长矮小或枯死。在笋株遭受损伤、干旱、介体昆虫危害时，有利于病毒的侵染危害。病毒能侵染其他多种作物，芦笋田内间作其他作物的，芦笋病毒病发生得比较严重。

**【绿色防控技术】**

（1）控制病毒传播。新发展芦笋区一定要做好种子与幼苗的消毒处理，并做好控制病区种苗的传入，防止病毒带入无病区。

（2）选用抗病毒病的品种。硕丰、冠军、200–3、格兰德、吉利来等品种的抗病性比较强。

（3）防旱降温。在高温干旱的情况下，要及时浇水。

（4）防止笋株的损伤。在管理芦笋时尽量减少笋株的机械损伤。

（5）清除病株。发现病株及时清除销毁。

（6）收获时注意使用割刀，必要时进行割刀消毒，防止汁液传毒。

（7）药剂防治。在采收期间选用20%复方浏阳霉素乳油1 000倍液；在不采收期间选用20%辛硫·甲氰乳油1 000倍液，喷雾防治蓟马、蚜虫等介体昆虫的传播危害。在发病初期选用7.5%菌毒·吗啉胍水剂700倍液，或3.85%三氮唑核苷·铜·锌可湿性粉剂500~600倍液、5%菌毒清水剂300倍液、0.5%菇类蛋白多糖水剂300~350倍液进行喷雾防治。一般间隔7~10天用药1次，连续防治3~4次。

## 芦笋灰霉病

### 【症状特征】

芦笋灰霉病主要侵害幼笋，其次侵染长势衰弱的成株小枝和新长的嫩枝，此外，植株开花期也易染病。其症状特点是：患部初呈水渍状，后转呈褐至黑褐色湿腐状，发病与健康部位分界不明晰，潮湿时患部表面长满灰色霉病症（病菌分生孢子梗及分生孢子）。

### 【病原】

*Botrytis cinerea* Person：Fr.，称灰葡萄孢，属真菌界半知菌类。病菌的孢子梗数根丛生，褐色，顶端具1~2次分枝，分枝顶端密生小柄，其上生大量分生孢子。分生孢子圆形或椭圆形，单细胞，近无色，大小（5.5~16）微米 ×（5.0~9.25）微米（平均11.5微米 ×7.69微米），孢子梗（811.8~1 772.1）微米 ×（11.8~19.8）微米。菌丝生长温限4~32℃，最适温度13~21℃，高于21℃其生长量随温度升高而减少，28℃锐减。该菌产孢温度范围1~28℃，同时需较高湿度；病菌孢子5~30℃均可萌发，最适13~29℃；孢子发芽要求一定湿度，尤在水中萌发最好，相对湿度低于95%孢子不萌发。

### 【发病规律】

病菌以菌丝体及分生孢子梗在病株上或在遗落土中的病残体上存活越冬，也可以菌核越冬。以分生孢子作为初次侵染与再次侵染接种体，借助风雨或小昆虫活动传播，从寄主生长衰弱的组织或器官伤口侵入致病。通常在冷凉而高湿的天气或植地环境有利于发病；病菌具弱寄生性，当植株生长不良，活力降低时易染病。

### 【绿色防控技术】

（1）控制湿度。注意雨后清沟排渍降湿，平时适度灌溉，防止土壤过湿。

（2）栽培管理。适时追肥，结合喷施叶面营养剂增强植株活力，使之稳生稳长；田间管理上做好打顶摘心，疏去抽生过多的弱枝，清除枯枝残叶。

（3）药剂防治。在病害常发地区或田块，抓住幼笋抽生期和花期，喷施50%异菌脲可湿性粉剂 1 000~1 500 倍液，或 50%腐霉利可湿性粉剂 1 500~2 000 倍液、50%乙烯菌核利水分散粒剂 1 500 倍液各 1~2 次，隔 7~10 天 1 次。

### 芦笋立枯病

【症状特征】

芦笋立枯病又称枯萎病，幼苗遭受危害后，先在地下茎鳞片上形成红褐色的小斑点，以后扩大在地下茎上形成紫红色的病斑，严重时造成幼苗枯死。在苗床内出土的幼苗遭受病菌侵染危害后，初期为暗绿色、水渍状的小病斑，以后逐渐变为红棕色或灰褐色，受害部位逐渐缢缩，表皮软化，地上茎萎蔫。老芦笋嫩茎遭受病菌侵染危害后，在土壤内的部分由白色逐渐形成铁锈色的病斑，最后形成紫红色或红棕色的病斑，表皮易腐烂，严重时造成地上茎变为紫褐色或红褐色，嫩茎易开裂、腐烂或枯死，嫩茎一侧受害后，因养分、水分等物质输送受阻，嫩茎易弯曲。母茎或秋茎受病菌侵染危害后，地下部分变为紫褐色，表皮易腐烂，地下茎易纵裂，严重时地下茎腐烂、变黄、干枯，地上茎枝叶黄化、凋萎，最后枯死。

【病原】

*Fusarium oxysporum* f. sp. *aspargi* Cohen，称尖孢镰刀菌芦笋专化型，属真菌界半知菌类。分生孢子为大型和小型两种，大型分生孢子新月形或镰刀形，具有 2~4 个隔膜；小型分生孢子为圆柱形，单细胞。菌丝生长最适宜的温度是 25~30℃，孢子萌发适宜温度在 20~30℃，黑暗条件有利于菌丝生长和孢子萌发。

【发病规律】

立枯病菌以厚垣孢子和菌丝在土壤内越冬，在翌年温度、湿度适宜的条件下产生分生孢子，通过雨水、灌水、种子和人为地将病菌带入病区或无病区进行传播，发病后产生分生孢子可进行多次侵染循环。前茬或间作果树、桑树、山芋和萝卜等作物的田块，有利于病害的发生。黏性土壤、地势低洼、地下水位偏高、土壤通气性差等田块，有利于病害的发生。

【绿色防控技术】

（1）轮作。育苗地不宜连作，实行 3~4 年轮作。

（2）合理施肥。施足充分腐熟农家肥，采用芦笋专用肥，注意防止烧根或沤根。

（3）栽培管理。及时清除杂草，雨后及时排水降低土壤湿度，防止湿气滞留。

（4）药剂防治。发病初期喷洒或浇灌 70%甲基硫菌灵可湿性粉剂 600 倍液，或 50%多菌灵可湿性粉剂 700 倍液、77%氢氧化铜可湿性粉剂 500 倍液进行防治。

# 第四章　主要蔬菜害虫绿色防控技术

## 地老虎

常见的地老虎有：小地老虎 *Agrotis ypsilon*（Rott）、大地老虎 *Agrotis tokionis* Butler 和黄地老虎 *Agrotis segetum* Schiffermüller，均属鳞翅目夜蛾科。

### 【为害特点】

幼虫食性杂，为害多种蔬菜的幼苗。三龄前幼虫取食叶片，形成半透明的白斑或小孔，3 龄后则咬断嫩茎，常造成严重的缺苗断垄，甚至毁种。

### 【形态特征】

以小地老虎为例。成虫体长 16~23 毫米，翅展 42~54 毫米，深褐色。前翅由内横线、外横线将全翅分为 3 段，具有显著的肾状纹、环形纹、棒状纹和 2 个黑色剑状纹。后翅灰色无斑纹。卵长约 0.5 毫米，宽约 0.61 毫米，半球形，表面具纵横隆纹，初产乳白色，后出现红色斑纹，孵化前变灰黑色。幼虫体长 37~47 毫米，灰黑色，体表布满大小不等的颗粒，臀板黄褐色，具 2 条深褐色纵带。蛹长 18~23 毫米，宽约 9 毫米，赤褐色，有光泽，第 5~7 腹节背面的刻点比侧面的刻点大，臀刺为短刺 1 对。

三种地老虎成虫易于识别，其幼虫形态相似，但最显著的特点是黄地老虎幼虫腹末臀板具有 2 块黄褐色大斑，而大地老虎幼虫腹末臀板除端部有 2 根刚毛外，几乎为一整块深褐色斑。

### 【发生规律】

小地老虎在北方 1 年发生 4 代。越冬代成虫盛发期在 3 月上旬。有显著的 1 代多发现象。成虫对黑光灯和酸甜味物质趋性较强，喜产卵于高度 3 厘米以下的幼苗或刺儿菜等杂草上或地面土块上。4 月中下旬为 2~3 龄幼虫盛期，5 月上中旬为五至六龄幼虫盛期。以 3 龄以上的幼虫为害严重。

幼虫有假死性，遇惊扰则缩成环状。小地老虎无滞育现象，条件适合可连续繁殖危害。黄地老虎的生活习性与小地老虎相近，主要的区别是黄地老虎产卵于作物的根茬和草梗上，常是串状排列，幼虫危害盛期比小地老虎迟 1 个月左右，管理粗放、杂草多的地块受害严重。而大地老虎 1 年发生 1 代，常与小地老虎混合发生，春季田间温度接近 8~10℃时幼虫开始取食，田间温度达 20.5℃时，老熟幼虫开始滞育越夏，越夏期长达 3 个月之久，秋季羽化为成虫。

**【绿色防控技术】**

（1）农业防治。早春铲除菜地及周围的杂草，可以灭卵和幼虫；春耕耙地可以杀死部分卵粒；晚秋翻晒土地及冬灌，能杀死部分越冬蛹和幼虫。

（2）诱杀成虫和幼虫。春季利用糖醋液诱杀越冬代成虫，按糖、醋、酒、水的比例为 3：4：1：2，再加少量敌百虫配成诱液，将诱液放在盆内，傍晚时放到田间，位置应距离地面 1 米高，第二天上午收回。晚间还可用黑光灯或频振式杀虫灯诱杀成虫。诱捕幼虫，可采集新鲜泡桐树叶用水浸泡后，于第一代幼虫发生期的傍晚放入被害菜田，次日清晨捕捉叶下幼虫；也可用新鲜菜叶、杂草堆成小堆诱集。

（3）药剂防治。①喷雾。用 80% 敌百虫可溶粉剂 1 000 倍液，或 50% 辛硫磷乳油 800 倍液、20% 氰戊菊酯乳油 2 000 倍液喷雾。②灌根。虫龄较大时，可选用 50% 辛硫磷乳油，或 80% 敌敌畏乳油 1 000~1 500 倍液灌根，杀死土中的幼虫。③施毒饵。用 80% 敌百虫可溶粉剂 100~130 克，先用少量水溶化，后与炒香的麸皮或棉籽饼 5~7 千克拌匀，也可与切碎的鲜草 6 千克拌成毒饵，傍晚撒于田间根际附近，隔一定距离撒一小堆，每 667 平方米需用鲜毒饵 1.5~2.5 千克。

## 蛴　螬

蛴螬是鞘翅目金龟甲总科幼虫的统称。菜田中发生的约 30 余种，常见的有：暗黑鳃金龟 *Holotrichia parallella* Motschulsky、大黑鳃金龟 *Holotrichia oblita*（Faldermann）和铜绿丽金龟 *Anomala corpulenta* Motschulsky 3 种。

**【为害特点】**

蛴螬在国内分布广泛，但以北方发生普遍，为害多种蔬菜、粮食作物及果树。在地下啃食萌发的种子、咬断幼苗根茎，致使植株死亡，严重时造成缺苗断垄，还可咬食块根、块茎，使作物生长衰弱，降低蔬菜的产量和质量。

**【形态特征】**

以暗黑鳃金龟甲为例。成虫体长 17~22 毫米，宽 9.0~11.5 毫米，长卵形，暗黑色或红褐色，无光泽。前胸背板前缘具有成列的褐色长毛。鞘翅伸长，两侧缘几乎平行，每侧 4 条纵肋不显。腹面臀节背板不向腹面包卷，与肛腹板相会合于腹末。卵初产时长约 2.5 毫米，宽约 1.5 毫米，长椭圆形，发育后期呈近圆球形，长约 2.7 毫米，宽约 2.2 毫米。三龄幼虫体长 35~45 毫米，头宽 5.6~6.1 毫米。头部前顶刚毛每侧 1 根，位于冠缝侧。内唇端感区刺多为 12~14 根，感区刺与感前片之间除具 6 个较大的圆形感觉器外，尚有 9~11 个小圆形感觉器。肛门板后部覆毛区散生钩状刚毛，70~80根。蛹体长20~25毫米，宽10~12毫米。腹部背面具发音器2对，分别位于腹部四、五节和五、六节交界处的背面中央。尾节三角形，两尾角钝角岔开。

【发生规律】

暗黑鳃金龟甲在当地1年发生1代，多数以三龄幼虫筑土室越冬，少数以成虫越冬。以成虫越冬的，成为翌年5月出土的虫源。以幼虫越冬的，一般春季不为害，于4月初至5月初开始化蛹，5月中旬为化蛹盛期。蛹期15~20天，6月上旬开始羽化，盛期在6月中旬，7月中旬至8月上旬为成虫活动高峰期。7月初田间始见卵，盛期在7月中旬，卵期8~10天，7月中旬开始孵化，7月下旬为孵化盛期。初孵幼虫即可为害，8月中下旬为幼虫为害盛期。

【绿色防控技术】

（1）农业防治。冬前耕地，减少越冬虫源。合理安排茬口：前茬为大豆、花生、薯类、玉米或与之套种的菜田，蛴螬发生较重，适当调整茬口，可明显减轻为害。合理施肥：施腐熟农家肥，以免将幼虫、卵带入菜田。施用碳酸氢铵、腐植酸铵、氨水、氨化过磷酸钙等，散发出氨气，对蛴螬有一定的驱避作用。

（2）应用电子杀虫灯诱杀成虫。每2~3公顷悬挂1盏电子杀虫灯（220V，15W），离地面高度1.2~1.5米。一般6月中旬开灯，8月底撤灯，每天开灯时间为晚9点至次日凌晨4点。

（3）进行人工捕杀。施农家肥前应筛出其中的蛴螬，定植后发现菜苗被害可挖出土中的蛴螬；利用成虫的假死性，在其停落的作物上捕捉或振落捕杀。

（4）药剂防治。用20%氯虫苯甲酰胺悬浮剂按种子重量的0.2%拌种，或每667平方米用80%敌百虫可溶粉剂100~150克，对少量水稀释后拌细土15~20千克，制成毒土，均匀撒在播种沟（穴）内，覆一层细土后播种。在蛴螬发生较重的地块，每667平方米用50%辛硫磷乳油，或80%敌百虫可溶粉剂800倍液灌根，每株灌150~250克。或用90%敌百虫晶体150克拌豆饼3千克，做成毒饵，每667平方米1.5~2.5千克，可杀死根际附近的幼虫。

## 蝼 蛄

蝼蛄属直翅目蝼蛄科，菜田发生的主要有：华北蝼蛄 *Gryllotalpa unispina* Saussure 和东方蝼蛄 *Gryllotalpa orientalis* Burmeister 两种。东方蝼蛄即原先所称的非洲蝼蛄。

【为害特点】

蝼蛄食性杂，可为害多种蔬菜。成、若虫均在土中活动，咬食播下的种子和幼芽或咬断幼苗，受害的根部呈乱麻状。由于蝼蛄活动时将土层钻成许多隆起的隧道，使根土分离，致使幼苗失水而枯死，严重时造成缺苗断垄。在温室、大棚内，因气温较高，蝼蛄活动早，加之幼苗集中，其为害更重。

【形态特征】

（1）华北蝼蛄。成虫体长 36~56 毫米，体肥大、黄褐色，腹部末端近圆筒形，后足胫节背面内侧有 1 个距或消失。卵椭圆形，比东方蝼蛄卵小，初产时，长 1.6~1.8 毫米，宽 0.9~1.3 毫米，以后逐渐肥大。孵化前，长 2.0~2.8 毫米，宽 1.5~1.7 毫米。卵色较浅，初产时乳白或黄白色，有光泽，以后变黄褐色，孵化前呈暗灰色。若虫共 13 龄，5~6 龄后与成虫的形态、体色相似。

（2）东方蝼蛄。成虫体长 30~35 毫米，体瘦小、灰褐色，腹部末端近纺锤形，后足胫节背面内侧有 3~4 个距。卵椭圆形，初产时，长 1.58~2.88 毫米，宽 1.0~1.56 毫米，孵化前长 3.0~4.0 毫米，宽 1.8~2.0 毫米。卵色较深，初产时乳白色，有光泽，以后灰黄或黄褐色，孵化前呈暗褐色或暗紫色。若虫共 6 龄，2~3 龄后与成虫的形态、体色相似。

【发生规律】

华北蝼蛄约 3 年发生 1 代，卵期 17 天左右，若虫期 730 天左右，成虫期近 1 年，以成虫、若虫在无冻土层中越冬，每窝 1 只，越冬成虫在翌年春天开始活动。5 月上旬至 6 月中旬，当平均气温和 20 厘米地温为 15~20℃时进入为害盛期，并开始交配产卵，产卵期约 1 个月，平均每雌虫产卵 288~368 粒。卵产在 10~25 厘米深预先筑好的卵室内，其场所多在轻盐碱地或渠边、路旁、田埂附近。6 月下旬至 8 月下旬天气炎热，则潜入土中越夏，9~10 月再次升至地表，形成第二次为害高峰。

东方蝼蛄 1 年发生 1 代，其活动为害规律与华北蝼蛄相似，但交配、产卵及若虫孵化期均提早 20 天左右，平均每雌产卵 60~100 粒，产卵场所多在潮湿的地方。

两种蝼蛄均昼伏夜出，夜间 10~11 点为活动盛期，雨后活动更盛。具有趋光性和喜湿性，对香甜物质如炒香的豆饼、麦麸及马粪等农家肥具有强烈趋性。

【绿色防控技术】

可参阅蛴螬的绿色防控技术。此外，根据蝼蛄夜间出土活动，并对香甜物质具有强烈趋性的特点，可采用撒施毒饵的方法加以消灭：先将饵料（秕谷、麦麸、豆饼、棉籽饼或玉米碎粒）5 千克炒香，后用 90% 敌百虫晶体 150 克加适量水拌匀，拌潮为度，每 667 平方米施用 1.5~2.5 千克，在无风闷热的傍晚撒施效果更好。

## 金针虫

金针虫属鞘翅目叩甲科。常见的金针虫有以下 2 种：沟金针虫 *Pleonomus*

*canaliculatus* Falderman 和细胸金针虫 *Agriotes fuscicollis* Miwa。

【为害特点】

金针虫食性杂，为害各类蔬菜的种子、幼苗。幼虫在土中取食播下的蔬菜种子、萌发的幼芽、菜苗的根部，致使作物枯萎，造成缺苗断垄，甚至全田毁种。

【形态特征】

以沟金针虫为例。成虫雌虫体长 14~17 毫米，宽 4~5 毫米，体形较宽。雄虫体长 14~18 毫米，宽 3.5 毫米，体形较细长。体浓紫色，密被黄色细毛，头扁，头顶有三角形凹陷，密布明显点刻。雌虫触角黑色锯齿状，长约胸的 2 倍，前胸发达，背面为半球形隆起，前狭后宽，宽大于长，密布点刻，中央有微细纵沟，后缘角稍向后方突出，鞘翅长约前胸的 4 倍，其上的纵沟不明显，密布小刻点，后翅退化。雄虫触角丝状，长达鞘翅末端，鞘翅长约前胸的 5 倍，其上纵沟较明显，有后翅。卵椭圆形，长径 0.7 毫米，短径 0.6 毫米，乳白色。老熟幼虫体长 20~30 毫米，细长圆筒形略扁，体壁坚硬而光滑，具黄色细毛，以两侧较密，体黄色，前头和口器暗褐色，头扁平，上唇呈三叉状突起，胸、腹部背面中央呈一条纵细沟。尾端分叉，并稍向上弯曲，各叉内侧有 1 个小齿。各体节宽大于长，从头部至第 9 腹节渐宽。雌蛹长 16~22 毫米，宽 4.5 毫米，雄蛹长 15~17 毫米，宽 3.5 毫米，初为淡绿色，后渐变深。体呈纺锤形，末端瘦削，有刺状突起。

【发生规律】

沟金针虫 2~3 年完成 1 代，以幼虫和成虫在土中越冬。翌年春天当 10 厘米地温达 6.7℃时，越冬幼虫开始上升活动，4 月为幼虫为害盛期。5~6 月幼虫又潜入地下 13~17 厘米深处隐藏，盛夏潜入更深处。9 月下旬至 10 月上旬，幼虫又返回地表为害，11 月以后潜入深处越冬，一般在第三年秋季幼虫老熟，在土表下 13~20 厘米处化蛹。成虫羽化后当年不出土，在土里越冬。翌年成虫为害，3 月底至 6 月为产卵期，卵产于土层 3~7 厘米处。幼虫 10~11 龄。雌虫无飞翔能力，雄虫飞翔力强。有假死性和趋光性。该虫发育很不整齐，世代重叠严重，在生长季节，几乎任何时间均可发现各龄幼虫。

【绿色防控技术】

（1）加强栽培管理。沟金针虫发生较多的地块应适当灌水，经常保持湿润状态可减轻为害。而细胸金针虫发生较多的地块，要保持干燥，以减轻为害。

（2）药剂防治。播种或定植时，每 667 平方米用 5% 辛硫磷颗粒剂 1.5~2 千克拌细干土 100 千克撒施在播种（定植）沟（穴）中，然后播种或定植。或每 667 平方米撒施 5% 辛硫磷颗粒剂 2~3 千克。发生重的地块，可用 25% 噻虫嗪水分散粒剂 3 000 倍液灌根。

## 地　蛆

地蛆是双翅目花蝇科的幼虫。当地常见的有：种蝇 *Delia platura*（Meigen）、葱蝇 *Delia antiqua*（Meigen）和萝卜蝇 *Delia floralis*（Fallen）3 种。

**【为害特点】**

种蝇主要为害瓜类、豆类、葱蒜类、菠菜及十字花科蔬菜，其幼虫在土中为害刚播下的蔬菜种子和幼芽，使种子不能发芽或幼芽腐烂而不能出苗。葱蝇以幼虫蛀食洋葱、大蒜及韭菜等的鳞茎，引起腐烂，叶片枯黄萎蔫，甚至成片死亡。萝卜蝇对十字花科蔬菜，尤其是对白菜和萝卜的为害更大，幼虫窜食白菜的根部、茎基部及周围的菜帮，受害轻的菜株畸形或脱帮、产量降低、品质变劣，重者幼虫钻入菜心，不堪食用。

**【形态特征】**

成虫体长 4~6 毫米，体灰黄至褐色，腹部背面中央有 1 条隐约的黑色纵纹。卵长约 1 毫米，长椭圆形，乳白色。幼虫体长 7~8 毫米，蛆形，乳白色略带淡黄色，头退化，仅有一黑色口钩。蛹长 4~5 毫米，围蛹，长椭圆形、红褐色，尾部有 7 对突起。

**【发生规律】**

种蝇 1 年发生 2~6 代，以蛹在土中越冬，早春开始羽化，3 月下旬至 5 月上旬为第一代为害盛期。成虫嗅觉极敏感，对未腐熟的粪肥、发酵的饼肥及葱、蒜味有明显的趋性，晴天活动频繁，常集中在苗床活动并大量产卵。卵多产于植株根部附近潮湿的土壤里或黄瓜苗的根部，孵化的蛆即钻入种子里食害胚乳或钻入嫩茎为害。

葱蝇 1 年发生 3~4 代，世代重叠严重，以滞育蛹在寄主根际 5~10 厘米处越冬。4 月上旬为成虫羽化盛期。卵产于洋葱、大蒜植株周围的土缝中或葱苗上。

萝卜蝇 1 年发生 1 代，以蛹在菜田根际附近浅土层越冬、越夏，成虫产卵期较集中，卵多产于阴湿的土缝中和菜叶基部。幼虫孵化后即钻入白菜、萝卜等叶柄基部取食，再逐步蛀入韧皮部和木质部，当幼虫长至三龄，气温逐渐下降时，即向下蛀食根部，老熟后爬至根际附近土层化蛹。成虫对糖醋液和未腐熟的农家肥趋性强，喜在日出前后、日落前或阴天活动。

**【绿色防控技术】**

（1）农业防治。抓好肥、水、种 3 个环节。首先施用充分腐熟的肥料，并做到均匀、深施，种子和肥料要隔开，可在粪肥上覆一层毒土或拌少量药剂；提倡营养钵草灰基质育苗，瓜类、豆类应进行浸种催芽，播种前浇足底水，以保证出苗早、齐、匀；春耕应尽早进行，避免耕翻过迟、湿土暴露地面招引成虫产卵。适时进行秋耕。大蒜在烂母前，应随水追施氨水，烂母时大水勤灌，可减轻受害。选择晴朗中午前后浇水，使浇水后土表很快干燥，以保证菜根周围干燥，使卵无孵化条件，可避免幼虫钻土为害菜苗。

（2）人工诱杀成虫。诱液按红糖、醋和水 1∶1∶2.5 的比例加入少量锯木屑和敌百虫拌匀配制，放入直径为 20~30 厘米的诱集盆内。诱液要保持新鲜，每 5 天加半量，每 10 天更换 1 次，每天在成虫活动盛期打开盆盖，洋葱地内连片诱集是防治葱蝇的有效措施。还可用腐败的洋葱头、蒜瓣或韭菜等作诱剂。

（3）药剂防治。在成虫发生高峰期可选用 90% 敌百虫晶体 1 000 倍液或 80% 敌敌畏乳油 1 500 倍液喷雾，或 2.5% 敌百虫粉剂每 667 平方米 1.5~2 千克喷粉。也可用 2.5% 溴氰菊酯乳油 3 000 倍液，每隔 7~8 天 1 次，连续喷 2~3 次。已发生地蛆的菜田可用 50% 辛硫磷乳油 1 000 倍液，或 2.5% 溴氰菊酯乳油 3 000 倍液、50% 灭蝇胺可湿性粉剂 1 000 倍液灌根。

## 韭　蛆

韭菜迟眼蕈蚊（韭蛆）*Bradysia odoriphaga* Yang et Zhang，属双翅目尖眼蕈蚊科。

### 【为害特点】

韭蛆主要以幼虫为害，幼虫取食范围较广，可为害百合科、菊科、藜科、十字花科、葫芦科和伞形科等多种蔬菜，当地以幼虫聚集在韭菜地下部的鳞茎和柔嫩的茎部为害。初孵幼虫先为害韭菜叶鞘基部和鳞茎的上端。春、秋两季主要为害韭菜的幼茎，引起腐烂，严重的使韭叶枯黄而死，幼虫可蛀入多年生韭菜鳞茎，重者鳞茎腐烂，整墩韭菜死亡。

### 【形态特征】

成虫体小，长 2.0~4.5 毫米，黑褐色，头小，复眼发达、左右相接，触角丝状，16 节。足细长腹部圆筒形，雌虫末端细而尖，雄虫末端有一对抱握器。卵椭圆形，白色，0.24 毫米 × 0.17 毫米。幼虫体细长，老熟时体长 5~7 毫米，头黑色，有光泽，体白色，半透明，无足。蛹为裸蛹，初为黄白色，后变为黄褐色，羽化前成灰黑色。

### 【发生规律】

韭蛆的发生代数依据各地区和栽培模式的不同而异。保护地韭蛆幼虫冬季不休眠，可周年发生，幼虫继续为害；露地栽培韭菜，在华北地区 1 年发生 4~6 代，世代重叠，春秋发生严重，多以幼虫在韭菜鳞茎或根茎及其附近土中休眠越冬。翌年 3 月下旬以后，越冬幼虫上升到 1~2 厘米深处化蛹，4 月上、中旬羽化为成虫。5 月中、下旬为第 1 代幼虫为害盛期，5 月下旬至 6 月上旬成虫羽化。6 月下旬至 7 月上旬为第 2 代幼虫为害盛期，成虫羽化盛期在 7 月上旬末至下旬初。第 3 代幼虫 9 月中、下旬盛发，9 月下旬至 10 上旬为成虫羽化盛期。10 月下旬以后第 4 代幼虫陆续入土越冬。

**【绿色防控技术】**

（1）合理轮作。根据韭蛆危害程度确定适宜的轮作时间，一般 3~4 年应与其他作物轮作 1 次。

（2）加强栽培管理。苗床要更换新土，育苗时要浸种催芽，移栽时挑选无蛆鳞茎。韭根移栽时，将韭根曝晒 1~2 天，然后再栽。韭菜萌芽前，清除败叶和杂草，沿宽行和簇间深锄松土，剔除簇心土，晒根晾土。施用充分腐熟农家肥作基肥，可减轻韭蛆的发生，每立方米粪肥加入石灰粉 20 千克。

（3）诱杀成虫。如糖醋液诱杀成虫技术，黏虫板捕杀成虫，灭蚊灯诱杀成虫，对韭蛆的防治都有较好的效果。或罩网防虫。用 40~50 目防虫网覆盖，防止成虫传入。

（4）臭氧防治韭蛆。应用臭氧发生器电解产生臭氧溶入水中通过浇水防治韭蛆，使用浓度 3~6 毫克 / 千克。

（5）药剂防治。在大田成虫羽化盛期，可在韭菜收割后，于上午 9~11 时用菊酯类农药 2 500~3 000 倍液或 50% 辛硫磷乳油 800 倍液喷洒畦面，杀灭成虫。防治幼虫，低龄幼虫对灭幼脲最敏感，可在幼虫发生盛期前 5 天左右，每 667 平方米用 30% 吡·辛乳油 750 毫升、2% 甲氨基阿维菌素苯甲酸盐乳油 500 毫升、20% 灭幼脲悬浮剂 600~800 毫升，或 2.5% 高效氟氯氰菊酯乳油 1 000 毫升、20% 呋虫胺可溶粒剂 200 克、50% 辛硫磷乳油 1 000 毫升，对水 100 千克灌根。

## 姜　蛆

异形眼蕈蚊（姜蛆）*Phyxia scabiei* Hopk，属双翅目尖眼蕈蚊科。

**【为害特点】**

姜蛆主要以幼虫为害，除危害贮藏姜外，也危害田间种姜，但以姜窖危害最重，姜块以顶端细嫩部分受害为主。因异形眼蕈蚊幼虫有趋湿性和隐蔽性，初孵化的幼虫即蛀入生姜皮下取食。在生姜"圆头"处取食者，则以丝网黏结虫粪、碎屑覆盖其上，幼虫藏身其中。幼虫性活泼，身体不停地蠕动，头也摆动，以拉丝网。生姜受害处仅剩表皮、粗纤维及粒状虫粪，还可引起生姜腐烂。

**【形态特征】**

姜蛆成虫体灰褐色。雌虫体长 1.7~2.1 毫米，无翅；雄虫体长 1.3~1.6 毫米，有 1 对前翅，呈灰褐色。卵椭圆形，长 0.025~0.03 毫米。幼虫体细长，圆筒形，长 4~5 毫米，头部漆黑色，胴部乳白色。幼虫活泼，身体不停蠕动，头也摆动以拉线网。蛹为被蛹，初呈乳白色，后变黄褐色，羽化前灰褐色。

【发生规律】

姜蛆对环境条件要求不严格，在 4~35℃ 及腐烂的寄主条件下均能生存，各代历期随温度的升高而缩短。寄主复杂，以为害生姜等块茎、块根类蔬菜为主。自然条件下在原寄主田以幼虫越冬，菜窖内无越冬期。该虫 1 年可发生若干代，一般在 20℃ 条件下，1 个月可发生 1 代。成虫不取食，有趋光性。幼虫行隐蔽式生活，常在寄主表皮下取食，易引起局部腐烂，抗逆力强。

【绿色防控技术】

（1）农业防治。清理姜窖，做好药物处理。生姜入窖前几天，要将原姜窖内的旧姜、碎屑、铺垫物等全部清理出来，打扫干净，铺上 5 厘米厚的细沙，用敌敌畏和百菌清或多菌灵等杀菌剂将姜窖均匀喷一遍。如果姜窖内有上年的存姜，也要用杀虫剂把原存姜均匀喷施一遍，但尽量避免两年的姜相连。

（2）储藏姜窖用防虫网封口。

（3）药剂处理。①选用 1% 除虫菊素·苦参碱微囊悬浮剂 1 000 倍液喷细沙，每 1 000 千克生姜用药 80 毫升加增效剂 20 毫升，随放姜随撒施。②用 3% 辛硫磷颗粒剂按每 1 000 千克生姜用药 1 千克的比例，随放姜随撒施。③用 0.5% 阿维菌素粒剂，每 1 000 千克生姜用药 0.5 千克，加细沙（土）撒施，随放姜随撒施，最后均匀撒在上面一层。也可在姜堆顶面再盖上 5~10 厘米的湿沙，以保持姜块的水分。

（4）药剂熏蒸。将 80% 敌敌畏乳油盛于数个开口小瓶中，放置于姜窖内。一般每窖 1 次放药液 250 毫升左右，以后不断添加新药液。


## 芦笋木蠹蛾

芦笋木蠹蛾 *Isoceras sibirica*（Alpheraky），属鳞翅目木蠹蛾科，眼木蠹蛾亚科。

【为害特点】

芦笋木蠹蛾属地下蛀食性害虫，以幼虫钻入茎内危害，有时钻至下部取食芦笋的鳞茎盘，受害的植株枯黄落叶，重则引起植株死亡，造成缺苗断垄，严重减产。山东半岛地区均有发生，直接威胁着芦笋生产安全。

【形态特征】

成虫雌蛾体长 25~30 毫米，雄蛾体长 20~30 毫米，触角均为单栉齿状，基部两节及先端 14 节较小；体色浅黄，后缘毛丛浅黄色；腹背毛丛黄色；中胸在与腹接辖处有似三角形一块白黄色毛丛；前翅前缘处有一段 2 毫米宽至翅前缘的 2/3 处长银白色裙带，裙带后边是一块布满褐色斑点、近似三角形的翅片，同时有 6 条银白色翅脉清楚地通过褐色翅片，伸向翅下缘。后翅比前翅薄而柔软，黄色。前足胫节内角有净角器 1 个，后足胫节中部及末端各具 1 对，外距长于内距。卵椭圆形，初产卵为黄褐色，后呈褐色。卵粒相互堆集一起，卵壳表面有数条行和隆背。初孵幼虫乳白色，扁筒形，体粗壮。大龄幼虫体长 20~30 毫米，老熟幼虫黄褐色，头黑褐色，前端有一对发达的角质颚齿。初化的蛹为浅棕色，逐渐变为红棕色，蛹体长 15~30 毫米，羽化前为黑棕色，雌蛹比雄蛹大。

【发生规律】

芦笋木蠹蛾在山东 1 年发生 1 代，以老熟幼虫在 1 米深的土中越冬。4 月中旬，当地温达 15℃以上时，幼虫陆续钻至地面 4~5 厘米处做茧化蛹，5 月上旬结束。蛹期 27 天左右羽化为成虫，5 月下旬至 6 月上旬为成虫羽化盛期。成虫白天栖息，傍晚飞翔，交尾产卵，具有假死性。

【绿色防控技术】

（1）清洁田园。一是清除残株，减少虫源。对被害虫为害致死的残株进行挖掘，清理病残体上的害虫，减少虫源。二是捡拾虫蛹。在春季结合松土，将地下虫蛹捡出销毁，可减少虫源基数。

（2）诱杀成虫。利用成虫的趋光性和趋化性，在成虫发生期利用灯光和糖醋液诱杀成虫。

（3）药剂防治。在幼虫发生期采用药剂灌根的方法杀死害虫，常用的药剂为 50% 辛硫磷乳油 500 倍液、1.8% 阿维菌素乳油 1 000 倍液。注意灌根的药液量一定要足，以湿透整个根盘为佳。

## 菜　蚜

常见的菜蚜有：桃蚜 *Myzus persicae*（Sulzer）、萝卜蚜 *Lipaphis erysimi*（Kaltenbach）和甘蓝蚜 *Brevicoryne brassicae*（Linnaeus）3 种，均属同翅目蚜科。

【为害特点】

萝卜蚜和甘蓝蚜主要为害十字花科蔬菜，前者喜食叶面毛多而蜡质少的蔬菜如白菜、萝卜，后者偏嗜叶面光滑蜡质多的蔬菜，如甘蓝、花椰菜。桃蚜除为害十字花科蔬菜外，还为害番茄、马铃薯、辣椒、菠菜等蔬菜。菜蚜成蚜和若蚜群集在寄主嫩叶背面、嫩茎和嫩尖上刺吸汁液，造成叶片卷缩变形，影响包心，大量分泌蜜露污染蔬菜，诱发煤污病，影响叶片光合作用。同时为害留种植株嫩茎叶、花梗及嫩荚，使之不能正常抽薹、开花、结实。此外，蚜虫还传播多种病毒病，造成的为害远远大于蚜害本身。

【形态特征】

（1）桃蚜。无翅孤雌蚜：体长约 2.6 毫米，宽 1.1 毫米，体淡色，头部深色，体表粗糙，但背中域光滑，第 7 腹节和第 8 腹节有网纹。额瘤显著，中额瘤微隆。触角长 2.1 毫米，第 3 节长 0.5 毫米，有毛 16~22 根。腹管长筒形，端部黑色，为尾片的 2.3 倍。尾片黑褐色，圆锥形，近端部 1/3 收缩，有曲毛 6~7 根。有翅孤雌蚜：头、胸黑色，腹部淡色。触角第 3 节有小圆形次生感觉圈 9~11 个。腹部第 4~6 节背中融合为一块大斑，第 2~6 节各有大型缘斑，第 8 节背中有一对小突起。

（2）萝卜蚜。无翅胎生雌蚜：体长 2.3 毫米，绿色或黑绿色，被薄粉，表面粗糙，有菱形网纹。腹管长筒形，顶部缢缩，长度为尾片的 1.7 倍。尾片有长毛 4~6 根。有翅胎生雌蚜：头、胸黑色，腹部绿色。第 1~6 腹节各有独立缘斑，腹管前后斑愈合，第 1 节有背中窄横带，第 5 节有小型中斑，第 6~8 节各有横带，第 6 节横带不规则。触角第 3~5 节依次有圆形次生感觉圈：21~29 个，7~14 个和 0~4 个。

（3）甘蓝蚜。无翅胎生雌蚜：体长 2.5 毫米左右，全身暗绿色，被有较厚的白蜡粉，复眼黑色，触角无感觉孔；无额瘤；腹管短于尾片；尾片近似等边三角形，两侧各有 2~3 根长毛。有翅胎生雌蚜：体长约 2.2 毫米，头、胸部黑色，复眼赤褐色，腹部黄绿色，有数条不很明显的暗绿色横带，两侧各有 5 个黑点，全身覆有明显的白色蜡粉，无额瘤；触角第 3 节有 37~49 个不规则排列的感觉孔；腹管很短，远比触角第 5 节短，中部稍膨大。

【发生规律】

（1）桃蚜。华北地区年发生 10 余代，在南方则可多达 30~40 代。世代重叠极为严重。以无翅胎生雌蚜在风障菠菜、窖藏白菜或温室内越冬，或在菜心内产卵越冬。在北方加温温室内，终年在蔬菜上胎生繁殖，不越冬。翌春 4 月下旬产生有翅蚜，迁飞至定植的甘蓝、花椰菜上继续胎生繁殖。至 10 月下旬进入越冬。桃蚜的发育起点温度为 4.3℃，有效积温为 137 日度。在 9.9℃ 下发育历期 24.5 天，25℃ 为 8 天；发育最适温度为 24℃，高于 28℃ 则不利。因此，在我国北方地区春、秋呈两个发生高峰。

（2）萝卜蚜。在北方年发生 10~20 代，在南方则可多达 40 多代。在温暖地区和温室中，终年以无翅胎生雌蚜繁殖。无显著越冬现象。在长江以北地区，在蔬菜上产卵越冬。翌春 3~4 月孵化为干母，在越冬寄主上繁殖几代后，产生有翅蚜，向其他蔬菜上转移，扩大为害，无转移寄主的习性。到晚秋，部分产生性蚜，交配产卵越冬。萝卜蚜的适温比桃蚜稍广些，在较低温的情况下，萝卜蚜发育快（9.3℃时 17.5 天，而桃蚜 9.9℃时需 24.5 天）。此外，寄主虽然以十字花科为主，但尤喜白菜、萝卜等叶上有毛的蔬菜。因此，全年以秋季在白菜、萝卜上的发生最为严重。

（3）甘蓝蚜。在北京市和内蒙古自治区等地年发生十余代，以卵在晚甘蓝及球茎甘蓝、萝卜、白菜上越冬。在温暖地区可终年繁殖。越冬卵一般在4月开始孵化，先在越冬寄主上繁殖，5月中下旬以有翅蚜转移到春菜，再扩大到夏菜和秋菜，10月上旬开始产卵越冬。甘蓝蚜的发育起点温度为4.3℃，有效积温为112.6日度。繁殖适温为16~17℃，高于18℃或低于14℃产卵数趋于减少，因此，呈春秋两次发生高峰。甘蓝蚜常聚集在心叶造成卷叶或在叶球上食害，遇雨引起腐烂，均加重了危害性。

蚜虫对黄色、橙色有强烈趋性，而对银灰色有负趋性。主要靠有翅蚜迁飞扩散和传毒，在田间各季蔬菜上发生时均有明显的点片阶段。病毒随蚜虫从夏菜及其他寄主上传到秋菜。

【绿色防控技术】

（1）农业防治。夏季采取少种十字花科蔬菜以及结合间苗、清洁田园，借以减少部分蚜源和毒源。

（2）银灰膜避蚜。苗床四周铺宽区15厘米的银灰色薄膜，苗床上方挂银灰薄膜条，可避蚜防病毒病。在菜田间隔铺设银灰膜条，可减少有翅蚜迁入传毒。

（3）黄板诱杀。棚室内设置涂有黏着剂的黄板诱杀蚜虫。黄板规格30厘米×20厘米，悬挂于植株上方10~15厘米处，每667平方米20~30块。

（4）药剂防治。每667平方米用3%除虫菊素微囊悬浮剂20克，或10%吡虫啉可湿性粉剂30克、25%噻虫嗪水分散粒剂4克、15%哒螨灵乳油15~20毫升、5%啶虫脒乳油15~20毫升对水喷雾。防治2~3次，视虫情发生情况而定，施药间隔10~15天。或每667平方米用50%抗蚜威可湿性粉剂10~18克，对水30~50千克喷雾，对菜蚜特效，且不杀伤天敌、蜜蜂，有助于田间的生态平衡。保护地可选用10%灭蚜烟剂，每667平方米用400~500克，分散放4~5堆，用暗火点燃，冒烟后密闭3小时，杀蚜效果在90%以上。

## 瓜　蚜

瓜蚜（棉蚜）*Aphis gossypii* Glover，属同翅目蚜科。

【为害特点】

以成虫及若虫在叶背和嫩茎上吸食作物汁液。瓜苗嫩叶及生长点被害后，叶片卷缩，瓜苗萎蔫，甚至枯死，老叶受害，提前枯落，缩短结瓜期，造成减产。

【形态特征】

无翅胎生雌蚜体长1.5~1.9毫米，夏季多黄绿色，春、秋季为墨绿色。触角第

3节无感觉圈，第5节有1个，第6节膨大部分有3~4个。体表被薄蜡粉，尾片两侧各具毛3根。

**【发生规律】**

华北地区年发生十余代，长江流域20~30代，以卵在越冬寄主上或以成蚜、若蚜在温室内蔬菜上越冬或继续繁殖。春季气温达6℃以上开始活动，在越冬寄主上繁殖2~3代后，于4月底产生有翅蚜迁飞到露地蔬菜上繁殖为害，直到秋末冬初又产生有翅蚜迁入保护地，可产生雌蚜与雄蚜交配产卵越冬。春、秋季10余天完成1代，夏季4~5天1代。每雌可产若蚜60余头。繁殖适温为16~20℃，北方超过25℃，南方超过27℃，相对湿度达75%以上，不利于瓜蚜繁殖。北方露地以6~7月中旬虫口密度最大，为害最重，7月中旬以后，因高温高湿和降雨冲刷，不利于瓜蚜生长发育，为害程度也减轻。通常窝风地受害重于通风地。

**【绿色防控技术】**

参照菜蚜的绿色防控技术。但抗蚜威对瓜蚜效果差，不宜使用。


# 豆　蚜

豆蚜（苜蓿蚜、花生蚜）*Aphis craccivora* Koch，属同翅目蚜科。

**【为害特点】**

豆蚜以成虫、若虫刺吸豇豆、菜豆、豌豆、蚕豆、苜蓿、紫云英等豆科作物嫩茎、嫩叶、花及豆荚的汁液，使叶片卷缩发黄，嫩荚变黄，严重时影响生长，造成减产。

**【形态特征】**

有翅胎生雌蚜体长1.5~1.8毫米，翅展5~6毫米，黑绿色带有光泽；触角第3节有5~7个圆形感觉圈，排成1行；腹管较长，末端黑色。无翅胎生雌蚜体长1.8~2.0毫米，黑色或紫黑色带光泽；触角第3节无感觉圈；腹管较长，末端黑色。

**【发生规律】**

山东省1年发生20代。以成虫、若虫在蚕豆、豌豆等豆科作物心叶或叶背越冬。3月间平均气温达到8~10℃时在越冬寄主上繁殖，4月下旬至5月上旬为豆蚜全年发生高峰。5月后迁入菜豆、豇豆、花生等作物上继续繁殖为害，虫口密度大，为害严重。8月产生有翅蚜向豇豆和秋菜豆迁飞繁殖，10月下旬以后气温下降和寄主衰老，又产生有翅蚜向紫云英、蚕豆冬寄主转移，并越冬。

**【绿色防控技术】**

参考菜蚜部分。

## 瓜绢螟

瓜绢螟 *Diaphania indica*（Saunders），属鳞翅目螟蛾科。

**【为害特点】**

北起辽宁省、内蒙古自治区，南至国境线均有分布，长江以南密度较大。近年山东省常有发生，为害也很重。以幼虫为害丝瓜、苦瓜、冬瓜、节瓜、黄瓜、甜瓜、茄子、番茄以及马铃薯等作物叶片，严重时仅存叶脉，还能啃食瓜果，甚至蛀入果实和茎部。

**【形态特征】**

成虫体长11毫米，翅展25毫米，头、胸黑色，腹部白色，但第1节、第7节和第8节黑色，末端具黄褐色毛丛。前、后翅白色透明，有紫色闪光，前翅前缘和外缘、后翅外缘有一淡黑褐色带，足白色。卵扁平，椭圆形，淡黄色，表面有网纹。幼虫共5龄，老熟幼虫体长26毫米，头部、前胸背板淡褐色，胸腹部草绿色，亚背线粗，白色，气门黑色。蛹长14毫米，深褐色，外被薄茧。

**【发生规律】**

瓜绢螟1年发生5~6代，世代重叠。多以老熟幼虫或蛹在枯叶或表土中越冬。成虫趋光性弱，昼伏夜出，产卵前期2~3天，平均每头雌虫可产卵300粒，卵产于叶背。初孵幼虫取食嫩叶，残留表皮成网斑，3龄后开始吐丝卷叶为害。幼虫活泼，受惊吐丝下垂转移他处为害。老熟幼虫在卷叶内或表土中做茧化蛹。幼虫最适宜发育温度26~30℃，相对湿度80%以上。

**【绿色防控技术】**

（1）农业防治。秋冬季清洁瓜园，消灭枯叶上的越冬虫蛹，人工摘除卷叶，捏杀部分幼虫和蛹。

（2）毒饵诱杀成虫。用香蕉皮或菠萝皮（也可用南瓜皮、甘薯煮熟经发酵）40份，90%敌百虫晶体0.5份（或其他农药），香精1份，加水调成糊状毒饵，直接涂在瓜棚篱竹上或装入容器挂于棚下，每667平方米20个点，每点放25克，能诱杀成虫。

（3）药剂防治。在二龄幼虫盛发期（未卷叶前）喷药1~2次。可选择50%辛硫磷乳油1 000倍液、20%氯虫苯甲酰胺悬浮剂4 000倍液、20%菊·马乳油3 000倍液喷雾防治。

## 黄守瓜

黄足黄守瓜 *Aulacophora femoralis chinensis* Weise，属于鞘翅目叶甲科。

**【为害特点】**

主要为害瓜类，也可为害十字花科、豆科等蔬菜。孵化后幼虫很快潜入土内为害细根，大龄幼虫可蛀入根的木质部和韧皮部之间为害，使整株枯死，也可啃食近地面的瓜肉，引起腐烂。成虫在叶片表面啃食。

**【形态特征】**

成虫体长6~8毫米，橙黄色或橙红色，有时色较深，带棕色，后胸及腹部腹面黑色，前胸背板长方形，中央有一条弯曲的深横沟，两端达侧缘。鞘翅中部略阔，翅面布满细密刻点。雌虫腹部膨大，末端尖锥形，露出鞘翅外，腹末节腹面有"V"字形凹陷；雄虫腹末圆锥形，末节腹片中叶长方形。卵近球形，长约1毫米，黄色，卵壳表面布六角形蜂窝状网纹。老熟幼虫体长11.5~13毫米，长圆筒形，头部棕黄色，胸、腹部黄白色，前胸盾板黄色，腹端臀板长椭圆形，黄色，向后方伸出，上有圆圈状褐色斑纹，并有4条纵形凹纹。尾节腹面有肉质突起，上生微毛。蛹长约9毫米，黄白色，羽化前变淡黑色。头顶、腹部有短刺，腹端有巨刺2根。

**【发生规律】**

在我国不同的地区1年发生代数不同，南方地区发生3~4代，北方地区发生1代。均以成虫在草堆、土块下或石缝里群集越冬。翌年3月下旬至4月份越冬成虫开始活动，先为害杂草和其他蔬菜，待瓜苗长至2~3叶时，集中为害瓜叶。成虫于5月中旬至8月产卵，雌虫将卵产于寄主根系附近的土中，散产或成堆产。幼虫孵化后，先咬食细根，三龄可为害主根。幼虫老熟后，在3~10厘米深的土中做土室化蛹。成虫喜光，光强时活动旺盛，对声音反应敏感。有群集和假死性。

**【绿色防控技术】**

主要是药剂防治。瓜苗定植后至4~5片真叶前选用20%氰戊菊酯乳油2 000倍液，或2.5%溴氰菊酯乳油2 000~3 000倍液，或其他菊酯类农药喷洒防治。幼虫为害严重时，用90%敌百虫晶体1 000倍液，或50%辛硫磷乳油1 000倍液灌根防治。在瓜苗根部附近覆1层麦壳、草木灰、锯末、谷糠等，可防止成虫产卵，减轻为害。

## 瓜蓟马

瓜蓟马 *Thrips palmi* Karny，又称瓜亮蓟马、棕榈蓟马，属缨翅目蓟马科。

**【为害特点】**

主要为害节瓜、冬瓜、苦瓜和西瓜，也为害番茄、茄子及豆类等蔬菜。成虫、若虫锉吸心叶、嫩芽，被害植株生长点萎缩、变黑，而出现丛生现象，心叶不能展开。幼瓜受害则出现畸形，茸毛变黑，严重时造成落瓜，对产量和质量影响很大。

【形态特征】

成虫雌虫体长 1 毫米，雄虫略小，体淡黄色。前胸后缘有缘鬃，翅细长透明，周缘有许多细长毛。卵长 0.2 毫米，长椭圆形，淡黄色，产于嫩叶组织中。若虫体黄白色，1~2 龄无翅芽，行动活泼，三龄鞘状翅翅芽伸达第三腹节、第四腹节，行动缓慢，四龄鞘翅芽伸达腹部末端，行动迟缓。

【发生规律】

在广州市 1 年发生 20~21 代，世代重叠。多以成虫在茄科、豆科蔬菜及杂草或土块、土缝下或枯枝落叶间越冬，少数以若虫越冬。翌年气温回升到 12℃时，越冬成虫开始活动，取食和繁殖。田间 4 月开始发生，5~6 月数量开始上升，7 月下旬至 9 月进入发生和为害高峰，以夏秋植节瓜受害最重，秋瓜收获后，成虫向越冬寄主转移。成虫有迁飞性和喜嫩绿习性，迁飞多在晚间或上午进行，当白天阳光充足时，则隐蔽于瓜苗的生长点及幼瓜的茸毛内。卵产于寄主组织内，每雌可产卵 30~70 粒，有孤雌生殖能力，卵期 4~9 天。1~2 龄若虫末期有自然落地习性，从裂缝钻入土中，静伏后蜕皮成为三龄，四龄潜入 3~5 厘米土层，2~3 天后成虫羽化。

【绿色防控技术】

（1）加强栽培管理。清除杂草，加强肥水管理，使植株生长旺盛。春瓜适期早播，使用营养钵育苗和地膜覆盖等，以减轻作物受害。

（2）蓝板诱杀。棚室内设置涂有黏着剂的蓝板诱杀蚜虫，蓝板规格 25 厘米 ×40 厘米，悬挂于植株上方 10~15 厘米处，每 667 平方米 20~30 块。

（3）药剂防治。夏秋瓜 3~4 片叶时喷药，每 7 天喷 1 次，共喷 3 次。可用 10% 高效氯氰菊酯乳油 3 000 倍液、50% 杀螟丹可溶粉剂 1 000 倍液。或每 667 平方米选用 25% 噻虫嗪水分散粒剂 4 克、3% 啶虫脒乳油 50 毫升、10% 吡虫啉可湿性粉剂 10 克、20% 灭蝇胺可湿性粉剂 30 克对水喷雾。


## 葱蓟马

葱蓟马 *Thrips tabaci* Lindeman，属缨翅目蓟马科。

【为害特点】

成虫、若虫以锉吸式口器为害洋葱或大葱心叶、嫩芽及韭菜叶，受害处出现长条状白斑，严重时葱叶扭曲枯黄。

【形态特征】

成虫体长 1.2~1.4 毫米，淡褐色。触角 7 节。翅狭长，翅脉稀少，翅的周缘具缨毛。卵长 0.29 毫米，初期肾形、乳白色；后期卵圆形、黄白色，可见红色眼点。若虫共 4 龄，各龄体长 0.3~0.6 毫米、0.6~0.8 毫米、1.2~1.4 毫米和 1.2~1.6 毫米。

【发生规律】

华北地区 1 年发生 3~4 代，山东省 1 年发生 6~10 代，华南地区 1 年发生 20 代以上，以成虫、若虫及伪蛹在枯叶或土中越冬，每代历期 20 天左右。河南省、山东省、江苏省 5 月进入为害盛期。成虫白天多在叶背为害。成虫极活跃，善飞，怕阳光，早、晚或阴天取食强。初孵幼虫集中在葱叶基部为害，稍大后即分散。在 25℃和相对湿度 60% 以下时，有利于葱蓟马发生。6 月中旬葱蓟马数量最多，是为害严重期，6 月下旬虫量居次，7 月后进入高温季节，数量急剧下降。

【绿色防控技术】

（1）农业防治。清除田间枯枝残叶，减少越冬基数。勤浇水、勤锄草，以减轻为害。

（2）蓝板诱杀。棚室内设置涂有黏着剂的蓝板诱杀蚜虫，蓝板规格 25 厘米 × 40 厘米，悬挂于植株上方 10~15 厘米处，每 667 平方米 20~30 块。

（3）药剂防治。在虫株率 5% 时，每 667 平方米可选用 25% 噻虫嗪水分散粒剂 4 克，或 3% 啶虫脒乳油 50 毫升、10% 吡虫啉可湿性粉剂 10 克、20% 灭蝇胺可湿性粉剂 30 克对水喷雾。视虫情防治 2~3 次，用药间隔 6~7 天。

## 棉铃虫

棉铃虫 *Helicoverpa armigera*（Hübner），属鳞翅目夜蛾科。分布于全国各棉区，遍布全国各地，是番茄、茄子上的主要蛀果性害虫。

【为害特点】

以幼虫蛀食花、蕾、果为主，也可以为害嫩茎、叶和芽。花蕾被害易脱落，果实易腐烂。蛀孔多在果蒂部。

【形态特征】

成虫体长 14~18 毫米，翅展 30~38 毫米，灰褐色。前翅具褐色环状及肾形纹，肾纹前方的前缘脉上有二褐纹，肾纹外侧为褐色宽横带，端区各脉间有黑点，后翅黄白色或淡褐色，端区褐色或黑色。卵约 0.5 毫米，半球形，乳白色，具纵横网格。老熟幼虫体长 30~42 毫米，体色多变，由淡绿、淡红至红褐乃至黑紫色，常见为绿色型及红褐色型，头部黄褐色，背线、亚背线及气门上线呈现深色纵线，气门白色，腹足趾钩为双序中带，两根前胸侧毛（L1,L2）连线与前胸气门下线相切或相交，体表布满小刺。蛹长 17~21 毫米，黄褐色，腹部第 5~7 节的背面和腹面有 7~8 排半圆形刻点，臀棘钩刺 2 根。

【发生规律】

棉铃虫食性较杂。一般 1 年发生 4 代。成虫多于夜间在番茄的果萼、嫩梢、嫩叶及茎上产卵。初孵化幼虫啃食嫩叶尖及幼小花蕾。2~3龄时吐丝下垂转株蛀食蕾、花、果，幼虫有假死性和自相残杀习性。幼虫6龄，老熟后入土化蛹。

**【绿色防控技术】**

（1）农业防治。一是压低虫口密度，棉铃虫95%的卵产于番茄的顶尖至第四层复叶之间，结合整枝，及时打顶和打杈，可有效地减少卵量，同时要注意及时摘除虫果，以压低虫口。二是在6月中下旬二代发生盛期，适时去除番茄植株下部的老叶，改善通风状况，可预防和减轻虫害的发生。三是早、中、晚熟品种要搭配开，早熟品种要尽早移植，以避开二代棉铃虫的为害。四是在菜田种植玉米诱集带，减少番茄田棉铃虫产卵量，但应注意选育与棉铃虫成虫产卵期吻合的玉米品种。

（2）生物防治。在二代棉铃虫卵高峰后3~4天及6~8天，连续两次喷洒细菌杀虫剂（Bt乳剂、HD-1等苏云金芽孢杆菌制剂）或棉铃虫核型多角体病毒制剂，可使幼虫大量染病死亡。

（3）物理防治。插杨柳枝、挂诱虫灯、性诱剂等诱杀成虫。

（4）药剂防治。关键抓住孵化盛期至二龄盛期，即幼虫尚未进入果内的时期施药，每667平方米可用15%茚虫威乳油10~20毫升，或10%虫螨腈乳油30毫升、24%甲氧虫酰肼乳油20~30毫升、2.5%多杀霉素乳油50毫升和200g/L氯虫苯甲酰胺悬浮剂50毫升。

## 烟青虫

烟青虫 *Helicoverpa assulta* Guenée，属鳞翅目夜蛾科。

**【为害特点】**

主要为害青椒，以幼虫蛀食蕾、花、果，也食害嫩茎、叶和芽。果实被蛀引起腐烂而大量落果，是造成减产的主要原因。

**【形态特征】**

烟青虫与棉铃虫极近似，区别之处：成虫体色较黄，前翅上各线纹清晰，后翅棕黑色带中段内侧有一棕黑线，外侧稍内凹。卵稍扁，纵棱一长一短，呈双序式，卵孔明显。幼虫两根前胸侧毛（L1，L2）的连线远离前胸气门下端；体表小刺较短。蛹体前段显得粗短，气门小而低，很少突起。

**【发生规律】**

全国均有发生，发生代数较棉铃虫少，在华北1年发生2代，以蛹在土中越冬。成虫卵散产，前期多产在寄主植物上中部叶片背面的叶脉处，后期产在萼片或果上。成虫可在青椒、番茄上产卵，但存活幼虫极少。幼虫昼间潜伏，夜间活动为害。发育历期：卵3~4天，幼虫11~25天，蛹10~17天，成虫5~7天。

【绿色防控技术】

绿色防控技术参见棉铃虫。

## 红蜘蛛

红蜘蛛是为害蔬菜的红色叶螨的统称，包括朱砂叶螨、截形叶螨、二斑叶螨的复合种群。各地均有分布，以朱砂叶螨和截形叶螨为害最重。前者主要为害瓜类，后者主要为害茄子、豆类等蔬菜。

朱砂叶螨 *Tetranychus cinnabarinus*（Boisduval）、截形叶螨 *Tetranychus truncatus* Ehara 和二斑叶螨 *Tetranychus urticae* Koch，均属于蜱螨目叶螨科。

【为害特点】

成螨和若螨群集叶背常结丝网，吸食汁液。被害叶片初时出现白色小斑点，后退绿为黄白色。严重时锈褐色，似火烧状，俗称"火龙"。被害叶片最后枯焦脱落，甚至整株枯死。茄果受害后，果实僵硬，果皮粗糙，呈灰白色。

【形态特征】

朱砂叶螨雌成螨梨形，0.5毫米大小，体红褐色或锈红色。雄成螨腹部末端稍尖，0.3毫米大小。卵球形，初时无色，后变黄色，带红色。初孵幼螨3对足，脱皮后变为若螨4对足。雄若螨比雌若螨少脱皮1次，就羽化为雄成螨，雌若螨脱皮后成为后若螨，然后羽化为雌成螨。

截形叶螨外部形态与朱砂叶螨十分相似，只能从雄成螨的阳具来区分。

二斑叶螨与朱砂叶螨仅有下列区别：①体色为淡黄或黄绿；②后半体的肤纹突呈较宽阔的半圆形；③卵初产时为白色；④雌螨有滞育。

【发生规律】

1年发生10~20代，越往南代数越多。在北方以雌成螨潜伏于枯枝落叶、杂草根部、土缝中越冬；华中以各虫态在杂草丛中或树皮缝隙中越冬；华南气温高冬季也可继续繁殖活动。翌年2月和3月出蛰活动的越冬雌成螨，在气温10℃以上时开始繁殖。初期先在越冬寄主和杂草上繁殖，4月下旬至5月上旬开始转移到菜田蔬菜上繁殖为害。在菜田初呈点片发生，随即靠爬行或吐丝下垂借风雨在株间传播，向四周迅速扩散在植株上，先为害下部叶片，然后向上蔓延。繁殖数量过多时，常在叶端群集成团，滚落地面，随风飘散。发育起点温度7.7~8.8℃，最适温度29~31℃及相对湿度35%~55%，相对湿度超过70%时不利繁殖。高温低湿发生严重。

【绿色防控技术】

（1）农业防治。一是从早春起不断清除田间、地头、渠边杂草，可显著抑制其发生。收获后，彻底清除田间残枝落叶、减少越冬螨源。秋季深翻菜地，破坏其越冬场所。二是注意合理灌溉，适当施用氮肥，增施磷肥促进蔬菜健壮生长，提高抗螨能力。

（2）药剂防治。经常注意螨情调查，在田间螨害点发阶段及时进行药剂防治，药剂可选用 1.8% 阿维菌素乳油 3 000~4 000 倍液、15% 哒螨灵乳油 1 500 倍液喷雾防治。用药间隔 7~10 天，喷 1~3 次。

## 马铃薯瓢虫

马铃薯瓢虫 *Henosepilachna vigintioctomaculata*（Motschulsky），属鞘翅目瓢虫科。

【为害特点】

成虫、幼虫取食叶片、果实和嫩茎。被害叶片仅留叶脉及上表皮，形成许多不规则透明的凹纹，后变为褐色斑痕，斑痕过多时会造成叶片枯萎。被害果则被啃食成许多凹纹，逐渐变硬，并有苦味，失去商品价值。

【形态特征】

成虫体长 7~8 毫米，半球形，赤褐色，密披黄褐色细毛。前胸背板前缘凹陷而前缘角突出，中央有一较大的剑状斑纹，两侧各有 2 个黑色小斑（有时合成 1 个）。两鞘翅上各有 14 个黑斑，鞘翅基部 3 个黑斑后方的 4 个黑斑不在一条直线上，两鞘翅合缝处有 1~2 对黑斑相连。卵长 7.4 毫米，纵立，鲜黄色，有纵纹。幼虫体长约 9 毫米，淡黄褐色，长椭圆形，背面隆起，各节具黑色枝刺。蛹长约 6 毫米，椭圆形，淡黄色，背面有稀疏细毛及黑色斑纹。尾端包着末龄幼虫的蜕皮。

【发生规律】

我国东北部地区，甘肃省、四川省以东，长江流域以北均有发生。在华北 1 年 2 代，高寒山区 1 年 1 代。以成虫群集在发生地附近的背风向阳的山洞中、石缝内、树皮下、屋檐下、篱笆下、土穴内及各种缝隙中越冬。越冬成虫一般 5 月开始活动，为害马铃薯或苗床中的茄子、番茄、青椒苗。6 月上中旬为产卵盛期，6 月下旬至 7 月上旬为第一代幼虫为害期，7 月中下旬为化蛹盛期，7 月底至 8 月初为第一代成虫羽化盛期，8 月中旬为第二代幼虫为害盛期，8 月下旬开始化蛹，羽化的成虫自 9 月中旬开始寻求越冬场所，10 月上旬开始越冬。成虫早晚静伏，白天觅食、迁移、交配、产卵，成虫以上午 10 时至下午 4 时最为活跃，午前多在叶背取食，下午 4 时后转向叶面取食。成虫、幼虫都有取食同种卵的习性。成虫假死性强，并可分泌黄色黏液。越冬成虫多产卵于马铃薯苗基部叶背，20~30 粒靠近在一起。越冬代每雌可产卵 400 粒，第一代每雌可产卵 240 粒。卵期第一代约 6 天，第二代约 5 天。幼虫夜间孵化，共 4 龄，二龄后分散为害。幼虫发育历期第一代 23 天，第二代约 15 天。幼虫老熟后多在植株基部茎上或叶背化蛹。蛹期第一代约 5 天，第二代约 7 天。

**【绿色防控技术】**

（1）人工捕捉成虫。利用成虫假死习性，用盆承接并叩打植株使之坠落，收集灭之。

（2）人工摘除卵块。此虫产卵集中成群，着色鲜艳，极易发现，易于摘除。

（3）药剂防治。在幼虫分散前及时喷洒下列药剂：2.5% 高效氟氯氰菊酯乳油 4 000 倍液，或 50% 辛硫磷乳油 1 000 倍液、90% 敌百虫晶体 1 000~1 500 倍液、20% 氯氰菊酯乳油 4 000 倍液。注意重点喷叶面。

## 菜粉蝶

菜粉蝶 *Pieris rapae*（Linnaeus），属鳞翅目粉蝶科。幼虫称菜青虫。

**【为害特点】**

以幼虫食叶为害。2 龄前只能啃食叶肉，留下一层透明的表皮；3 龄后可食整个叶片，轻则洞口累累，重则仅剩叶脉，影响植株生长发育和包心，造成减产。此外，虫粪污染花菜球茎，降低商品价值。在白菜上，虫食伤口还能导致软腐病。

**【形态特征】**

成虫体长 12~20 毫米，翅展 45~55 毫米；体灰黑色，翅白色，顶角灰黑色，雌蝶前翅有 2 个显著的黑色圆斑，雄蝶只有 1 个显著的黑斑。卵瓶状，高约 1 毫米，宽 0.4 毫米，表面有纵脊与横格，初产乳白色，后变橙黄色。幼虫体青绿色，背浅黄色，腹面绿白色，体表密布细小黑色毛瘤，沿气门线有黄斑，共 5 龄。蛹长 18~21 毫米，纺锤形，中间膨大而有棱角状突起，体绿色或棕褐色。

**【发生规律】**

在各地发生代数、历期不同，华北地区年发生 4~5 代，均以蛹越冬，大多数在菜地附近的墙壁屋檐下或篱笆、树干、杂草残株等处，一般选在背阳的一面。翌春 4 月初开始陆续羽化，成虫边吸食花蜜边产卵，以晴暖的中午活动最盛。卵散产，多产于叶背，平均每雌产卵 120 粒左右。卵的发育起点温度 8.4℃，有效积温 56.4 日度，发育历期 4~8 天。幼虫发育起点温度 6℃，有效积温 217 日度，发育历期 11~22 天。幼虫在叶背和叶心为害，老熟幼虫化蛹前停止取食。蛹的发育起点温度 7℃，有效积温 150.1 日度，发育历期 5~16 天。成虫寿命 5 天左右。菜青虫发育最适温度 20~25℃，相对湿度 76% 左右。在北方春（4~6 月）、秋（8~10 月）两茬甘蓝大面积栽培期间，菜青虫的发生形成春末夏初及秋季两个为害高峰。夏季由于高温干燥及甘蓝类栽培面积的大幅度减少，菜青虫的发生也呈现一个低潮。

**【绿色防控技术】**

（1）农业防治。清洁田园，收获及时处理残株、老叶和杂草，减少虫源。耕地细耙，减少越冬虫源。

（2）生物防治。采用细菌杀虫剂，如国产 Bt 乳剂或青虫菌六号液剂，通常采用 500~800 倍稀释浓度。

（3）药剂防治。由于菜青虫世代重叠现象严重，3 龄后幼虫食量加大，耐药性增强。因此，施药应在 2 龄以前。药剂可选用 50% 辛硫磷乳油 1 000 倍液，或 20% 氰戊菊酯乳油 2 000~3 000 倍液、2.5% 溴氰菊酯乳油 3 000 倍液、2.5% 高效氟氯氰菊酯乳油 5 000 倍液等；或每 667 平方米用 10% 虫螨腈悬浮剂 30 毫升、15% 茚虫威悬浮剂 30 毫升、24% 甲氧虫酰肼悬浮剂 30~40 毫升，对水 40~50 千克均匀喷雾。防治 2~3 次，用药间隔 7 天。

## 菜 蛾

菜蛾 *Plutella xylostella*（Linnaeus），属鳞翅目菜蛾科，又名小菜蛾。异名：*Plutella maculipennis* Curtis。

**【为害特点】**

初龄幼虫仅能取食叶肉，留下表皮，在菜叶上形成一个透明的斑，农民称为"开天窗"，3~4 龄幼虫可将菜叶食成孔洞和缺刻，严重时全叶被吃成网状。在苗期常集中心叶为害，影响包心。在留种菜上，为害嫩茎、幼荚和籽粒，影响结实。是十字花科蔬菜上最普遍最严重的害虫之一。

**【形态特征】**

成虫为灰褐色小蛾，体长 6~7 毫米，翅展 12~17 毫米，翅狭长，前翅后缘呈黄白色三角曲折的波纹，两翅合拢时呈 3 个接连的菱形斑。前翅缘毛长并翘起如鸡尾。卵扁平，椭圆状，约 0.5 毫米 × 0.3 毫米，黄绿色。老熟幼虫体长约 10 毫米，黄绿色，体节明显，两头尖细，腹部 4~5 节膨大，整个虫体呈纺锤形，并且臀足向后伸长。蛹长 5~8 毫米，黄绿色至灰褐色，肛门周围有钩刺 3 对，腹末有小钩 4 对。茧薄如网。

**【发生规律】**

华北地区 1 年发生 4~6 代，长江及其以南地区无越冬、越夏现象，北方以蛹越冬，翌年 5 月羽化，成虫昼伏夜出，白天仅在受惊扰时，在株间作短距离飞行。成虫产卵期可达 10 天，平均每雌产卵 100~200 粒，卵散产或数粒在一起，多产于叶脉间凹陷处。卵期 3~11 天。初孵化幼虫潜入叶肉取食，2 龄初从隧道中退出，取食下表皮和叶肉，留下上表皮呈"天窗"；3 龄后可将叶片吃成孔洞，严重时仅剩叶脉。幼虫很活跃，遇惊扰即扭动，倒退或翻滚落下。幼虫共 4 龄，发育历期 12~27 天。老熟幼虫在叶脉附近结薄茧化蛹，蛹期约 9 天。菜蛾的发育适温 20~30℃，因此在北方，于 5~6 月及 8 月呈两个发生高峰期，以春季为害重。

**【绿色防控技术】**

（1）农业防治。合理布局，避免十字花科蔬菜周年连作。蔬菜收获后及时处理残株败叶或立即耕翻，可消灭大量虫源。

（2）物理防治。小菜蛾有趋光性，在成虫发生期，每公顷设置一盏频振式杀虫灯，可诱杀大量小菜蛾，减少虫源，或装黑光灯也能诱杀成虫。

（3）生物防治。采用细菌杀虫剂，如国产 Bt 乳剂或青虫菌六号液剂，通常采用 500~800 倍液稀释浓度。

（4）药剂防治。在卵盛期，每 667 平方米用 10% 虫螨腈悬浮剂 30 毫升，或 15% 茚虫威悬浮剂 30 毫升、24% 甲氧虫酰肼悬浮剂 20~30 毫升、菜颗·苏云菌可湿性粉剂 100 克、2.5% 多杀霉素悬浮剂 50 毫升，对水 40~50 千克均匀喷雾。防治 2~3 次，用药间隔 7 天。

## 甘蓝夜蛾

甘蓝夜蛾 *Mamestra brassicae*（Linnaeus），属鳞翅目夜蛾科。异名：*Barathra brassicae*（Linnaeus）。

**【为害特点】**

初孵幼虫群集叶背取食叶肉，残留表皮，3 龄后可将叶片吃成孔洞或缺刻，四龄后分散为害，昼夜取食，6 龄幼虫白天潜伏根际土中，夜出为害。大龄幼虫可钻入叶球为害，并排泄大量虫粪，使叶球内因污染引起腐烂，造成严重减产并使蔬菜失去商品价值。

**【形态特征】**

成虫体长 20 毫米，翅展 45 毫米，棕褐色。前翅具有明显的肾形斑（斑内白色）和环状斑，后翅外缘具有一个小黑斑。卵半球形，淡黄色，顶部具一棕色乳突，表面具纵脊和横格。老熟幼虫体长 50 毫米，头部褐色，胴部腹面淡绿色，背部呈黄绿或棕褐色，褐色型各节背面具倒"八"字纹。蛹长 20 毫米，棕褐色，臀棘为 2 根长刺，端部膨大。

**【发生规律】**

内蒙古自治区、华北地区 1 年发生 2~3 代，以蛹在土中越冬。在我国华北地区，三代成虫的发生期分别为 5 月下旬、7 月中旬和 8 月下旬。第一代幼虫（6 月上旬至 7 月下旬）为害晚熟甘蓝、甜菜、菠菜等，第二代幼虫期正值炎夏，发生很轻；第三代幼虫（8月下旬至10月上旬）为害秋甘蓝、秋白菜，十分严重。成虫对黑光灯和糖蜜气味有较强的趋性，喜在植株高而密的田间产卵，卵产于寄主叶背，单层成块，每雌可产4~5块，约600~800粒。卵的发育适温23.5~26.5℃，历期4~5天。幼虫共6龄，1~2龄幼虫因前两对腹足未长大，故行走如尺蠖，易与银纹夜蛾幼虫混淆；3龄后虽有所分散，但一般仍在产卵植物周围的植株上，因此在田间表现为成团分布；4龄后食量大增；5~6龄为暴食期。幼虫发育适温20~24.5℃。老熟幼虫入土6~7厘米做土茧化蛹。蛹的发育适温20~24℃，发育历期10天左右，但越夏蛹历期达2个月，越冬蛹历期达半年以上。蛹在土壤中适宜的湿度以含水量20%为佳，土壤含水量在5%以下或35%以上都会大大降低羽化率。成虫发生期前旬降水量在30~60毫米并且较均衡则有利，若在20毫米以下或80毫米以上则不利于成虫的发生。成虫需要补充营养。发育最适宜的气温18~25℃，相对湿度70%~80%，温度低于15℃或高于30℃及相对湿度低于68%或高于85%不利于甘蓝夜蛾的发生，因此，在我国北方地区，甘蓝夜蛾在春、秋两茬甘蓝、白菜上呈两次发生高峰。

**【绿色防控技术】**

（1）加强预测预报。由于3龄以后幼虫分散，又常钻入叶球，防治很困难，而在初龄期不仅食量小，耐药性差，并且集中取食，是暴露的，易于用药防治，因此必须做好预测预报工作。通常结合诱杀成虫，利用黑光灯或糖醋盆，测报每日成虫发生量，在成虫盛期一周后即为防治适期。在甘蓝的早熟品种，于叶球形成初期，若有虫株率1%，幼虫数量达1~3头/株，或5~8头/平方米；在晚熟品种上，于叶球形成初期，若有虫株率10%，幼虫数量达5头/株，则应开展防治。

（2）农业防治。甘蓝夜蛾以蛹在土中越冬，因此对菜田进行秋耕或冬耕，可消灭部分虫蛹。

（3）诱杀成虫。在成虫发生期，可设置黑光灯或糖醋盆诱杀。在春季可结合诱杀地老虎成虫同时进行。

（4）生物防治。在甘蓝夜蛾卵期可人工释放赤眼蜂，每667平方米6~8个放蜂点，每次释放2 000~3 000头，隔5天1次，持续2~3次，可使总寄生率达80%以上。

（5）药剂防治。成虫盛期后1周，当1~2龄幼虫群集时为防治适期。药剂种类参见菜粉蝶。

## 斜纹夜蛾

斜纹夜蛾 *Prodenia litura*（Fabricius），属鳞翅目夜蛾科。异名：*Spodoptera litura*（Fabricius）。分布于全国各地。

【为害特点】

幼虫食叶、花蕾、花及果实，初食叶肉残留上表皮和叶脉，严重时可将叶吃光。在甘蓝、白菜上可蛀入叶球、心叶，并排泄粪便，造成污染和腐烂，使之失去商品价值。在大葱上，先啃食葱叶表皮，进而蛀入管状叶内为害。

【形态特征】

成虫体长 14~20 毫米，翅展 35~40 毫米，头、胸、腹均为深褐色，胸部背面有白色丛毛，腹部前数节中央具有暗褐色丛毛。前翅灰褐色，斑纹复杂，外横线及内横线灰白色，波浪形，中间有白色条纹，在环状纹与肾状纹间，自前缘向后缘外方有 3 条白色斜线。后翅白色，半透明，无斑纹。前后翅常有水红色至紫红色闪光。卵扁半球形，直径 0.4~0.5 毫米，初产黄白色，后转淡绿，孵化前紫黑色。卵粒集结成 3~4 层的卵块，外覆盖黄色疏松的绒毛。老熟幼虫体长 35~47 毫米，头部黑褐色，胴部体色因寄主和虫口密度不同而异：土黄色、青黄色、灰褐色或暗绿色，背线、亚背线及气门下线均为灰黄色及橙黄色。从中胸至第九腹节各节的亚背线内侧有近三角形的黑斑 1 对，其中，第一、第七和第八腹节的最大，胸足近黑色，腹足暗褐色。蛹长 15~20 毫米，赭红色，腹部背面第四节至第七节近前缘处各有一个小刻点。臀棘短，有 1 对强大而弯曲的刺，刺的基部分开。

【发生规律】

在我国华北地区 1 年发生 4~5 代，越冬问题尚无定论，推测春季虫源有从南方迁飞而来的可能性。成虫夜间活动，喜食糖、醋等香甜物质，成虫飞翔力强，趋光，喜产卵于高大、茂密、浓绿的边际作物上及多产于叶背和叶脉分叉处。初孵幼虫群集为害，食性杂，3 龄前取食叶肉，残留表皮和叶脉，4 龄以后分散为害，并进入暴食期。高温天气白天躲于植株根际的土壤中，夜晚出来取食。幼虫有假死性。老熟幼虫在 1~3 厘米的表土内做土室化蛹，土壤板结时可在枯叶下化蛹，蛹发育历期，28~30℃约 9 天，23~27℃约 13 天。斜纹夜蛾在 28~30℃的温度条件下，卵期 2.5 天，幼虫期 12.5 天，蛹期 9 天，产卵前期 2 天，完成一个世代需 26 天。

【绿色防控技术】

（1）诱杀成虫。采用灯光诱杀成虫。

（2）人工采集卵块和带幼虫叶。在成虫盛发期，结合农事操作，将产于叶背的卵块或刚孵化的幼虫叶摘除集中烧毁。

（3）生物防治。利用小茧蜂、广赤眼蜂等天敌。

（4）药剂防治。在幼虫 5 头 / 百株时，每 667 平方米可用 10% 虫螨腈悬浮剂 30 毫升，或 5% 氟啶脲乳油 50 毫升、2.5% 多杀霉素悬浮剂 70 毫升、15% 茚虫威悬浮剂 20 毫升对水喷雾。视虫情防治 1~2 次，用药间隔 6~7 天。

### 甜菜夜蛾

甜菜夜蛾 *Spodoptera exigua* Hübner，属鳞翅目夜蛾科。

**【为害特点】**

初孵化幼虫群集叶背取食叶肉，吐丝结网，在其内取食叶肉，留下表皮，成透明的小孔。3龄后将叶片吃成孔洞或缺刻，严重时仅剩叶脉和叶柄，致使菜苗死亡，造成缺苗断垄，甚至毁种。3龄以上的幼虫尚可钻蛀青椒、番茄果实，造成落果、烂果。

**【形态特征】**

成虫体长约8~10毫米，翅展19~25毫米，灰褐色，头、胸有黑点。前胸灰褐色，基线仅前端可见双黑纹；内横线双线黑色，波浪形外斜；剑纹为一黑条；环纹粉黄色，黑边；肾纹粉黄色，中央褐色，黑边；中横线黑色，波浪形；外横线双线黑色，锯齿形，前、后端的线间白色；亚缘线白色，锯齿形，两侧有黑点，外侧在M1处有一个较大的黑点；缘线为一列黑点，各点内侧均衬白色。后翅白色，翅脉及缘线黑褐色。卵圆球状，白色，成块产于叶面或叶背，8~100粒不等，排为1~3层，外面覆有雌蛾脱落的白色绒毛，因此，不能直接看到卵粒。老熟幼虫体长约22毫米，体色变化很大，由绿色、暗绿色、黄褐色、褐色至黑褐色，背线有或无，颜色亦各异。较明显的特征为：腹部气门下线为明显的黄白色纵带，有时带粉红色，此带的末端直达腹部末端，不弯到臀足上去（甘蓝夜蛾老熟幼虫此纵带通到臀足上）。各节气门后方具一明显的白点。此种幼虫在田间易与菜青虫、甘蓝夜蛾幼虫混淆。蛹体长10毫米，黄褐色。中胸气门显著外突。臀棘上有刚毛2根，其腹面基部亦有2根极短的刚毛。

**【发生规律】**

山东省、江苏省及陕西省关中地区，1年发生4~5代，以蛹在土室内越冬。成虫夜间活动，最适宜温度20~23℃，相对湿度50%~75%。有趋光性。成虫产卵期3~5天，每雌可产卵100~600粒。卵期2~6天。幼虫共5龄（少数6龄）。三龄前群集为害，但食量小；四龄后，食量大增，昼伏夜出，有假死性。虫口过大时，幼虫可互相残杀。幼虫发育历期11~39天。老熟幼虫入土，吐丝筑室化蛹，蛹发育历期7~11天。越冬蛹发育起点温度10℃，有效发育积温为220日度。甜菜夜蛾是一种间歇性大发生的害虫，不同年份发生差异很大，一年之中，在华北地区则以7~8月为害较重。

**【绿色防控技术】**

（1）农业防治。秋耕或冬耕，可消灭部分越冬蛹。

（2）诱杀成虫。采用灯光诱杀成虫。

（3）人工采集卵块和带幼虫叶。在成虫大发生期，结合农事操作，将产于叶背的卵块或刚孵化的幼虫叶摘除集中烧毁。

（4）生物防治。利用小茧蜂、广赤眼蜂等天敌。

（5）药剂防治。①在幼虫5头/百株时，每667平方米可选用10%虫螨腈悬浮剂30毫升、5%氟啶脲乳油50毫升、2.5%多杀霉素悬浮剂70毫升、15%茚虫威悬浮剂20毫升对水喷雾。视虫情防治1~2次，用药间隔6~7天。②在卵盛期，每667平方米可选用15%茚虫威悬浮剂10~20毫升、10%虫螨腈悬浮剂30毫升、24%甲氧虫酰肼悬浮剂20~30毫升、核型多角体病毒悬浮剂100毫升、2.5%多杀霉素悬浮剂50毫升对水喷雾。防治2~3次，视虫情发生情况而定，施药间隔7~10天。

## 菜　螟

菜螟 *Hellula undalis* Fabricius，属鳞翅目螟蛾科。异名：*Oeobia undalis* Fabricius；*Phalaena undalis* Fabricius。

### 【为害特点】

幼虫是钻蛀性害虫，为害蔬菜幼苗期心叶及叶片，受害苗因生长点被破坏而停止生长或萎蔫死亡，造成缺苗断垄。甘蓝、白菜受害则不结球、包心，并能传播软腐病，导致减产。

### 【形态特征】

成虫体长7毫米，翅展15毫米，灰褐色；前翅具有3条白横波纹，中部有一对褐色肾形斑，镶有白边，后翅灰白色。卵长约0.3毫米，椭圆形，扁平，表面有不规则网纹，初产淡黄色，以后渐为红色斑点，孵化前橙黄色。老熟幼虫体长12~14毫米，头部黑色，胴体部淡黄色，前胸背板黄褐色，体背有不明显的灰褐色纵纹，各节生有毛瘤，中、后胸各6对，腹部各节前排8个，后排2个。蛹长约7毫米，黄褐色，翅芽长达第四腹节后缘，腹部背面5条纵线隐约可见，腹部末端生长刺2对，中央1对略短，末端略弯曲。

### 【发生规律】

在北京市、山东省1年发生3~4代，以老熟幼虫在地面吐丝缀合土粒、枯叶做成丝囊越冬（少数以蛹越冬）。翌年越冬幼虫入土6~10厘米深做茧化蛹。成虫趋光性不强，飞翔力弱，卵多散产于菜苗嫩叶上，平均每雌可产卵200粒左右。卵发育历期2~5天。初孵化幼虫潜叶危害，隧道宽短；二龄后穿出叶面；三龄吐丝缀合心叶，在内取食，使心叶枯死并且不能抽出心叶；4~5龄可由心叶或叶柄蛀入茎髓或根部，蛀孔显著，孔外缀有细丝，并且排出潮湿虫便。受害苗枯死或叶柄腐烂。幼虫可转株为害 4~5 株。幼虫五龄老熟，在菜根附近土中化蛹。5~9 月期间，幼虫发育历期 9~16 天，蛹 4~19 天。此虫喜高温低湿环境。

**【绿色防控技术】**

（1）农业防治。一是耕翻土地，可消灭一部分在表土或枯叶残株内的越冬幼虫，减少虫源；二是调整播种期，使菜苗 3~5 片真叶期与菜螟盛发期错开；三是适当灌水，增大田间湿度，既可抑制害虫，又能促进菜苗生长。

（2）药剂防治。幼虫孵化盛期或初见心叶被害和有丝网时，施药 2~3 次，注意将药喷到菜心上。可选用下列方法防治：在卵盛期，每 667 平方米可选用 15% 茚虫威悬浮剂 10~20 毫升、10% 虫螨腈悬浮剂 30 毫升、24% 甲氧虫酰肼悬浮剂 20~30 毫升、2.5% 多杀霉素悬浮剂 50 毫升对水喷雾。防治 2~3 次，视虫情发生情况而定，施药间隔 7~10 天。

## 豆荚螟、豆野螟

豆荚螟 *Etiella zinckenella* Treitschke 与豆野螟 *Maruca testulalis* Geyer，均属鳞翅目螟蛾科。发生普遍。

**【为害特点】**

幼虫除为害花蕾、叶片外，主要蛀入豆荚内取食豆粒，造成瘪荚、空荚。两种害虫蛀荚症状不同。豆野螟蛀食的蛀孔大，孔口绿色，蛀孔外堆积有腐烂状的绿色虫粪。豆荚螟蛀食的孔较小，孔口黑色，蛀孔附近有丝囊。虫粪黄褐色，堆满孔口内外，常黏附在丝囊上。

**【形态特征】**

（1）豆荚螟。成虫体长 10~13 毫米，翅展 20~22 毫米，灰褐色。前翅狭长，紫灰色，前缘有 1 条白色纵带，翅基 1/3 处有金色隆起横带，外侧镶有淡黄色宽带，后翅灰白色。停息时前、后翅收拢。卵椭圆形，初乳白色后转为红黄色，表面密布不规则的网状纹。老熟幼虫体长 14~18 毫米，侧腹面青绿色。背面紫红色。头淡褐色。蛹长 10 毫米，黄褐色，头顶突出。蛹体外被白色丝茧，常附有土粒。

（2）豆野螟。成虫体长 10~13 毫米，翅展 20~26 毫米，灰黄褐色。前翅黄褐色，有一个白色透明的带状斑，中央有两个白色透明斑。后翅白色，半透明，外缘有大块黑斑。前、后翅都有紫色闪光，停息时前、后翅平展。卵扁平，略呈椭圆形，淡绿色，表面有六角形网状纹。老熟幼虫体长 18 毫米，体黄绿色，头及前胸背板黑褐色。蛹长 13 毫米，黄褐色，头顶突出。蛹体外被有白色的薄丝茧。

**【发生规律】**

豆荚螟、豆野螟都可 1 年发生多代，越往南方代数发生越多。均以蛹在土中做茧越冬。翌年春成虫羽化，成虫白天隐藏在植株叶背或杂草上，受惊后作短距离飞行，一般飞翔 2~5 米。傍晚开始活动，成虫有趋光性。成虫产卵主要产在嫩荚上，也可产在花蕾或叶柄等处。卵散生。豆荚螟有时几粒卵聚在一块。卵孵化后，幼虫很快蛀入豆荚食取豆粒。一般 1 荚 1 头幼虫，少数 2~3 头。豆野螟是幼虫直接蛀入豆荚，而豆荚螟是初孵化幼虫先在荚面结一白色小薄丝茧（丝囊）并藏身其中，在豆荚上咬孔钻入荚内。豆野螟幼虫有转荚为害习性及自相残杀习性。幼虫共 5 龄，幼虫老熟后脱荚，在植株隐蔽处、土表或浅土层内做茧化蛹。豆野螟喜高温高湿条件，而豆荚螟则喜高温干旱条件。

**【绿色防控技术】**

（1）农业防治。及时清除田间落花、落荚和枯叶，摘除被害的卷叶和嫩荚以减少虫源。收获后立即深翻土壤或松土。

（2）防虫网覆盖。保护地可采用防虫网覆盖栽培豇豆，播种前深翻土壤进行一次消毒，可有效隔离各种害虫为害豇豆。

（3）灯光捕杀成虫。豆科蔬菜，尤其是豇豆连片大面积种植时，可在成虫发生期用黑光灯诱杀成虫。

（4）药剂防治。掌握幼虫蛀荚前及时用药防治，施药要集中喷布花、荚等部位。每 667 平方米可选用 15% 茚虫威悬浮剂 10~20 毫升，或 10% 虫螨腈悬浮剂 30 毫升，对水 30~50 千克喷雾。用药间隔 10 天，喷 1~2 次。

## 温室白粉虱

温室白粉虱 *Trialeurodes vaporariorum*（Westwood），属于同翅目粉虱科。

**【为害特点】**

国内普遍发生，但为害区主要在北方省区。食性极杂，主要为害温室、大棚及露地瓜类、茄果类、豆类等蔬菜。成虫和若虫群聚叶背吸食植物汁液，被害叶片退绿、变黄、萎蔫，甚至全株枯死。此外，由于其繁殖能力强，繁殖速度快，种群数量庞大，群聚为害，并分泌大量蜜液，严重污染叶片和果实，往往引起煤污病的大发生，使蔬菜失去商品价值，还可传播某些植物病毒病，一般可使蔬菜减产一至三成，个别地块甚至绝收。

**【形态特征】**

成虫雌虫体长 1~1.5 毫米，雄虫略小，淡黄色。触角 7 节，末端有一刚毛。喙粗针状。翅面覆盖白色蜡粉，停息时双翅在体上合成屋脊状如蛾类，翅端半圆状遮住整个腹部，翅脉简单，沿翅外缘有一排小颗粒。卵长 0.22~0.26 毫米，长椭圆形，基部有卵柄，从叶背的气孔插入叶片组织中，初产时为淡绿色，微覆蜡粉，而后渐变褐色，孵化前变成黑色，微具光泽。一龄若虫体长约 0.29 毫米，长椭圆形。2 龄体长约 0.37 毫米，3 龄体长约 0.5 毫米，淡绿色或黄绿色，足和触角退化，紧贴在叶片上营固着生活。四龄若虫亦称伪蛹，体长 0.7~0.8 毫米，椭圆形，初期体扁平，逐渐加厚呈蛋糕状（侧面观），中央略高，黄褐色，体背有长短不齐的蜡丝，体侧有刺。

**【发生规律】**

在北方，温室 1 年可发生 10 余代，冬季在室外不能活动，因此是以各虫态在温室越冬并继续为害。成虫羽化后 1~3 天可交配产卵，平均每头雌虫可产卵 142 粒左右。也可进行孤雌生殖，其后代为雄性。成虫有趋嫩性，在寄主植物打顶以前，成虫总是随着植株的生长不断追逐顶部嫩叶产卵，因此，白粉虱在作物上自上而下的分布为：新产的绿卵、变黑的卵、初龄若虫、老龄若虫、伪蛹、新羽化的成虫。白粉虱卵以卵柄从气孔插入叶片组织中，与寄主植物保持水分平衡，极不易脱落。若虫孵化后 3 天内在叶背可做短距离游走，当口器插入组织后就失去了爬行的机能，开始营固着生活。白粉虱从卵到成虫羽化发育历期，18℃时 31 天，24℃时 24 天，27℃时 22 天。各虫态发育历期，在 24℃时，卵期 7 天，1 龄 5 天，2 龄 2 天，3 龄 3 天，伪蛹 8 天。白粉虱繁殖的适温为 18~21℃。在温室条件下，约 1 个月完成 1 代。

**【绿色防控技术】**

（1）农业防治。①根除虫源基地，冬季苗房要清除残株杂草、熏杀残余成虫，以培育"无虫苗"，再定植到清洁的温室。②摘除带虫老叶。

（2）物理防治。在白粉虱发病初期，将黄板涂机油后置于保护地内，高出植株，诱杀成虫。

（3）生物防治。人工释放丽蚜小蜂，当温室蔬菜上白粉虱成虫在 0.5 头 / 株以下时，每隔 2 周 1 次，共 3 次，释放 15 头 / 株丽蚜小蜂成蜂。寄生蜂可在温室内建立种群并能有效地控制白粉虱为害。

（4）药剂防治。在温室白粉虱发生较重的保护地，每 667 平方米可用 3% 除虫菊素微囊悬浮剂 20 毫升，或 10% 吡虫啉可湿性粉剂 30 克、25% 噻虫嗪可湿性粉剂 3 克对水喷雾，防治次数视发生情况而定，用药间隔 7~10 天；或用 15% 哒螨灵乳油 15~20 毫升、5% 噻螨酮乳油 30 毫升、22.4% 螺虫乙酯悬浮剂 20~30 毫升、5% 啶虫脒乳油 15~20 毫升对水喷雾。防治 2~3 次，视虫情发生情况而定，施药间隔 10~15 天。

## 烟粉虱

烟粉虱 *Bemisia tabaci*（Gennadius），属同翅目粉虱科。异名：*Bemisia*

*gossypiperda* Misra et Lamba 和 *Bemisia longispina* Preisner et Hosny。

**【为害特点】**

成虫、若虫群体叶背刺吸植物汁液。被害叶片退绿变黄、萎蔫或枯死。还分泌蜜露诱发煤污病，并可传播70多种病毒病。为害青萝卜造成白心，为害西葫芦形成银叶。

**【形态特征】**

成虫体长1毫米，白色，翅透明具白色细小粉状物。蛹长0.55~0.77毫米，宽0.36~0.53毫米。背刚毛较少4对，背蜡孔少。头部边缘圆形，且较深弯。胸部气门褶不明显，背部中央具疣突2~5个，侧背腹部具乳头突起8个。侧背区微皱不宽，尾脊变化明显，瓶形孔大小（0.05~0.09）毫米×（0.03~0.04）毫米，唇舌末端大小（0.02~0.05）毫米×（0.02~0.03）毫米。盖瓣近圆形。尾沟0.03~0.06毫米。

**【发生规律】**

在热带或亚热带地区，1年可发生11~15代，在温代地区露地每年可发生4~6代。且世代重叠。烟粉虱在不同寄主植物上的发育时间不同。在25℃条件下，从卵发育到成虫需要18~30天不等，成虫寿命10~22天。在加温温室或保护地栽培时，各虫态均可安全越冬。但在自然条件下，不同地区越冬虫态不全一样。一般以卵或成虫在杂草上越冬，有的地方以卵、老熟若虫越冬。越冬主要在绿色植物上，但也有少数可以在残枝落叶上越冬。

**【绿色防控技术】**

（1）黄板诱杀。烟粉虱对黄色有强烈趋性，可在温室内设置黄板诱杀成虫。方法是在烟粉虱发生初期，将黄板涂机油等黏性剂，均匀悬挂于植株上方，黄板底部与植株顶端相平，或略高于植株顶端。当烟粉虱黏满板面时，需及时涂油。一般7~10天重涂1次。也可采用商品黄板，每667平方米20~30块。

（2）注意换茬。在保护地秋冬茬栽培烟粉虱不喜好的半耐寒叶菜如芹菜、韭菜、生菜等，从越冬环节上切断其自然生活史。

（3）培育无虫苗。冬春季加温苗房避免混栽，清除残株、杂草和熏蒸残存成虫，在门口和通风口设置防虫网，控制外来虫源。培育无虫苗为关键绿色防控技术。

（4）生物防治。用丽蚜小蜂防治烟粉虱，当每株有烟粉虱0.5~1头时，每株放蜂3~5头，10天放1次，连续放蜂3~4次，可基本控制其危害。

（5）药剂防治。①熏烟法：每667平方米用22%敌敌畏烟剂0.5千克，于傍晚密闭熏杀成虫，或每667平方米用80%敌敌畏乳油0.3~0.4千克，加锯末适量点燃（无明火）熏杀。②喷雾法：害虫发生初期及早喷洒下列药剂予以防治：每

667平方米用3%除虫菊素微囊悬浮剂20毫升，或10%吡虫啉可湿性粉剂30克对水喷雾；或用1.8%阿维菌素乳油2 000~3 000倍液、22.4%螺虫乙酯悬浮剂2 000~2 500倍液、25%噻嗪酮可湿性粉剂1 500倍液，或2.5%联苯菊酯乳油1 000~1 500倍液、2.5%高效氟氯氰菊酯乳油2 000~3 000倍液、20%甲氰菊酯乳油2 000倍液喷雾防治。隔10天左右1次，连续防治2~3次。

## 黄曲条跳甲

黄曲条跳甲 *Phyllotreta striolata*（Fabricius），属鞘翅目叶甲科。

【为害特点】

以成虫、幼虫为害。成虫咬食叶片，造成小孔洞、缺刻，严重时只剩叶脉。幼苗受害，子叶被吃后整株死亡，造成缺苗断垄。留种地主要为害花蕾和嫩荚。幼虫一般只为害菜根，蛀食根皮成弯曲虫道，咬断须根，使菜株叶片萎蔫，重时枯死。萝卜被害呈许多黑斑，最后整个变黑腐烂；白菜受害，叶片变黑死亡并且传播软腐病。

【形态特征】

成虫体长约1.8~2.4毫米，为黑色小甲虫，鞘翅上各有1条黄色纵斑，两端大，中间狭而弯曲。后足腿节膨大，善跳跃，胫节、跗节黄褐色。老熟幼虫体长4毫米，长圆筒形，黄白色。头、前胸背板淡褐色，各节有不显著的肉瘤，生有细毛。卵长约0.3毫米，椭圆形，初为淡黄色，后变为乳白色。蛹长约2毫米，椭圆形，乳白色。头部隐于前胸下面，翅芽和足达第5腹节，胸部背面有稀疏的褐色刚毛。腹末有一对叉状突起，叉端褐色。

【发生规律】

在我国华北地区1年发生4~5代。以成虫在落叶、杂草中潜伏越冬。翌春气温10℃以上开始取食，达20℃时食量大增。成虫善跳跃，高温时还能飞翔，以中午前后活动最盛。有趋光性，对黑光灯敏感。成虫寿命长，产卵期可延续1个月以上，因此世代重叠，发生不整齐。卵散产于植株周围湿润的土隙中或细根上，平均每雌产卵200粒左右。20℃下卵发育历期4~9天。幼虫需在高湿条件下才能孵化。幼虫孵化后在3~5厘米的表土层啃食根皮，幼虫发育历期11~16天，共3龄，老熟幼虫在3~7厘米深的土中做土室化蛹，蛹期约20天。全年以春、秋两季发生严重，并且秋季重于春季，湿度高的菜田重于湿度低的菜田。

【绿色防控技术】

（1）农业防治。一是搞好田园清洁，清除菜地残枝落叶，铲除杂草，消灭其越冬场所和食源基地；二是提前深耕晒土，造成不利于幼虫生活的环境，并消灭部分蛹；三是铺设地膜，避免成虫把卵产在根上。

（2）药剂防治。注意防治成虫宜在早晨和傍晚喷药。可选用下列药剂：5% 氟啶脲乳油 4 000 倍液，或 5% 氟虫脲乳油 4 000 倍液、40% 菊·杀乳油 2 000~3 000 倍液、20% 氰戊菊酯乳油 2 000~4 000 倍液等药剂。还可用敌百虫或辛硫磷药液灌根以防治幼虫。

## 大猿叶虫

大猿叶虫 *Colaphellus bowringii* Baly，属鞘翅目叶甲科。

### 【为害特点】

成虫和幼虫均食菜叶，并且群集为害，致使叶片千疮百孔，严重时吃成网状，仅留叶脉。

### 【形态特征】

成虫体长 4.7~5.2 毫米，宽 2.5 毫米，长椭圆形，蓝黑色，略有金属光泽；背面密布不规则的大刻点；小盾片三角形；鞘翅基部宽于前角背板，并且形成稍隆起的"肩部"，后翅发达，能飞翔。卵长约 1.5 毫米 × 0.6 毫米，长椭圆形，鲜黄色，表面光滑。末龄幼虫体长约 7.5 毫米，头部黑色有光泽，体灰黑稍带黄色，各节有大小不等的肉瘤，以气门下线及基线上的肉瘤最显著；肛门上板颇坚硬。蛹长约 6.5 毫米，略呈半球形，黄褐色。腹部各节两侧各有 1 丛黑色短小的刚毛；腹部末端有 1 对叉状突起，叉端紫黑色。

### 【发生规律】

在我国北方地区 1 年发生 2 代，以成虫在 5 厘米表土层越冬，少数在枯叶、土缝、石块下越冬。翌春开始活动，卵成堆产于根际地表、土缝或植株心叶，每堆 20 粒左右。每雌可产 200~500 粒。成虫、幼虫都有假死性，受惊即缩足落地。成虫和幼虫皆日夜取食。成虫寿命平均 3 个月。春季发生的成虫，当夏初温度达 26.3℃以上，即潜入土中或草丛阴凉处越夏，夏眠期达 3 个多月，到 8~9 月气温降到 27℃左右，又陆续出土为害。卵发育历期 3~6 天；幼虫约 20 天，共 4 龄；蛹期约 11 天。每年 4~5 月和 9~10 月为两次为害高峰，以秋季在白菜上的为害更重一些。

### 【绿色防控技术】

（1）农业防治。秋冬结合积肥，清除田间残枝败叶，铲除杂草，可消灭部分越冬虫源及减少早春害虫的食料。

（2）利用成、若虫假死性，进行震落扑灭。

（3）药剂防治。在卵孵化 90% 左右时，喷淋 2.5% 印楝素乳油 2 000 倍液，或 5% 氟虫脲乳油 2 000 倍液、50% 辛硫磷乳油 1 000 倍液。

### 小猿叶虫

小猿叶虫 *Phaedon brassicae* Baly，属鞘翅目叶甲科。异名：*Phaedon incertum* Baly。

**【为害特点】**

以成虫和幼虫取食叶片呈缺刻或孔洞，严重时，食成网状，仅留叶脉，造成减产。

**【形态特征】**

成虫体长 3.4 毫米，宽 2.1~2.8 毫米，卵圆形，背面蓝黑色，略带绿色；腹部末节端棕色；触角基部 2 节的顶端带棕色；头小，深嵌入前胸，刻点相当密；触角向后伸展达鞘翅基部，第二节与第四节等长，短于第三节，顶部第五节明显加粗；鞘翅刻点排列规则，每翅 8 行半，肩瘤外侧还有 1 行相当稀疏的刻点；后翅退化，不能飞行。卵长椭圆形，但一端较钝，约（1.2~1.8）毫米 ×（0.46~0.54）毫米；初产时为鲜黄色渐变暗绿色。末龄幼虫体长 6.8~7.4 毫米，灰黑色而带黄；各节有黑色肉瘤 8 个，在腹部每侧呈 4 个纵行。蛹长 3.4~3.8 毫米，近半球形，黄色。腹部各节没有成丛的毛，腹部末端也没有突起。

**【发生规律】**

在南方与大猿叶虫混杂发生，同样严重。在长江流域 1 年发生 3 代，以成虫越冬；在广东省 1 年发生 5 代，无明显的越冬现象。2 月底 3 月初成虫开始活动，3 月中旬产卵，3 月底孵化，4 月成虫和幼虫混合为害最烈。下旬化蛹及羽化。5 月中旬气温渐高，成虫蛰伏越夏。8 月下旬又开始活动，9 月上旬产卵，9~11 月盛发，各虫态均有，12 月下旬成虫越冬。越冬场所为枯叶下或根隙，略群集。当夏季气温不高，食料丰富时，夏眠缩短或不休眠。成虫寿命长，平均约 2 年。卵散产于叶柄上，产前咬孔，1 孔 1 卵，横置于其中。卵期 7 天。幼虫喜在心叶取食，昼夜活动以晚上为甚。幼虫发育历期，第一代约 21 天，其他各代 7~8 天。老熟幼虫入土 3 厘米筑土室化蛹，蛹期 7~11 天。

**【绿色防控技术】**

参见大猿叶虫。

### 豆芜菁

豆芜菁 *Epicauta gorhami* Marseul，属鞘翅目芜菁科。

**【为害特点】**

成虫群聚，大量取食叶片及花瓣，影响结实。

【形态特征】

成虫体长 15~18 毫米，宽 2.6~4.6 毫米，黑褐色，头部略呈三角形，红褐色。前胸背板中央和每个鞘翅中央各有 1 条纵行的黄白色条纹，鞘翅周围镶以白色边。卵长椭圆形，2.5~3 毫米，由乳白色变黄白色，卵块排列呈菊花状。幼虫共 6 龄，形态各异，一龄胸足发达，腹末端有 1 对尾须；2~4 龄为蛴螬型；5 龄（伪蛹）似象甲的幼虫，胸足呈乳突状，6 龄为蛴螬型。蛹长约 15 毫米，黄白色，前胸背板侧缘及后缘各生 9 根长刺。

【发生规律】

在华北地区 1 年发生 1 代，湖北省 1 年发生 2 代，均以 5 龄幼虫（伪蛹）在土中越冬，翌年蜕皮发育成六龄幼虫，再发育化蛹。一代区于 6 月中旬化蛹，6 月下旬至 8 月中旬为成虫发生与为害期；二代区成虫于 5~6 月间出现，集中为害早播大豆，而后转害茄子、番茄等蔬菜，第一代成虫于 8 月中旬左右出现，为害大豆，9 月下旬至 10 月上旬转移至蔬菜上为害，发生数量逐渐减少。成虫白天活动，尤以中午最盛，群聚为害，喜食嫩叶、心叶和花。成虫遇惊常迅速逃避或落地藏匿，并从腿节末端分泌含芫菁素的黄色液体，触及人体皮肤可导致红肿起泡。成虫羽化后 4~5 天开始交配，交配后的雌虫继续取食一段时间，而后在地面挖一 5 厘米深，口窄内宽的土穴产卵，卵产于穴底，尖端向下有黏液相连，排成菊花状，然后用土封口离去。成虫寿命在北京市 30~35 天，卵期 18~21 天，孵化的幼虫从土穴内爬出，行动敏捷，分散寻找蝗虫卵及土蜂巢内幼虫为食，如未遇食材，10 天内即死亡，以四龄幼虫食量最大，5~6 龄不需取食。

【绿色防控技术】

（1）冬耕深翻土地，使越冬伪蛹暴露地面冻死或让天敌吃掉，减少虫源基数。

（2）人工网捕成虫，注意皮肤勿接触成虫。

（3）在成虫发生期喷药，可选用 2.5% 敌百虫粉剂每 667 平方米 1.5~2 千克，或 80% 敌百虫可湿性粉剂 1 000 倍液，或 50% 马拉硫磷乳油 1 000~1 500 倍液。


## 山药叶蜂

山药叶蜂 *Senoclidea decorus* Konow，属膜翅目叶蜂科。主要为害山药、月季和玫瑰等。

【为害特点】

幼虫食叶，发生严重时把植株叶片吃光。

【形态特征】

成虫体长 7.5 毫米，雌成虫头、胸部黑色，有光泽。腹部橙黄色。触角鞭状，黑色，第三节最长。雌成虫比雄成虫稍大。卵椭圆形，初产时呈浅橙黄色，头部浅黄色，孵化前为绿色。幼虫初孵时浅绿色，头部浅黄色，老熟时黄褐色。胴部各节具3条横向黑点线，其上有短毛。蛹乳白色。茧灰黄色椭圆形。

【发生规律】

华北地区和华东地区1年发生2代，以幼虫在土中做茧越冬。翌年4月化蛹，5~6月羽化为成虫。成虫在晴天的白天活动，多飞到有花蜜和有蚜虫处取食花蜜，常在新梢上刺成纵向裂口并产卵。初孵幼虫在叶片上群集为害，食害叶片，严重时把叶片吃光，仅留叶脉和叶柄。第一代成虫7~8月羽化产卵，8月中下旬进入第二代为害高峰期，10月陆续入土越冬。

【绿色防控技术】

（1）秋冬季进行耕翻，消灭部分越冬幼虫。

（2）幼虫低龄期喷洒25%除虫脲可湿性粉剂600~800倍液，或10%虫螨腈悬浮剂1 000~1 500倍液。

## 菠菜潜叶蝇

菠菜潜叶蝇 *Pegomya exilis*（Meigen），属双翅目花蝇科。异名：*Pegomya hyoscyami* Panzer。

【为害特点】

幼虫在菠菜叶片组织中取食，吃掉叶肉，残留上、下表皮，呈块状隧道。一般在叶端部有1~2头蛆及虫粪，使菠菜失去商品价值及食用价值，严重时全田被毁。

【形态特征】

成虫体长4~6毫米。雌蝇间额狭于前单眼的宽，无间额鬃，腋瓣下肋无鬃；前缘脉下面有毛；腿节、胫节黄灰色，趾节黑色，后足胫节后鬃3根。尾叶后面观，侧尾叶后枝长度与肛尾叶长度相仿，肛尾叶末端尖，侧尾叶后枝侧面观末端具极尖细的爪。雌蝇第八腹板中央骨片小，其长度不及第七腹板长的1/3，后者着生短而细的毛。卵椭圆球形，0.9毫米×0.3毫米，白色，表面具六角形网纹。老熟幼虫长7.5毫米，污黄色，有许多皱纹，腹部后端围绕后气门有7对肉质突起。蛹长4~5毫米，暗褐色。

【发生规律】

分布于我国北方地区。在华北地区1年发生3~4代，以蛹在土中越冬。第一代发生在根茬菠菜上，5月上旬开始发生第二代，6月发生第三代。成虫羽化集中在清晨温度低而湿度大的时刻，产卵前期约4天，卵产在寄主叶背，4~5粒呈扇形排列在一起，每雌可产40~100粒。卵期2~6天，多于傍晚孵化，随即潜入叶肉。幼虫共3龄，各龄发育历期为1天、2天和7天。幼虫老熟后一部分在叶内化蛹，一部分从叶中脱出入土化蛹，蛹期 2~3 周，越冬代则全部入土化蛹，蛹期达半年以上。菠菜潜叶蝇在找不到适宜寄主时，可在粪肥或腐殖质上完成发育。以春季第一代发生量最大，夏季的干旱不利于 2~3 代的发生。

【绿色防控技术】

（1）农业防治。要使用充分腐熟的粪肥。避免使用未腐熟的粪肥，特别是厩肥，以免把虫源带入田中。

（2）诱杀成虫。①用黏虫板诱杀成虫；②在越冬代成虫羽化盛期，用诱杀剂点喷部分植株。诱杀剂以甘薯或胡萝卜煮液为诱饵，加 0.5% 敌百虫为毒剂制成。每隔 3~5 天点喷 1 次，共喷 5~6 次。

（3）药剂防治。由于幼虫是潜叶为害，所以用药时必须抓住产卵盛期至孵化初期的关键时刻。可选用 20% 灭蝇胺可湿性粉剂 30 克，或 25% 噻虫嗪水分散粒剂 3 克对水喷雾。防治 2~3 次，视虫情发生情况而定，施药间隔 7~10 天。

## 豌豆潜叶蝇

豌豆潜叶蝇 *Phytomyza horticola*（Goureau），属双翅目潜蝇科。

【为害特点】

以幼虫潜叶为害，蛀食叶肉，留下上、下表皮，形成曲折隧道，影响蔬菜生长。豌豆受害后，影响豆荚饱满及种子品质和产量。

【形态特征】

成虫体长 2 毫米，头部黄色，复眼红褐色。胸部、腹部及足灰黑色，但中胸侧板、翅基、腿节末端、各腹节后缘黄色。翅透明，但有虹彩反光。卵长约 0.3 毫米，长椭圆形，乳白色。老熟幼虫体长约 3 毫米，体表光滑透明，前气门呈叉状，向前伸出；后气门在腹部末端背面，为一明显的小突起，末端褐色。蛹长 2~2.6 毫米，长椭圆形，黄褐至黑褐色。

【发生规律】

全国均有发生。在华北地区 1 年发生 4~5 代，以蛹在被害的叶片内越冬。翌春 4 月中下旬成虫羽化，第一代成虫为害阳畦菜田、留种十字花科蔬菜、油菜及豌豆，5~6 月危害最重；夏季气温高时很少见到为害，到秋天又有活动但数量不大。成虫白天活动，吸食花蜜，交尾产卵，产卵多选择幼嫩绿叶，产于叶背边缘的叶肉里，尤以近叶尖处为多，卵散产，每处 1 粒，每雌可产 50~100 粒。幼虫孵化后即蛀食叶肉，隧道随虫龄增大而加宽。幼虫 3 龄老熟后，即在隧道末端化蛹。各虫态发育历期：在 13~15℃时，卵期为 3.9 天，幼虫期 11 天，蛹期 15 天，共计 30 天左右；在 23~28℃时，卵期为 2.5 天、幼虫期为 5.2 天、蛹期为 6.8 天，共计 14 天左右；

成虫寿命一般 7~12 天，气温高时 4~10 天。

【绿色防控技术】

（1）农业防治。蔬菜收获后，及时处理残枝余叶，减少菜地内成虫羽化数量，压低虫口。

（2）药剂防治。参见菠菜潜叶蝇。

## 美洲斑潜蝇

美洲斑潜蝇 *Liriomyza sativae* Blanchard，属双翅目潜蝇科。异名：*Liriomyza pullata* Frick；*Liriomyza canomarginis* Frick；*Liriomyza guytona* Freeman。主要为害黄瓜、西葫芦、辣椒、番茄、马铃薯、茄子、菜豆、豇豆、蚕豆、豌豆，以及萝卜、白菜和芹菜等多种蔬菜。

【为害特点】

以幼虫、成虫为害。幼虫钻入叶肉取食叶肉组织，形成的潜道通常为白色，带湿黑或干褐区域，典型的蛇形，盘绕紧密，形状不规则。成虫产卵、取食也造成伤斑，严重时叶片脱落。叶菜类被害不能食用。同时，虫体活动还能传播病毒，叶片被害留下的伤口也为一些病菌的侵入提供条件。

【形态特征】

美洲斑潜蝇身体小，成虫体长 1.3~2.3 毫米，淡灰色，胸部背板亮黑色，背板两侧为黄色，小盾片鲜黄色。雌虫比雄虫稍大。卵米色，半透明，大小（0.2~0.3）毫米 ×（0.1~0.15）毫米。幼虫共 3 龄，长约 3 毫米，蛆状。初孵无色，后变橙黄色。蛹椭圆形，长（1.7~2.3）毫米 ×（0.5~0.75）毫米，橙黄色，腹面稍扁平。

【发生规律】

美洲斑潜蝇喜高温，出现较晚，夏秋多发。山东省 1 年发生 10 代，露地不能越冬。主要 7~9 月发生，主要为害瓜类、豆类和茄果类，10 月以后虫口下降，11 月中旬后消失。在保护地内周年危害。在南方一年四季都可发生为害，露地以蛹越冬。美洲斑潜蝇随寄主植物调运而远距离传播。

【绿色防控技术】

（1）农业防治。收获后及时清除寄主残体，夏季大棚蔬菜换茬时灌水高温闷棚 5 天以上，减少虫源。

（2）黄板诱杀。在成虫发生盛期，采用黄板诱杀成虫，设置黄板 20~30 块。

（3）药剂防治。在成虫盛发期至低龄幼虫期，可选用 20% 灭蝇胺可溶粉剂 30 克，或 98% 杀螟丹可湿性粉剂 30 克、1.8% 阿维菌素乳油 20 克交替对水喷雾。施药间隔 7~10 天，防治 2~3 次。

273

## 南美斑潜蝇

南美斑潜蝇 *Liriomyza huidobrensis*（Blanchard），属双翅目潜蝇科。

**【为害特点】**

以幼虫在叶片组织中蛀食，吃掉叶肉，残留上、下表皮，形成不规则灰白色潜道，潜道内有黑色粪便，严重时叶片布满潜道而发白干枯，造成很大危害。该虫幼虫常沿叶脉形成潜道，幼虫还取食叶片下层的海绵组织，从叶面看潜道常不完整，别于美洲斑潜蝇。成虫取食和产卵均在叶片上刺成小孔，刺孔多时，可显著降低光合作用，幼苗甚至枯死。

**【形态特征】**

南美洲斑潜蝇与美洲斑潜蝇相近，成虫体长 1.5~2.0 毫米，仅小盾片、胸部侧缘和头中部黄色。触角第一、第二节黄色，第三节褐色。前翅膜透明，有紫色闪光，后翅退化为平衡棒，淡黄色，腹节暗褐色。若准确与美洲斑潜蝇等近似种区分，需观察成虫头部毛鬃、翅脉、足、外生殖器以及其他微细特征。卵长约 0.3 毫米，卵圆形，乳白色，将孵化时淡黄色。幼虫 3 龄，蛆形，体长可达 3 毫米左右，无足。体光滑、柔软，体壁半透明。初孵幼虫乳白色，取食后渐变黄白色或橘黄色。后气门呈圆锥状突起，顶端 6~9 个分叉，各分叉顶端有小孔。蛹长约 3 毫米，长椭圆形，初期黄色，逐渐加深直至呈深褐色，比美洲斑潜蝇颜色深且体形大。后气门突出，与幼虫相似。

**【发生规律】**

南美洲斑潜蝇是多食性害虫。在山东省、北京市于 3 月中旬开始发生，主要发生期为 6 月中下旬至 7 月上旬，期间 7 月上旬达到发生高峰期，以后逐渐减少至消失。据国外研究人员在温室条件下观察，27℃时卵期 3 天以上，幼虫取食期 3~5 天，蛹期 8~9 天。成虫羽化率依寄主种类而不同，菊花上 36%，豌豆上高达 74%。羽化后 1 天即交配产卵，羽化后 4~8 天为产卵高峰期。成虫存活 12~14 天，夏天一个世代为 17~30 天，冬天一个世代为 50~65 天。南美洲斑潜蝇成虫飞翔能力弱，不能主动远距离传播。虫体随寄主植物调运，成为远距离传播的主要途径。

**【绿色防控技术】**

参见美洲斑潜蝇。

# 第五章　蔬菜病虫害绿色防控技术应用效果研究

随着种植业结构的调整和农业产量的提高，农业有害生物发生趋势逐年加重，尤其是蔬菜，病虫害发生种类多，危害重，防治投入不断增加，农药用量也逐步加大，对蔬菜质量安全带来的隐患也相应增加，在防治有害生物的同时，避免农药残留，控制环境污染已经成为新形势下植保工作面临的重大课题和难点。实施以节能、环保、安全和高效为目标的绿色防控技术模式下的绿色防控行动，是实现防治效果、防治水平、防治效益"三提高"，达到防治成本、劳动强度、环境污染"三降低"，农产品质量、消费者健康、作物生长"三安全"的重要举措，符合时代和生产的实际要求。为此，近年来笔者进行了蔬菜病虫绿色防控技术试验研究。

## 第一节　抗病品种的筛选

### 一、番茄根结线虫病

1. 供试品种

供试品种共12个，其中，目标品种10个，常规对照品种2个。

（1）目标品种

| | |
|---|---|
| 大红番茄品种耐莫尼塔 | 以色列尼瑞特种业 |
| 大红品种FA-593 | 以色列海泽拉优质种子公司 |
| 大红品种FA-1420 | 以色列海泽拉优质种子公司 |
| 中果型大红品种波里蒂 | 荷兰安莎种子集团公司 |
| 多菲亚 | 以色列泽文公司 |
| 佛吉利亚 | 荷兰瑞克斯旺种子公司 |
| 大红品种保罗塔 | 瑞士先正达种子公司 |
| 粉果型品种春雪红 | 瑞士先正达种子公司 |
| 卵果型品种罗曼娜 | 荷兰维特国际种业有限公司 |
| 樱桃型番茄品种千禧 | 台湾农友种苗公司 |

（2）常规对照品种：FA-189、毛粉802。

2. 试验处理

设目标品种及对照共12个处理，3次重复，随机区组排列，每小区1畦。东、西两端为保护行。

前茬苦瓜收获后未对土壤进行任何处理，于2011年1月16日采用无线虫化育苗，确保移栽苗无线虫，3月1日覆盖地膜定植，每畦栽2行，36株，移栽后进行正常管理。

3. 调查方法

拉秧前每处理随机取20株植株连根挖出，用清水洗净后分别对根部的根结进行分级，计算根结指数。根据拉秧前根结指数评价抗性。

（1）根结分级标准

0级：无根结；

1级：根结微量，少于5个；

2级：根结很少，不超过25个；

3级：根结少，26~100个；

4级：中等，有大量根结，但大多数连续结在一起；

5级：较严重，有大量根结，许多连结在一起；

6级：严重，根结非常多，大多连结在一起，根生长受到轻微阻碍；

7级：非常重，大量侵染，根生长微弱；

8级：极严重，大量侵染，根的生长停滞。

（2）抗性划分标准。高抗，根结指数 ≤ 10；抗病，10< 根结指数 ≤ 30；感病，根结指数 >30。

$$根结指数 = \frac{\sum 各级植株数 \times 级数}{调查总株数 \times 8} \times 100$$

4. 试验结果（表5-1）

**表5-1 番茄抗根结线虫品种筛选结果** （山东省寿光市，2011年）

| 处　理 | 虫口增长率（%） | | 根结指数 | 抗　性 |
|---|---|---|---|---|
| | 移栽后60天 | 拉秧后 | | |
| 耐莫尼塔 | −30.14dBC | −21.35bB | 5.63bB | H |
| FA−593 | 9.85cBA | 18.03 bB | 9.38bB | H |
| FA−1420 | −12.69cBA | 9.58bB | 8.75bB | H |
| 波里蒂 | 10.55 cBA | 17.34bB | 9.38bB | H |
| 保罗塔 | −23.73 dBC | −10.12bB | 6.88bB | H |
| 多菲亚 | 6.92 cBA | 24.51bB | 8.13bB | H |
| 佛吉利亚 | −8.62 cBA | 12.68bB | 7.50bB | H |
| 春雷红 | 5.78 cBA | 14.85bB | 8.75bB | H |
| 罗曼娜 | −18.46 dBC | −1.82bB | 7.50bB | H |
| 千　禧 | −26.95 dBC | −12.46bB | 6.88bB | H |
| FA−189 | 46.48bA | 587.65 aA | 83.13aA | S |
| 毛粉802 | 50.12aA | 651.36 aA | 80.63aA | S |

备注：H- 高抗，S- 感病

从表5-1可以看出，10个目标品种对根结线虫病都表现高抗，根结指数均极显著低于对照FA-189和毛粉802；10个抗病试验品种根结极小，肉眼难分辨，根系生长正常，而对照根系布满大根结，多数连在一起，有的形成肿根，根系明显异常。10个抗病试验品种种植区虫口增长迟缓，虽然土中留有大量上茬苦瓜根结，移栽后60天仅耐莫尼塔、保罗塔、罗曼娜、千禧虫口增长率与对照差异极显著，但拉秧前10个抗病试验品种虫口增长率均极显著低于对照。10个抗病试验品种间根结指数、虫口增长率无显著差异。FA-189虽然根结指数显著低于毛粉802，但极显著高于其他试验品种，根系症状明显，染病严重，且虫口增长率高。

## 二、番茄黄化曲叶病毒病

### （一）寿光市番茄黄化曲叶病毒病调查

1. 调查地点

山东省寿光市稻田镇望王村、东丹河村、西丹河村。

2. 种植方式

秋延迟大棚。

3. 调查结果（表5-2）

表5-2　番茄黄化曲叶病毒病田间调查统计表

| 调查时间 | 番茄品种 | 调查点数 | 调查株数 | 病株数 | 病株率（%） | 不同穗果症状表现情况 |
|---|---|---|---|---|---|---|
| 2009年秋 | 普罗旺斯 | 12 | 864 | 736 | 85.2 | 未结果表现症状17株，第二穗果表现症状685株，第三穗果表现症状34株 |
| | 奇大利 | 8 | 512 | 13 | 2.53 | 第三穗果表现症状6株，第五穗果表现症状7株 |
| | 1420 | 12 | 816 | 719 | 88.1 | 未结果表现症状21株，第二穗果表现症状695株，第三穗果表现症状3株 |
| | 贝颖 | 7 | 501 | 417 | 83.2 | 未结果表现症状221株，第二穗果表现症状193株，第三穗果表现症状2株 |
| | 保罗塔 | 10 | 756 | 609 | 80.6 | 未结果表现症状317株，第二穗果表现症状287株，第三穗果表现症状5株 |
| | 蔓西娜（串收番茄） | 6 | 406 | 325 | 80.0 | 第一穗果表现症状317株，第二穗果表现症状8株 |
| | 佳西纳（串收番茄） | 6 | 408 | 3 | 0.7 | 第四穗果以后表现症状 |
| | 欧冠（粉番茄） | 8 | 574 | 9 | 1.6 | 第四穗果以后表现症状 |

续表

| 调查时间 | 番茄品种 | 调查点数 | 调查株数 | 病株数 | 病株率（%） | 不同穗果症状表现情况 |
|---|---|---|---|---|---|---|
| 2013年9月10~22日 | 黄金606（粉番茄） | 7 | 588 | 553 | 94 | 未结果表现症状549株，第一穗果表现症状4株，8月5日定植，9月21日拔园 |
| | 奇大利 | 12 | 816 | 17 | 2.1 | 第三穗果以后表现症状 |
| | 丰收 | 11 | 703 | 5 | 0.7 | 第三穗果以后表现症状 |
| | 千禧粉娘（粉小番茄） | 8 | 320 | 251 | 78.4 | 7月23日定植，9月16日拔园 |

从表5-2可以看出，佳西娜（串收番茄）、丰收、欧冠（粉番茄）、奇大利抗病性明显，黄金606（粉番茄）抗病性最差，其次是1420、普罗旺斯、贝颖、保罗塔、蔓西娜（串收番茄）和千禧粉娘（粉小番茄）。

**（二）青州市番茄黄化曲叶病毒病调查**

1. 调查地点

山东省青州市高柳镇廉颇村　户主姓名：梁兆林。

2. 种植方式

秋延迟大棚。

3. 种植品种

欧盾、1820。

4. 种苗来源

苗子购买于广饶大王鲁冠种苗场。

5. 定植时间

2011年9月3日。

6. 调查时间

从9月6日开始，至10月20日，共调查8次。

7. 调查结果（表5-3）

表5-3　番茄黄化曲叶病毒病发病率调查结果统计表

| 番茄品种 | 生育期 | 调查日期（月/日） | 发病率 | | | 发病程度及棚内病株分布情况 | 抗病品种神盾发病率（邻棚） |
|---|---|---|---|---|---|---|---|
| | | | 棚室发病率 | 棚内植株发病率 | | | |
| | | | | 调查株数 | 病株数 | 病株率（%） | | |
| 欧盾、1820 | 苗期 | 9/6 | 0 | 4 000 | 0 | 0 | 无病株 | |
| 欧盾、1820 | 苗期 | 9/12 | 1 | 4 000 | 18 | 0.45 | 零星发生，主要发生在棚中间，症状不明显 | |
| 欧盾、1820 | 苗期 | 9/17 | 1 | 4 000 | 41 | 1.03 | 零星发生，中间重于两头，不连片 | |

续表

| 番茄品种 | 生育期 | 调查日期（月/日） | 发病率 | | | | 发病程度及棚内病株分布情况 | 抗病品种神盾发病率（邻棚） |
|---|---|---|---|---|---|---|---|---|
| | | | 棚室发病率 | 棚内植株发病率 | | | | |
| | | | | 调查株数 | 病株数 | 病株率（%） | | |
| 欧盾、1820 | 苗期 | 9/22 | 1 | 4 000 | 99 | 2.475 | 零星发生，中间重于两头，不连片 | |
| 欧盾、1820 | 开花期 | 9/28 | 1 | 4 000 | 213 | 5.325 | 零星发生，中间重于两头，不连片 | 2%左右 |
| 欧盾、1820 | 2穗期 | 10/10 | 1 | 4 000 | 568 | 14.2 | 零星发生，中间重于两头，不连片 | 3%左右 |
| 欧盾、1820 | 3穗及以上果期 | 10/15 | 1 | 4 000 | 726 | 18.15 | 小发生，中间重于两头，连片 | 4%左右 |
| 欧盾、1820 | 3穗及以上果期 | 10/20 | 1 | 4 000 | 999 | 24.975 | 小发生，中间重于两头，连片 | 5%左右 |

备注：①棚室发病率：棚内有1株典型症状植株即为该棚室发病，记为1；无病株，记为0。
②棚内植株发病率：根据典型症状植株数目，调查棚室内植株发病率
　　病株率（%）=病株数/总株数×100
③发病严重程度：不发生：发病棚室和病株率为0；
　　轻度发生（零星）：发病棚室和病株率大于0小于15%；
　　小发生：发病棚室和病株率达到15%~30%；
　　严重发生：发病棚室和病株率达到30%~50%；
　　大发生：发病棚室和病株率达到50%以上

从表5-3，看出，欧盾、1820两个品种抗病性一般。另外，田间普查，大果型品种：如瑞克斯旺提供的越夏品种73-516、春秋茬品种74-587，安莎种子公司提供的飞天，先正达公司迪力奥以及红宝，串收番茄74-112抗病性明显。发病较重的品种还有好韦斯特、卡塔琳娜、美国2003和百利。

# 第二节　茄子嫁接抗黄萎病研究

本试验以托鲁巴姆为砧本，布利塔长茄为接穗，采用劈接法嫁接。调查结果发现嫁接苗黄萎病病株率为9%，非嫁接苗病株率29.5%，嫁接茄子产量折667平方米产6 279千克，增产15.2%。从调查结果看，嫁接茄子对黄萎病有抗性，解决了大棚茄子连作黄萎病的危害问题。

## 一、试验材料与方法

### 1. 试验材料

砧木为托鲁巴姆，接穗为布利塔长茄。

### 2. 试验方法

试验安排在山东省青州市东高镇冯家村王广雷冬暖大棚内进行。棚长40米，连作3年越冬茬茄子，2011年5月6日观察，病株率23.7%，且发病点均匀。

（1）嫁接。于2011年10月进行。托鲁巴姆提前35天播种，播种方式均为干种直播。砧木为六叶一心，接穗五叶一心时采用劈接法嫁接。嫁接后5天内遮阴保湿，5天后，渐见光，通风促进伤口愈合。25天后定植于冬暖大棚。

（2）定植。定植前，667平方米施腐熟鸡粪5立方米、磷酸二铵100千克、硫酸钾50千克、50%多菌灵可湿性粉剂4千克，起高垄南北向栽植。棚内东20米定植嫁接苗，西20米定植非嫁接苗作对照。

## 二、试验结果与分析

### 1. 嫁接茄子的抗病性

2012年5月17日观察嫁接苗病株率9%。非嫁接苗病株率29.5%。由此可见，以托鲁巴姆作砧木嫁接茄子对黄萎病有一定抗性。

### 2. 嫁接茄子的产量

2012年5月27日嫁接茄子产量折667平方米产6279千克，非嫁接苗折667平方米产5324千克，增产15.2%。

# 第三节　臭氧防治蔬菜病虫害研究

## 一、生姜土传病害

生姜线虫病、茎基腐病是影响生姜生产的一大难题，为探讨其经济、安全、有效的防治方法，2012年在山东省昌邑市围子街办、都昌街办进行了臭氧水防治生姜病害试验，以明确其防治效果，指导面上的防治。

### 1. 试验处理

（1）臭氧水、空白对比试验。

（2）臭氧水、常规防治对比试验。

2. 试验方法

（1）臭氧水、空白对比试验。

①试验地点：昌邑市都昌街办高家北逄村。

②试验处理：臭氧水浇灌 5 次。第一次 5 月 28 日，以后隔 10 天浇 1 次，最后一次 7 月 19 日在生姜培土后浇灌。空白对照区浇清水。

③小区面积：每处理一个生姜棚（6 行生姜）、面积 40 米 × 3 米。小区随机排列。

（2）臭氧水、常规防治对比试验

①试验地点：昌邑市围子街办王家隅村。

②试验处理：臭氧水浇灌 5 次。第一次 5 月 28 日，以后隔 10 天浇 1 次，最后一次 7 月 19 日在生姜培土后浇灌。

常规防治区按种植户常规施药，在生姜膨大期 7 月 25 日，667 平方米用 1.8% 阿维菌素乳油 1 千克，加 47% 毒死蜱乳油 1 千克，随浇水冲施。在臭氧水浇灌的同时，对照浇清水处理。

③小区面积：每处理 3 个生姜小拱棚（4 行生姜）、面积 30 米 × 1.5 米。小区随机排列。

上述试验地块均为种植生姜 3 年重茬地。

3. 调查方法

（1）防效调查。各处理区在生姜收获期，每小区随机调查 3 点，每点调查 10 株，调查全部姜块数，茎基腐病、线虫病发病姜块数，统计发病率，计算效果。

（2）产量测定。每小区随机调查 3 点，每点调查 10 墩，称重，统计各处理产量，折算 667 平方米产量。

4. 试验结果分析

从表 5-4 试验结果看出，臭氧水对生姜线虫病有良好的防治效果。浇臭氧水 5 次，对线虫病防治效果为 91.02%，且增产效果明显，667 平方米增产鲜姜 942.50 千克，增产率 16.02%。由于茎基腐病发病轻，难以看出防治效果。

从表 5-5 可以看出，臭氧水防治与常规防治（阿维菌素 + 毒死蜱）比较，茎基腐病、线虫病发生均轻，茎基腐发病率降低 78.41%，线虫病被害率降低 32.73%。667 平方米增产鲜姜 1 435 千克，增产率 27.63%。

5. 综合分析

臭氧水对生姜线虫病防效显著，对茎基腐病也有良好的防治效果，好于常规防治药剂阿维菌素 + 毒死蜱。两处试验结果均表明，施用臭氧水增产效果明显。臭氧水防治是通过臭氧发生器将氧气电解成臭氧随浇水防治土传病害的方法，具有无污染、无残留、绿色环保的作用，简便易行，建议推广应用。

表 5-4　臭氧水防治生姜病害效果

（昌邑都昌街办高家北逄村）

| 处理 | 调查点 | 调查墩数 | 调查姜块数 | 茎基腐病 | | 线虫病 | | 防效（%） | 小区产量（千克） | 667平方米产量（千克） | 667平方米增产 | |
|---|---|---|---|---|---|---|---|---|---|---|---|---|
| | | | | 块数 | 发病率（%） | 块数 | 发病率（%） | | | | 千克 | 增产率（%） |
| 臭氧水 | 1 | 10 | 100 | 1 | 0.34 | 1 | 1.00 | | | | | |
| | 2 | 10 | 95 | 0 | 0 | 1 | 1.05 | | | | | |
| | 3 | 10 | 99 | 0 | 0 | 0 | 0 | | | | | |
| | 合计 | 30 | 294 | 1 | 0.34 | 2 | 0.68 | 91.02 | 43.00 | 6 825.50 | 942.50 | 16.02 |
| CK（浇清水） | 1 | 10 | 94 | 0 | 0 | 8 | 8.51 | | | | | |
| | 2 | 10 | 102 | 0 | 0 | 10 | 9.80 | | | | | |
| | 3 | 10 | 114 | 0 | 0 | 5 | 4.39 | | | | | |
| | 合计 | 30 | 300 | 0 | 0 | 23 | 7.57 | | 36.50 | 5 883.00 | | |

表 5-5　臭氧水防治生姜病害效果

（昌邑围子街办王家隅村）

| 处理 | 调查点 | 调查姜块数 | 茎基腐病 | | | 线虫病 | | | 小区产量（千克） | 667平方米产量（千克） | 667平方米增产 | |
|---|---|---|---|---|---|---|---|---|---|---|---|---|
| | | | 块数 | 发病率（%） | 比常规防治降低（%） | 块数 | 发病率（%） | 比常规防治降低（%） | | | 千克 | 增产率（%） |
| 臭氧水 | 1 | 10 | 96 | 0 | 0 | | 6 | 6.25 | | | | |
| | 2 | 10 | 104 | 0 | 0 | | 11 | 10.89 | | | | |
| | 3 | 10 | 98 | 2 | 2.04 | | 6 | 6.12 | | | | |
| | 合计 | 30 | 298 | 2 | 0.68 | 78.41 | 23 | 7.75 | 32.73 | 48.00 | 6 628.50 | 1 435.00 | 27.63 |
| 常规防治 阿维菌素+毒死蜱 | 1 | 10 | 107 | 4 | 3.74 | | 7 | 6.54 | | | | |
| | 2 | 10 | 86 | 2 | 2.33 | | 13 | 15.12 | | | | |
| | 3 | 10 | 93 | 3 | 3.23 | | 12 | 12.90 | | | | |
| | 合计 | 30 | 286 | 9 | 3.15 | | 32 | 11.52 | | 38.00 | 5 193.50 | | |

## 二、韭蛆

### 1. 示范设计和处理

（1）臭氧水浇水。潍坊市万有环保设备有限责任公司生产的万有臭氧发生器。

（2）示范地点。山东省潍坊市星火种植专业合作社基地；黄旗堡夹河套村张太升韭菜基地。

（3）示范田要求。韭菜田地势平整、有水浇条件、肥力中等，栽培管理、害虫发生程度一致。韭菜2年生。

（4）示范方法。示范设臭氧水、清水对照两个处理，每处理2个畦，每畦面积100平方米，臭氧水与清水均以浇透土壤为准。2012年9月16日第一次处理，7天后9月23日第二次处理。

### 2. 调查取样

每个处理采取对角线5点取样法调查。每点取样20株韭菜，分别于防治前和防治后9月26日、9月29日、10月3日和10月7日，挖出韭菜调查被害株和活虫数，统计虫口减退率，计算防治结果。

$$虫口减退率（\%）= \frac{处理前的活虫数 - 处理后的活虫数}{处理前的活虫数} \times 100$$

$$防治效果（\%）= \frac{处理区虫口减退率 - 对照区虫口减退率}{1 - 对照区虫口减退率} \times 100$$

观察各处理对作物有无药害，记录药害的类型和程度。

### 3. 效果分析

从结果看，臭氧水防治韭蛆效果明显，星火种植专业合作社基地韭菜浇臭氧水后9月26日、9月29日、10月3日、10月7日的防治效果分别为：46.77%、55.53%、71.73%和80.63%（表5-6）；夹河套村张太升韭菜基地浇臭氧水后9月26日、9月29日、10月3日、10月7日的防治效果分别为：37.65%、58.66%、70.74%和78.56%（表5-7）。随着浇臭氧水时间的推迟防效提高，浇水10天后防效最高，10月7日两个点防效分别为80.63%和78.56%。

### 4. 小结

结果表明，用臭氧水防治韭蛆效果明显，对韭菜无药害、无农残，真正做到绿色环保，符合可持续发展原则，并且省时省力，是一项值得推广的技术。

表5-6　星火种植专业合作社基地韭菜臭氧水防治韭蛆防效表

| 处理 | 防治前虫口基数（头） | 9月26日 | | | 9月29日 | | | 10月3日 | | | 10月7日 | | |
| --- | --- | --- | --- | --- | --- | --- | --- | --- | --- | --- | --- | --- | --- |
| | | 活虫数（头） | 虫口减退率（%） | 防效（%） | 活虫数（头） | 虫口减退率（%） | 防效（%） | 活虫数（头） | 虫口减退率（%） | 防效（%） | 活虫数（头） | 虫口减退率（%） | 防效（%） |
| 臭氧水 | 96 | 54 | 43.75 | 46.77 | 49 | 48.96 | 55.53 | 37 | 61.46 | 71.73 | 30 | 68.75 | 80.63 |
| CK | 88 | 93 | -5.68 | — | 101 | -14.77 | — | 120 | -36.36 | — | 142 | -61.36 | — |

表5-7　夹河套村张大升韭菜基地臭氧水防治韭蛆防效表

| 处理 | 防治前虫口基数（头） | 9月26日 | | | 9月29日 | | | 10月3日 | | | 10月7日 | | |
| --- | --- | --- | --- | --- | --- | --- | --- | --- | --- | --- | --- | --- | --- |
| | | 活虫数（头） | 虫口减退率（%） | 防效（%） | 活虫数（头） | 虫口减退率（%） | 防效（%） | 活虫数（头） | 虫口减退率（%） | 防效（%） | 活虫数（头） | 虫口减退率（%） | 防效（%） |
| 臭氧水 | 103 | 69 | 33.01 | 37.65 | 53 | 48.54 | 58.66 | 42 | 59.22 | 70.74 | 35 | 66.02 | 78.56 |
| CK | 94 | 101 | -7.45 | — | 117 | -24.47 | — | 131 | -39.36 | — | 149 | -58.51 | — |

# 第四节 高温灭菌土壤杀虫机处理土壤

高温灭菌土壤杀虫机是利用物理方法杀灭土壤中土传病原物。土壤高温处理前经过取土板、飞轮对27~30厘米深层土壤进行散扬烘烧进入烘箱，下落出土板时再进行火焰烘烧，使土壤经过火焰喷烧，有效地杀灭土壤中根结线虫，据青岛农业大学测定，对土壤深度30厘米根结线虫2龄幼虫（$J_2$）一次杀灭率稳定在92%~98%之间。除杀死根结线虫外，还对土壤中的病原真菌、细菌及杂草种子具有明显的杀灭作用。消毒后的土壤对作物生长发育没有影响，且具有可修复性。而传统的化学杀线虫剂或熏蒸剂消毒，只能杀死土壤深度10厘米左右的根结线虫。

**1. 委托单位**

山东中特机械设备有限公司、潍坊鑫科达病虫害防治有限公司。

**2. 试验地点**

山东省寿光市孙家集街道三元朱村（乐义蔬菜集团）。

**3. 处理方法**

休闲期土壤采用山东中特机械设备有限公司研制的高温灭菌土壤杀虫机，杀灭土壤中根结线虫2龄幼虫（$J_2$）（表5-8）。

表5-8 高温灭菌土壤杀虫机杀灭土壤中根结线虫 $J_2$ 的检测结果 （2012年5月）

| 项目 | 试验地点（寿光市三元朱村） | | | |
| --- | --- | --- | --- | --- |
| | 1号棚<br>（负责人：王万凯） | 2号棚<br>（负责人：王化武） | 3号棚<br>（负责人：王学军） | 4号棚<br>（负责人：徐崇德） |
| 土壤中根结线虫$J_2$死亡率(%) | 92.27 | 98.78 | 98.90 | 98.89 |

**4. 取样方法和检测**

（1）取样方法和样品标准。田间取样由青岛农业大学线虫研究室负责。取样方法：热力处理前后分别选取耕作道距表层土壤20~25厘米深土壤样本1.0~1.5千克，塑料袋密闭。采用5点取样法，取样后随即送到青岛农业大学线虫研究室检测。

（2）样品分离和检测方法。从送检的样品中随机抽取200毫升容积土壤样本，经淘洗—过筛—蔗糖离心法分离土样内根结线虫的二龄幼虫，每份样品3次重复。在体视显微镜下计数$J_2$数量。

（3）统计方法。土壤中根结线虫 $J_2$ 杀死率（%）=〔（处理前每 200 毫升土壤内 $J_2$ 数量 – 处理后每 200 毫升土壤内 $J_2$ 数量）/ 处理前每 200 毫升土壤内 $J_2$ 数量〕× 100。

（4）检测结果

# 第五节　诱杀技术研究

## 一、杀虫灯

### 1. 试验时间

2011 年 4~10 月。

### 2. 试验地点

山东省安丘市。

### 3. 试验作物

生姜。

### 4. 试验结果

（1）诱杀虫量大，杀虫谱广。据统计，2011 年 6 月 10~20 日，示范区 10 盏杀虫灯共诱集到蔬菜害虫 16 种，34 600 头，日平均单灯诱杀 346 头。主要害虫为甜菜夜蛾、金龟子、黏虫、棉铃虫、玉米螟、菜螟、黄曲条跳甲、大猿叶甲、蟋蟀、蝼蛄、草地螟和盲蝽等（表 5-9）。

表 5-9　10 盏杀虫灯 6 月 10~20 日诱杀的主要害虫统计表

| 害虫名称 | 地老虎 | 黏虫 | 甜菜夜蛾 | 玉米螟 | 小菜蛾 | 金龟子 | 棉铃虫 | 其他 |
|---|---|---|---|---|---|---|---|---|
| 诱虫量（头） | 1 028 | 3 145 | 5 107 | 5 238 | 1 505 | 16 590 | 916 | 1 071 |
| 占总诱虫量的百分比（%） | 2.97 | 9.09 | 14.76 | 15.14 | 4.35 | 47.95 | 2.65 | 3.09 |

（2）对天敌影响相对较小。经试验，频振杀虫灯对益虫也有一定的诱杀作用，在 2011 年 6 月 10~20 日诱杀的昆虫中，害虫共 34 360 头，占 99.31%；益虫（草蛉、瓢虫等）240 头占 0.69%。诱杀昆虫的益害比为 1∶143.2。杀虫灯对天敌的伤害比化学防治小，可有效保护天敌，促进田间生态平衡。

（3）防治成本降低。据 2011 年 4~10 月调查，示范区每 667 平方米防治斑潜蝇、蓟马共施 4 次农药；常规防治区每 667 平方米防治玉米螟、甜菜夜蛾、斑潜蝇、蓟马等害虫施农药 12 次。示范区防治成本，按每盏杀虫灯 300 元，电线和其他设施 80 元，每年开灯 7 个月（每年的 4~10 月），每晚平均约 10 小时，需电 32 度，每度电费按 0.8 元计算，则需 25.6 元，平均每天单灯控制 2 公顷，平均每 667 平方米应用成本 13.52 元，总计每 667 平方米防治成本 45.52 元；常规防治区每 667 平方米需农药费 96 元，还未包括人工费；示范区比常规区每 667 平方米可节约防治成本 50.48 元，降低防治成本 52.6%，减少杀虫剂施用量 66.7%。

## 二、性诱剂

1. 试验时间

2011 年 8 月 5 日至 9 月 9 日。

2. 试验地点

山东省潍坊市坊子区南流镇。

3. 供试虫种

甜菜夜蛾、斜纹夜蛾。

4. 供试作物

黄瓜、芦笋。

5. 试验方法

（1）性诱剂示范区。每 667 平方米悬挂 1 个诱捕器，诱捕器悬挂高度略高出试验作物。示范区面积 2~3 公顷，视供试害虫发生情况自行打药。

（2）常规防治对照区。选择与示范区栽培管理一致相同的作物的种植田块作为常规防治对照区，面积 1 000~2 000 平方米，视供试害虫发生情况自行打药。

6. 调查时间与方法

（1）示范区随机均衡取样 10 点，每点调查 10 株；对照区随机均衡取样 5 点，每点调查 10 株。

（2）示范区使用诱捕器前调查虫口基数和蛾卵量。

（3）在甜菜夜蛾、斜纹夜蛾发生期每隔 10 天分别调查并记载示范区和对照区整株叶片上的活虫数和蛾卵量（要求注明调查前是否打药），见表 5-10 所示。

表 5-10　斜纹夜蛾、甜菜夜蛾发生量调查表

| 处理 | 调查日期 | 斜纹夜蛾（黄瓜田） | | 甜菜夜蛾（芦笋田） | |
|---|---|---|---|---|---|
| | | 幼虫数量（头/株） | 卵量（粒/株） | 幼虫数量（头/株） | 卵量（粒/株） |
| 示范区 | 8/5 | 1.2 | 2.0 | 0 | 0 |
| | 8/15 | 1.8 | 13 | 0.6 | 5.2 |
| | 8/25 | 0.7 | 3.3 | 2.4 | 28 |
| | 9/4 | 0.9 | 5.6 | 1.9 | 5 |
| 对照区 | 8/5 | 1.1 | 2.1 | 0 | 0 |
| | 8/15 | 3.2 | 23 | 0 | 0 |
| | 8/25 | 2.3 | 6.1 | 0.62 | 6.2 |
| | 9/4 | 1.7 | 9 | 3.1 | 30 |

（4）在甜菜夜蛾、斜纹夜蛾发生期每天记录每点诱捕器（即 10 个诱捕器）中的成蛾数量，见表 5-11 所示。

表 5-11　性诱剂防治斜纹夜蛾、甜菜夜蛾诱蛾数量调查

| 日期（月/日） | 天气情况 | 斜纹夜蛾（头） | 甜菜夜蛾（头） | 日期（月/日） | 天气情况 | 斜纹夜蛾（头） | 甜菜夜蛾（头） | 日期（月/日） | 天气情况 | 斜纹夜蛾（头） | 甜菜夜蛾（头） |
|---|---|---|---|---|---|---|---|---|---|---|---|
| 8/5 | 阴雨 | 0 | 0 | 8/17 | 阴 | 28 | 13 | 8/29 | 晴 | 22 | 6 |
| 8/6 | 阴雨 | 14 | 0 | 8/18 | 雨 | 78 | 9 | 8/30 | 晴 | 34 | 13 |
| 8/7 | 阴雨 | 13 | 0 | 8/19 | 晴 | 64 | 14 | 8/31 | 晴 | 74 | 10 |
| 8/8 | 阴雨 | 10 | 2 | 8/20 | 晴 | 34 | 53 | 9/1 | 晴 | 37 | 5 |
| 8/9 | 阴雨 | 11 | 4 | 8/21 | 晴 | 43 | 11 | 9/2 | 晴 | 42 | 9 |
| 8/10 | 晴 | 149 | 12 | 8/22 | 雨 | 15 | 2 | 9/3 | 晴 | 62 | 11 |
| 8/11 | 晴 | 178 | 4 | 8/23 | 晴 | 10 | 9 | 9/4 | 晴 | 89 | 18 |
| 8/12 | 晴 | 169 | 0 | 8/24 | 晴 | 11 | 16 | 9/5 | 晴 | 141 | 12 |
| 8/13 | 晴 | 138 | 4 | 8/25 | 晴 | 22 | 6 | 9/6 | 晴 | 90 | 6 |
| 8/14 | 晴 | 86 | 2 | 8/26 | 晴 | 31 | 6 | 9/7 | 晴 | 93 | 7 |

| 日期<br>（月/<br>日） | 天气<br>情况 | 斜纹<br>夜蛾<br>（头） | 甜菜<br>夜蛾<br>（头） | 日期<br>（月/<br>日） | 天气<br>情况 | 斜纹<br>夜蛾<br>（头） | 甜菜<br>夜蛾<br>（头） | 日期<br>（月/<br>日） | 天气<br>情况 | 斜纹<br>夜蛾<br>（头） | 甜菜<br>夜蛾<br>（头） |
|---|---|---|---|---|---|---|---|---|---|---|---|
| 8/15 | 晴 | 78 | 6 | 8/27 | 晴 | 28 | 3 | 9/8 | 晴 | 131 | 8 |
| 8/16 | 晴 | 30 | 1 | 8/28 | 晴 | 31 | 7 | 9/9 | 晴 | 86 | 1 |
| 平均<br>（头/日） | 斜纹<br>夜蛾 | 60.3 | | | | | | | | | |
| | 甜菜<br>夜蛾 | 8.5 | | | | | | | | | |

7. 结果分析

利用性诱剂可有效地杀死斜纹夜蛾、甜菜夜蛾成虫。田间调查，8月5日至9月9日，1支斜纹夜蛾性诱剂一夜平均诱杀成虫60.3头，最多一夜诱蛾178头。1支甜菜夜蛾性诱剂一夜平均诱杀成虫8.5头，最多一夜诱蛾53头。通过诱杀雄虫，降低雌虫的交配率，使雌蛾产的卵不能孵化，从而降低田间幼虫的发生量，黄瓜上斜纹夜蛾幼虫百株减少93头，芦笋上甜菜夜蛾幼虫百株减少25头。

## 三、黄板、蓝板诱杀菜田害虫试验研究

有些害虫如蚜虫、斑潜蝇、粉虱等，对黄色有强烈的趋性。蓟马对蓝板有强烈的趋性，在田间设置诱虫板可以有效地减轻其危害。

1. 试验作物

番茄、西葫芦、甜椒。

2. 试验方法

每个蔬菜品种选择栽培条件基本一致的3个大棚进行悬挂色板诱虫试验。黄板、蓝板悬挂数量20块/667平方米，悬挂高度于蔬菜顶部20厘米。

诱虫板采用北京中捷四方商贸有限公司生产的。黄板规格为25厘米×30厘米；蓝板规格为25厘米×40厘米。

3. 试验结果

诱虫板对害虫的诱杀效果见表5-12所示。

4. 结果表明

不同色板在不同蔬菜大棚内对害虫的诱杀结果差异较大。首先是黄板对白粉虱

诱杀效果最好，其次是对蚜虫和斑潜蝇的诱杀。蓝板对西葫芦和甜椒发生的蓟马诱杀效果达80%以上，对番茄上发生的斑潜蝇诱杀效果较好。

表5-12　不同色板诱杀不同害虫效果　　　　（2012年安丘市）

| 蔬菜种类 | 诱虫效果（%） | | | | | | | | | |
| --- | --- | --- | --- | --- | --- | --- | --- | --- | --- | --- |
| | 黄板 | | | | | 蓝板 | | | | |
| | 蚜虫 | 白粉虱 | 斑潜蝇 | 蓟马 | 其他 | 蚜虫 | 白粉虱 | 斑潜蝇 | 蓟马 | 其他 |
| 番　茄 | 8.4 | 80.2 | 10.1 | 0 | 1.3 | 0 | 0 | 65.5 | 0 | 34.5 |
| 西葫芦 | 10.2 | 72.4 | 14.3 | 0 | 3.2 | 4.2 | 0 | 15.1 | 80.4 | 0.3 |
| 甜　椒 | 22.1 | 60.8 | 11.4 | 1.2 | 4.5 | 1.2 | 0 | 11.5 | 81.8 | 5.5 |

# 第六节　生物农药药效试验

使用生物农药，可以大大降低化学农药残留，从而减少对人及环境危害程度，同时，能大大降低有害生物抗药性，降低农业病虫控制成本。使用生物农药，对许多有益生物损害较小，能提高生物多样性，降低次生有害生物暴发的可能。针对生产上危害大、难防治的病害、害虫应用生物农药防治，取得了良好效果。

## 一、武夷菌素防治番茄叶霉病药效试验

### 1. 试验地选择

试验地选择在山东省安丘市关王镇河洽村范新富冬暖式大棚内。大棚面积75米×9米，番茄品种为"吉田嘉美"，大行距80厘米，小行距50厘米，株距35厘米。

### 2. 供试药剂及浓度

Ⅰ　1%武夷菌素水剂300倍液　　　　潍坊万胜生物农药有限公司

Ⅱ　1%武夷菌素水剂450倍液　　　　潍坊万胜生物农药有限公司

Ⅲ　1%武夷菌素水剂600倍液　　　　潍坊万胜生物农药有限公司

Ⅳ　50%腐霉利可湿性粉剂1 000倍液　　　日本住友化工有限公司

### 3. 试验设计

每小区面积20平方米，重复3次，随机排列，设清水对照。2012年3月12日番茄叶霉病发生初期，施第一次药，间隔5天施第二次药。

4.调查取样方法

五点取样，定点调查。每点调查2株，每株查基部以上第4复叶和第5复叶，每复叶查7片小叶，调查各级病叶数，计算病情指数。施药前调查发病基数，第二次施药后3天、5天和7天调查防治效果。

5.试验结果分析

试验结果见表5-13所示。

表5-13 防治番茄叶霉病药效试验结果汇总表

| 处理 | 施药前病指 | 第二次施药后 | | | | | |
| --- | --- | --- | --- | --- | --- | --- | --- |
| | | 3天 | | 5天 | | 7天 | |
| | | 病指 | 防效（%） | 病指 | 防效（%） | 病指 | 防效（%） |
| Ⅰ | 4.92 | 3.38 | 58.2 | 3.06 | 68.7 | 2.91 | 75.4 |
| Ⅱ | 3.33 | 2.72 | 50.8 | 2.65 | 63.8 | 2.28 | 73.4 |
| Ⅲ | 3.57 | 3.33 | 50.1 | 3.10 | 61.8 | 3.60 | 61.7 |
| Ⅳ | 3.67 | 4.60 | 32.0 | 3.65 | 43.1 | 4.63 | 48.7 |
| CK | 4.36 | 7.78 | | 9.68 | | 10.56 | |

从表5-13可以看出，第二次施药后3天、5天和7天1%武夷菌素水剂300倍液的平均防效分别为58.2%、68.7%和75.4%；450倍液的平均防效分别为50.8%、63.8%和73.4%；600倍液的平均防效分别为50.1%、61.8%和61.7%，均高于对照药剂50%腐霉利可湿性粉剂1 000倍液32.0%、43.1%和48.7%的防效。

6.结论

1%武夷菌素水剂300倍、450倍和600倍防治番茄叶霉病以300倍液、450倍液效果较好，两者差异不大，考虑到生产成本，建议使用1%武夷菌素水剂450倍液防治番茄叶霉病。

## 二、武夷菌素防治黄瓜白粉病试验

1.试验地选择

试验在山东省青州市东高镇冬暖式蔬菜大棚保护地进行，目的是观察1%武夷菌素水剂防治黄瓜白粉病的防治效果。供试作物为冬季大棚黄瓜，品种为长春密刺，定植日期为2011年10月20日。试验地土质为壤土，pH值中性，试验小区栽培管理措施均匀一致。

2. 供试药剂及浓度

Ⅰ 1%武夷菌素水剂 100 倍　　　　　潍坊万胜生物农药有限公司

Ⅱ 1%武夷菌素水剂 150 倍　　　　　潍坊万胜生物农药有限公司

Ⅲ 1%武夷菌素水剂 200 倍　　　　　潍坊万胜生物农药有限公司

Ⅳ 50%多菌灵可湿性粉剂 200 倍　　　山东华阳集团

3. 试验设计

小区面积 80 平方米，重复 4 次，随机排列，设清水对照。第一次施药时黄瓜处于开花坐果期，白粉病有零星发病。以后每 7 天打 1 次药，连续施药 3 次。施药时间为 2012 年 1 月 15 日、1 月 22 日和 1 月 30 日。2 月 6 日调查结果。试验使用工农 -16 型手动喷雾器。3 次用药液量分别为 12 千克、15 千克和 15 千克。

4. 调查方法。每小区五点取样，每点 4 株 20 片叶。施药前、第二次药后及第三次药后 7 天各查 1 次病叶率，计算病情指数、防治效果。

试验结果分析：试验结果见表 5-14 所示。

表 5-14　武夷菌素防治黄瓜白粉病试验结果统计　　（2012 年 2 月）

| 处理 | 重复（4次） | 药前基数 | | 一次药后 7 天 | | 二次药后 7 天 | | 三次药后 10 天 | | |
| --- | --- | --- | --- | --- | --- | --- | --- | --- | --- | --- |
| | | 病叶率（%） | 病指 | 病叶率（%） | 病指 | 病叶率（%） | 病指 | 病叶率（%） | 病指 | 防效（%） |
| Ⅰ | 平均 | 1.75 | 0.19 | 4.75 | 0.80 | 9.25 | 1.19 | 12.5 | 1.65 | 90.89 |
| Ⅱ | 平均 | 1.75 | 0.19 | 5.25 | 0.80 | 9.75 | 1.42 | 16 | 2.33 | 87.21 |
| Ⅲ | 平均 | 1.50 | 0.17 | 5.5 | 0.82 | 13.25 | 1.80 | 21.25 | 3.22 | 80.25 |
| Ⅳ | 平均 | 1.75 | 0.17 | 5.25 | 0.80 | 10.25 | 2.11 | 20.5 | 3.11 | 80.34 |
| CK | 平均 | 1.75 | 0.19 | 15.5 | 2.94 | 38.5 | 7.53 | 65 | 18.22 | — |

从表 5-14 看出，施药区能够有效的控制白粉病的发展，保证了大棚黄瓜的生产量。第三次施药后 10 天 1%武夷菌素水剂 100 倍液、1%武夷菌素水剂 150 倍液、1%武夷菌素水剂 200 倍液、50%多菌灵可湿性粉剂 200 倍的平均校正防效分别为 90.89%、87.21%、80.25%、80.34%。其中，1% 武夷菌素水剂 100 倍液的防效最好，其次是 1% 武夷菌素水剂 150 倍液的防效，二者均优于对照药剂 50% 多菌灵可湿性粉剂 200 倍液的防效。考虑到药效和成本因素，建议推广使用 1% 武夷菌素水剂 150 倍。

### 三、除虫菊素防治生姜甜菜夜蛾试验研究

1. 试验地点

山东省安丘市。

2. 试验作物

生姜。

3. 供试药剂

3% 除虫菊素微囊悬浮剂、3% 除虫菊素微囊悬浮剂 +SHW 增效剂（云南玉溪山水生物科技有限责任公司提供）；4.5% 氯氰菊酯乳油（山东华阳科技股份有限公司，市售）。

4. 试验处理

3% 除虫菊素微囊悬浮剂 +SHW 增效剂 15 毫升 +15 毫升 /667 平方米；3% 除虫菊素微囊悬浮剂 30 毫升 /667 平方米；3% 除虫菊素微囊悬浮剂 25 毫升 /667 平方米；4.5% 氯氰菊酯乳油 40 毫升 /667 平方米；清水对照 CK。小区面积 50 平方米，每处理重复 4 次，随机排列。

5. 施用时间及方法

2011 年 8 月 14 日用工农 –16 型背负式喷雾器对植株均匀喷施。667 平方米喷施药液量 40 千克。

6. 调查方法

每小区按五点取样法随机取 5 点，每点标记调查 2 株，分别于施药前调查虫口基数。药后 1 天、3 天和 7 天调查残虫量，计算虫口减退率及防效，进行差异比较。显着性测定采用 "DMRT" 法。

7. 结果与分析

①用 3% 除虫菊素微囊悬浮剂防治生姜甜菜夜蛾具有良好的防治效果。药后 3 天平均防效均达 90% 以上，而对照药剂 4.5% 氯氰菊酯乳油 40 毫升 /667 平方米的防效为 88.53%，差异达极显著水平。②3% 除虫菊素微囊悬浮剂各处理剂量的击倒速度均快于对照药剂 4.5% 氯氰菊酯乳油 40 毫升 /667 平方米，差异达极显著水平。③用 3% 除虫菊素乳油防治生姜甜菜夜蛾持效期较长。药后 7 天防效均达 90% 以上，而对照药剂 4.5% 氯氰菊酯乳油 40 毫升 /667 平方米的防效为 87.86%，差异达极显著水平（表 5–15）。

8. 结论

3% 除虫菊素微囊悬浮剂防治生姜甜菜夜蛾具有防效好、击倒速度快、持效期长、对生姜植株安全无药害等特点。使用剂量选用 3% 除虫菊素微囊悬浮剂 15 毫

升 +SHW 增效剂 15 毫升 /667 平方米或 3% 除虫菊素微囊悬浮剂 25~30 毫升 /667 平方米防治。

表 5-15　3% 除虫菊素微囊悬浮剂防治生姜甜菜夜蛾田间药效试验结果表

| 处理 | 重复 | 虫口基数（头） | 药后 1 天 | | | 药后 3 天 | | | 药后 7 天 | | |
|---|---|---|---|---|---|---|---|---|---|---|---|
| | | | 活虫数（头） | 虫口减退率（%） | 防效（%） | 活虫数（头） | 虫口减退率（%） | 防效（%） | 活虫数（头） | 虫口减退率（%） | 防效（%） |
| 3% 除虫菊素 CS+SHW 增效剂 15 毫升 +15 毫升 /667 平方米 | 平均 | 52.5 | 9 | 82.85 | 83.34 | 3 | 94.29 | 94.61 | 3.25 | 93.81 | 94.52 |
| 3% 除虫菊素 CS30 毫升 /667 平方米 | 平均 | 57.75 | 10.75 | 81.39 | 81.93 | 4 | 93.07 | 93.46 | 4.5 | 92.21 | 93.11 |
| 3% 除虫菊素 CS25 毫升 /667 平方米 | 平均 | 60.75 | 12 | 80.25 | 80.82 | 5.25 | 91.36 | 91.84 | 6 | 90.12 | 91.26 |
| 4.5% 氯氰菊酯 EC40 毫升 /667 平方米 | 平均 | 63.75 | 14.25 | 77.65 | 78.30 | 7.75 | 87.84 | 88.53 | 8.75 | 86.27 | 87.86 |
| CK | 平均 | 67 | 69 | -2.99 | — | 71 | -5.97 | | 75.75 | -13.06 | — |

## 四、除虫菊素·苦参碱防治芹菜蚜虫试验

1. 试验地点

示范设在山东省潍坊市坊子区恒安街道办事处土楼子村魏希胜的芹菜园，品种为四季西芹，2012 年 8 月 21 日移栽，该菜园肥水条件良好，管理水平一致。

2. 示范药剂

1% 除虫菊·苦参碱微囊悬浮剂，云南玉溪山水生物科技有限公司生产；对照药剂为 10% 吡虫啉可湿性粉剂，江苏克胜集团股份有限公司生产。

3. 示范设计与方法

示范设 1% 除虫菊·苦参碱微囊悬浮剂 40 克 /667 平方米、10% 吡虫啉可湿性粉剂 10 克 /667 平方米和空白对照（清水）3 个处理区，不设重复。其中，1% 除虫菊·苦参碱微囊悬浮剂示范区面积 667 平方米，10% 吡虫啉可湿性粉对照区面积 67 平方米，空白对照区面积 67 平方米。示范于 2012 年 9 月 20 日蚜虫始盛发期施药，喷雾器械为工农 -16 型手动喷雾器，用水量为 45 千克 /667 平方米，喷雾均匀至叶湿不滴水为度。

4.调查内容与方法

分别于施药前调查虫口基数及药后1天、5天和10天调查残虫量。每处理取5点，每点选5株定点调查，计算蚜虫虫口减退率与防治效果。

5.结果分析

示范结果见表5-16所示。

表5-16 除虫菊·苦参碱防治芹菜蚜虫示范结果

| 处理 | 药前基数（头） | 药后1天 | | | 药后5天 | | | 药后10天 | | |
| --- | --- | --- | --- | --- | --- | --- | --- | --- | --- | --- |
| | | 残虫（头） | 减退率（%） | 防效（%） | 残虫（头） | 减退率（%） | 防效（%） | 残虫（头） | 减退率（%） | 防效（%） |
| 1%除虫菊·苦参碱CS40克/667平方米 | 1142 | 231 | 79.9 | 82.0 | 460 | 59.7 | 77.6 | 622 | 45.5 | 78.8 |
| 10%吡虫啉WP10克/667平方米 | 1217 | 279 | 77.0 | 79.6 | 418 | 65.6 | 80.9 | 697 | 42.7 | 77.7 |
| CK | 1043 | 1181 | -13.3 | — | 1881 | -80.8 | | 2687 | -157.2 | — |

从表5-16可以看出：用1%除虫菊·苦参碱微囊悬浮剂40克/667平方米、对照药剂10%吡虫啉可湿性粉剂10克/667平方米防治蚜虫，药后1天、5天和10天防效差异不明显，均在77%以上，最高为82%。药后1天，1%除虫菊·苦参碱微囊悬浮剂示范区蚜虫减退率为79.7%，高于对照区10%吡虫啉可湿性粉剂的77.0%，说明1%除虫菊·苦参碱微囊悬浮剂具有较好的速效性；药后5天与10天防效比较，1%除虫菊·苦参碱微囊悬浮剂防效不减，而10%吡虫啉可湿性粉剂防效呈下降趋势，说明1%除虫菊·苦参碱微囊悬浮剂具有一定的持效性。

6.结论

1%除虫菊·苦参碱微囊悬浮剂40克/667平方米，在芹菜蚜虫发生始盛期使用，表现出较好的速效性和持效性，防治效果总体良好。但调查中发现芹菜芯叶及卷叶内的蚜虫，因药液难以接触虫体而残虫量较多，建议大田用药时要均匀周到，确保防治效果。

## 五、菜颗·苏云菌防治菜青虫试验

菜颗·苏云菌(以下简称菜颗苏)是用菜青虫颗粒体病毒（1万PIB/毫克）和

苏云金杆菌（16 000IU/毫克）加入进口高效、内吸、传导助剂复配而成的昆虫病毒新型生物农药，大大加强了杀虫效果。为明确菜颗苏对菜青虫的防治效果，2013年6月笔者在山东省潍坊市坊子区进行了菜颗苏防治菜青虫药效试验。

1.供试药剂

菜颗苏可湿性粉剂　　　　　　　　武汉楚强生物科技有限公司

48% 毒死蜱乳油　　　　　　　　　江苏丰山集团有限公司

2.试验地点与作物

试验安排在坊子区坊安街办玉泉洼果蔬生产基地。试验作物为菜花，高温棚种植，南北向，棚内地势平整、有水浇条件、肥力中等，栽培管理、害虫发生程度一致。

3.试验方法

试验设菜颗苏可湿性粉剂 75 克 /667 平方米、100 克 /667 平方米、125 克 /667 平方米、48% 毒死蜱乳油 100 毫升 /667 平方米和清水对照 5 个处理。每小区 2 行，面积 19.25 平方米（长 11 米 × 宽 1.75 米），随机排列，重复 3 次。于 2013 年 6 月 26 日菜青虫发生盛期施药。采用卫士牌背负式喷雾器对水常规喷雾，施药 1 次，用水量 50 千克 /667 平方米。

4.调查方法

每行定点调查 10 株，每小区共调查 20 株。分别于施药前、施药后 3 天、5 天、7 天和 10 天，调查每株上所有菜青虫活虫数，计算虫口减退率及防治效果。

5.试验结果

试验结果见表 5-17 所示。

表 5-17　菜颗·苏云菌防治菜青虫药效试验结果统计表

| 处理 | 重复（3次） | 施药前活虫数（头） | 药后 3 天 | | | 药后 5 天 | | | 药后 7 天 | | | 药后 10 天 | | |
|---|---|---|---|---|---|---|---|---|---|---|---|---|---|---|
| | | | 活虫数（头） | 虫口减退率（%） | 防效（%） | 活虫数（头） | 虫口减退率（%） | 防效（%） | 活虫数（头） | 虫口减退率（%） | 防效（%） | 活虫数（头） | 虫口减退率（%） | 防效（%） |
| 菜颗苏 WP 75 克 /667 平方米 | 平均 | 46 | 6.3 | 86.3 | 85.96 | 5 | 89.13 | 90.41 | 2 | 95.65 | 90.97 | 3 | 93.48 | 71.52 |
| 菜颗苏 WP 100 克 /667 平方米 | 平均 | 35.7 | 3.7 | 89.64 | 89.39 | 0.7 | 98.03 | 98.26 | 1.3 | 96.35 | 92.42 | 1 | 97.2 | 87.77 |
| 菜颗苏 WP 125 克 /667 平方米 | 平均 | 43.3 | 4 | 90.76 | 90.53 | 0 | 100 | 100 | 0 | 100 | 100 | 0.7 | 98.38 | 92.92 |
| 48% 毒死蜱乳油 100 毫升 /667 平方米 | 平均 | 29 | 18.3 | 36.89 | 35.34 | 7.7 | 73.45 | 76.57 | 3 | 89.66 | 78.54 | 1.3 | 95.52 | 80.43 |
| 对照 CK | 平均 | 41.5 | 40.5 | 2.4 | | 47 | −13.3 | | 20 | 51.81 | | 9.5 | 77.11 | |

从表5–17可以看出：施药后3天，菜颗苏可湿性粉剂75克/667平方米、100克/667平方米、125克/667平方米和48%毒死蜱乳油100毫升/667平方米的防效分别为85.96%、89.39%、90.53%和35.34%；施药后5天，防效分别为90.41%、98.26%、100%和76.57%；施药后7天，防效分别为90.97%、92.42%、100%和78.54%；施药后10天，防效分别为71.52%、87.77%、92.92%、80.43%。4次调查，菜颗苏可湿性粉剂防效除第10天75克/667平方米略低外，均明显高于毒死蜱，以药后第5天防效最好。菜颗苏可湿性粉剂75克/667平方米、100克/667平方米、125克/667平方米3种剂量4次调查平均防效分别为84.72%、91.96%和95.86%，随着用量的增加而防效提高。菜颗苏可湿性粉剂3种剂量均对菜花安全无药害。

6. 结论

试验结果表明，菜颗苏可湿性粉剂75克/667平方米、100克/667平方米、125克/667平方米对菜青虫均有良好的防治效果，明显好于对照药剂48%毒死蜱乳油100毫升/667平方米，且无残留，对作物安全，是生产无公害蔬菜的首选药剂，使用剂量100~125克/667平方米。

# 第七节　新型化学合成农药及特异性农药药效试验

## 一、试验方法

### 1. 试验地点

山东省高密市等地的试验地选择在环境条件和栽培管理符合试验要求，靶标病虫害发生均匀的基地进行。

### 2. 试验药剂

每种供试药剂选择登记推荐用量和1.5倍推荐用量两个浓度，设清水空白（CK）对照，重复3~4次。小区面积30~50平方米，各处理间小区随机排列。

## 二、试验调查

### 1. 调查时间和方法

（1）杀虫剂。分别于施药前调查虫口基数，施药后1天、3天、5天和7天调查活虫数。

（2）杀菌。每次施药前调查病情指数，施药2~3次，间隔7天，末次施药后5天、7天和14天，调查标记的叶片病情指数。同时观察对其他病害的兼治作用。

2. 药效计算方法

参照《农药田间药效试验准则》，选择相应的计算方法或公式。

## 三、试验结果

1. 洋葱

（1）20% 啶虫脒可溶粉剂等 3 种药剂防治洋葱斑潜蝇药效试验。试验结果见表 5-18 所示。

从表 5-18 可以看出：20% 啶虫脒可溶粉剂 10~15 克 /667 平方米、10% 灭蝇胺悬浮剂 15~22.5 毫升 /667 平方米于斑潜蝇发病盛期施药，能有效的控制其发生与危害，药后 7 天平均防效达 80% 以上，供试药剂对洋葱安全。

（2）20% 啶虫脒可溶粉剂等 3 种药剂防治洋葱蓟马药效试验。试验结果见表 5-19。

从表 5-19 可以看出：20% 啶虫脒可溶粉剂 10~15 克 /667 平方米、10% 灭蝇胺悬浮剂 15~22.5 毫升 /667 平方米和 25% 噻虫嗪水分散粒剂 3~4.5 克 /667 平方米于蓟马发生盛期施药，能有效的控制其发生与危害，药后 7 天平均防效达 80% 以上，供试药剂对洋葱安全。

表5-18　洋葱斑潜蝇防治药剂药效试验结果统计表　　　　　　　　　　　　　　　（高密市，2011年）

| 处理 | 调查株数（株） | 虫口基数（头） | 施药后 | | | | | | | | | | | | |
| --- | --- | --- | --- | --- | --- | --- | --- | --- | --- | --- | --- | --- | --- | --- |
| | | | 1天 | | | 3天 | | | 7天 | | | 14天 | | |
| | | | 活虫数（头） | 虫口减退率（%） | 防效（%） | 活虫数（头） | 虫口减退率（%） | 防效（%） | 活虫数（头） | 虫口减退率（%） | 防效（%） | 活虫数（头） | 虫口减退率（%） | 防效（%） |
| 20%啶虫脒可溶粉剂 10克/667平方米 | 25 | 25.7 | 17.7 | 31.13 | 31.13 | 11.7 | 54.47 | 61.81 | 3.0 | 88.33 | 81.04 | 8.7 | 66.15 | 63.33 |
| 20%啶虫脒可溶粉剂 15克/667平方米 | 25 | 11.7 | 6.0 | 48.72 | 48.72 | 5.0 | 57.26 | 64.15 | 1.3 | 88.89 | 81.95 | 3.7 | 68.38 | 65.75 |
| 10%灭蝇胺悬浮剂 15毫升/667平方米 | 25 | 16.3 | 12.7 | 22.09 | 22.09 | 5.3 | 67.48 | 72.72 | 2.0 | 87.73 | 80.06 | 5.0 | 69.33 | 66.76 |
| 10%灭蝇胺悬浮剂 22.5毫升/667平方米 | 25 | 23.7 | 18.0 | 24.05 | 24.05 | 6.7 | 71.73 | 76.29 | 1.3 | 91.08 | 85.51 | 5.7 | 75.95 | 73.95 |
| 25%噻虫嗪水分散粒剂 3克/667平方米 | 25 | 12.7 | 10.3 | 18.9 | 18.9 | 7.3 | 42.52 | 51.79 | 2.0 | 84.25 | 74.41 | 4.0 | 68.5 | 65.88 |
| 25%噻虫嗪水分散粒剂 4.5克/667平方米 | 25 | 9.3 | 7.0 | 24.73 | 24.73 | 4.7 | 49.46 | 57.61 | 1.3 | 86.02 | 77.28 | 2.7 | 70.97 | 68.55 |
| CK | 25 | 26 | 26 | 0 | — | 31 | -19.23 | — | 16 | 38.46 | — | 24 | 7.69 | — |

表5-19 洋葱蓟马防治药剂药效试验结果统计表 （高密市，2011年）

| 处理 | 调查株数（株） | 虫口基数（头） | 施药后 | | | | | | | | | | | |
| --- | --- | --- | --- | --- | --- | --- | --- | --- | --- | --- | --- | --- | --- | --- |
| | | | 1天 | | | 3天 | | | 7天 | | | 14天 | | |
| | | | 活虫数（头） | 虫口减退率（%） | 防效（%） | 活虫数（头） | 虫口减退率（%） | 防效（%） | 活虫数（头） | 虫口减退率（%） | 防效（%） | 活虫数（头） | 虫口减退率（%） | 防效（%） |
| 20%啶虫脒可溶粉剂 10克/667平方米 | 25 | 381 | 200 | 47.51 | 38.13 | 86.3 | 77.35 | 63.58 | 36 | 90.55 | 83.2 | 60 | 84.25 | 62.18 |
| 20%啶虫脒可溶粉剂 15克/667平方米 | 25 | 554.3 | 158.3 | 71.44 | 66.34 | 62.3 | 88.76 | 81.93 | 50.3 | 90.86 | 83.75 | 86.3 | 84.43 | 62.62 |
| 10%灭蝇胺悬浮剂 15毫升/667平方米 | 25 | 383 | 169.3 | 55.8 | 47.9 | 110.7 | 71.1 | 53.53 | 50 | 86.95 | 76.8 | 63 | 83.55 | 60.5 |
| 10%灭蝇胺悬浮剂 22.5毫升/667平方米 | 25 | 420.7 | 139 | 66.96 | 61.06 | 99.3 | 76.4 | 62.05 | 45 | 89.3 | 80.97 | 66 | 84.31 | 62.33 |
| 25%噻虫嗪水分散粒剂 3克/667平方米 | 25 | 299.3 | 193.3 | 35.42 | 23.88 | 104 | 65.25 | 44.12 | 29.3 | 90.21 | 82.59 | 44 | 85.3 | 64.71 |
| 25%噻虫嗪水分散粒剂 4.5克/667平方米 | 25 | 471 | 207 | 56.05 | 48.2 | 97 | 79.41 | 66.89 | 32.3 | 93.14 | 87.8 | 56.7 | 87.96 | 71.09 |
| CK | 25 | 521 | 442 | 15.16 | — | 324 | 37.81 | — | 293 | 43.76 | — | 217 | 58.35 | — |

2. 菠菜

（1）25% 噻虫嗪水分散粒剂等 3 种药剂防治露地菠菜蚜虫药效试验。试验结果见表 5-20 所示。

从表 5-20 可以看出：25% 噻虫嗪水分散粒剂 4~8 克 /667 平方米、10% 吡虫啉可湿性粉剂 15~20 克 /667 平方米和 25% 抗蚜威乳油 15~20 毫升 /667 平方米于菠菜蚜虫达到防治指标时用药，能有效控制菠菜蚜虫的危害，药后 3 天、7 天和 14 天平均防效均达 95% 以上，供试药剂对菠菜安全。

表 5-20　防治菠菜蚜虫药效试验结果统计表　（潍坊市寒亭区，2012 年）

| 处　理 | 调查株数（株） | 虫口基数（头） | 施药后 3 天 | | 施药后 7 天 | | 施药后 14 天 | |
|---|---|---|---|---|---|---|---|---|
| | | | 虫口减退率(%) | 防效（%） | 虫口减退率(%) | 防效（%） | 虫口减退率(%) | 防效（%） |
| 25% 噻虫嗪水分散粒剂 4 克 /667 平方米 | 25 | 695 | 94.1 | 94.4 | 97.0 | 97.5 | 94.1 | 96.2 |
| 25% 噻虫嗪水分散粒剂 8 克 /667 平方米 | 25 | 689 | 96.4 | 96.5 | 97.8 | 98.2 | 94.9 | 96.7 |
| 10% 吡虫啉可湿性粉剂 15 克 /667 平方米 | 25 | 717 | 94.9 | 95.1 | 98.0 | 98.3 | 95.2 | 96.9 |
| 10% 吡虫啉可湿性粉剂 20 克 /667 平方米 | 25 | 688 | 96.6 | 96.7 | 98.2 | 98.5 | 95.2 | 96.9 |
| 25% 抗蚜威乳油 15 毫升 /667 平方米 | 25 | 677 | 94.8 | 95.0 | 97.9 | 98.3 | 95.0 | 96.7 |
| 25% 抗蚜威乳油 20 毫升 /667 平方米 | 25 | 657 | 96.2 | 96.4 | 98.2 | 98.5 | 95.1 | 96.8 |
| 48% 毒死蜱乳油 30 毫升 /667 平方米 | 25 | 618 | 96.0 | 96.2 | 97.9 | 98.3 | 94.7 | 96.6 |
| CK | 25 | 596 | -4.6 | — | -20.8 | — | -54.3 | |

（2）50% 烯酰吗啉悬浮剂等 4 种药剂防治菠菜霜霉病药效试验。试验结果见表 5-21 所示。

从表 5-21 可以看出：50% 烯酰吗啉悬浮剂 45 毫升 /667 平方米、50% 醚菌酯干悬浮剂 22.5 克 /667 平方米和 25% 嘧菌酯悬浮剂 51 毫升 /667 平方米于菠菜霜霉病发病初期开始施药，连施 2 次，间隔 7 天，可有效防止菠菜霜霉病的发生，药后 14 天平均防效均达 73.1% 以上，供试药剂对菠菜安全。

表 5-21　防治菠菜霜霉病药效试验结果统计表　　（潍坊市寒亭区，2012 年）

| 处理 | 药前病指 | 第二次施药前 | | 末次施药后 | | | | | |
| | | | | 5 天 | | 7 天 | | 14 天 | |
| | | 病情指数 | 防效（%） | 病情指数 | 防效（%） | 病情指数 | 防效（%） | 病情指数 | 防效（%） |
|---|---|---|---|---|---|---|---|---|---|
| 50% 烯酰吗啉悬浮剂 30 毫升 /667 平方米 | 1.15 | 1.29 | 32.6 | 0.77 | 61.4 | 0.71 | 69.2 | 0.69 | 70.4 |
| 50% 烯酰吗啉悬浮剂 45 毫升 /667 平方米 | 1.05 | 0.88 | 46.6 | 0.58 | 67.1 | 0.55 | 72.6 | 0.55 | 73.1 |
| 50% 醚菌酯干悬浮剂 17 克 /667 平方米 | 1.29 | 1.48 | 28.0 | 0.98 | 55.5 | 0.91 | 63.8 | 0.86 | 66.4 |
| 50% 醚菌酯干悬浮剂 22.5 克 /667 平方米 | 1.62 | 1.77 | 29.7 | 1.06 | 61.1 | 0.88 | 71.9 | 0.83 | 73.8 |
| 25% 嘧菌酯悬浮剂 34 毫升 /667 平方米 | 1.65 | 1.50 | 42.4 | 1.03 | 63.2 | 1.03 | 68.0 | 0.96 | 70.6 |
| 25% 嘧菌酯悬浮剂 51 毫升 /667 平方米 | 1.69 | 1.43 | 46.5 | 0.92 | 67.6 | 0.89 | 72.7 | 0.84 | 74.6 |
| 80% 三乙膦酸铝可湿性粉剂 100 克 /667 平方米 | 1.67 | 1.88 | 29.5 | 1.22 | 57.2 | 1.19 | 63.8 | 1.07 | 67.9 |
| 80% 三乙膦酸铝可湿性粉剂 200 克 /667 平方米 | 1.37 | 1.38 | 36.9 | 0.90 | 61.4 | 0.84 | 68.5 | 0.80 | 70.5 |
| CK | 1.59 | 2.54 | — | 2.72 | — | 3.11 | — | 3.17 | — |

3. 菜豆

（1）98% 杀螟丹可溶粉剂等 3 种药剂防治菜豆斑潜蝇药效试验。试验结果见表 5-22 所示。

从表 5-22 可以看出：98% 杀螟丹可溶粉剂、10% 灭蝇胺悬浮剂和 25% 噻虫嗪水分散粒剂于斑潜蝇发生初期施药，能有效的控制其发生与危害，药后 7 天 平均防效均在 90% 以上，供试药剂对菜豆安全。

**表5-22　菜豆斑潜蝇防治药剂药效试验结果统计表**　（潍坊市昌乐县高密市，2012年）

| 处理 | 试验地 | 虫口基数（头） | 药后1天 活虫数（头） | 虫口减退率（%） | 防效（%） | 药后3天 活虫数（头） | 虫口减退率（%） | 防效（%） | 药后5天 活虫数（头） | 虫口减退率（%） | 防效（%） | 药后7天 活虫数（头） | 虫口减退率（%） | 防效（%） | 药后14天 活虫数（头） | 虫口减退率（%） | 防效（%） |
|---|---|---|---|---|---|---|---|---|---|---|---|---|---|---|---|---|---|
| 98%杀螟丹可溶粉剂30克/667平方米 | 昌乐 | 65.33 | 33.00 | 49.50 | 49.09 | 9.33 | 85.77 | 83.64 | 8.67 | 86.77 | 85.16 | 8.67 | 86.77 | 83.98 | 8.00 | 87.79 | 75.12 |
| | 高密 | 166 | 126 | 24.10 | 17.41 | 52 | 68.67 | 56.43 | — | — | — | 38 | 77.11 | 61.23 | 27 | 83.73 | 63.29 |
| 98%杀螟丹可溶粉剂45克/667平方米 | 昌乐 | 73.00 | 35.67 | 50.55 | 50.32 | 7.00 | 90.26 | 90.64 | 5.33 | 92.56 | 93.03 | 5.00 | 93.09 | 92.78 | 4.67 | 93.44 | 88.87 |
| | 高密 | 165 | 125 | 24.24 | 17.56 | 50 | 69.70 | 57.86 | — | — | — | 36 | 78.18 | 63.05 | 23 | 86.06 | 68.53 |
| 10%灭蝇胺悬浮剂100毫升/667平方米 | 昌乐 | 69.67 | 32.67 | 52.39 | 53.04 | 6.33 | 90.51 | 90.88 | 3.33 | 95.36 | 95.66 | 3.00 | 95.74 | 95.55 | 2.67 | 96.46 | 93.39 |
| | 高密 | 172 | 129 | 25.00 | 18.39 | 49 | 71.51 | 60.38 | — | — | — | 9 | 94.77 | 91.14 | 4 | 97.67 | 94.74 |
| 10%灭蝇胺悬浮剂150毫升/667平方米 | 昌乐 | 80.33 | 33.33 | 58.55 | 59 | 4.67 | 94.15 | 94.38 | 1.67 | 97.98 | 98.11 | 1.67 | 97.98 | 97.89 | 1.33 | 98.35 | 97.19 |
| | 高密 | 200 | 140 | 30.00 | 23.83 | 56 | 72.00 | 61.06 | — | — | — | 10 | 95.00 | 91.53 | 3 | 98.50 | 96.61 |
| 25%噻虫嗪水分散粒剂3克/667平方米 | 昌乐 | 67.33 | 52.67 | 21.46 | 20.74 | 47.33 | 29.04 | 31.84 | 28.33 | 57.52 | 60.25 | 27.33 | 58.92 | 57.08 | 26.00 | 60.96 | 33.72 |
| | 高密 | 164 | 145 | 11.29 | 3.47 | 72 | 56.10 | 38.94 | — | — | — | 22 | 86.59 | 77.29 | 33 | 79.88 | 54.57 |
| 25%噻虫嗪水分散剂4.5克/667平方米 | 昌乐 | 88.33 | 53.00 | 39.46 | 38.85 | 43.00 | 50.62 | 52.57 | 25.67 | 70.55 | 72.44 | 24.67 | 71.59 | 70.32 | 23.00 | 73.34 | 54.73 |
| | 高密 | 199 | 167 | 16.08 | 8.68 | 79 | 60.30 | 44.78 | — | — | — | 24 | 87.94 | 79.58 | 37 | 81.41 | 58.03 |
| CK | 昌乐 | 73.00 | 74.00 | -1.37 | — | 75.67 | -4.11 | — | 78.33 | -6.85 | — | 70.00 | 4.29 | — | 43.00 | 41.10 | — |

（2）15% 茚虫威悬浮剂等 3 种药剂防治菜豆甜菜夜蛾药效试验。试验结果见表 5-23 所示。

从表 5-23 可以看出：15% 茚虫威悬浮剂 20~30 毫升 /667 平方米、24% 甲氧虫酰肼悬浮剂 40~60 毫升 /667 平方米和 10% 虫螨腈悬浮剂 30~45 毫升 /667 平方米于甜菜夜蛾幼虫发生初期施药，能有效的控制其发生与危害，药后 3 天平均防效均在 90% 以上，供试药剂对菜豆安全。

表 5-23　菜豆甜菜夜蛾防治药剂药效试验结果统计表　　（高密市，2012 年）

| 处理 | 虫口基数 | 药后 1 天 | | | 药后 3 天 | | | 药后 7 天 | | | 药后 14 天 | | |
|---|---|---|---|---|---|---|---|---|---|---|---|---|---|
| | | 活虫数（头） | 虫口减退率（%） | 防效（%） | 活虫数（头） | 虫口减退率（%） | 防效（%） | 活虫数（头） | 虫口减退率（%） | 防效（%） | 活虫数（头） | 虫口减退率（%） | 防效（%） |
| 15% 茚虫威悬浮剂 20 毫升 /667 平方米 | 5.33 | 2.67 | 49.91 | 59.53 | 1.67 | 68.67 | 93.40 | 0 | 100 | 100 | 0 | 100 | 100 |
| 15% 茚虫威悬浮剂 30 毫升 /667 平方米 | 4.33 | 1.67 | 61.43 | 69.14 | 0.67 | 84.53 | 96.74 | 0 | 100 | 100 | 0 | 100 | 100 |
| 24% 甲氧虫酰肼悬浮剂 40 毫升 /667 平方米 | 6 | 3.67 | 38.83 | 51.06 | 2 | 66.67 | 92.98 | 0 | 100 | 100 | 0 | 100 | 100 |
| 24% 甲氧虫酰肼悬浮剂 60 毫升 /667 平方米 | 8 | 4 | 50.00 | 60.00 | 2.33 | 70.88 | 93.87 | 0 | 100 | 100 | 0 | 100 | 100 |
| 10% 虫螨腈悬浮剂 30 毫升 /667 平方米 | 5.67 | 3 | 47.09 | 57.67 | 1.67 | 70.55 | 93.80 | 0 | 100 | 100 | 0 | 100 | 100 |
| 10% 虫螨腈悬浮剂 45 毫升 /667 平方米 | 4.67 | 2.33 | 50.11 | 60.09 | 1 | 78.59 | 95.49 | 0 | 100 | 100 | 0 | 100 | 100 |
| CK | 4 | 5 | -25.0 | — | 19 | -375.0 | — | 9 | -125 | — | 0 | 100 | — |

（3）50% 醚菌酯干悬浮剂等 3 种药剂防治菜豆锈病药效试验。试验结果见表 5-24 所示。

从表 5-24 可以看出：供试的 3 种药剂均有很好防治效果，且对菜豆安全。药后 7 天各处理防效在 70.25%~88.72%；药后 14 天：50% 醚菌酯干悬浮剂 17~25.5 克 /667 平方米防效为 66.42%~78.8%，10% 苯醚甲环唑水分散粒剂 34~51 克 /667 平方米防效为 75.44%~78.59%，20% 三唑酮乳油 75~112.5 克 /667 平方米防效为 75.74%~71.85%。防治菜豆锈病建议推广用 10% 苯醚甲环唑水分散粒剂 34 克 /667 平方米和 20% 三唑酮乳油 75 克 /667 平方米于菜豆锈病发生初期开始喷药，连喷 2 次，间隔 7 天，或用 50% 醚菌酯干悬浮剂 25.5 克 /667 平方米于菜豆锈病发生前和发病初期各喷 1 次。

表 5-24　菜豆锈病防治药剂药效试验结果统计表　　（高密市，2012 年）

| 处理 | 药前病指 | 第二次施药前 | | 末次施药后 5 天 | | 末次施药后 7 天 | | 末次施药后 14 天 | |
|---|---|---|---|---|---|---|---|---|---|
| | | 病指 | 防效（%） | 病指 | 防效（%） | 病指 | 防效（%） | 病指 | 防效（%） |
| 50% 醚菌酯干悬浮剂 17 克 /667 平方米 | 0 | 1.76 | — | 2.26 | 57.26 | 3.76 | 70.25 | 10.65 | 66.42 |
| 50% 醚菌酯干悬浮剂 25.5 克 /667 平方米 | 0 | 1.61 | — | 1.52 | 68.58 | 1.69 | 85.38 | 6.15 | 78.80 |
| 10% 苯醚甲环唑水分散粒剂 34 克 /667 平方米 | 2.85 | 2.52 | 15.11 | 4.02 | 46.91 | 3.85 | 78.72 | 11.15 | 75.44 |
| 10% 苯醚甲环唑水分散粒剂 51 克 /667 平方米 | 2.98 | 2.54 | 19.00 | 3.35 | 56.10 | 2.02 | 88.92 | 9.8 | 78.59 |
| 20% 三唑酮乳油 75 毫升 /667 平方米 | 4.24 | 3.91 | 12.35 | 9.18 | 21.86 | 6.11 | 78.24 | 17.09 | 75.74 |
| 20% 三唑酮乳油 112.5 毫升 /667 平方米 | 5.46 | 3.72 | 35.24 | 8.05 | 27.98 | 5.85 | 78.10 | 18.87 | 71.85 |
| CK | 2.11 | 2.22 | — | 6.67 | — | 15.94 | — | 40 | — |

（4）72% 农用链霉素可溶粉剂等 3 种药剂防治菜豆细菌性疫病药效试验。

供试的 3 种药剂均有较好防治效果，且对菜豆安全，其中，72% 农用链霉素可溶粉剂防效最好。药后 7 天各处理防效在 82.11%~93.27%；药后 14 天：72% 农用链霉素可溶粉剂 25~37.5 克 /667 平方米防效为 90.17%~91.48%、77% 氢氧化铜可湿性粉剂 50~100 克 /667 平方米防效为 81.89%~89.16%、80% 三乙膦酸铝可湿性粉剂 100~150 克 /667 平方米防效为 82.38%~82.55%。

试验结果见表 5-25 所示。从表 5-25 可以看出：72% 农用链霉素可溶粉剂 25~37.5 克 /667 平方米、77% 氢氧化铜可湿性粉剂 150 克 /667 平方米于细菌性疫病发生初期施药，能有效的控制其发生与危害，药后 7 天平均防效均在 89% 以上，供试药剂对菜豆安全。

表 5-25　菜豆细菌性疫病药效试验结果统计表　　（高密市，2012 年）

| 处理 | 药前病指 | 第二次施药前 | | 末次施药后 5 天 | | 末次施药后 7 天 | | 末次施药后 14 天 | |
|---|---|---|---|---|---|---|---|---|---|
| | | 病指 | 防效（%） | 病指 | 防效（%） | 病指 | 防效（%） | 病指 | 防效（%） |
| 72% 农用链霉素可溶粉剂 25 克 /667 平方米 | 10.04 | 8.22 | 51.27 | 3.82 | 83.81 | 2.7 | 91.53 | 4.07 | 90.17 |
| 72% 农用链霉素可溶粉剂 37.5 克 /667 平方米 | 8.85 | 7.41 | 50.16 | 4.04 | 80.57 | 1.89 | 93.27 | 3.11 | 91.48 |
| 77% 氢氧化铜可湿性粉剂 100 克 /667 平方米 | 7.89 | 6.33 | 52.24 | 5.33 | 71.25 | 4.48 | 82.11 | 5.89 | 81.89 |
| 77% 氢氧化铜可湿性粉剂 150 克 /667 平方米 | 16.07 | 12.52 | 53.62 | 6.11 | 83.82 | 5.26 | 89.69 | 7.18 | 89.16 |
| 80% 三乙膦酸铝可湿性粉剂 100 克 /667 平方米 | 10.3 | 8.81 | 49.09 | 8.19 | 66.16 | 5.26 | 83.91 | 7.48 | 82.38 |
| 80% 三乙膦酸铝可湿性粉剂 150 克 /667 平方米 | 7.41 | 6 | 51.80 | 5.37 | 69.16 | 3.74 | 84.10 | 5.33 | 82.55 |
| CK | 10.78 | 18.11 | — | 25.33 | — | 34.22 | — | 44.44 | — |

（5）68.78% 噁唑菌铜水分散粒剂等 3 种药剂防治菜豆炭疽病药效试验。试验结果见表 5-26 所示。

从表 5-26 所示可以看出：供试的 3 种药剂均有较好防治效果，且对菜豆安全。末次药后 14 天各处理防效在 84.17% 以上，同一种药剂的两个浓度间防效差异不显著，其中，52.5% 霜脲氰·噁唑菌铜水分散粒剂防效最好，药后 14 天各防效在

88.61%~89.40%，68.78% 噁唑菌铜水分散粒剂 56~84 克 /667 平方米后 14 天各防效在 85.9%~89.48%。在炭疽病发生初期建议推广使用 52.5% 霜脲氰·噁唑菌铜水分散粒剂 37.5 克 /667 平方米或 68.78% 噁唑菌铜水分散粒剂 56 克 /667 平方米或 20.67% 噁唑菌铜·氟硅唑乳油 50 毫升 /667 平方米连喷两次。

表 5-26　菜豆炭疽病药效试验结果统计表　　　（高密市，2012 年）

| 处理 | 调查株数（株） | 调查叶片数 | 施药前病指 | 第二次施药前 | | 末次施药后 | | | | | |
|---|---|---|---|---|---|---|---|---|---|---|---|
| | | | | | | 5 天 | | 7 天 | | 14 天 | |
| | | | | 病指 | 防效（%） | 病指 | 防效（%） | 病指 | 防效（%） | 病指 | 防效（%） |
| 68.78% 噁唑菌铜水分散粒剂 56 克 /667 平方米 | 50 | 100 | 3.59 | 3 | 45.63 | 2.26 | 77.42 | 2.59 | 81.13 | 1 | 85.9 |
| 68.78% 噁唑菌铜水分散粒剂 84 克 /667 平方米 | 50 | 100 | 3.96 | 3.26 | 46.44 | 2.45 | 77.81 | 1.89 | 87.52 | 2.56 | 89.48 |
| 52.5% 霜脲氰·噁唑菌铜水分散粒剂 37.5 克 /667 平方米 | 50 | 100 | 3.33 | 2.67 | 47.83 | 1.96 | 78.89 | 1.59 | 87.51 | 3 | 88.61 |
| 52.5% 霜脲氰·噁唑菌铜水分散粒剂 56.25 克 /667 平方米 | 50 | 100 | 2.78 | 1.82 | 57.40 | 1.37 | 75.87 | 1.19 | 88.80 | 1.81 | 89.40 |
| 20.67% 噁唑菌铜·氟硅唑乳油 50 毫升 /667 平方米 | 50 | 100 | 2.56 | 2.37 | 39.77 | 1.96 | 72.54 | 2.15 | 78.03 | 3 | 85.19 |
| 20.67% 噁唑菌铜·氟硅唑乳油 75 毫升 /667 平方米 | 50 | 100 | 2.93 | 2.22 | 50.70 | 1.96 | 76.00 | 2.19 | 80.45 | 2.85 | 84.17 |
| CK | 50 | 100 | 3.11 | 4.78 | — | 8.67 | — | 11.89 | — | 19.11 | — |

4. 黄瓜

（1）70% 丙森锌可湿性粉剂等 2 种药剂防治黄瓜霜霉病药效试验。试验结果见表 5-27 所示。

从表 5-27 可以看出：70% 丙森锌可湿性粉剂对黄瓜霜霉病防治效果较 72% 霜脲锰锌可湿性粉剂高出 21.38%，比空白对照高出 91.87%。70% 丙森锌可湿性粉剂 420 倍液对黄瓜茎叶、果实安全。

表 5-27　防治黄瓜霜霉病药效试验结果统计表　　　（安丘市，2013 年）

| 处理 | 药前病叶率（%） | 药前病指 | 药后 7 天病叶率（%） | 药后 7 天病指 | 防效（%） | 对叶片影响 |
|---|---|---|---|---|---|---|
| 70% 丙森锌可湿性粉剂 420 倍 | 26.04 | 6.62 | 46.15 | 9.20 | 91.87 | 叶片肥大、浓绿有光泽 |
| 72% 霜脲锰锌可湿性粉剂 420 倍 | 21.67 | 3.89 | 53.30 | 19.63 | 70.49 | 叶片稍小、叶色灰暗、无光泽 |
| CK | 23.33 | 4.44 | 100.00 | 75.90 | — | — |

（2）40% 嘧霉胺可湿性粉剂等 2 种药剂防治黄瓜灰霉病药效试验。试验结果见表 5-28 所示。

从表 5-28 可以看出：供试的 40% 嘧霉胺可湿性粉剂、40% 菌核净可湿性粉剂于黄瓜灰霉病发生初期开始喷药，连喷 2 次，间隔 7 天，对黄瓜灰霉病有良好防治效果，且对黄瓜没有药害。40% 嘧霉胺可湿性粉剂使用浓度以 57~90 克 /667 平方米为宜，药后 7 天、14 天平均防效分别为 85.61% 和 85.59%；40% 菌核净可湿性粉剂 100 克 /667 平方米和 150 克 /667 平方米药后 7 天和 14 天平均防效分别为 76.64% 和 85.06%。

表 5-28　嘧霉胺防治黄瓜灰霉病筛选试验结果统计表　　　（高密市，2013 年）

| 处理 | 药前病指 | 第二次施药前 | | 末次施药后 | | | | | |
|---|---|---|---|---|---|---|---|---|---|
| | | | | 5 天 | | 7 天 | | 14 天 | |
| | | 病指 | 防效（%） | 病指 | 防效（%） | 病指 | 防效（%） | 病指 | 防效（%） |
| 40% 嘧霉胺可湿性粉剂 38 克 /667 平方米 | 7.76 | 7.20 | 18.97 | 5.81 | 23.30 | 4.71 | 49.42 | 3.11 | 70.42 |
| 40% 嘧霉胺可湿性粉剂 57 克 /667 平方米 | 10.52 | 3.05 | 74.68 | 2.16 | 52.07 | 1.87 | 85.18 | 2.01 | 85.90 |
| CK | 8.00 | 9.16 | — | 9.51 | — | 9.60 | — | 10.84 | — |
| 40% 菌核净可湿性粉剂 100 克 /667 平方米 | 6.04 | 2.70 | 59.01 | 2.01 | 73.35 | 2.13 | 73.31 | 1.54 | 82.33 |
| 40% 菌核净可湿性粉剂 150 克 /667 平方米 | 9.07 | 4.74 | 52.27 | 3.59 | 68.31 | 2.40 | 79.97 | 1.60 | 87.78 |
| CK | 7.47 | 8.18 | — | 9.33 | — | 9.87 | — | 10.78 | — |

（3）80%硫磺干悬浮剂等2种药剂防治黄瓜白粉病药效试验。

试验结果见表5-29。从表5-29可以看出：80%硫磺干悬浮剂和50%硫磺悬浮剂于黄瓜白粉病发生前施第一次药，在发病初期再施药2次，间隔7天。80%硫磺干悬浮剂200克/667平方米、233克/667平方米药后10天防效达65%~75%，持效期7~10天，防治效果均好于50%硫磺悬浮剂250毫升/667平方米，且有促进生长的作用，对作物没有药害。

表5-29　硫磺防治黄瓜白粉病药效试验结果统计表　（潍坊市寒亭区，2013年）

| 处理 | 第三次药前 | | | | 第三次药后10天 | | | |
|---|---|---|---|---|---|---|---|---|
| | 病指 | 防效（%） | 5（%） | 1（%） | 病指 | 防效（%） | 5（%） | 1（%） |
| 80%硫磺干悬浮剂 200克/667平方米 | 0.52 | 60.03 | b | B | 1.02 | 65.47 | b | B |
| 80%硫磺干悬浮剂 233克/667平方米 | 0.36 | 72.50 | a | A | 0.74 | 75.05 | a | A |
| 50%硫磺悬浮剂 250毫升/667平方米 | 0.56 | 56.63 | b | B | 1.14 | 61.16 | b | B |
| CK | 1.31 | — | — | — | 2.94 | — | — | — |

（4）3%中生菌素可湿性粉剂等4种药剂防治黄瓜细菌性角斑病药效试验。试验结果见表5-30所示。

从表5-30可以看出：4种供试药剂对细菌性角斑病均有很好的效果。末次药后7天防效在85%~90%，药后14天防效均在95%以上，生产上建议在黄瓜细菌性角斑病发生初期用3%中生菌素可湿性粉剂6.25克/667平方米、77%氢氧化铜干悬浮剂200克/667平方米、20%噻菌铜悬浮剂10毫升/667平方米、72%农用链霉素可溶粉剂20克/667平方米进行防治，连喷2次，间隔7天。4种供试药剂均对黄瓜安全。

表5-30　中生菌素等药剂防治黄瓜细菌性角斑病筛选试验结果统计表　（高密市，2013年）

| 处理 | 药前病指 | 第二次施药前 | | 末次施药后 | | | | | |
|---|---|---|---|---|---|---|---|---|---|
| | | 病指 | 防效（%） | 5天 | | 7天 | | 14天 | |
| | | | | 病指 | 防效（%） | 病指 | 防效（%） | 病指 | 防效（%） |
| 3%中生菌素可湿性粉剂6.25克/667平方米 | 4.53 | 3.35 | 29.67 | 2.4 | 70.81 | 1.57 | 90.63 | 0.65 | 97.56 |
| 3%中生菌素可湿性粉剂12.5克/667平方米 | 3.32 | 2.05 | 41.28 | 1.69 | 71.95 | 1.01 | 91.77 | 0.45 | 97.70 |

续表

| 处理 | 药前病指 | 第二次施药前 | | 末次施药后 | | | | | |
|---|---|---|---|---|---|---|---|---|---|
| | | | | 5 天 | | 7 天 | | 14 天 | |
| | | 病指 | 防效（%） | 病指 | 防效（%） | 病指 | 防效（%） | 病指 | 防效（%） |
| 77% 氢氧化铜干悬浮剂 200 克 /667 平方米 | 4.59 | 3.88 | 19.61 | 3.38 | 59.43 | 2.16 | 87.28 | 0.86 | 96.82 |
| 77% 氢氧化铜干悬浮剂 300 克 /667 平方米 | 4.59 | 3.02 | 37.43 | 2.52 | 69.75 | 1.54 | 90.93 | 0.68 | 97.48 |
| 72% 农用链霉素可溶粉剂 20 克 /667 平方米 | 3.53 | 2.43 | 34.53 | 2.16 | 66.28 | 1.22 | 90.66 | 0.59 | 97.16 |
| 72% 农用链霉素可溶粉剂 30 克 /667 平方米 | 5.04 | 2.81 | 46.98 | 2.96 | 67.64 | 1.6 | 91.42 | 0.8 | 97.30 |
| 20% 噻菌铜悬浮剂 10 毫升 /667 平方米 | 4.77 | 4.24 | 15.29 | 3.26 | 62.34 | 1.98 | 88.78 | 1.01 | 96.40 |
| 20% 噻菌铜悬浮剂 20 毫升 /667 平方米 | 4.62 | 3.55 | 26.93 | 2.61 | 68.87 | 1.39 | 91.87 | 1.33 | 95.11 |
| CK | 5.24 | 5.51 | — | 9.51 | — | 19.38 | — | 30.84 | — |

5. 牛蒡

（1）20.67% 噁唑菌铜·氟硅唑乳油等 4 种药剂防治牛蒡白粉病药效试验。试验结果见表 5-31-1、表 5-31-2、表 5-31-3 和表 5-31-4 所示。

从表 5-31-1、表 5-31-2、表 5-31-3 和表 5-31-4 中可以看出：20.67% 噁唑菌铜·氟硅唑乳油 50~75 毫升 /667 平方米、10% 苯醚甲环唑水分散粒剂 34~51 克 /667 平方米、80% 代森锰锌可湿性粉剂 160~240 克 /667 平方米和 1% 武夷菌素水剂 100~150 毫升 /667 平方米 4 种药剂处理，对牛蒡白粉病均有一定防效。其中，20.67% 噁唑菌铜·氟硅唑乳油 50~75 毫升 /667 平方米、10% 苯醚甲环唑水分散粒剂 34~51 克 /667 平方米和 80% 代森锰锌可湿性粉剂 160~240 克 /667 平方米药剂处理防效相当，无明显差异，且对牛蒡安全。

**表 5-31-1　噁唑菌铜·氟硅唑防治牛蒡白粉病药效试验结果统计表**　　（高密市，2011 年）

| 处理 | 药前病指 | 第二次施药前 | | 末次施药后 | | | | | |
|---|---|---|---|---|---|---|---|---|---|
| | | 病指 | 防效（%） | 5 天 | | 7 天 | | 10 天 | |
| | | | | 病指 | 防效（%） | 病指 | 防效（%） | 病指 | 防效（%） |
| 20.67% 噁唑菌铜·氟硅唑乳油 50 毫升 /667 平方米 | 1.20 | 0.51 | 76.63 | 0.17 | 93.92 | 0 | 100 | 0 | 100 |
| 20.67% 噁唑菌铜·氟硅唑乳油 75 毫升 /667 平方米 | 1.28 | 0.47 | 79.99 | 0.12 | 95.83 | 0 | 100 | 0 | 100 |
| CK | 1.72 | 3.24 | — | 3.91 | — | 4.36 | — | 4.36 | — |

**表 5-31-2　苯醚甲环唑防治牛蒡白粉病药效试验结果统计表**　　（高密市，2011 年）

| 处理 | 药前病指 | 第二次施药前 | | 末次施药后 | | | | | |
|---|---|---|---|---|---|---|---|---|---|
| | | 病指 | 防效（%） | 5 天 | | 7 天 | | 10 天 | |
| | | | | 病指 | 防效（%） | 病指 | 防效（%） | 病指 | 防效（%） |
| 10% 苯醚甲环唑水分散粒剂 34 克 /667 平方米 | 1.50 | 0.34 | 87.62 | 0.13 | 96.72 | 0 | 100 | 0 | 100 |
| 10% 苯醚甲环唑水分散粒剂 51 克 /667 平方米 | 1.25 | 0.33 | 85.30 | 0.07 | 97.86 | 0 | 100 | 0 | 100 |
| CK | 1.36 | 2.48 | — | 3.57 | — | 4.22 | — | 4.76 | — |

**表 5-31-3　代森锰锌防治牛蒡白粉病药效试验结果统计表**　　（高密市，2011 年）

| 处理 | 药前病指 | 第二次施药前 | | 末次施药后 | | | | | |
|---|---|---|---|---|---|---|---|---|---|
| | | 病指 | 防效（%） | 5 天 | | 7 天 | | 10 天 | |
| | | | | 病指 | 防效（%） | 病指 | 防效（%） | 病指 | 防效（%） |
| 80% 代森锰锌可湿性粉剂 160 克 /667 平方米 | 1.15 | 0.40 | 76.53 | 0.18 | 94.56 | 0 | 100 | 0 | 100 |
| 80% 代森锰锌可湿性粉剂 240 克 /667 平方米 | 1.36 | 0.42 | 78.64 | 0.13 | 96.65 | 0 | 100 | 0 | 100 |
| CK | 1.38 | 2.10 | — | 4.05 | — | 4.73 | — | 4.77 | — |

表 5-31-4　武夷菌素防治牛蒡白粉病药效试验结果统计表　　（高密市，2011 年）

| 处理 | 药前病指 | 第二次施药前 | | 末次施药后 | | | | | |
| | | 病指 | 防效（%） | 5 天 | | 7 天 | | 10 天 | |
| | | | | 病指 | 防效(%) | 病指 | 防效(%) | 病指 | 防效(%) |
| 1% 武夷菌素水剂 100 毫升 /667 平方米 | 1.07 | 0.55 | 66.45 | 0.14 | 93.74 | 0.02 | 99.10 | 0 | 100 |
| 1% 武夷菌素水剂 150 毫升 /667 平方米 | 1.49 | 0.78 | 66.52 | 0.27 | 89.88 | 0.04 | 99.07 | 0 | 100 |
| CK | 1.86 | 2.79 | — | 3.33 | — | 3.69 | — | 3.69 | — |

（2）20.67% 噁唑菌铜·氟硅唑乳油等 4 种药剂防治牛蒡黑斑病药效试验。试验结果见表 5-32-1、表 5-32-2、表 5-32-3 和表 5-32-4 所示。

从表 5-32-1、表 5-32-2、表 5-32-3 和表 5-32-4 中可以看出：20.67% 噁唑菌铜·氟硅唑乳油 50~75 毫升 /667 平方米、10% 苯醚甲环唑水分散粒剂 34~51 克 /667 平方米、80% 代森锰锌可湿性粉剂 160~240 克 /667 平方米和 1% 武夷菌素水剂 100~150 毫升 /667 平方米 4 种药剂处理，对牛蒡白粉病均有一定防效。其中，20.67% 噁唑菌铜·氟硅唑乳油 50~75 毫升 /667 平方米、10% 苯醚甲环唑水分散粒剂 34~51 克 /667 平方米和 80% 代森锰锌可湿性粉剂 160~240 克 /667 平方米药剂处理防效相当，无明显差异，且对牛蒡安全。

表 5-32-1　噁唑菌铜·氟硅唑防治牛蒡黑斑病药效试验结果统计表　　（高密市，2011 年）

| 处理 | 药前病指 | 第二次施药前 | | 末次施药后 | | | | | |
| | | 病指 | 防效（%） | 5 天 | | 7 天 | | 10 天 | |
| | | | | 病指 | 防效（%） | 病指 | 防效（%） | 病指 | 防效（%） |
| 20.67% 噁唑菌铜·氟硅唑乳油 50 毫升 /667 平方米 | 2.33 | 2.25 | 48.44 | 1.64 | 72.07 | 1.69 | 79.30 | 1.82 | 80.91 |
| 20.67% 噁唑菌铜·氟硅唑乳油 75 毫升 /667 平方米 | 2.33 | 2.47 | 44.01 | 1.38 | 77.15 | 1.78 | 78.53 | 2.16 | 79.02 |
| CK | 2.27 | 4.33 | — | 5.97 | — | 8.16 | — | 9.44 | — |

表 5-32-2 苯醚甲环唑可湿性粉剂防治牛蒡黑斑病药效试验结果统计表 （高密市，2011 年）

| 处理 | 药前病指 | 第二次施药前 | | 末次施药后 | | | | | |
|---|---|---|---|---|---|---|---|---|---|
| | | | | 5 天 | | 7 天 | | 10 天 | |
| | | 病指 | 防效（%） | 病指 | 防效（%） | 病指 | 防效（%） | 病指 | 防效（%） |
| 10% 苯醚甲环唑可湿性粉剂 34 克 /667 平方米 | 2.65 | 2.56 | 41.24 | 1.73 | 73.61 | 1.75 | 80.05 | 2.16 | 78.70 |
| 10% 苯醚甲环唑水分散粒剂 51 克 /667 平方米 | 2.34 | 2.38 | 39.57 | 2.10 | 63.97 | 1.84 | 76.37 | 2.27 | 74.24 |
| CK | 2.63 | 4.48 | — | 6.57 | — | 8.75 | — | 9.88 | — |

表 5-32-3 代森锰锌防治牛蒡黑斑病药效试验结果统计表 （高密市，2011 年）

| 处理 | 药前病指 | 第二次施药前 | | 末次施药后 | | | | | |
|---|---|---|---|---|---|---|---|---|---|
| | | | | 5 天 | | 7 天 | | 10 天 | |
| | | 病指 | 防效（%） | 病指 | 防效（%） | 病指 | 防效（%） | 病指 | 防效（%） |
| 80% 代森锰锌可湿性粉剂 160 克 /667 平方米 | 2.16 | 2.22 | 45.44 | 1.42 | 77.14 | 1.62 | 79.43 | 2.27 | 75.93 |
| 80% 代森锰锌可湿性粉剂 240 克 /667 平方米 | 2.37 | 2.59 | 42.48 | 1.48 | 78.43 | 1.70 | 80.22 | 1.93 | 81.62 |
| CK | 2.18 | 4.15 | — | 6.30 | — | 7.95 | — | 9.64 | — |

表 5-32-4 武夷菌素防治牛蒡黑斑病药效试验结果统计表 （高密市，2011 年）

| 处理 | 药前病指 | 第二次施药前 | | 末次施药后 | | | | | |
|---|---|---|---|---|---|---|---|---|---|
| | | | | 5 天 | | 7 天 | | 10 天 | |
| | | 病指 | 防效(%) | 病指 | 防效（%） | 病指 | 防效（%） | 病指 | 防效（%） |
| 1% 武夷菌素水剂 100 毫升 /667 平方米 | 1.98 | 2.30 | 30.44 | 1.60 | 69.89 | 1.66 | 71.39 | 2.07 | 73.44 |
| 1% 武夷菌素水剂 150 毫升 /667 平方米 | 2.62 | 3.02 | 29.54 | 2.02 | 70.63 | 1.98 | 73.90 | 2.86 | 71.16 |
| CK | 2.72 | 4.55 | — | 7.38 | — | 8.05 | — | 10.64 | — |

（3）10% 噻唑磷颗粒剂等 2 种药剂防治牛蒡线虫病药效试验。试验结果见表 5-33 所示。

从表 5-33 可以看出：10% 噻唑磷颗粒剂 1 500~2 250 克 /667 平方米和偏芽孢杆菌 300~450 克 /667 平方米药剂处理防治牛蒡线虫，以偏芽孢杆菌防治效果较好，用药量 300 克 /667 平方米、450 克 /667 平方米，防效分别达 69.05%、71.46%，且对牛蒡安全。

表 5-33　噻唑磷防治牛蒡线虫病药效试验结果统计表　　（高密市，2011 年）

| 处　理 | 病情指数 | 防治效果（%） |
|---|---|---|
| 10% 噻唑磷颗粒剂 1 500 克 /667 平方米 | 6.92 | 37.71 |
| 10% 噻唑磷颗粒剂 2 250 克 /667 平方米 | 5.18 | 53.38 |
| CK | 11.11 | — |
| 偏芽孢杆菌 300 克 /667 平方米 | 3.21 | 69.05 |
| 偏芽孢杆菌 450 克 /667 平方米 | 2.96 | 71.46 |
| CK | 10.37 | — |

6. 辣椒

（1）25% 嘧菌酯悬浮剂等 5 种药剂防治辣椒烂果病药效试验。试验结果见表 5-34 所示。

从表 5-34 可以看出：供试 5 种农药的持效期均较长，其中，第二次药后 14 天 3% 中生菌素可湿性粉剂 50 克 /667 平方米的防效达到 80.43%。从每种药剂的两个浓度来看，25% 嘧菌酯悬浮剂两种浓度间差异达显著水平，其他药剂间均为不显著，因此在田间用药时选用药剂的最高推荐用量，可以达到有效的防治效果。从同一浓度的不同药剂间来看，经方差分析得高浓度间：25% 嘧菌酯悬浮剂 72 毫升 /667 平方米、3% 中生菌素可湿性粉剂 75 克 /667 平方米、52.5% 霜脲氰·噁唑菌铜水分散粒剂 67.5 克 /667 平方米的防效比其他两种较好；低浓度间：3% 中生菌素可湿性粉剂 50 克 /667 平方米、52.5% 霜脲氰·噁唑菌铜水分散粒剂 45 克 /667 平方米、50% 烯酰吗啉可湿性粉剂 40 克 /667 平方米的防效比其他两种较好。防治辣椒烂果病推荐用药用量为 3% 中生菌素可湿性粉剂 50 克 /667 平方米、25% 嘧菌酯悬浮剂 72 毫升 /667 平方米、52.5% 霜脲氰·噁唑菌铜水分散粒剂 45 克 /667 平方米间隔 7 天，连喷 2~3 次。72.2% 霜霉威水剂的防效较低（最高防效为 68.94%）。

表 5-34　嘧菌酯防治辣椒烂果病田间药效结果统计表　　（潍坊市寒亭区，2011 年）

| 试验处理 | 重复（3次） | 第二次药前 | | 第二次药后 7 天 | | 第二次药后 14 天 | |
| --- | --- | --- | --- | --- | --- | --- | --- |
| | | 病情指数 | 防效（%） | 病情指数 | 防效（%） | 病情指数 | 防效（%） |
| 25% 嘧菌酯悬浮剂 48 毫升 /667 平方米 | 平均 | 2.44 | 64.58 | 4.89 | 71.44 | 8.00 | 74.38 |
| 25% 嘧菌酯悬浮剂 72 毫升 /667 平方米 | 平均 | 3.78 | 69.49 | 7.70 | 75.19 | 11.33 | 79.97 |
| 52.5% 霜脲氰·噁唑菌铜水分散粒剂 45 克 /667 平方米 | 平均 | 5.33 | 68.38 | 10.37 | 74.48 | 18.30 | 75.42 |
| 52.5% 霜脲氰·噁唑菌铜水分散粒剂 67.5 克 /667 平方米 | 平均 | 2.22 | 65.03 | 4.74 | 69.63 | 7.78 | 72.98 |
| 50% 烯酰吗啉可湿性粉剂 40 克 /667 平方米 | 平均 | 4.44 | 60.97 | 7.78 | 72.63 | 12.00 | 76.51 |
| 50% 烯酰吗啉可湿性粉剂 60 克 /667 平方米 | 平均 | 2.29 | 63.16 | 4.74 | 69.33 | 7.33 | 74.20 |
| 72.2% 霜霉威水剂 108 毫升 /667 平方米 | 平均 | 2.81 | 59.59 | 6.22 | 64.83 | 10.89 | 65.21 |
| 72.2% 霜霉威水剂 162 毫升 /667 平方米 | 平均 | 4.00 | 61.78 | 7.78 | 68.94 | 14.81 | 68.05 |
| 3% 中生菌素可湿性粉剂 50 克 /667 平方米 | 平均 | 4.74 | 66.54 | 9.11 | 73.31 | 12.15 | 80.43 |
| 3% 中生菌素可湿性粉剂 75 克 /667 平方米 | 平均 | 4.15 | 69.19 | 8.37 | 74.82 | 13.34 | 77.75 |
| CK | 平均 | 14.52 | — | 35.93 | — | 65.78 | — |

（2）20% 灭幼脲悬浮剂等 4 种药剂防治辣椒棉铃虫药效试验。试验结果见表 5-35 所示。

从表 5-35 可以看出：供试的 4 种试验药剂的高剂量防治菜椒棉铃虫都有理想的防治效果。药后 7 天校正防效分别为：20% 灭幼脲悬浮剂 12.5 毫升 /667 平方米的 78.9%、18.75 毫升 /667 平方米的 86.3%；24% 甲氧虫酰肼悬浮剂 40 毫升 /667 平方米的 80.1%、60 毫升 /667 平方米的 87.7%；2.5% 多杀霉素悬浮剂 50 毫升 /667 平方米的 82.0%，75 毫升 /667 平方米的 86.4%；2.5% 高效氯氟氰菊酯微乳剂 27 毫升 /667 平方米的 78.9%，41 毫升 /667 平方米的 81.3%。生产上推荐 20%

灭幼脲悬浮剂 18.75 毫升 /667 平方米、24% 甲氧虫酰肼悬浮剂 60 毫升 /667 平方米、2.5% 多杀霉素悬浮剂 75 毫升 /667 平方米、2.5% 高效氯氟氰菊酯微乳剂 41 毫升 /667 平方米对水常规喷雾。

表 5-35　防治辣椒棉铃虫药效试验结果统计表　（潍坊市寒亭区，2011 年）

| 药剂处理 | 重复（4次） | 调查株数（株） | 虫口基数（头） | 施药后 3 天 | | 施药后 7 天 | | 施药后 14 天 | |
|---|---|---|---|---|---|---|---|---|---|
| | | | | 防效(%) | 校正防效(%) | 防效(%) | 校正防效(%) | 防效(%) | 校正防效(%) |
| 20% 灭幼脲悬浮剂 12.5 毫升 /667 平方米 | 平均 | 50 | 63 | 74.79 | 76.2 | 76.39 | 78.9 | 63.63 | 70.6 |
| 20% 灭幼脲悬浮剂 18.75 毫升 /667 平方米 | 平均 | 50 | 59 | 78.99 | 80.2 | 84.61 | 86.3 | 73.49 | 78.6 |
| | 平均 | 50 | 58 | 75.91 | 77.3 | 77.63 | 80.1 | 74.18 | 79.2 |
| 24% 甲氧虫酰肼悬浮剂 60 毫升 /667 平方米 | 平均 | 50 | 57 | 80.89 | 81.9 | 86.23 | 87.7 | 79.54 | 83.4 |
| | 平均 | 50 | 56 | 79.80 | 81.0 | 79.80 | 82.0 | 72.94 | 78.2 |
| | 平均 | 50 | 59 | 84.76 | 85.6 | 84.76 | 86.4 | 78.37 | 82.6 |
| 2.5% 高效氯氟氰菊酯微乳剂 27 毫升 /667 平方米 | 平均 | 50 | 58 | 81.50 | 82.6 | 76.35 | 78.9 | 58.32 | 66.4 |
| 2.5% 高效氯氟氰菊酯微乳剂 41 毫升 /667 平方米 | 平均 | 50 | 59 | 87.63 | 88.3 | 79.05 | 81.3 | 63.37 | 70.4 |
| CK | 平均 | 50 | 58 | -6.08 | — | -12.15 | — | -23.87 | — |

7. 生姜

（1）春雷·王铜、代森铵等药剂防治生姜茎腐病、白绢病药效试验。试验结果见表 5-36 所示。

从表 5-36 可以看出：连续 3 次施药后，47% 春雷·王铜可湿性粉剂 1 200 克 /667 平方米的平均防效为 76.70%，最高防效 100%；47% 春雷·王铜可湿性粉剂 800 克 /667 平方米的平均防效 69.75%，最高防效 79.93%；45% 代森铵水剂 1 500 毫升 /667 平方米的防效为 69.90%，最高防效 70%。

安全性观察：连续 3 次施药，47% 春雷·王铜可湿性粉剂无论随水冲施或灌墩施药均对生姜安全，无药害产生；45% 代森铵水剂药液喷溅到叶片上出现黄色褪绿斑点，严重者造成叶片干枯，但对姜芽无害。

建议：47% 春雷·王铜可湿性粉剂、45% 代森铵水剂对生姜茎腐病、白绢病防效较好，可以推广。47% 春雷·王铜可湿性粉剂防治生姜茎腐病、白绢病应以预防为主，使用方法既可随水浇灌也可灌墩施药，每 667 平方米次用量 1 000 克左右。发病后防治应以灌墩为好，用 47% 春雷·王铜可湿性粉剂 500 倍液在发病姜苗及周围姜苗灌墩，每墩用药液 0.5 千克，灌透、灌细。

表 5-36　春雷·王铜防治生姜茎腐病、白绢病药效试验效果汇总表　　（安丘市，2012 年）

| 处理 | 处理区姜总墩数 | 7月9日发病墩数 | 7月9日病墩率(%) | 7月24日发病墩数 | 7月24日病墩率(%) | 7月24日防效(%) | 8月8日发病墩数 | 8月8日病墩率(%) | 8月8日防效(%) | 8月24日发病墩数 | 8月24日病墩率(%) | 8月24日防效(%) |
|---|---|---|---|---|---|---|---|---|---|---|---|---|
| 47% 春雷·王铜可湿性粉剂 800 克 /667 平方米 | 1478 | 0 | 0 | 0 | 0 | 100 | 5 | 0.338 | 74.81 | 9 | 0.609 | 69.75 |
| 47% 春雷·王铜可湿性粉剂 1200 克 /667 平方米 | 1491 | 1 | 0.067 | 1 | 0.067 | 100 | 4 | 0.268 | 80.03 | 7 | 0.469 | 76.70 |
| 45% 代森按水剂 1500 毫升 /667 平方米 | 1484 | 0 | 0 | 0 | 0 | 100 | 5 | 0.337 | 74.89 | 9 | 0.606 | 69.90 |
| CK | 298 | | | 1 | 0.336 | | 4 | 1.342 | | 6 | 2.013 | |

（2）5% 虱螨脲乳油等 3 种药剂防治姜螟药效试验。试验结果见表 5-37 所示。

从表 5-37 可以看出：5% 虱螨脲乳油 60 毫升 /667 平方米、90 毫升 /667 平方米，98% 杀螟丹可溶粉剂 40 克 /667 平方米、60 克 /667 平方米，15% 茚虫威悬浮剂 20 毫升 /667 平方米、30 毫升 /667 平方米，防治姜螟，施药后 14 天防效都在 82.64% 以上，可有效控制姜螟的发生，而且对生姜安全。建议在生产中交替使用。

表 5-37　虱螨脲防治姜螟田间药效试验结果表　　（安丘市，2012 年）

| 试验处理 | 调查株数（分枝） | 施药前活虫数 | 施药后 14 天活虫数 | 虫口减退率（%） | 防效（%） |
|---|---|---|---|---|---|
| 98% 杀螟丹可湿性粉剂 40 克 /667 平方米 | 500 | 37 | 6 | 83.78 | 82.23 |
| 98% 杀螟丹可湿性粉剂 60 克 /667 平方米 | 500 | 43 | 5 | 88.37 | 87.34 |

续表

| 试验处理 | 调查株数（分枝） | 施药前 活虫数 | 施药后 14 天 活虫数 | 虫口减退率（%） | 防效（%） |
|---|---|---|---|---|---|
| 5% 虱螨脲乳油 60 毫升 /667 平方米 | 500 | 47 | 2 | 95.74 | 95.36 |
| 5% 虱螨脲乳油 90 毫升 /667 平方米 | 500 | 48 | 1 | 97.92 | 97.74 |
| 15% 茚虫威悬浮剂 20 毫升 /667 平方米 | 500 | 42 | 8 | 80.95 | 79.26 |
| 15% 茚虫威悬浮剂 30 毫升 /667 平方米 | 500 | 45 | 6 | 86.67 | 85.48 |
| CK | 500 | 49 | 45 | 8.16 | — |

（3）24% 甲氧虫酰肼悬浮剂等 4 种药剂防治生姜甜菜夜蛾药剂筛选试验。试验结果见表 5-38 所示。

从表 5-38 可以看出：24% 甲氧虫酰肼悬浮剂 40 毫升 /667 平方米、60 毫升 /667 平方米防治甜菜夜蛾，药后 14 天防效达到 95.26% 和 98.59%；15% 茚虫威悬浮剂 20 毫升 /667 平方米、30 毫升 /667 平方米防效达 71.55% 和 77.53%；10% 虫螨腈悬浮剂 30 毫升 /667 平方米、45 毫升 /667 平方米防效达 70.64% 和 79.62%；而 2.5% 多杀霉素悬浮剂 67 毫升 /667 平方米、100 毫升 /667 平方米防效较差，只有 48.97% 和 58.12%。以上 4 种供试药剂均对生姜安全，由此可见，24% 甲氧虫酰肼悬浮剂、15% 茚虫威悬浮剂、10% 虫螨腈悬浮剂为防治甜菜夜蛾的有效药剂。建议实际生产中，在甜菜夜蛾卵孵化盛期或幼虫低龄期施药，使用剂量为 24% 甲氧虫酰肼悬浮剂 40~60 毫升 /667 平方米、15% 茚虫威悬浮剂 20~30 毫升 /667 平方米、10% 虫螨腈悬浮剂 30~45 毫升 /667 平方米。

表 5-38　甲氧虫酰肼防治生姜甜菜夜蛾田间药效试验结果表　（安丘市，2012 年）

| 试验处理 | 调查墩数 | 施药前 活虫数 | 施药后 14 天 活虫数 | 虫口减退率（%） | 防效（%） |
|---|---|---|---|---|---|
| 15% 茚虫威悬浮剂 20 毫升 /667 平方米 | 100 | 49 | 18 | 63.27 | 71.55 |
| 15% 茚虫威悬浮剂 30 毫升 /667 平方米 | 100 | 31 | 9 | 70.97 | 77.53 |
| 24% 甲氧虫酰肼悬浮剂 40 毫升 /667 平方米 | 100 | 49 | 3 | 93.87 | 95.26 |

续表

| 试验处理 | 调查墩数 | 施药前 活虫数 | 施药后 14 天 活虫数 | 虫口减退率（%） | 防效（%） |
|---|---|---|---|---|---|
| 24% 甲氧虫酰肼悬浮剂 60 毫升 /667 平方米 | 100 | 55 | 1 | 98.18 | 98.59 |
| 10% 虫螨腈悬浮剂 30 毫升 /667 平方米 | 100 | 29 | 11 | 62.07 | 70.64 |
| 10% 虫螨腈悬浮剂 45 毫升 /667 平方米 | 100 | 57 | 15 | 73.68 | 79.62 |
| 2.5% 多杀霉素悬浮剂 67 毫升 /667 平方米 | 100 | 44 | 29 | 34.09 | 48.97 |
| 2.5% 多杀霉素悬浮剂 100 毫升 /667 平方米 | 100 | 61 | 33 | 45.90 | 58.12 |
| CK | 100 | 48 | 62 | −29.17 | — |

（4）3% 中生菌素可湿性粉剂等 4 种药剂防治姜瘟病药效试验。试验结果见表5-39 所示。

从表 5-39 可以看出：3% 中生菌素可湿性粉剂 90 克 /667 平方米、20% 噻菌铜悬浮剂 150 毫升 /667 平方米防治姜瘟病，用药 3 次后 14 天平均防效分别达到80.96%、83.32%。而且对生姜安全，可作为防治姜瘟病的有效药剂，在姜瘟病初发期使用。

表 5-39　中生菌素防治姜瘟病药效试验结果调查表　　　　（安丘市，2012 年）

| 试验处理 | 重复（3次） | 调查墩数 | 施药前病墩数 | 末次施药后 14 天病墩数 | 病株率（%） | 防效（%） |
|---|---|---|---|---|---|---|
| 3% 中生菌素可湿性粉剂 90 克 /667 平方米 | 平均 | 50 | 0 | 5.33 | 10.66 | 80.96 |
| 20% 噻菌铜悬浮剂 150 毫升 /667 平方米 | 平均 | 50 | 0 | 4.67 | 9.34 | 83.32 |
| 72% 氢氧化铜悬浮剂 70 毫升 /667 平方米 | 平均 | 50 | 0 | 6.00 | 12.00 | 78.57 |
| 72% 农用链霉素可溶粉剂 30 克 /667 平方米 | 平均 | 50 | 0.33 | 6.67 | 13.34 | 76.18 |
| CK | 平均 | 50 | 0.67 | 28.00 | 56.00 | — |

（5）75%百菌清可湿性粉剂等4种药剂防治生姜斑点病药效试验。

试验结果见表5-40所示。从表5-40可以看出：药后7天调查以64%氢氧化铜可湿性粉剂800倍液的防效最高，达87.99%，其次是70%甲基硫菌灵可湿性粉剂和50%多菌灵可湿性粉剂，防效分别为84.09%和80.04%，75%百菌清可湿性粉剂防效较差，仅为66.43%，但所有供试药剂均对生姜安全。建议生产中选用64%氢氧化铜可湿性粉剂和70%甲基硫菌灵可湿性粉剂作为防治生姜斑点病的首选药剂，在生姜斑点病初发期使用。

表5-40　百菌清防治生姜斑点病药剂筛选试验结果统计表　　（安丘市，2013年）

| 药剂种类 | 病情指数 | | 减退率（%） | 防效（%） |
| --- | --- | --- | --- | --- |
| | 药前1天 | 药后7天 | | |
| 75%百菌清可湿性粉剂500倍 | 5.67 | 3.33 | 41.27 | 66.43 c |
| 50%多菌灵可湿性粉剂600倍 | 6.67 | 2.33 | 65.07 | 80.04 b |
| 70%甲基硫菌灵可湿性粉剂1 000倍 | 6.00 | 1.67 | 72.17 | 84.09 ab |
| 64%氢氧化铜可湿性粉剂800倍 | 6.33 | 1.33 | 78.99 | 87.99 a |
| CK | 6.67 | 11.67 | −74.96 | — |

8. 芦笋

（1）25%嘧菌酯悬浮剂等5种药剂防治芦笋茎枯病药效试验。试验结果见表5-41-1和表5-41-2所示。

从表5-41-1和表5-41-2中可以看到：各药剂处理于发病前用药，对控制茎枯病有一定的防治效果，除32%三唑酮·乙蒜素乳油外，其他各药剂处理二次药后7天防效多在70%以上，药后14天防效多在75%以上。其中，52.5%霜脲氰·噁唑菌铜水分散粒剂和25%嘧菌酯悬浮剂效果最好，52.5%霜脲氰·噁唑菌铜水分散粒剂，25%嘧菌酯悬浮剂和70%代森锰锌可湿性粉剂，以及50%多菌灵可湿性粉剂防治芦笋茎枯病（兼治褐斑病）是比较有效的药剂。防治芦笋茎枯病推荐用药用量为25%嘧菌酯悬浮剂48~72克/667平方米、52.5%霜脲氰·噁唑菌铜水分散粒剂35~52克/667平方米、70%代森锰锌悬浮剂240克/667平方米、50%多菌灵可湿性粉剂150克/667平方米间隔7天，连喷2~3次。

表 5-41-1　芦笋茎枯病药效试验结果统计表　　　（安丘市，2012 年）

| 处理 | 药前病株率(%) | 第二次药前 | | 末次药后 5 天 | | 末次药后 7 天 | | 末次药后 14 天 | |
|---|---|---|---|---|---|---|---|---|---|
| | | 病株率(%) | 防效(%) | 病株率(%) | 防效(%) | 病株率(%) | 防效(%) | 病株率(%) | 防效(%) |
| 25%嘧菌酯悬浮 48 克/667 平方米 | 0 | 0.55 | 64.29 | 2.5 | 68.47 | 5.13 | 72.00 | 7.35 | 76.03 |
| 25%嘧菌酯悬浮剂 72 克/667 平方米 | 0 | 0.53 | 65.58 | 2.39 | 69.86 | 4.78 | 73.91 | 6.64 | 78.34 |
| 52.5%霜脲氰·噁唑菌铜水分散粒剂 35 克/667 平方米 | 0.1 | 0.51 | 66.88 | 2.33 | 70.62 | 4.67 | 74.51 | 6.59 | 78.51 |
| 52.5%霜脲氰·噁唑菌铜水分散粒剂 52 克/667 平方米 | 0 | 0.49 | 68.18 | 2.29 | 71.12 | 4.28 | 76.64 | 6.07 | 80.20 |
| 70%代森锰锌可湿性粉剂 160 克/667 平方米 | 0 | 0.68 | 55.84 | 2.9 | 63.43 | 5.78 | 68.45 | 7.35 | 76.03 |
| 70%代森锰锌可湿性粉剂 240 克/667 平方米 | 0 | 0.64 | 58.44 | 2.7 | 65.95 | 5.37 | 70.69 | 7.03 | 77.07 |
| 50%多菌灵可湿性粉剂 100 克/667 平方米 | 0 | 0.71 | 53.90 | 3.27 | 58.76 | 6.18 | 66.27 | 7.82 | 74.49 |
| 50%多菌灵可湿性粉剂 150 克/667 平方米 | 0.1 | 0.66 | 57.14 | 3.02 | 61.92 | 5.43 | 70.36 | 7.77 | 74.66 |
| 32% 三唑酮·乙蒜素乳油 35 克/667 平方米 | 0 | 0.94 | 38.96 | 4.41 | 44.39 | 6.87 | 62.50 | 9.89 | 67.74 |
| 32% 三唑酮·乙蒜素乳油 52 克/667 平方米 | 0 | 0.87 | 43.51 | 4.08 | 48.55 | 6.47 | 64.68 | 9.42 | 69.28 |
| CK | 0 | 1.54 | — | 7.93 | — | 18.32 | — | 30.66 | — |

表 5-41-2　防治芦笋茎枯病田间药效结果统计表　　　（潍坊市寒亭区，2012 年）

| 处理 | 药前病株率(%) | 第二次药前 | | 末次药后 5 天 | | 末次药后 7 天 | | 末次药后 14 天 | |
|---|---|---|---|---|---|---|---|---|---|
| | | 病株率(%) | 防效(%) | 病株率(%) | 防效(%) | 病株率(%) | 防效(%) | 病株率(%) | 防效(%) |
| 25%嘧菌酯悬浮剂 48 克/667 平方米 | 0 | 0.57 | 64.62 | 2.61 | 68.27 | 5.35 | 72.51 | 7.66 | 76.78 |
| 25%嘧菌酯悬浮剂 72 克/667 平方米 | 0.1 | 0.55 | 65.91 | 2.49 | 69.66 | 4.98 | 74.39 | 6.92 | 79.02 |
| 52.5%霜脲氰·噁唑菌铜水分散粒剂 35 克/667 平方米 | 0 | 0.53 | 67.19 | 2.43 | 70.43 | 4.87 | 74.98 | 6.87 | 79.18 |

续表

| 处理 | 药前病株率 (%) | 第二次药前 | | 末次药后 5 天 | | 末次药后 7 天 | | 末次药后 14 天 | |
|---|---|---|---|---|---|---|---|---|---|
| | | 病株率(%) | 防效(%) | 病株率(%) | 防效(%) | 病株率(%) | 防效(%) | 病株率(%) | 防效(%) |
| 52.5%霜脲氰·噁唑菌铜水分散粒剂 52 克/667 平方米 | 0 | 0.51 | 68.48 | 2.39 | 70.93 | 4.46 | 77.07 | 6.33 | 80.82 |
| 70%代森锰锌可湿性粉剂 160 克/667 平方米 | 0.2 | 0.71 | 56.26 | 3.02 | 63.19 | 6.02 | 69.03 | 7.66 | 76.78 |
| 70%代森锰锌可湿性粉剂 240 克/667 平方米 | 0 | 0.67 | 58.83 | 2.81 | 65.73 | 5.60 | 71.23 | 7.33 | 77.79 |
| 50%多菌灵可湿性粉剂 100 克/667 平方米 | 0 | 0.74 | 54.33 | 3.41 | 58.49 | 6.44 | 66.89 | 8.15 | 75.29 |
| 50%多菌灵可湿性粉剂 150 克/667 平方米 | 0 | 0.69 | 57.54 | 3.15 | 61.67 | 5.66 | 70.91 | 8.10 | 75.45 |
| 32% 三唑酮·乙蒜素乳油 35 克/667 平方米 | 0.1 | 0.98 | 39.53 | 4.60 | 44.02 | 7.16 | 63.19 | 10.31 | 68.75 |
| 32% 三唑酮·乙蒜素乳油 52 克/667 平方米 | 0 | 0.91 | 44.04 | 4.25 | 48.21 | 6.74 | 65.33 | 9.82 | 70.23 |
| CK | 0 | 1.62 | — | 8.21 | — | 19.45 | — | 32.98 | — |

（2）15%茚虫威悬浮剂等 4 种药剂防治芦笋甜菜夜蛾药效试验。试验结果见表 5-42 所示。

从表 5-42 可以看出：15%茚虫威悬浮剂 20 毫升/667 平方米、30 毫升/667 平方米，24%甲氧虫酰肼悬浮剂 40 毫升/667 平方米、60 毫升/667 平方米，10%虫螨腈悬浮剂 30 毫升/667 平方米、45 毫升/667 平方米，2.5%多杀霉素悬浮剂 67 毫升/667 平方米、100 毫升/667 平方米对芦笋甜菜夜蛾均有较好的防效，药后 3 天各药剂处理防效均达到 70% 以上，药后 5 天各药剂处理防效多在 80% 以上，药后 14 天各药剂处理防效在 90% 以上。

15%茚虫威悬浮剂 20 毫升/667 平方米、30 毫升/667 平方米，24%甲氧虫酰肼悬浮剂 40 毫升/667 平方米、60 毫升/667 平方米，10%虫螨腈悬浮剂 30 毫升/667 平方米、45 毫升/667 平方米，2.5%多杀霉素悬浮剂 67 毫升/667 平方米、100 毫升/667 平方米均可用于防治芦笋甜菜夜蛾。建议发生初期用药，连续喷 2~3 次，间隔 7 天。

表5-42　茚虫威防治芦笋甜菜夜蛾药剂筛选试验结果统计表　（潍坊市坊子区，2012年）

| 处理 | 虫口基数（头） | 药后1天 | | | 药后3天 | | | 药后5天 | | | 药后7天 | | | 药后14天 | | |
|---|---|---|---|---|---|---|---|---|---|---|---|---|---|---|---|---|
| | | 活虫数（头） | 虫口减退率（%） | 防效（%） | 活虫数（头） | 虫口减退率（%） | 防效（%） | 活虫数（头） | 虫口减退率（%） | 防效（%） | 活虫数（头） | 虫口减退率（%） | 防效（%） | 活虫数（头） | 虫口减退率（%） | 防效（%） |
| 5%茚虫威悬浮剂20毫升/667平方米 | 51.3 | 23.6 | 54.00 | 64.73 | 16.7 | 67.45 | 78.79 | 17.1 | 66.67 | 84.36 | 12.9 | 74.85 | 93.72 | 18.3 | 64.33 | 95.00 |
| 5%茚虫威悬浮剂30毫升/667平方米 | 37.9 | 18.5 | 51.19 | 62.57 | 13.1 | 65.44 | 77.48 | 9.6 | 74.67 | 88.12 | 14.2 | 62.53 | 90.65 | 14.7 | 61.21 | 94.56 |
| 24%甲氧虫酰肼悬浮剂40毫升/667平方米 | 31.6 | 13.3 | 57.91 | 67.73 | 14.2 | 55.06 | 70.73 | 13.6 | 56.96 | 79.81 | 19.7 | 37.66 | 84.43 | 11.6 | 63.29 | 94.86 |
| 24%甲氧虫酰肼悬浮剂60毫升/667平方米 | 41.3 | 10.6 | 74.33 | 80.32 | 9.5 | 77.00 | 85.02 | 9.5 | 77.00 | 89.21 | 12.4 | 69.98 | 92.50 | 12.4 | 69.98 | 95.79 |
| 10%虫螨腈悬浮剂30毫升/667平方米 | 52.7 | 26.3 | 50.09 | 61.74 | 10.9 | 79.32 | 86.53 | 16.3 | 69.07 | 85.49 | 11.6 | 77.99 | 94.50 | 13.1 | 75.14 | 96.52 |
| 10%虫螨腈悬浮剂45毫升/667平方米 | 33.1 | 13.6 | 58.91 | 68.50 | 8.9 | 73.11 | 82.48 | 10.6 | 67.98 | 84.98 | 17.3 | 47.73 | 86.95 | 15.8 | 52.27 | 93.31 |
| 2.5%多杀霉素悬浮剂67毫升/667平方米 | 41.2 | 13.9 | 66.26 | 74.13 | 12.4 | 69.90 | 80.39 | 11.6 | 71.84 | 86.79 | 18.1 | 56.07 | 89.03 | 16.2 | 60.68 | 94.49 |
| 2.5%多杀霉素悬浮剂100毫升/667平方米 | 49.7 | 18.2 | 63.38 | 71.92 | 11.6 | 76.66 | 84.80 | 10.9 | 78.07 | 89.71 | 15.8 | 68.21 | 92.06 | 18.4 | 62.98 | 94.81 |
| CK | 58.5 | 76.3 | -30.43 | — | 89.8 | -53.50 | — | 124.7 | -113.16 | — | 234.3 | -300.51 | — | 417.4 | -613.50 | — |

# 附　录

## 附录1　瓜类蔬菜病虫绿色防控技术规范

| 生育期 | 防治对象 | 技术措施 |
|---|---|---|
| 育苗期 | 猝倒病<br>立枯病<br>枯萎病<br>根结线虫病 | 1.加强苗期管理。播前浇足底水，及早间苗。<br>2.嫁接防病。采用南瓜种作砧木嫁接防治枯萎病。<br>3.土壤处理。用50%多菌灵可湿性粉剂8~10克/平方米与细土拌匀，撒入苗床。土传病害严重的土壤高温消毒。<br>4.药剂防治。用75%百菌清可湿性粉剂600倍液，或70%代森锰锌可湿性粉剂500倍液，或15%噁霉灵水剂450倍液喷雾防治。隔7天1次，连喷2次。 |
| 生长期 | 霜霉病<br>白粉病<br>炭疽病<br>细菌性角斑病<br>灰霉病<br>蔓枯病<br>斑潜蝇<br>白粉虱<br>蚜虫 | 1.农业措施：通风透光，合理浇水，施足基肥，增施磷钾肥，清除老叶、病叶并销毁。<br>2.物理防治：采用防虫网阻隔害虫及黄板、电子杀虫灯诱杀害虫。<br>3.生物防治：用1%武夷菌素水剂300倍液防治白粉病。<br>4.化学防治：<br>霜霉病：用25%嘧菌酯悬浮剂34克/667平方米，或50%烯酰吗啉悬浮剂60~100克/667平方米、52.5%霜脲氰·噁唑菌铜可湿性粉剂60克/667平方米，对水喷雾防治。间隔6~7天，连续防治2~3次。或用45%百菌清烟雾剂250克/667平方米熏烟，大棚密闭12小时。兼治蔓枯病。<br>炭疽病：用25%咪鲜胺乳油67~133毫升/667平方米，或50%三唑酮·乙蒜素乳油125~188克/667平方米、80%炭疽福美可湿性粉剂125~150克/667平方米对水喷雾防治。间隔6~7天，视病情连续防治2~3次。<br>细菌性角斑病：用20%噻菌铜悬浮剂100克/667平方米、77%氢氧化铜可湿性粉剂200克/667平方米，对水30~40千克喷雾。视病情防治2~3次。<br>白粉病：用50%醚菌酯干悬浮剂17克/667平方米，或75%三唑酮干悬浮剂100克/667平方米对水喷雾防治。间隔6~7天，连续防治2~3次。<br>灰霉病：用50%腐霉利可湿性粉剂50克/667平方米，50%异菌脲可湿性粉剂50克/667平方米、40%嘧霉胺可湿性粉剂57克/667平方米对水喷雾防治。每7~10天防治1次，视病情防治2~3次。<br>斑潜蝇：用20%灭蝇胺可溶粉剂30克/667平方米、98%杀螟丹可溶性粉剂30克/667平方米，对水30~40千克喷雾防治。<br>白粉虱、蚜虫：用3%除虫菊素微囊悬浮剂30毫升/667平方米、3%啶虫脒乳油10毫升/667平方米，对水30~40千克喷雾防治。兼治瓜绢螟。 |

# 附录 2　茄果类蔬菜病虫绿色防控技术规范

| 生育期 | 防治对象 | | 技术措施 |
|---|---|---|---|
| 苗期 | 猝倒病<br>立枯病<br>灰霉病<br>病毒病<br>根结线虫病 | | 1. 选用抗病品种。<br>2. 嫁接防病。采用抗病砧木嫁接防治枯黄萎病。<br>3. 土壤高温消毒机杀菌灭虫。<br>4. 加强苗床管理。苗床应设在地势较高，排水良好且向阳的地块，要选用无病新土作为苗床。<br>5. 种子处理。用种子重量的 0.2% 的 6.25% 精甲•咯菌腈悬浮剂拌种。<br>6. 药剂防治。用 50% 霜脲•锰锌可湿性粉剂 600 倍液，或 77% 氢氧化铜可湿性粉剂 500 倍液，7~10 天 1 次，喷雾 2~3 次，防治苗期病害。 |
| 开花坐果期 | 病害 | 疫病<br>茎基腐病<br>灰霉病<br>褐纹病<br>绵疫病 | 疫病、茎基腐病：用 52.5% 霜脲氰•噁唑菌铜可湿性粉剂 800 倍液、77% 氢氧化铜可湿性粉剂 200 倍液，每株 150~200 毫升灌根。<br>早疫病、晚疫病：用 25% 嘧菌酯悬浮剂 34 克 /667 平方米，或 52.5% 霜脲氰•噁唑菌铜可湿性粉剂 40 克 /667 平方米对水喷雾防治。兼治绵疫病。<br>灰霉病、叶霉病：用 10% 苯醚甲环唑水分散粒剂 1 500~2 000 倍液、43% 戊唑醇可湿性粉剂 13 克 /667 平方米对水喷雾防治。连喷 2~3 次，间隔 7~10 天。兼治褐纹病。 |
| | 害虫 | 棉铃虫<br>烟青虫<br>斑潜蝇<br>白粉虱<br>茶黄螨 | 1. 物理防治：灯光诱杀棉铃虫、烟青虫；防虫网隔离和黄板诱杀斑潜蝇、白粉虱等。<br>2. 药剂防治。<br>棉铃虫、烟青虫：用 24% 甲氧虫酰肼悬浮剂 20~30 毫升 /667 平方米、20% 灭幼脲悬浮剂 20 毫升 /667 平方米、15% 茚虫威悬浮剂 30 毫升 /667 平方米对水喷雾防治。连喷 2~3 次，间隔 7~10 天。<br>斑潜蝇：用 20% 灭蝇胺可溶粉剂 30 克 /667 平方米、25% 噻虫嗪水分散粒剂 15 克 /667 平方米对水喷雾防治。防治次数视发生情况而定，施药间隔 5~7 天。<br>白粉虱：用 1% 除虫菊素•苦参碱微囊悬浮剂 30~45 毫升 /667 平方米、或 10% 吡虫啉可湿性粉剂 30 克 /667 平方米、3% 啶虫脒乳油 10 毫升 /667 平方米对水喷雾防治，兼治蚜虫。<br>茶黄螨：用 1.8% 阿维菌素乳油 20 毫升 /667 平方米、15% 哒螨灵乳油 15~20 毫升 /667 平方米，或 5% 噻螨酮乳油 30 毫升 /667 平方米对水喷雾防治。视虫情防治 2~3 次，施药间隔 7~10 天。 |

# 附录 3　豆类蔬菜病虫绿色防控技术规范

| 生育期 | 防治对象 | 技术措施 |
|---|---|---|
| 苗期 | 猝倒病<br>立枯病<br>灰霉病<br>炭疽病<br>菌核病<br>地下害虫 | 1. 土壤处理。用 50% 多菌灵可湿性粉剂 8~10 克 / 平方米，或 50% 甲基硫菌灵可湿性粉剂 8~10 克 / 平方米，加细土 5 千克拌匀，施入苗床。先浇底水，水渗下后，将 1/3 药土撒入畦面，播种后将其余 2/3 药土盖在种子上面。<br>2. 种子消毒。用种子量 0.1% 的 40% 多菌灵悬浮剂浸种 50~60 分钟。<br>3. 药剂防治。<br>猝倒病、立枯病：用 15% 噁霉灵水剂 400 倍液、50% 甲基硫菌灵可湿性粉剂 500 倍液喷雾防治。<br>菌核病、灰霉病、炭疽病等：用 50% 腐霉利可湿性粉剂 600 倍液，或 50% 异菌脲可湿性粉剂 1 000 倍液喷雾防治。<br>地下害虫：用 50% 辛硫磷乳油 250 克 /667 平方米，对水 10 倍，喷于 25~30 千克细土上拌匀制成毒土，顺垄条施。 |
| 生长期 | 炭疽病<br>锈病<br>煤污病<br>轮纹病<br>细菌性疫病<br>病毒病<br>蚜虫<br>豆荚螟<br>甜菜夜蛾 | 1. 农业措施。摘除老叶、病叶并销毁。<br>2. 物理防治。黄板诱杀。将 25 厘米 × 30 厘米黄板固定在竹竿上，设置黄板 30 块 /667 平方米。<br>3. 药剂防治。<br>锈病：用 50% 醚菌酯干悬浮剂 25 克 /667 平方米，或 43% 戊唑醇悬浮剂 13 克 /667 平方米，对水喷雾防治。兼治炭疽病、轮纹病、煤污病。<br>细菌性疫病：用 77% 氢氧化铜干悬浮剂 80~100 克 /667 平方米、20% 噻菌铜悬浮剂 100 克 /667 平方米，对水 30 千克喷雾防治。用药间隔 7~10 天，喷 1~2 次。<br>蚜虫：用 10% 吡虫啉可湿性粉剂 30 克 /667 平方米，或 3% 除虫菊素微囊悬浮剂 30 毫升 /667 平方米，对水 30 千克喷雾防治。用药间隔 7~10 天，喷 1~2 次。兼治白粉虱、病毒病。<br>豆荚螟、甜菜夜蛾：用 15% 茚虫威悬浮剂 10~20 毫升 /667 平方米，或 10% 虫螨腈悬浮剂 30~50 毫升 /667 平方米，对水 30 千克喷雾防治。用药间隔 10 天，喷 1~2 次。 |

# 附录 4　葱蒜类蔬菜病虫绿色防控技术规范

| 生育期 | 防治对象 | 技术措施 |
| --- | --- | --- |
| 苗期 | 迟眼蕈蚊<br>葱蝇<br>猝倒病<br>疫病 | 1.轮作。与非葱蒜类作物实行 2~3 年的轮作。<br>2.加强栽培管理。降低田间湿度，多施磷钾肥。<br>3.药剂防治。用 25% 嘧菌酯悬浮剂 34 克 /667 平方米，或 72.2% 霜霉威水剂 100 克 /667 平方米对水喷雾，防治猝倒病、疫病。视病情防治 2~3 次，间隔 6~7 天。 |
| 生长期 | 霜霉病<br>紫斑病<br>灰霉病<br>锈病<br>软腐病<br>蓟马<br>甜菜夜蛾 | 1.灯光诱杀。每 2~3 公顷菜地设置 1 盏杀虫灯，将杀虫灯吊挂在固定物体上，高度应高于农作物，以灯下接虫口距地面距离 1.3~1.5 米高度为宜。诱杀甜菜夜蛾等鳞翅目害虫<br>2.蓝板诱杀。将 25 厘米 × 30 厘米蓝板固定在竹竿上，一般 20~25 块 /667 平方米，棋盘式分布，高度 30~50 厘米，诱杀蓟马、潜叶蝇等。<br>3.药剂防治。<br>霜霉病：用 25% 嘧菌酯悬浮剂 34 克 /667 平方米，或 50% 烯酰吗啉可湿性粉剂 60~100 克 /667 平方米对水喷雾防治。视病情连续防治 2~3 次，用药间隔 7~10 天。<br>紫斑病、灰霉病：用 25% 嘧菌酯悬浮剂 34 克 /667 平方米，或 75% 百菌清可湿性粉剂 100 克 /667 平方米对水喷雾防治。视病情连续防治 2~3 次，用药间隔 7~10 天。<br>锈病：用 50% 醚菌酯干悬浮剂 25 克 /667 平方米，或 50% 亚胺菌干悬浮剂 17 克 /667 平方米对水喷雾防治。视病情连续防治 2~3 次，用药间隔 7~10 天。<br>软腐病：用 77% 氢氧化铜可湿性粉剂 50 克 /667 平方米、20% 噻菌铜悬乳剂 100 克 /667 平方米对水喷雾防治。视病情连续防治 2~3 次，用药间隔 7~10 天。<br>蓟马：用 25% 噻虫嗪水分散粒剂 34 克 /667 平方米，或 3% 啶虫脒乳油 50 毫升 /667 平方米对水喷雾防治。视虫情防治 1~2 次，用药间隔 6~7 天。<br>甜菜夜蛾：用 10% 虫螨腈悬浮剂 30 毫升 /667 平方米、5% 氟啶脲乳油 50 毫升 /667 平方米、15% 茚虫威悬浮剂 20 毫升 /667 平方米对水喷雾防治。视虫情防治 1~2 次，用药间隔 6~7 天。 |

# 附录 5　叶菜类蔬菜病虫绿色防控技术规范

| 生育期 | 防治对象 | 技术措施 |
|---|---|---|
| 苗期 | 猝倒病<br>立枯病<br>病毒病<br>蚜虫 | 1. 黄板诱杀。将 25 厘米 ×30 厘米黄板固定在竹竿上，一般 20~25 块 /667 平方米，棋盘式分布，高度 30~50 厘米，诱杀蚜虫、潜叶蝇等。<br>2. 药剂防治。<br>猝倒病、立枯病：用 50% 亚胺唑干悬浮剂 20 克 /667 平方米均匀喷雾。<br>蚜虫：用 10% 吡虫啉可湿性粉剂 25~30 克 /667 平方米，或 3% 除虫菊素微囊悬浮剂 30 毫升 /667 平方米，对水 30 千克喷雾。防治 2~3 次，用药间隔 7~10 天，预防病毒病发生。 |
| 成株期 | 菜青虫<br>甜菜夜蛾<br>小菜蛾<br>霜霉病<br>黑腐病<br>软腐病 | 1. 灯光诱杀。每 2 ~3 公顷菜地设置 1 盏杀虫灯，将杀虫灯吊挂在固定物体上，高度应高于农作物，以灯下接虫口距地面距离 1.3~1.5 米高度为宜。诱杀菜青虫、甜菜夜蛾、小菜蛾等鳞翅目害虫。<br>2. 设置防虫网。宜选用 22~30 目银灰色防虫网，罩在骨架上覆盖。<br>3. 生物防治。用核型多角体病毒或 Bt 100~120 克 /667 平方米，防治菜青虫、甜菜夜蛾等磷翅目害虫。<br>4. 化学防治。<br>小菜蛾、菜青虫：用 20% 甲氧虫酰肼悬浮剂 30~40 毫升 /667 平方米，或 15% 茚虫威悬浮剂 30 毫升 /667 平方米，对水 40~50 千克均匀喷雾，防治 2~3 次，用药间隔 7 天。兼治甜菜夜蛾、斜纹夜蛾。<br>霜霉病：用 25% 嘧菌酯悬浮剂 34 克 /667 平方米，或 70% 烯酰吗啉可湿性粉剂 30 克 /667 平方米，对水 50~70 千克喷雾防治。视病情防治 2~3 次，用药间隔 7~10 天。<br>软腐病、黑腐病：用 72% 氢氧化铜干悬浮剂 70 克 /667 平方米，对水 50~70 千克喷雾防治。视病情防治 2~3 次，用药间隔 7~10 天。 |

# 附录6　根茎类蔬菜病虫绿色防控技术规范

| 生育期 | 防治对象 | 技术措施 |
|---|---|---|
| 苗期 | 立枯病<br>猝倒病<br>蚜虫<br>烟粉虱 | 1.适时晚播。<br>2.黄板诱杀。将25厘米×30厘米黄板固定在竹竿上，一般20~25块/667平方米，棋盘式分布，高度30~50厘米，诱杀蚜虫、烟粉虱等。<br>3.种子处理。用0.2%的6.25%精甲·咯菌腈悬浮剂、25%甲霜灵可湿性种衣剂拌种，或1%高锰酸钾或1%硫酸铜浸种15~20分钟。<br>4.药剂防治。<br>立枯病、猝倒病：用72.2%霜霉威水剂500~600倍液，或8%噁霉灵水乳剂3 000~4 000倍液、50%敌磺钠可湿性粉剂800~1 000倍液喷雾防治。视病情防治2~3次，用药间隔7~10天。<br>蚜虫：用1%除虫菊素·苦参碱微囊悬浮剂60毫升/667平方米，或10%吡虫啉可湿性粉剂15克/667平方米对水喷雾防治。视病情防治2~3次，用药间隔6~7天。兼治烟粉虱、斑潜蝇、病毒病。 |
| 成株期 | 病害<br><br>霜霉病<br>黑腐病<br>黑斑病<br>病毒病<br>炭疽病 | 霜霉病：用25%嘧菌酯悬浮剂34克/667平方米，或50%烯酰吗啉可湿性粉剂40~60克/667平方米对水喷雾防治。视病情连续防治2~3次。兼治黑斑病、炭疽病。<br>黑腐病：用37.5%氢氧化铜悬浮剂120毫升/667平方米，或20%噻菌酮悬浮剂100毫升/667平方米对水喷雾防治。施药间隔7~10天，喷2~3次。 |
| | 虫害<br><br>蚜虫<br>烟粉虱<br>菜青虫<br>甜菜夜蛾 | 1.防虫网隔离。<br>2.黄板诱杀。将25厘米×30厘米黄板固定在竹竿上，一般20~25块/667平方米，棋盘式分布，高度30~50厘米，诱杀蚜虫、烟粉虱。<br>3.电子杀虫灯。每2~3公顷菜地设置1盏杀虫灯，将杀虫灯吊挂在固定物体上，高度应高于农作物，以灯下接虫口距地面距离1.3~1.5米高度为宜。诱杀甜菜夜蛾等鳞翅目害虫。<br>4.药剂防治。<br>菜青虫：用核型多角体病毒可湿性粉剂100~120克/667平方米，或2.5%多杀霉素悬浮剂60毫升/667平方米对水喷雾防治。施药间隔10天，喷1~2次。兼治斜纹夜蛾、菜螟等。<br>蚜虫、烟粉虱：用1%除虫菊素·苦参碱微囊悬浮剂60毫升/667平方米，或10%吡虫啉可湿性粉剂15克/667平方米对水喷雾防治。视病情防治2~3次，用药间隔6~7天。兼治斑潜蝇、病毒病。 |

# 参考文献

[1] 李洪奎等 . 出口蔬菜病虫图谱 . 北京：中国农业科学技术出版社，2011

[2] 吕佩珂等 . 中国现代蔬菜病虫原色图鉴 . 呼和浩特：远方出版社，2008

[3] 董伟等 . 蔬菜病虫害诊断与防治彩色图谱 . 北京：中国农业科学技术出版社，2012

[4] 杨普云等 . 农作物病虫害绿色防控技术指南 . 北京：中国农业出版社，2012

[5] 傅建伟等 . 蔬菜病虫害绿色防控技术手册 . 北京：中国农业出版社，2013

[6] 郭书普 . 马铃薯、甘薯、山药病虫害鉴别与防治图解 . 北京：化学工业出版社，2012

[7] 商鸿生等 . 蔬菜病虫害图谱诊断与防治丛书 . 北京：金盾出版社，2002~2008

[8] 朱国仁 . 新编蔬菜病虫害防治手册 . 北京：金盾出版社，2005

[9] 虞轶俊 . 蔬菜病虫害无公害防治技术 . 北京：中国农业出版社，2003